目次

自分にあった学習法を
見つけよう!

成績アップのための学習メソッド

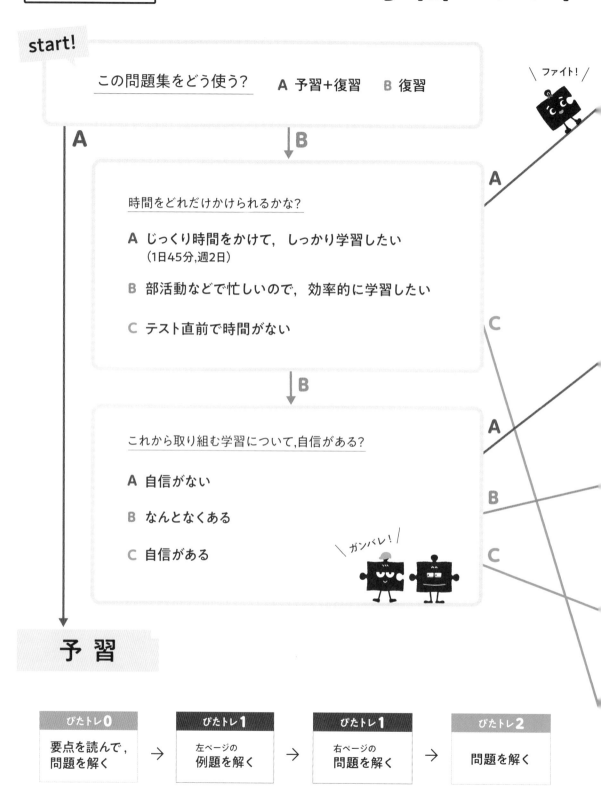

start!

この問題集をどう使う?　A 予習+復習　B 復習

A →

B ↓

時間をどれだけかけられるかな?

A じっくり時間をかけて，しっかり学習したい
(1日45分,週2日)

B 部活動などで忙しいので，効率的に学習したい

C テスト直前で時間がない

B ↓

これから取り組む学習について,自信がある?

A 自信がない

B なんとなくある

C 自信がある

予習

ぴたトレ0		ぴたトレ1		ぴたトレ1		ぴたトレ2
要点を読んで，問題を解く	→	左ページの 例題を解く	→	右ページの 問題を解く	→	問題を解く

わからない時は…学校の授業をしっかり聞いて解決! → 残りのページを 復習 として解く

復習

目安の時間には,丸付けや見直しの時間も含まれているよ。

じっくりコース（1日45分,週2日）

ぴたトレ0
要点を読んで，問題を解く

→ ぴたトレ1（45分）
左ページの例題を解く
└解けないときは 考え方 を見直す
右ページの問題を解く
└解けないときは ●キーポイント を読む

→ ぴたトレ2（45分）
問題を解く
└解けないときは
ヒント を見る
ぴたトレ1 に戻る

→ ぴたトレ3（45分）
テストを解く
└解けないときは
ぴたトレ1 ぴたトレ2 に戻る

→ 教科書のまとめ
まとめを読んで，学習した内容を確認する

定期テスト予想問題や別冊mini bookなども活用しましょう。

時短Aコース

ぴたトレ1（45分）
問題を解く
→ ぴたトレ2（30分）
よく出る だけ解く
→ ぴたトレ3
時間があれば取り組もう!

時短Bコース

ぴたトレ1（20分）
右ページの よく出る 絶対理解 だけ解く
→ ぴたトレ2（45分）
問題を解く
→ ぴたトレ3（45分）
テストを解く

時短Cコース

ぴたトレ1
省略
→ ぴたトレ2（45分）
問題を解く
→ ぴたトレ3（45分）
テストを解く

日常学習

＼めざせ,点数アップ!／

テスト直前コース

5日前
ぴたトレ1
右ページの よく出る 絶対理解 だけ解く

→ 3日前
ぴたトレ2
よく出る だけ解く

→ 1日前
定期テスト予想問題
テストを解く

→ 当日
別冊mini book
赤シートを使って最終確認する

コースがきまったら,4~5ページを見てみよう ➡

成績アップのための **学習メソッド**

《 ぴたトレの構成と使い方 》

教科書ぴったりトレーニングは,おもに,「ぴたトレ1」,「ぴたトレ2」,「ぴたトレ3」で構成されています。それぞれの使い方を理解し,効率的に学習に取り組みましょう。
なお,「ぴたトレ3」「定期テスト予想問題」では学校での成績アップに直接結びつくよう,通知表における観点別の評価に対応した問題を取り上げています。

学校の通知表は以下の観点別の評価がもとになっています。

知識
技能

思考力
判断力
表現力

主体的に
学習に
取り組む態度

\一緒にがんばろう!/

ぴたトレ0
スタートアップ

各章の学習に入る前の準備として,これまでに学習したことを確認します。

学習メソッド
この問題が難しいときは,以前の学習に戻ろう。あわてなくても大丈夫。苦手なところが見つかってよかったと思おう。

ぴたトレ1
要点チェック

基本的な問題を解くことで,基礎学力が定着します。

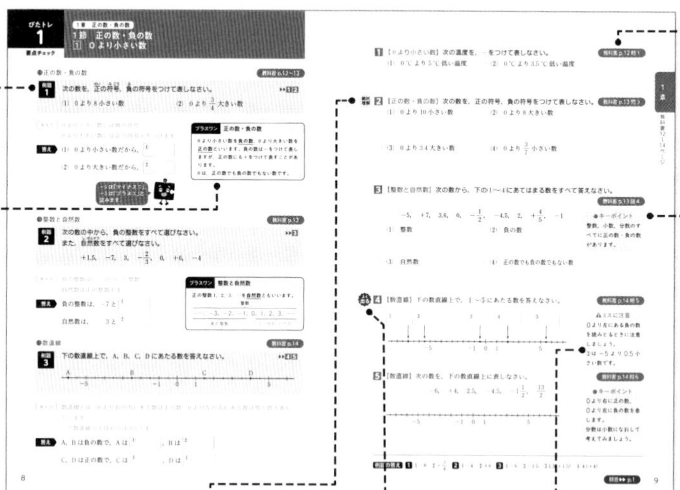

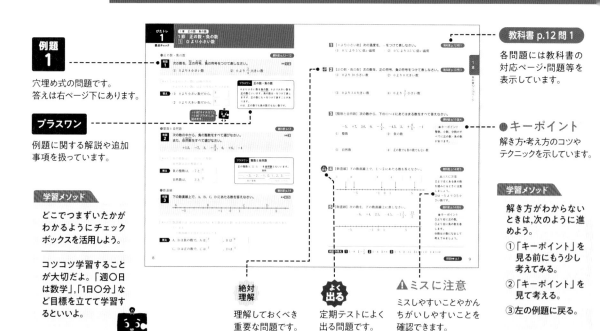

例題 1
穴埋め式の問題です。
答えは右ページ下にあります。

プラスワン
例題に関する解説や追加事項を扱っています。

学習メソッド
どこでつまずいたかがわかるようにチェックボックスを活用しよう。

コツコツ学習することが大切だよ。「週〇日は数学」,「1日〇分」など目標を立てて学習するといいよ。

教科書 p.12 問 1
各問題には教科書の対応ページ・問題等を表示しています。

キーポイント
解き方・考え方のコツやテクニックを示しています。

学習メソッド
解き方がわからないときは,次のように進めよう。
①「キーポイント」を見る前にもう少し考えてみる。
②「キーポイント」を見て考える。
③左の例題に戻る。

絶対理解
理解しておくべき重要な問題です。

よく出る
定期テストによく出る問題です。

ミスに注意
ミスしやすいことやかんちがいしやすいことを確認できます。

ぴたトレ2 練習

理解力・応用力をつける問題です。
解答集の「理解のコツ」では実力アップに欠かせない内容を示しています。

学習メソッド

解き方がわからないときは，下の「ヒント」を見るか，「ぴたトレ1」に戻ろう。
間違えた問題があったら，別の日に解きなおしてみよう。

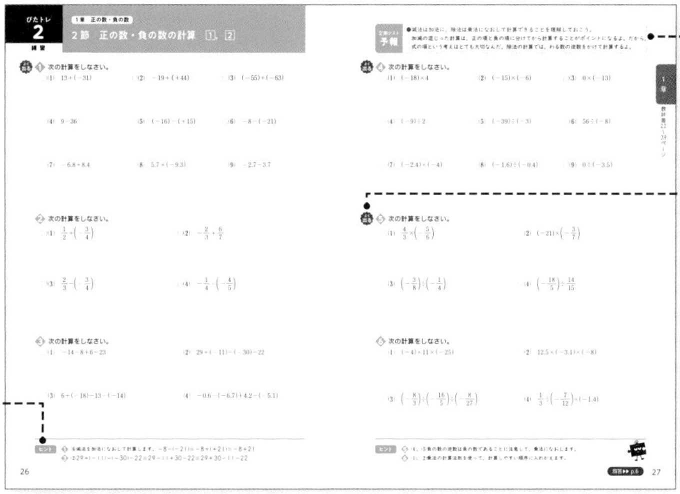

ヒント
問題を解く手がかりです。

定期テスト予報
テストに出そうな内容を重点的に示しています。

よく出る
定期テストによく出る問題です。

学習メソッド
同じような問題に繰り返し取り組むことで，本当の力が身につくよ。

ぴたトレ3 確認テスト

どの程度学力がついたかを自己診断するテストです。

成績評価の観点
知 考
問題ごとに「知識・技能」「思考力・判断力・表現力」の評価の観点が示してあります。

学習メソッド
テスト本番のつもりで何も見ずに解こう。

- 解けたけど答えを間違えた→ぴたトレ2の問題を解いてみよう。
- 解き方がわからなかった→ぴたトレ1に戻ろう。

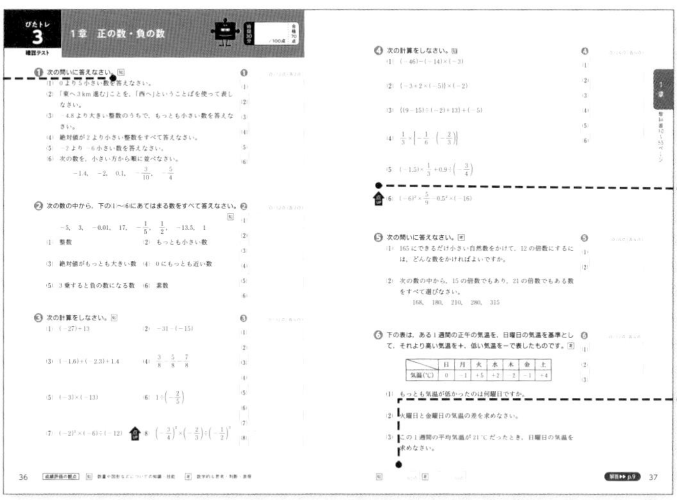

学習メソッド
答え合わせが終わったら，苦手な問題がないか確認しよう。

点UP
テストで問われることが多い，やや難しい問題です。

知 /80点
各観点の配点欄です。自分がどの観点に弱いかを知ることができます。

教科書のまとめ

各章の最後に，重要事項をまとめて掲載しています。

学習メソッド
重要事項をしっかり見直したいときは「教科書のまとめ」，短時間で確認したいときは「別冊minibook」を使うといいよ。

定期テスト予想問題

定期テストに出そうな問題を取り上げています。
解答集に「出題傾向」を掲載しています。

学習メソッド
ぴたトレ3と同じように，テスト本番のつもりで解こう。
テスト前に，学習内容をしっかり確認しよう。

ぴたトレ
0
スタートアップ

1章　多項式

□分配法則　　← 中学1年

a，b，c がどんな数であっても，次の式が成り立ちます。

$(a+b)\times c=ac+bc$

$c(a+b)=ca+cb$

1 次の計算をしなさい。　　← 中学1，2年〈多項式の加法と減法〉

(1) $(2x-3)+(5x+6)$　　(2) $(x-5)+(6x+4)$

(3) $(3x-1)-(2x-5)$　　(4) $(2a-4)-(-a-8)$

(5) $(4a-8b)+(3a+7b)$　　(6) $(-x-9y)+(5x-2y)$

(7) $(6x-y)-(y+4x)$　　(8) $(7a+2b)-(8a-3b)$

ヒント
多項式をひくときは，符号に注意して……

2 次の2つの式をたしなさい。
また，左の式から右の式をひきなさい。　　← 中学2年〈多項式の加法と減法〉

(1) $2x^2-3x$，$4x^2+5x$

(2) $-3x^2+8x$，x^2-7x

ヒント
x^2 と x は同類項ではないから……

3 次の計算をしなさい。

◀ 中学 2 年〈多項式と数の乗法〉

ヒント
分配法則を使って……

(1) $5(2x+3)$

(2) $(4x-7)\times(-3)$

(3) $-6(3x+4)$

(4) $10\left(\frac{3}{2}x-1\right)$

(5) $2(5x-9y)$

(6) $-4(a+8b)$

(7) $(12x+21y)\times\frac{1}{3}$

(8) $(20x-15y)\times\left(-\frac{2}{5}\right)$

4 次の計算をしなさい。

◀ 中学 2 年〈多項式と数の除法〉

ヒント
分数でわるときは，逆数を考えて……

(1) $(6x+9)\div 3$

(2) $(16x-8)\div(-8)$

(3) $(4x-24)\div\frac{4}{3}$

(4) $(-12x-10)\div\left(-\frac{2}{5}\right)$

(5) $(15x+20y)\div 5$

(6) $(7a+21b)\div(-7)$

(7) $(6x-18y)\div\frac{6}{5}$

(8) $(24x-12y)\div\left(-\frac{3}{2}\right)$

解答▶▶ p.1

1章　多項式

1節　多項式の計算
1　多項式と単項式の乗除 ／ 2　多項式の乗法

●多項式と単項式の乗除

教科書 p.12〜13

例題 1 次の計算をしなさい。 ▸▸1〜3

(1)　$3x(5x-2y)$　　　(2)　$(6a^2+9ab)\div 3a$

考え方　(1)　(単項式)×(多項式) の計算は，分配法則を使ってかっこをはずします。
(2)　(多項式)÷(単項式) の計算は，わる数の逆数をかけます。

答え　(1)　$3x(5x-2y)=3x\times 5x-$ ① $\times$ ②

$=$ ③

(2)　$(6a^2+9ab)\div 3a=(6a^2+9ab)\times$ ④

$=\dfrac{6a^2}{⑤}+\dfrac{9ab}{⑤}$

$=$ ⑥

$3a=\dfrac{3a}{1}$ と考えましょう。

プラスワン　分配法則
$(a+b)\times c=ac+bc$
$c(a+b)=ca+cb$

プラスワン　逆数
逆数は分母と分子を入れかえた数です。

●多項式の乗法

教科書 p.14〜15

例題 2 次の式を展開(てんかい)しなさい。 ▸▸4 5

(1)　$(x-3)(2x-5)$　　　(2)　$(a+2)(a+2b-1)$

考え方　展開した結果に同類項があるときはまとめます。
(2)　$a+2b-1$ を，ひとまとまりにみて，分配法則を使います。

答え　(1)　$(x-3)(2x-5)$　（ア イ ウ エ）

$=2x^2-5x-$ ① $+$ ②

$=$ ③

(2)　$(a+2)(a+2b-1)$

$=a(a+2b-1)+$ ④ $($ ⑤ $)$

$=a^2+2ab-a+$ ⑥ $+$ ⑦ $-$ ⑧

$=$ ⑨

プラスワン　展開する
単項式や多項式の積の形の式を，かっこをはずして単項式の和の形に表すことを，はじめの式を**展開する**といいます。
$(a+b)(c+d)=ac+ad+bc+bd$　（ア イ ウ エ）

かっこをはずすとき，展開した結果の項にもれがないように注意しましょう。

絶対理解 **1** 【多項式と単項式の乗法】次の計算をしなさい。 教科書 p.13 例1

□(1) $4x(x+2y)$　□(2) $(2a-3b)\times(-2a)$

□(3) $-x(4x-y)$　□(4) $(3x-4y+1)\times 5x$

●キーポイント
(2)(3)
符号が－の単項式をかけるときは，かっこをはずしたときの符号に注意しましょう。

よく出る **2** 【やや複雑な計算】次の計算をしなさい。 教科書 p.13 例2

□(1) $2x(x+1)+3x(x-3)$　□(2) $5a(a-1)-4a(2a-3)$

3 【多項式と単項式の除法】次の計算をしなさい。 教科書 p.13 例3

□(1) $(3a^2b+4ab^2)\div a$　□(2) $(8x^2y-20y)\div(-4y)$

□(3) $(4x^2y+6xy^2)\div 2xy$　□(4) $(ab^2-a^2b-b)\div b$

□(5) $(a^2+2a)\div\left(-\frac{1}{5}a\right)$　□(6) $(2xy-6xy^2)\div\frac{2}{3}x$

⚠ミスに注意
(5)(6)
$-\frac{1}{5}a$，$\frac{2}{3}x$ は
それぞれ
$-\frac{a}{5}$，$\frac{2x}{3}$
として，逆数を考えましょう。

絶対理解 **4** 【多項式の乗法】次の式を展開しなさい。 教科書 p.15 例1，例2

□(1) $(a-5)(b+4)$　□(2) $(x+2)(y+6)$

□(3) $(x+3)(x-5)$　□(4) $(x-4)(x-8)$

□(5) $(a+4b)(3a+b)$　□(6) $(2x-3)(4x+7)$

●キーポイント
(3)～(6)
展開したあとに同類項をまとめることを忘れないようにしましょう。

5 【多項式の乗法】次の式を展開しなさい。 教科書 p.15 例3

□(1) $(a+2)(a-2b-3)$　□(2) $(x-3y+4)(x-1)$

例題の答え **1** ①$3x$　②$2y$　③$15x^2-6xy$　④$\frac{1}{3a}$　⑤$3a$　⑥$2a+3b$ **2** ①$6x$　②15　③$2x^2-11x+15$
④2　⑤$a+2b-1$　⑥$2a$　⑦$4b$　⑧2　⑨$a^2+2ab+a+4b-2$

解答▶▶ p.1

1章　多項式

1節　多項式の計算
3　乗法公式—①

●乗法公式 1（$x+a$ と $x+b$ の積）
教科書 p.16～17

□ **例題 1**　次の式を展開しなさい。 ▶▶1

(1)　$(x+2)(x+3)$　　(2)　$(x-5)(x+1)$

考え方　公式 1 $(x+a)(x+b)=x^2+(a+b)x+ab$ を使います。

答え　(1)　$(x+2)(x+3)$

$= x^2 + ($①$\square$ $+$ ②$\square$$)x +$ ①$\square$ $\times$ ②$\square$

$=$ ③$\square$

(2)　$(x-5)(x+1)$

$=\{x+(-5)\}(x+1)$

$= x^2 + \{($④$\square$$)+$ ⑤$\square$$\}x + ($④$\square$$)\times$ ⑤$\square$

$=$ ⑥$\square$

プラスワン　乗法公式 1

$(x+a)(x+b)=x^2+(a+b)x+ab$（$a+b$：和，ab：積）

●乗法公式 2，3（和の平方，差の平方）
教科書 p.17～18

□ **例題 2**　次の式を展開しなさい。 ▶▶2

(1)　$(x+1)^2$　　(2)　$(x-3)^2$

考え方　公式 2 $(x+a)^2=x^2+2ax+a^2$，
公式 3 $(x-a)^2=x^2-2ax+a^2$ を使います。

答え　(1)　$(x+1)^2=x^2+2\times$ ①$\square$ $\times x+$ ①$\square^2$

$=$ ②$\square$

(2)　$(x-3)^2=x^2-2\times$ ③$\square$ $\times x+$ ③$\square^2$

$=$ ④$\square$

プラスワン　乗法公式 2，3

$(x+a)^2=x^2+2ax+a^2$

$(x-a)^2=x^2-2ax+a^2$

（$2ax$：2倍，a^2：2乗）

●乗法公式 4（和と差の積）
教科書 p.18～19

□ **例題 3**　$(x+2)(x-2)$ を展開しなさい。 ▶▶3

考え方　公式 4 $(x+a)(x-a)=x^2-a^2$ を使います。

答え　$(x+2)(x-2)=x^2-$ ①$\square^2$

$=$ ②$\square$

公式の a にあたる数は何かを考え，公式を使って展開しましょう。

絶対理解

1 【乗法公式 1】次の式を展開しなさい。

教科書 p.17 例 1, 例 2

□(1) $(x+3)(x+4)$　□(2) $(a+5)(a+2)$　□(3) $(x+1)(x+12)$

□(4) $(x-3)(x+6)$　□(5) $(a-4)(a+2)$　□(6) $(y+7)(y-8)$

□(7) $(a-4)(a-2)$　□(8) $(x-3)(x-7)$　□(9) $(x-5)(x-9)$

●キーポイント
公式 1 の a と b にあたる数を考えます。
(1) $(x+3)(x+4)$
↓
$(x+a)(x+b)$
(4) $(x-3)(x+6)$
↓
$(x+a)(x+b)$
公式 1 の a にあたる数は 3 ではなく，-3 です。

2 【乗法公式 2, 3】次の式を展開しなさい。

教科書 p.18 例 3

□(1) $(x+5)^2$　□(2) $(a+7)^2$　□(3) $(x+2)^2$

□(4) $(y+8)^2$　□(5) $(3+x)^2$　□(6) $(a+b)^2$

□(7) $(x-1)^2$　□(8) $(x-4)^2$　□(9) $(y-9)^2$

□(10) $(a-6)^2$　□(11) $(x-10)^2$　□(12) $(x-y)^2$

●キーポイント
(1) $(x+5)^2$
2 倍　2 乗
$=x^2+\square x+\square$
(7) $(x-1)^2$
2 倍　2 乗
$=x^2-\square x+\square$

3 【乗法公式 4】次の式を展開しなさい。

教科書 p.19 例 4

□(1) $(x+4)(x-4)$　□(2) $(a+10)(a-10)$　□(3) $(x+y)(x-y)$

□(4) $(y-1)(y+1)$　□(5) $(x-7)(x+7)$　□(6) $(3+x)(3-x)$

●キーポイント
同じ数の和と差になっているときは，公式 4 を使います。
(1) $(x+4)(x-4)$
4 との和　4 との差

例題の答え **1** ①2　②3　③x^2+5x+6　④-5　⑤1　⑥x^2-4x-5
2 ①1　②x^2+2x+1　③3　④x^2-6x+9　**3** ①2　②x^2-4

解答▸▸ p.2

1節 多項式の計算
3 乗法公式—②

●やや複雑な式の展開

教科書 p.20

□ **例題 1** $(3x+2y)^2$ を展開しなさい。 ▶▶1

考え方　$3x$ を X，$2y$ を A とみて，公式 2 $(x+a)^2=x^2+2ax+a^2$ を使って展開します。

$$(3x+2y)^2$$
$$\downarrow \quad \downarrow$$
$$(X+A)^2=X^2+2\times A\times X+A^2$$

3x を X とみているので，公式に代入するときは，かっこをつけて $X^2\to(3x)^2$ となります。

答え　$(3x+2y)^2$

$=($①$\square)^2+2\times$②$\square\times$③$\square+($④$\square)^2$

$=$⑤$\square$

●式を 1 つの文字におきかえる展開

教科書 p.21

□ **例題 2** $(x-y+3)(x-y-3)$ を展開しなさい。 ▶▶2

考え方　$x-y$ を A とおきかえて，公式 4 $(x+a)(x-a)=x^2-a^2$ を使います。

答え　$x-y=A$ とおくと

$(x-y+3)(x-y-3)$

$=(A+3)(A-3)$

$=A^2-9$

$=($①$\square)^2-9$　　← A をもとにもどす

$=$②$\square$

プラスワン　式をおきかえるときのポイント

式のなかの共通な項に着目して，どの乗法公式が使えるか考えます。

$(x-y+3)(x-y-3)$ ←和と差の積の形

●いろいろな式の計算

教科書 p.21

□ **例題 3** $2(x+4)^2-(x+3)(x+5)$ を計算しなさい。 ▶▶3

考え方　公式を使って展開してから，分配法則を使ってかっこをはずし，同類項をまとめます。

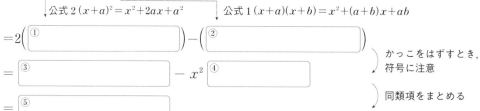

答え　$2(x+4)^2-(x+3)(x+5)$

↓公式 2 $(x+a)^2=x^2+2ax+a^2$　　↓公式 1 $(x+a)(x+b)=x^2+(a+b)x+ab$

$=2($①$\square)-($②$\square)$

$=$③$\square-x^2$④$\square$　　← かっこをはずすとき，符号に注意

$=$⑤$\square$　　← 同類項をまとめる

対解 **1** 【やや複雑な式の展開】次の式を展開しなさい。 教科書 p.20 ⓪，例 5

□(1) $(5x-1)(5x+3)$　　□(2) $(3x+8)(3x+2)$

□(3) $(4x+3)^2$　　□(4) $(2x-5y)^2$

□(5) $(3x+7)(3x-7)$　　□(6) $(9x-2y)(9x+2y)$

●キーポイント
もとの式の形から，どの乗法公式が使えるかを考えましょう。

2 【式を 1 つの文字におきかえる展開】次の式を展開しなさい。 教科書 p.21 例 6

□(1) $(x+y+4)(x+y-6)$　　□(2) $(a-b-3)(a-b-2)$

□(3) $(x+y-z)^2$　　□(4) $(a-b+4)^2$

□(5) $(a+b+6)(a+b-6)$　　□(6) $(x-y-5)(x-y+5)$

●キーポイント
式の中の共通な項に着目します。
(1)
$(\underline{x+y}+4)(\underline{x+y}-6)$
共通

よく出る **3** 【いろいろな式の計算】次の計算をしなさい。 教科書 p.21 例 7

□(1) $(x-1)^2-x(x+3)$

□(2) $(x+1)(x+5)-(x+3)^2$

□(3) $3(x+4)(x-4)+(x+2)(x-6)$

⚠ミスに注意
展開した式はかっこをつけて書き，符号に注意してかっこをはずします。

例題の答え **1** ①$3x$　②$2y$　③$3x$　(②$3x$　③$2y$)　④$2y$　⑤$9x^2+12xy+4y^2$　**2** ①$x-y$　②$x^2-2xy+y^2-9$
3 ①$x^2+8x+16$　②$x^2+8x+15$　③$2x^2+16x+32$　④$-8x-15$　⑤$x^2+8x+17$

解答▶▶ p.2

1節 多項式の計算 1～3

1 次の計算をしなさい。

□(1) $\frac{3}{4}x(8x+12)$

□(2) $\left(\frac{5}{2}x-\frac{y}{4}\right)\times 4y$

□(3) $-3x(3x-7y-8)$

□(4) $(2a-9b+6)\times 5a$

□(5) $(4a^3-12ab)\div(-6a)$

□(6) $(x^2y+2xy-y^2)\div y$

□(7) $(-3x^3+12x^2y)\div 6x^2$

□(8) $(18x^2y-6xy^2)\div\left(-\frac{2}{3}xy\right)$

□(9) $-2x(6-x)-3x(x-4)$

□(10) $\frac{5}{2}x(x-8y)-2x(x-3y)$

よく出る 2 次の式を展開しなさい。

□(1) $(x+5)(3y-1)$

□(2) $(7+x)(8+x)$

□(3) $(a-2b)(3a+6b)$

□(4) $(2x-y+5)(3x-2y)$

よく出る 3 次の式を展開しなさい。

□(1) $(x+7)(x+5)$

□(2) $(2+a)^2$

□(3) $(x-8)(x+8)$

□(4) $\left(a+\frac{1}{3}\right)\left(a-\frac{1}{3}\right)$

□(5) $\left(x+\frac{2}{5}\right)^2$

□(6) $\left(y-\frac{1}{4}\right)\left(y-\frac{1}{6}\right)$

□(7) $(-9+x)(3+x)$

□(8) $(6-x)(x+6)$

□(9) $(7-a)^2$

ヒント 1 (8)$-\frac{2}{3}xy$ を $-\frac{2xy}{3}$ として逆数を考える。

3 (7)(8)項の並び方を変えて，乗法公式が使える形に変形する。

定期テスト予報

● 4つの乗法公式を確実に覚え，使いこなそう。
式の形によって，どの乗法公式を使うか考えよう。公式の x や a，b にどんな式や数が入るか確認し，途中の式を書いて，ていねいに計算しよう。公式2～4は公式1から導けるよ。

4 次の式を展開しなさい。

□(1) $(-2a+7)(-2a-5)$

□(2) $(4x-9)(4x-3)$

□(3) $(3x-1)(3x+1)$

□(4) $(-5a+b)^2$

□(5) $(3x-7y)^2$

□(6) $(9x+4y)(4y-9x)$

5 次の式を展開しなさい。

□(1) $(a-2b+3)(a-2b+5)$

□(2) $(a+b+2)(a-b+2)$

□(3) $(x+3y-4)^2$

□(4) $(x-y+8)(x+y-8)$

6 次の計算をしなさい。

□(1) $(3x-1)(3x+7)+3(x+2)^2$

□(2) $(6x-5)^2-(6x+5)^2$

□(3) $(a+2b)(a-2b)-2(a-b)^2$

□(4) $(2a-3)^2-(4a+1)(4a-9)$

7 次の式の展開で，まちがっているところをなおし，正しく展開しなさい。

□(1) $(x-3)(x+2)=x^2-5x-6$

□(2) $(4x-5)^2=16x^2-25$

ヒント 5 (4)前のかっこの中の式は，$x-y+8=x-(y-8)$ と変形できる。

解答▶▶ p.3

2節 因数分解
1 因数分解

●因数 教科書 p.24

例題 1 次の問に答えなさい。 ▶▶ 1 2

(1) $3xy=3\times x\times y$ と表したときの，$3xy$ の因数（いんすう）を答えなさい。

(2) $x^2-6x=x(x-6)$ と表したときの，x^2-6x の因数を答えなさい。

(3) $x^2+7x+12=(x+3)(x+4)$ と表したときの，$x^2+7x+12$ の因数を答えなさい。

考え方　積で表したときのひとつひとつの数や式を考えます。

答え
(1) $3xy=3\times x\times y$ だから，

$3xy$ の因数は　3，①□，②□

(2) $x^2-6x=x(x-6)$ だから，

x^2-6x の因数は ③□，④□

(3) $x^2+7x+12=(x+3)(x+4)$ だから，

$x^2+7x+12$ の因数は ⑤□，⑥□

プラスワン　因数

多項式をいくつかの式の積で表したときのひとつひとつの式を<u>因数</u>といいます。

(例) $x^2+4x+3=(x+1)(x+3)$ だから，$x+1$，$x+3$ は x^2+4x+3 の因数である。

●因数分解，共通な因数 教科書 p.24～25

例題 2 次の式を因数分解しなさい。 ▶▶ 2～4

(1) x^2-4xy　　(2) $2ab+6ac$

考え方　各項を記号×を使って表し，共通な因数を見つけてくくり出します。

答え
(1) $x^2=x\times x$
$4xy=4\times x\times y$　　共通な因数は ①□
したがって
$x^2-4xy=$ ①□ (②□)

(2) $2ab=2\times a\times b$
$6ac=2\times 3\times a\times c$　　共通な因数は ③□
したがって
$2ab+6ac=$ ③□ (④□)

プラスワン　因数分解，共通な因数

多項式をいくつかの因数の積として表すことを，その多項式を<u>因数分解する</u>といいます。

(例) $x^2+7x+12 \underset{\text{展開}}{\overset{\text{因数分解}}{\rightleftarrows}} (x+3)(x+4)$

多項式の各項に共通な因数があれば，それをかっこの外にくくり出して，式を因数分解することができます。

(例) $ma+mb+mc=m(a+b+c)$
共通な因数

(2)では，共通な因数をすべて，かっこの外にくくり出しましょう。

1 【因数】次の□にあてはまる数や式を入れ，それぞれの式の因数を答えなさい。

教科書 p.24 例 1

□(1) $3a^2=3a\times a$ と表せるから，

①□，②□ は $3a^2$ の因数である。

□(2) $x^2+7x+10=(x+2)(x+5)$ と表せるから，

③□，④□ は $x^2+7x+10$ の因数である。

□(3) $x^2-8x+16=(x-4)^2$ と表せるから，

⑤□ は $x^2-8x+16$ の因数である。

●キーポイント

記号×を使って表された数や文字，式は因数になります。

2 【因数，因数分解】右の図のような正方形と長方形の紙がそれぞれ何枚かあります。それらを組み合わせて，次の面積の長方形をつくります。このとき，長方形の2辺の長さは，どんな式で表されますか。

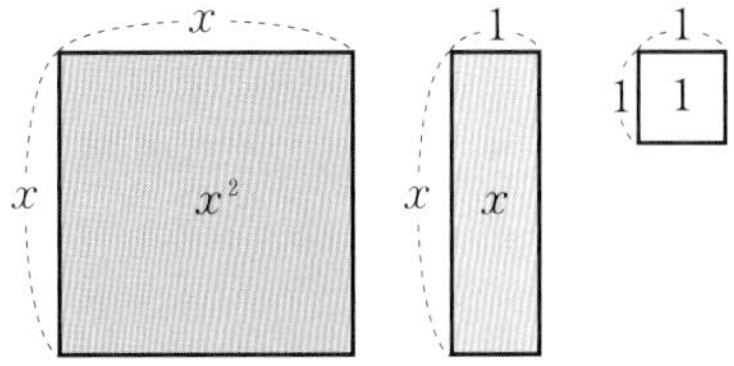

教科書 p.24

□(1) 面積を表す式 x^2+x　　□(2) 面積を表す式 x^2+5x+6

3 【共通な因数】a^2+3ab について，次の□にあてはまる数や式を入れ，2つの項に共通な因数を答えなさい。

教科書 p.25 例 2

$a^2=$ ①□ × ②□

$3ab=$ ③□ × ④□ × ⑤□

であるから，2つの項に共通な因数は ⑥□ である。

よく出る **4** 【因数分解，共通な因数】次の式を因数分解しなさい。

教科書 p.25 例 3

□(1) $mx+nx$　　□(2) $10ab-5a$

□(3) $3x^2-9xy$　　□(4) $2a^2b+7ab^2$

□(5) $8x^2y+6xy$　　□(6) $9a^3-15a^2b$

□(7) $ax-ay-2a$　　□(8) $4m^2n+8mn^2-12mn$

⚠ミスに注意

かっこの中の式に共通な因数が残らないように，共通な因数はすべてくくり出さなければいけません。

(2) $5(2ab-a)$ ×

共通な因数 a が残っている

$a(10b-5)$ ×

共通な因数 5 が残っている

例題の答え **1** ① x　② y　③ x　④ $x-6$　⑤ $x+3$　⑥ $x+4$

2 ① x　② $x-4y$　③ $2a$　④ $b+3c$

解答▶▶ p.4

1章　多項式

2節　因数分解
2　公式を利用する因数分解—①

●因数分解の公式1′（乗法公式1の逆）

教科書 p.26〜27

□ **例題1** 次の式を因数分解しなさい。 ▶▶1

(1)　x^2+5x+4　　(2)　x^2-3x-4

考え方　公式1′ $x^2+(a+b)x+ab=(x+a)(x+b)$ を使います。

答え (1)　2つの数の積が ①［　　］になる数の組のうち，和が ②［　　］になるのは ③［　　］と ④［　　］であるから，

$x^2+5x+4=(x+$ ③［　　］$)(x+$ ④［　　］$)$

積が4	和が5
1，　4	○
2，　2	×
−1，−4	×
−2，−2	×

(2)　2つの数の積が ⑤［　　］になる数の組のうち，

和が ⑥［　　］になるのは ⑦［　　］と ⑧［　　］

であるから，

$x^2-3x-4=($ ⑨［　　］$)($ ⑩［　　］$)$

プラスワン　因数分解の公式1′

$x^2+(a+b)x+ab$
$=(x+a)(x+b)$

●因数分解の公式2′，3′（乗法公式2，3の逆）

教科書 p.27

□ **例題2** $x^2+8x+16$ を因数分解しなさい。 ▶▶2

考え方　公式2′ $x^2+2ax+a^2=(x+a)^2$ を使います。

答え $8=2\times4$，$16=4^2$ であるから，公式2′を使って

$x^2+8x+16=x^2+2\times$ ①［　　］$\times x+$ ②［　　］^{2}

$=(x+$ ③［　　］$)^2$

プラスワン　因数分解の公式3′

$x^2-2ax+a^2=(x-a)^2$

●因数分解の公式4′（乗法公式4の逆）

教科書 p.28

□ **例題3** x^2-16 を因数分解しなさい。 ▶▶3

考え方　公式4′ $x^2-a^2=(x+a)(x-a)$ を使います。

答え $x^2-16=x^2-$ ①［　　］^{2}

$=(x+$ ②［　　］$)(x-$ ③［　　］$)$

●²−●² の形であれば，公式4′が使えます。

1 【因数分解の公式 1′】 次の式を因数分解しなさい。

教科書 p.26 例 1，p.27 例 2

□(1) x^2+6x+5　□(2) $x^2+9x+20$　□(3) $a^2+14a+48$

□(4) x^2-4x+3　□(5) $x^2-10x+24$　□(6) $y^2-12y+20$

□(7) x^2+2x-3　□(8) $a^2+2a-35$　□(9) $x^2+10x-24$

□(10) x^2-x-2　□(11) y^2-y-56　□(12) $x^2-18x-40$

●キーポイント

x^2+ ● $x+$ ● の形の式で，積が●，和が●となるような２つの数を見つけます。
まず，積が●になる数を考えます。

(1) x^2+6x+5

$x^2+(a+b)x+ab$

積が５	和が６
1，5	○
−1，−5	×

2 【因数分解の公式 2′，3′】 次の式を因数分解しなさい。

教科書 p.27 例 3，問 4

□(1) x^2+2x+1　□(2) $x^2+14x+49$　□(3) $a^2+16a+64$

□(4) x^2-4x+4　□(5) y^2-6y+9　□(6) $a^2-10a+25$

□(7) $x^2+24x+144$　□(8) $a^2-30a+225$　□(9) $x^2+26x+169$

●キーポイント

x^2+ ● $x+$ ●，
x^2- ● $x+$ ●
の形の式で，
● ＝ ▲²
● ＝ 2 × ▲
のとき，公式 2′，3′ が使えます。

(1) x^2+2x+1

2×▲　▲²

3 【因数分解の公式 4′】 次の式を因数分解しなさい。

教科書 p.28 例 4

□(1) a^2-9　□(2) x^2-64　□(3) x^2-81

□(4) y^2-400　□(5) $1-x^2$　□(6) $49-a^2$

●キーポイント

x^2-a^2 の形の式であれば，公式 4′ が使えます。

(1) a^2-9
$=a^2-3^2$

例題の答え **1** ①4　②5　③1　④4　(③4　④1)　⑤−4　⑥−3　⑦1　⑧−4　(⑦−4　⑧1)　⑨$x+1$　⑩$x-4$　(⑨$x-4$　⑩$x+1$)　**2** ①4　②4　③4　**3** ①4　②4　③4

解答▶▶ p.4

2節　因数分解
[2]　公式を利用する因数分解―②

●共通な因数をくくり出す因数分解

教科書 p.29

例題 1 $3x^2-30x+48$ を因数分解しなさい。 ▶▶1

考え方　まず共通な因数をくくり出し，因数分解の公式を使います。

答え

$3x^2-30x+48$

$=\boxed{\text{①}\quad}(x^2-10x+16)$　　　共通な因数をくくり出す

$=\boxed{\text{①}\quad}\left(x-\boxed{\text{②}\quad}\right)\left(x-\boxed{\text{③}\quad}\right)$　　　かっこの中を因数分解する（公式 1′ $x^2+(a+b)x+ab=(x+a)(x+b)$）

●単項式をまとまりでみて公式を使う因数分解

教科書 p.29

例題 2 $16x^2-8x+1$ を因数分解しなさい。 ▶▶2

考え方　$16x^2=(4x)^2$ であることから，$4x$ をまとまりでみて，因数分解の公式を使います。

$(4x)^2-2\times 1\times 4x+1^2$

$X^2\;-2\times A\times X+A^2=(X-A)^2$ ←（公式 3′ $x^2-2ax+a^2=(x-a)^2$）

答え

$16x^2-8x+1$

$=\left(\boxed{\text{①}\quad}\right)^2-2\times\boxed{\text{②}\quad}\times\boxed{\text{③}\quad}+\boxed{\text{④}\quad}^2$

$=\left(\boxed{\text{⑤}\quad}\right)^2$

まとまりでみる単項式を決めたら，どの公式が使えるかを考えましょう。

●式を1つの文字におきかえる因数分解

教科書 p.29

例題 3 $(x+y)^2+3(x+y)-4$ を因数分解しなさい。 ▶▶3

考え方　$x+y=A$ とおきかえて，因数分解の公式を使います。

答え　$x+y=A$ とおくと

$(x+y)^2+3(x+y)-4$

$=A^2+3A-4$

$=\left(A-\boxed{\text{①}\quad}\right)\left(A+\boxed{\text{②}\quad}\right)$　　（公式 1′）

$=\left(\boxed{\text{③}\quad}\right)\left(\boxed{\text{④}\quad}\right)$　　A をもとにもどす

絶対理解 **1** 【共通な因数をくくり出す因数分解】次の式を因数分解しなさい。 教科書 p.29 例 5

□(1) $2x^2-10x-48$　□(2) $3x^2+12x+12$

□(3) $4a^2-24a+36$　□(4) $5x^2-80$

□(5) $-3x^2+24x-21$　□(6) $-2x^2+20x-50$

●キーポイント
次の順に考えます。
1 共通な因数をくくり出す。
2 かっこの中を公式を使って因数分解する。

よく出る **2** 【単項式をまとまりでみて公式を使う因数分解】次の式を因数分解しなさい。 教科書 p.29 例 6

□(1) $36a^2-12a+1$　□(2) $4x^2-49$

□(3) x^2-9y^2　□(4) $a^2+18ab+81b^2$

□(5) $25a^2-64b^2$　□(6) $9x^2+12xy+4y^2$

3 【式を 1 つの文字におきかえる因数分解】次の式を因数分解しなさい。 教科書 p.29 例 7

□(1) $x(a-b)+y(a-b)$　□(2) $(x+1)a-(x+1)b$

□(3) $(x-y)^2-1$　□(4) $(a+b)^2-16(a+b)+64$

□(5) $(x+y)^2-(x+y)-42$　□(6) $(a-4)^2-36$

□(7) $(x-1)^2+14(x-1)+49$　□(8) $(x+3)^2-13(x+3)+30$

●キーポイント
(6) $36=6^2$ であるから
公式 4′
x^2-a^2
$=(x+a)(x-a)$
が使えます。

例題の答え **1** ①3　②2　③8　(②8　③2)　**2** ①$4x$　②1　③$4x$　④1　⑤$4x-1$
3 ①1　②4　③$x+y-1$　④$x+y+4$

解答▶▶ p.5

2節　因数分解　1, 2

1 次の式を因数分解しなさい。

□(1)　x^2+8xy　　□(2)　ab^2-5ab

□(3)　$20a^2x-15ax$　　□(4)　$2x^2y+4xy-10y^2$

よく出る **2** 次の式を因数分解しなさい。

□(1)　$x^2-16x+48$　　□(2)　x^2-100

□(3)　$x^2-16x+64$　　□(4)　$x^2-7x-60$

□(5)　$x^2+10x-39$　　□(6)　$x^2+18x+81$

□(7)　$x^2+16x+60$　　□(8)　x^2-121

□(9)　$a^2-23a-50$　　□(10)　$x^2+15x+36$

□(11)　$x^2-40x+400$　　□(12)　$a^2-a-240$

□(13)　$81-y^2$　　□(14)　$x^2+25x+150$

□(15)　$x^2+198x-400$　　□(16)　$50-51a+a^2$

3 次の式を因数分解するとき，下の[　　]の中の公式 1′ ～4′ のどれを使えばよいですか。また，そのように考えた理由も答えなさい。

□(1)　x^2-36

□(2)　$x^2-13x+36$

公式 1′　$x^2+(a+b)x+ab=(x+a)(x+b)$
公式 2′　$x^2+2ax+a^2=(x+a)^2$
公式 3′　$x^2-2ax+a^2=(x-a)^2$
公式 4′　$x^2-a^2=(x+a)(x-a)$

ヒント　**2** (16)項を並べかえて，公式が使えるようにする。

定期テスト予報
●因数分解は，まず共通な因数があるか確認し，それらをすべてくくり出してから公式を使おう。式の形の特徴(とくちょう)からどの公式を使えばよいかを決めよう。公式 2′，3′ は 1 次の項の係数と数の項に，公式 4′ は数の項に着目すればいいよ。

よく出る **4** 次の式を因数分解しなさい。

□(1) $4x^2-40x+96$

□(2) $5x^2-70x+245$

□(3) $-2x^2-2x+24$

□(4) $3a^2b+30ab+75b$

□(5) $4xy^2-36x$

□(6) $2x^2y-6xy-8y$

よく出る **5** 次の式を因数分解しなさい。

□(1) a^2-49b^2

□(2) $25x^2-40x+16$

□(3) $9a^2+30ab+25b^2$

□(4) $64a^2-b^2$

6 次の式を因数分解しなさい。

□(1) $5x(x-7)-(x-7)^2$

□(2) $(a+2)^2-20(a+2)+64$

□(3) $(2x+5)^2-(x-5)^2$

□(4) $a(x-y)-bx+by$

□(5) $x^2-y^2-6x+6y$

□(6) $ab-3b-a+3$

7 次の式は $81x^2-9y^2$ を正しく因数分解しているとはいえません。その理由を説明しなさい。また，正しく因数分解しなさい。
□

$$81x^2-9y^2=(9x+3y)(9x-3y)$$

ヒント **6** (3)かっこの中の式をそれぞれ文字におきかえる。
(4)～(6) 2 項ずつ組み合わせ，共通な因数をくくり出して，共通な式を見つける。

解答▶▶ p.5

3節 式の計算の利用
1 式の計算の利用

●数の計算への利用

教科書 p.33

例題 1 次の式を，くふうして計算しなさい。 ▶▶ 1 2

(1) 102^2　　(2) 75^2-25^2

考え方 (1) $102=100+2$ として，乗法公式 2 を使って展開します。
(2) 因数分解の公式 4′ を使って因数分解します。

答え (1) $102^2=(100+2)^2$

$=$ ①$^2+2\times$ ② $\times$ ③ $+$ ④^2

$=$ ⑤

(2) 75^2-25^2

$=($ ⑥ $+$ ⑦ $)\times($ ⑧ $-$ ⑨ $)$

$=$ ⑩ $\times$ ⑪

$=$ ⑫

数の場合でも，乗法公式や因数分解の公式が使えます。

●数や図形の性質の証明

教科書 p.33～35

例題 2 2つの続いた奇数（きすう）の大きい数の平方から小さい数の平方をひいたときの差は，8の倍数になります。このことを証明しなさい。 ▶▶ 3 4

考え方 2つの続いた奇数を整数 n を使って表し，その平方の差が $8\times$(整数)となることを示します。

証明 2つの続いた奇数は，整数 n を使って

$2n-1$， ①

と表される。
この2つの続いた奇数の大きい数の平方から小さい数の平方をひくと

$($ ② $)^2-($ ③ $)^2$

$=$ ④ $-($ ⑤ $)$

$=$ ⑥

$=$ ⑦

となる。n は整数だから， ⑦ は ⑧ の倍数である。したがって，2つの続いた奇数の大きい数の平方から小さい数の平方をひいたときの差は，8の倍数になる。

プラスワン　証明でよく使う数の表し方

n を整数とすると
・a の倍数
　…an
・続いた偶数（ぐうすう）
　…$2n-2$，$2n$，$2n+2$
・続いた奇数
　…$2n-1$，$2n+1$
・続いた整数(自然数)
　…$n-1$，n，$n+1$
のように表されます。

絶対理解 **1 【数の計算への利用】次の式を，くふうして計算しなさい。**
教科書 p.33 例 1，問 1

□(1)　99^2　　□(2)　65^2-35^2　　□(3)　62×58

●キーポイント
(3)　$62=60+2$，
$58=60-2$
として考えます。

2 【数の計算への利用】次の式の値を求めなさい。
教科書 p.33 問 2

□(1)　$x=18$ のとき，$x^2-13x-30$ の値

□(2)　$x=54$，$y=46$ のとき，$x^2-2xy+y^2$ の値

●キーポイント
式を因数分解してから値を代入すると，計算が簡単になります。

よく出る **3 【数や図形の性質の証明】** 2 つの続いた偶数の大きい数の平方から小さい数の平方をひいたときの差は，4 の倍数になります。このことを証明しなさい。
教科書 p.33～34 ⓪

●キーポイント
偶数は2の倍数です。
2つの続いた偶数を整数nを使って表してみましょう。

4 【数や図形の性質の証明】右の図のような縦 x m，横 y m の長方形の土地の周囲に，幅（はば） a m の道があります。このとき，次の問に答えなさい。
教科書 p.35 例 2

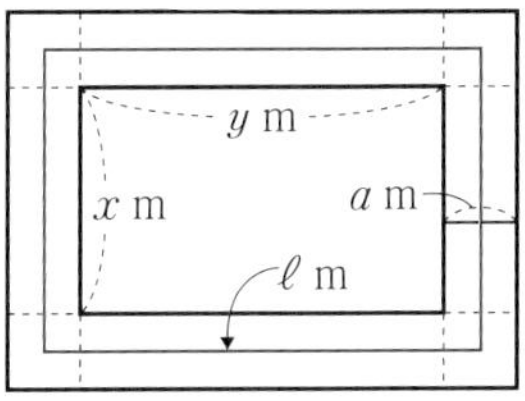

□(1)　この道の真ん中を通る線の長さを ℓ m とするとき，ℓ を x，y，a を使った式で表しなさい。

□(2)　この道の面積を S m^2 とするとき，$S=a\ell$ となります。このことを証明しなさい。

例題の答え **1** ①100　②2　③100　④2　⑤10404　⑥75　⑦25　⑧75　⑨25　⑩100　⑪50　⑫5000
2 ①$2n+1$　②$2n+1$　③$2n-1$　④$4n^2+4n+1$　⑤$4n^2-4n+1$
⑥$4n^2+4n+1-4n^2+4n-1$　⑦$8n$　⑧8

解答▶▶ p.6

3節 式の計算の利用 [1]

よく出る **1** 次の式を，くふうして計算しなさい。

□(1) $50.5^2-49.5^2$　□(2) 9.7^2　□(3) 3.01×2.99

2 □ 1辺52 cmの正方形があります。この正方形の縦を9 cm長くし，横を9 cm短くして長方形をつくります。できた長方形ともとの正方形の面積の差を求めなさい。途中の計算も示しなさい。

3 $x=34$，$y=33$ のとき，次の式の値を求めなさい。

□(1) $x^2-8x-84$　□(2) x^2-y^2

□(3) $x^2+4xy+4y^2$　□(4) $(x-6)(x+3)-(x-2)^2$

4 □ 右の図のような半径 r m の半円の土地の曲線部分の外側に，幅 a m の道があります。この道の面積を S m^2，道の真ん中を通る線の長さを ℓ m とすると，$S=a\ell$ となります。このことを証明しなさい。

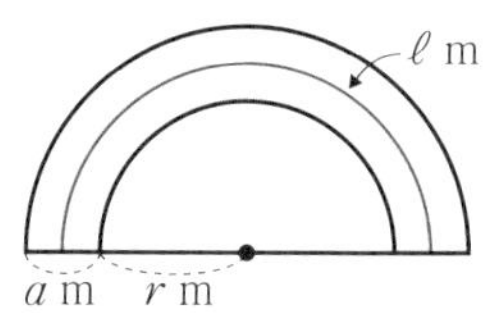

5 3でわると2余る自然数 a を2乗して，その数を3でわったときの余りを b とします。このとき，次の問に答えなさい。

□(1) $a=8$ のときの b の値を求めなさい。

□(2) a がどんな値のときも，b は1になります。このことを証明しなさい。

ヒント　**3** (4)まず展開し，式を簡単にしてから代入する。
5 3でわると2余る自然数は，整数 n を使って $3n+2$ と表される。

定期テスト 予報 ●展開や因数分解を数の計算や証明に利用するときは，その式の形から使う公式を決めよう。公式にあてはめて途中の式をきちんと書く習慣をつけよう。また，証明に利用するときは，結論を示すために式をどんな形に変形すればよいか，予想を立ててから計算するといいよ。

6 **3つの続いた整数で，真ん中の数の平方から，残りの2つの数の積をひいたときの差について，次の問に答えなさい。**

$2^2-1\times3=1$
$3^2-2\times4=1$
$4^2-3\times5=1$

□(1) 差はどんな数になるか予想しなさい。

□(2) (1)で予想したことが成り立つことを証明しなさい。

7 2つの続いた偶数で，それぞれの平方の和から2をひいたときの差は，2つの続いた偶数の間にある奇数の平方の2倍になります。このことを証明しなさい。

8 50×50，51×51，52×52，…，59×59 の答えを速算で求める方法を考えます。この計算の速算の方法について，次のように予想しました。

> 十の位が5である2けたの自然数の2乗は
> ・下2けたが，一の位の数の2乗になる。
> ・百以上の位が，十の位の数の2乗と一の位の数との和になる。

上の速算の方法で計算できることを証明しなさい。

ヒント
7 2つの続いた偶数は，整数 n を使って $2n$，$2n+2$ と表される。
8 十の位が5，一の位が a である2けたの自然数は $50+a$ と表される。この自然数の2乗を考える。

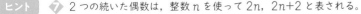

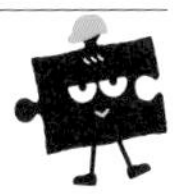

解答▶▶ p.7

1章　多項式

時間 30分　／100点　合格 70点

❶ 次の計算をしなさい。知

(1) $-6a(2a-3b)$

(2) $(4x^2y-6xy^2+2xy)\div\dfrac{2}{3}xy$

❶ 点/8点（各4点）
(1)
(2)

❷ 次の式を展開しなさい。知

(1) $(a-4b)(a+b-5)$

(2) $(x+10)(x-10)$

(3) $(x-9)^2$

(4) $(x+12)(x-3)$

(5) $\left(a+\dfrac{1}{3}\right)\left(a-\dfrac{4}{3}\right)$

(6) $(-3x+2)(-3x+8)$

(7) $(x+y+4)(x-y-4)$

❷ 点/28点（各4点）
(1)
(2)
(3)
(4)
(5)
(6)
(7)

❸ 次の計算をしなさい。知

(1) $(x+1)(x+7)-2(x-2)^2$

(2) $4(a+b)^2+(3a-2b)(3a+2b)$

❸ 点/8点（各4点）
(1)
(2)

❹ 次の式を因数分解しなさい。((1)〜(6) 知, (7) 考)

(1) x^2-x-42

(2) $36-x^2$

(3) $25x^2+10x+1$

(4) $5x^2-25x-120$

(5) $36a^2-48ab+16b^2$

(6) $(x-3)^2+10(x-3)+9$

(7) $a^2-2a+1-b^2$

❹ 点/28点（各4点）
(1)
(2)
(3)
(4)
(5)
(6)
(7)

成績評価の観点　知…数量や図形などについての知識・技能　考…数学的な思考・判断・表現

❺ 次の式を，くふうして計算しなさい。考

(1)　10.5^2　　(2)　$6^2\times3.14-4^2\times3.14$

❺	点/8点（各4点）
(1)	
(2)	

点UP **❻** $x=54$，$y=32$ のとき，$(x+2y)^2-4xy-8y^2$ の値を求めなさい。考

❻	点/6点

❼ 右の図のように，長さ a cm の線分 AB の中点を M とし，MB 上に MC＝b cm となる点 C をとります。線分 AC，BC をそれぞれ 1 辺とする正方形を(ア)，(イ)とするとき，(ア)の面積から(イ)の面積をひいたときの差を求めなさい。考

❼	点/6点

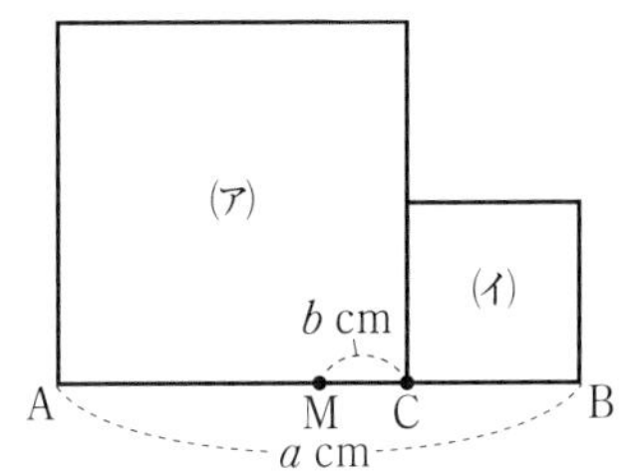

点UP **❽** 5 つの続いた整数で，大きいほうの 2 つの数の積から，小さいほうの 2 つの数の積をひいたときの差は，6 の倍数になります。このことを証明しなさい。考

❽	点/8点

知 /68点	考 /32点

解答▶▶ p.8

教科書のまとめ〈1章　多項式〉

●多項式と単項式の乗除

・多項式と単項式の乗法は，分配法則 $c(a+b)=ca+cb$ などを使って計算することができる。

(例) $2x(x-3y)=2x\times x-2x\times 3y$
$=2x^2-6xy$

・多項式を単項式でわる除法は，逆数を使って乗法になおして計算する。

(例) $(4x^2-6xy)\div 2x$
$=(4x^2-6xy)\times\dfrac{1}{2x}$
$=4x^2\times\dfrac{1}{2x}-6xy\times\dfrac{1}{2x}$
$=2x-3y$

●多項式の乗法

・単項式や多項式の積の形の式を，かっこをはずして単項式の和の形に表すことを，はじめの式を**展開する**という。

・$(a+b)(c+d)=\overset{①}{ac}+\overset{②}{ad}+\overset{③}{bc}+\overset{④}{bd}$

[注意] 式を展開して，同類項があれば，分配法則 $ax+bx=(a+b)x$ を使って1つの項にまとめる。

●乗法公式

・公式1　$(x+a)(x+b)$
$=x^2+(a+b)x+ab$
・公式2　$(x+a)^2=x^2+2ax+a^2$
・公式3　$(x-a)^2=x^2-2ax+a^2$
・公式4　$(x+a)(x-a)=x^2-a^2$

●いろいろな式の展開

多項式の乗法では，複雑な式でも，式の一部をほかの文字におきかえると乗法公式を使って展開することができる。

●因数分解

・$6=2\times 3$ や $2xy=2\times x\times y$ のように，1つの数や式をいくつかの数や式の積で表すとき，そのひとつひとつを因数という。

・素数である因数を**素因数**（そいんすう）という。

(例) $x^2+7x+12=(x+3)(x+4)$ と表せるから，$x+3$ と $x+4$ は $x^2+7x+12$ の因数である。

・多項式をいくつかの因数の積として表すことを，その多項式を**因数分解する**という。

・因数分解は，式の展開を逆に見たものである。

・多項式の各項に共通な因数があるとき，それをかっこの外にくくり出して，式を因数分解することができる。

$mx+my+mz=m(x+y+z)$

[注意] 共通な因数はすべてくくり出して，できるかぎり因数分解する。

(例) $3ab-6b^2=3b(a-2b)$

●因数分解の公式

・公式1′　$x^2+(a+b)x+ab$
$=(x+a)(x+b)$
・公式2′　$x^2+2ax+a^2=(x+a)^2$
・公式3′　$x^2-2ax+a^2=(x-a)^2$
・公式4′　$x^2-a^2=(x+a)(x-a)$

●数の計算のくふう

乗法公式や因数分解の公式を使って，くふうして計算することができる。

(例) $201^2=(200+1)^2$
$=200^2+2\times 1\times 200+1^2$
$=40401$

$28^2-22^2=(28+22)\times(28-22)$
$=50\times 6$
$=300$

ぴたトレ
0
スタートアップ

2章　平方根

□乗法公式　　◀ 中学3年

1. $(x+a)(x+b)=x^2+(a+b)x+ab$
2. $(x+a)^2=x^2+2ax+a^2$
3. $(x-a)^2=x^2-2ax+a^2$
4. $(x+a)(x-a)=x^2-a^2$

1 次の計算をしなさい。　　◀ 中学1年〈同じ数の積〉

(1) 2^2　　(2) 5^2

(3) $(-4)^2$　　(4) $(-10)^2$

(5) 0.1^2　　(6) $(-1.3)^2$

(7) $\left(\frac{2}{3}\right)^2$　　(8) $\left(-\frac{3}{4}\right)^2$

ヒント
$a^2=a\times a$ なので，指数の数だけかけると……

2 次の分数を小数で表しなさい。　　◀ 小学5年〈分数と小数〉

(1) $\frac{2}{5}$　　(2) $\frac{3}{4}$

(3) $\frac{5}{8}$　　(4) $\frac{3}{20}$

(5) $\frac{16}{5}$　　(6) $\frac{6}{25}$

ヒント
分数を小数で表すには，分子を分母でわって……

解答▶▶ p.10

1節 平方根
1 平方根

●平方根

教科書 p.44〜46

例題 1 次の問に答えなさい。 ▶▶1〜4

(1) 次の数の平方根(へいほうこん)を答えなさい。

㋐ 4　　㋑ 7

(2) 次の数を根号(こんごう)を使わずに表しなさい。

㋐ $\sqrt{16}$　　㋑ $-\sqrt{16}$

考え方 (1) 2乗すると4や7になる数を考えます。
(2) 16の平方根のうち，正のほうが $\sqrt{16}$，負のほうが $-\sqrt{16}$ です。

答え (1)㋐ $2^2=4$，$(-2)^2=4$ であるから，

4の平方根は ① と ②

㋑ 根号を使って表すと，

7の平方根は ③ と ④

(2) 16の平方根は ⑤ と ⑥

㋐ $\sqrt{16}$ は正のほうだから ⑦　㋑ $-\sqrt{16}$ は負のほうだから ⑧

プラスワン 平方根

ある数 x を2乗すると a になるとき，すなわち，$x^2=a$ であるとき，x を a の平方根といいます。
平方根は根号 $\sqrt{\ }$ を使って表します。
2つの平方根のうち
正のほうを $\sqrt{a}$
負のほうを $-\sqrt{a}$
と書きます。
(例) $3^2=9$，$(-3)^2=9$ であるから
3は9の正の平方根
-3 は9の負の平方根

●平方根の大小

教科書 p.47

例題 2 3と $\sqrt{8}$ の大小を，不等号を使って表しなさい。 ▶▶5

考え方 2乗した数の大小を比べます。

答え $3^2=9$，$(\sqrt{8})^2=$ ① で，9 ②(不等号) ①

であるから

$\sqrt{9}$ ③ $\sqrt{8}$　すなわち　3 ③ $\sqrt{8}$

プラスワン 平方根の大小

$0<a<b$ ならば
$\sqrt{a}<\sqrt{b}$

●有理数と無理数

教科書 p.48〜49

例題 3 $\sqrt{25}$，$\sqrt{7}$ のうち，無理数(むりすう)を選びなさい。 ▶▶6

考え方 $\sqrt{\ }$ を使わずに表せるか考えます。根号の中がある数の2乗になる数は有理数(ゆうりすう)です。

答え $\sqrt{25}=5$ であるから ① である。

答 ②

プラスワン 有理数と無理数

a を整数，b を0でない整数としたとき，$\dfrac{a}{b}$ という分数の形で表すことができる数を有理数といいます。
分数の形で表すことができない数を無理数といいます。

1 【平方根】次の数の平方根を答えなさい。 教科書 p.45 例 1

□(1) 81　□(2) 100　□(3) $\frac{9}{16}$

●キーポイント
正の数の平方根は2つあります。

$\sqrt{a}$, $-\sqrt{a}$ —2乗(平方)→ a
a —平方根→ $\sqrt{a}$, $-\sqrt{a}$

$\sqrt{a}$ と $-\sqrt{a}$ をまとめて $\pm\sqrt{a}$ と書きます。

2 【平方根】根号を使って，次の数の平方根を表しなさい。 教科書 p.46 例 2

□(1) 11　□(2) 0.3　□(3) $\frac{7}{5}$

3 【根号を使わずに表す】次の数を根号を使わずに表しなさい。 教科書 p.46 例 3

□(1) $\sqrt{4}$　□(2) $-\sqrt{64}$　□(3) $\sqrt{49}$

□(4) $-\sqrt{6^2}$　□(5) $\sqrt{(-9)^2}$　□(6) $-\sqrt{(-13)^2}$

⚠ミスに注意
(1) $\sqrt{4}$ は4の平方根のうち，正のほうです。
$\sqrt{4}=\pm 2$ ✕

4 【平方根の2乗】次の数を求めなさい。 教科書 p.46 例 4

□(1) $(\sqrt{8})^2$　□(2) $(-\sqrt{15})^2$　□(3) $(\sqrt{36})^2$

5 【平方根の大小】次の各組の数の大小を，不等号を使って表しなさい。 教科書 p.47 例 5

□(1) $\sqrt{14}$，$\sqrt{17}$　□(2) 4，$\sqrt{15}$　□(3) $\sqrt{80}$，9

□(4) $-\sqrt{5}$，$-\sqrt{6}$　□(5) 4，5，$\sqrt{21}$　□(6) -7，$-\sqrt{50}$

●キーポイント
(2) 4と $\sqrt{15}$ を2乗して大小を比べましょう。

(4)(6)負の数では，絶対値が大きいほど小さくなります。

6 【有理数と無理数】次の数のなかから，無理数をすべて選びなさい。 教科書 p.48 問 6

□ ㋐ $\sqrt{4}$　㋑ $-\sqrt{10}$　㋒ -3.6　㋓ -9　㋔ π

⚠ミスに注意
㋐ $\sqrt{4}=2$ です。

例題の答え **1** ①2　②-2　③$\sqrt{7}$　④$-\sqrt{7}$　⑤4　⑥-4　⑦4　⑧-4
2 ①8　②>　③>　**3** ①有理数　②$\sqrt{7}$

解答▶▶ p.10

1節 平方根 [1]

1 次の数の平方根を答えなさい。

□(1) 0　□(2) 77　□(3) 196

□(4) 0.04　□(5) 3.6　□(6) 1.69

□(7) $\dfrac{5}{6}$　□(8) $\dfrac{25}{81}$　□(9) $\dfrac{121}{49}$

よく出る **2** 次の数を根号を使わずに表しなさい。

□(1) $\sqrt{81}$　□(2) $-\sqrt{225}$　□(3) $\sqrt{0.36}$

□(4) $-\sqrt{1.96}$　□(5) $-\sqrt{\dfrac{9}{64}}$　□(6) $\sqrt{\dfrac{81}{49}}$

□(7) $-\sqrt{5^2}$　□(8) $\sqrt{(-17)^2}$　□(9) $-\sqrt{(-10)^2}$

□(10) $-\sqrt{(-9)^2}$　□(11) $(\sqrt{20})^2$　□(12) $(-\sqrt{23})^2$

□(13) $\left(\sqrt{\dfrac{2}{7}}\right)^2$　□(14) $\left(-\sqrt{\dfrac{5}{9}}\right)^2$　□(15) $-(\sqrt{12})^2$

ヒント **2** (8) $\sqrt{(-17)^2}=-17$ ではない。

定期テスト予報

●平方根や有理数，無理数の意味を理解できているかな。
3 の平方根は $\sqrt{3}$ と $-\sqrt{3}$ の 2 つ（$\sqrt{3}$ だけではない），$\sqrt{(-5)^2}=5$（-5 ではない），$\sqrt{36}$ は有理数（$\sqrt{36}=6$ なので無理数ではない）などは，特に注意しよう。

よくでる 3 次の各組の数の大小を，不等号を使って表しなさい。

□(1) $0.2,\ \sqrt{0.2}$　　□(2) $\sqrt{\dfrac{1}{2}},\ \sqrt{\dfrac{2}{3}}$　　□(3) $-\sqrt{23},\ -5$

□(4) $2,\ 3,\ \sqrt{7}$　　□(5) $8,\ \sqrt{65},\ \sqrt{61}$　　□(6) $-9,\ -\sqrt{80},\ -\sqrt{90}$

4 次の数直線上の点 A，B，C，D，E，F は，下の数のどれかと対応しています。これらの点に対応する数をそれぞれ答えなさい。

$0.5,\quad -\dfrac{7}{4},\quad \sqrt{20},\quad -\sqrt{36},\quad \pi,\quad -\sqrt{15}$

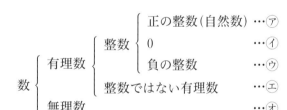

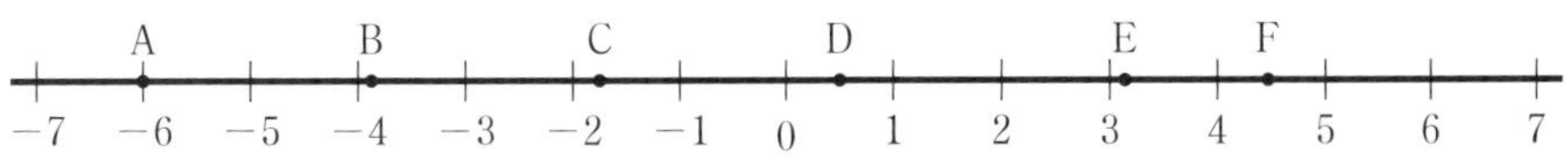

5 次の数は右の図の㋐～㋔のどれにあたりますか。記号で答えなさい。

□(1) $\dfrac{5}{6}$

□(2) 3.2

□(3) $\sqrt{7}$

□(4) $-\sqrt{49}$

□(5) π

数
- 有理数
  - 整数
    - 正の整数（自然数）…㋐
    - 0 …㋑
    - 負の整数 …㋒
  - 整数ではない有理数 …㋓
- 無理数 …㋔

6 次の分数は小数で表すと，有限小数，循環（じゅんかん）小数のどちらになりますか。

□(1) $\dfrac{5}{6}$　　□(2) $\dfrac{3}{8}$

ヒント
3 (4)～(6) 3 つの数の大小を比べるときも，それぞれを 2 乗して大小を比べる。
5 $\sqrt{n}$ の形で表されていても，無理数とは限らない。

解答▶▶ p.10

2節 根号をふくむ式の計算
1 根号をふくむ式の乗除―①

●平方根の積と商

教科書 p.52

例題 1 次の計算をしなさい。 ▶▶1 2

(1) $\sqrt{2}\times\sqrt{5}$　　(2) $\dfrac{\sqrt{27}}{\sqrt{3}}$

考え方　根号の中の数どうしの積や商を計算します。

答え
(1) $\sqrt{2}\times\sqrt{5}=\sqrt{\boxed{\text{①}}\times\boxed{\text{②}}}=\sqrt{\boxed{\text{③}}}$

(2) $\dfrac{\sqrt{27}}{\sqrt{3}}=\sqrt{\dfrac{\boxed{\text{④}}}{\boxed{\text{⑤}}}}=\sqrt{\boxed{\text{⑥}}}=\boxed{\text{⑦}}$

プラスワン　平方根の積と商
a, b を正の数とするとき
$\sqrt{a}\times\sqrt{b}=\sqrt{ab}$
$\dfrac{\sqrt{a}}{\sqrt{b}}=\sqrt{\dfrac{a}{b}}$

●$\sqrt{a}$ や $a\sqrt{b}$ の形に変形する

教科書 p.53

例題 2 次の数を，(1)は $\sqrt{a}$ の形に，(2)は $a\sqrt{b}$ の形に表しなさい。 ▶▶3 4

(1) $2\sqrt{6}$　　(2) $\sqrt{28}$

考え方　a, b を正の数とするとき $a\sqrt{b}=\sqrt{a^2b}$ を使って変形します。

答え
(1) $2\sqrt{6}=\sqrt{\boxed{\text{①}}}\times\sqrt{6}$
$=\sqrt{\boxed{\text{①}}\times 6}=\sqrt{\boxed{\text{②}}}$

(2) $\sqrt{28}=\sqrt{2^2\times 7}$
$=\sqrt{\boxed{\text{③}}^2}\times\sqrt{\boxed{\text{④}}}$
$=\boxed{\text{③}}\times\sqrt{\boxed{\text{④}}}$
$=\boxed{\text{⑤}}$

28＝2×2×7 のように，自然数を素数だけの積で表すことを素因数分解といいましたね。

プラスワン　$a\sqrt{b}$ への変形
根号の中の2乗になっている数は，根号の外に出します。
(例) $\sqrt{12}=\sqrt{2^2\times 3}=2\sqrt{3}$
$\sqrt{a^2b}=a\sqrt{b}$

●$\dfrac{\sqrt{b}}{a}$ の形に変形する

教科書 p.54

例題 3 $\sqrt{0.07}$ を $\dfrac{\sqrt{b}}{a}$ の形に表しなさい。 ▶▶5

考え方　小数を分数に表して考えます。

答え $\sqrt{0.07}=\sqrt{\dfrac{\boxed{\text{①}}}{\boxed{\text{②}}}}=\dfrac{\sqrt{\boxed{\text{①}}}}{\sqrt{\boxed{\text{②}}}}=\boxed{\text{③}}$

プラスワン　$\dfrac{\sqrt{b}}{a}$ への変形
a, b を正の数とするとき
$\sqrt{\dfrac{b}{a^2}}=\dfrac{\sqrt{b}}{a}$

絶対理解 **1** 【平方根の積】次の計算をしなさい。 教科書 p.52 例 1

□(1) $\sqrt{7}\times\sqrt{6}$　□(2) $\sqrt{20}\times(-\sqrt{5})$　□(3) $\sqrt{2}\times\sqrt{18}$

⚠ミスに注意
(2)根号を使わずに表せるときは，根号を使わずに表します。
$\sqrt{20}\times(-\sqrt{5})$
$=-\sqrt{100}$ ×
↑
ここで終わりにしない。

絶対理解 **2** 【平方根の商】次の計算をしなさい。 教科書 p.52 例 1

□(1) $\dfrac{\sqrt{15}}{\sqrt{5}}$　□(2) $(-\sqrt{8})\div\sqrt{2}$　□(3) $(-\sqrt{48})\div(-\sqrt{3})$

3 【$\sqrt{a}$ の形に変形する】次の数を $\sqrt{a}$ の形に表しなさい。 教科書 p.53 例 2

□(1) $2\sqrt{7}$　□(2) $3\sqrt{6}$　□(3) $5\sqrt{2}$

●キーポイント
根号の外の数を2乗して，根号の中に移します。

よく出る **4** 【$a\sqrt{b}$ の形に変形する】次の数を $a\sqrt{b}$ の形に表しなさい。 教科書 p.53 例 3

□(1) $\sqrt{20}$　□(2) $\sqrt{63}$　□(3) $\sqrt{98}$

□(4) $\sqrt{252}$　□(5) $\sqrt{300}$　□(6) $\sqrt{32}$

●キーポイント
根号の中の数について，2乗になっている数を見つけます。数が大きいときは，素因数分解して2乗になる数を見つけます。

5 【$\dfrac{\sqrt{b}}{a}$ の形に変形する】次の数を $\dfrac{\sqrt{b}}{a}$ の形に表しなさい。 教科書 p.54 例 4

□(1) $\sqrt{\dfrac{10}{9}}$　□(2) $\sqrt{0.21}$　□(3) $\sqrt{0.0005}$

●キーポイント
小数を分数に表すときは，分母が
$100=10^2$，
$10000=100^2$
の分数にします。

例題の答え **1** ①2　②5　③10　④27　⑤3　⑥9　⑦3
2 ①4(2^2)　②24　③2　④7　⑤$2\sqrt{7}$　**3** ①7　②100　③$\dfrac{\sqrt{7}}{10}$

解答▶▶ p.11

ぴたトレ 1 要点チェック

2章 平方根

2節 根号をふくむ式の計算
1 根号をふくむ式の乗除—②

●平方根の近似値

教科書 p.54

□ **例題 1** $\sqrt{3}=1.732$ として，次の値(あたい)を求めなさい。 ▶▶1

(1) $\sqrt{30000}$　　(2) $\sqrt{0.03}$

考え方 $\sqrt{3}$ と有理数の，積や商の形に変形します。

答え (1) $\sqrt{30000}=\sqrt{3}\times\sqrt{①\square}=1.732\times②\square$

$=③\square$

(2) $\sqrt{0.03}=\dfrac{\sqrt{3}}{\sqrt{④\square}}=\dfrac{1.732}{⑤\square}=⑥\square$

プラスワン 小数点の位置

根号の中の数の小数点の位置が2けたずれるごとに，その平方根の小数点は，同じ向きに1けたずつずれます。

(1) $\sqrt{3.0000}=1.732$

(2) $\sqrt{0.03}=0.1732$

●分母の有理化

教科書 p.55

□ **例題 2** $\dfrac{4}{3\sqrt{2}}$ の分母を有理化(ゆうりか)しなさい。 ▶▶2

考え方 分母と分子に，分母にある $\sqrt{2}$ をかけます。

答え $\dfrac{4}{3\sqrt{2}}=\dfrac{4\times①\square}{3\sqrt{2}\times①\square}=\dfrac{4\times①\square}{3\times②\square}$

$=③\square$

プラスワン 分母の有理化

分母に根号がない形に表すことを，分母を**有理化する**といいます。

(例) $\dfrac{1}{\sqrt{3}}=\dfrac{1\times\sqrt{3}}{\sqrt{3}\times\sqrt{3}}$

$=\dfrac{\sqrt{3}}{3}$

分母と分子に同じ数をかけます。

●根号をふくむ式の乗除

教科書 p.56

□ **例題 3** 次の計算をしなさい。 ▶▶3 4

(1) $\sqrt{6}\times\sqrt{50}$　　(2) $\sqrt{20}\div\sqrt{3}$

考え方 $a\sqrt{b}$ の形に変形して計算します。

答え (1) $\sqrt{6}\times\sqrt{50}=\sqrt{2\times3}\times①\square\sqrt{②\square}$

$=①\square\times\sqrt{③\square^2\times④\square}$

$=①\square\times③\square\sqrt{④\square}$

$=⑤\square$

(2) $\sqrt{20}\div\sqrt{3}=\dfrac{\sqrt{20}}{\sqrt{3}}=\dfrac{2\sqrt{5}}{\sqrt{3}}=\dfrac{2\sqrt{5}\times\sqrt{⑥\square}}{\sqrt{3}\times\sqrt{⑥\square}}=⑦\square$

プラスワン 根号をふくむ式の乗除

・根号の中の数をできるだけ小さい自然数に変形してから計算します。

・除法では，分数の形にして，答えは分母を有理化して表します。

1 【平方根の近似値】$\sqrt{7}=2.646$，$\sqrt{70}=8.367$ として，次の値を求めなさい。

教科書 p.54 例 5，問 6

□(1) $\sqrt{700}$　□(2) $\sqrt{7000}$　□(3) $\sqrt{0.07}$

□(4) $\sqrt{0.7}$　□(5) $\sqrt{63}$　□(6) $\sqrt{17.5}$

●キーポイント

(1)～(4)

根号の中の数を 100 との積や商の形に表して考えましょう。

(5)(6)

$\sqrt{7}$，$\sqrt{70}$ の近似値(きんじち)が使えるように，根号の中の数を変形しましょう。

絶対理解 **2** 【分母の有理化】次の数の分母を有理化しなさい。

教科書 p.55 例 6

□(1) $\dfrac{\sqrt{2}}{\sqrt{5}}$　□(2) $\dfrac{2}{\sqrt{3}}$　□(3) $\dfrac{\sqrt{3}}{3\sqrt{2}}$

□(4) $\dfrac{2}{3\sqrt{6}}$　□(5) $\dfrac{2}{\sqrt{12}}$　□(6) $\dfrac{3\sqrt{5}}{\sqrt{10}}$

絶対理解 **3** 【根号をふくむ式の乗法】次の計算をしなさい。

教科書 p.56 例 7，例 8

□(1) $\sqrt{63}\times\sqrt{14}$　□(2) $\sqrt{24}\times\sqrt{80}$　□(3) $\sqrt{15}\times\sqrt{6}$

□(4) $\sqrt{10}\times\sqrt{35}$　□(5) $2\sqrt{5}\times4\sqrt{10}$　□(6) $\sqrt{48}\times2\sqrt{3}$

⚠ミスに注意

素因数分解して根号の中の数をできるだけ小さい自然数に変形してから計算します。

4 【根号をふくむ式の除法】次の計算をしなさい。

教科書 p.56 例 9

□(1) $\sqrt{5}\div\sqrt{6}$　□(2) $2\sqrt{7}\div\sqrt{50}$　□(3) $\sqrt{27}\div\sqrt{15}$

⚠ミスに注意

答えは，分母を有理化して表しましょう。

例題の答え **1** ①10000　②100　③173.2　④100　⑤10　⑥0.1732　**2** ①$\sqrt{2}$　②2　③$\dfrac{2\sqrt{2}}{3}$

3 ①5　②2　③2　④3　⑤$10\sqrt{3}$　⑥3　⑦$\dfrac{2\sqrt{15}}{3}$

解答▶▶ p.12

2節 根号をふくむ式の計算 1

1 次の計算をしなさい。

□(1) $(-\sqrt{32})\times(-\sqrt{2})$　□(2) $\dfrac{\sqrt{90}}{\sqrt{15}}$　□(3) $\sqrt{325}\div(-\sqrt{13})$

2 次の数を $\sqrt{a}$ の形に表しなさい。

□(1) $3\sqrt{5}$　□(2) $2\sqrt{10}$　□(3) $4\sqrt{15}$

3 次の数を $a\sqrt{b}$ や $\dfrac{\sqrt{b}}{a}$ の形に表しなさい。

□(1) $\sqrt{54}$　□(2) $\sqrt{180}$　□(3) $\sqrt{486}$

□(4) $\sqrt{128}$　□(5) $\sqrt{\dfrac{2}{225}}$　□(6) $\sqrt{0.007}$

4 $\sqrt{5}=2.236$，$\sqrt{50}=7.071$ として，次の値を求めなさい。

□(1) $\sqrt{5000}$　□(2) $\sqrt{50000}$　□(3) $\sqrt{0.005}$

□(4) $\sqrt{180}$　□(5) $\sqrt{2}$　□(6) $\sqrt{1.25}$

ヒント **4** (3) $\sqrt{0.005}=\sqrt{\dfrac{50}{10000}}$，(5) $\sqrt{2}=\sqrt{\dfrac{50}{25}}$，(6) $\sqrt{1.25}=\sqrt{\dfrac{125}{100}}$ と変形する。

定期テスト予報

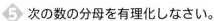

●平方根の積や商，$a\sqrt{b}$ の形に変形することは，平方根の基本なので，しっかり理解しておこう。根号の中の数どうしはかけたり約分したりしてもいいよ。根号の中の数を素因数分解したときに●^{2} となる数があれば，●は根号の外に出せるよ。分母に根号があるときは有理化も忘れずに。

よく出る **5** 次の数の分母を有理化しなさい。

□(1) $\dfrac{6}{\sqrt{7}}$　　□(2) $\dfrac{\sqrt{3}}{\sqrt{10}}$　　□(3) $\dfrac{9}{2\sqrt{3}}$

□(4) $\dfrac{4}{\sqrt{24}}$　　□(5) $\dfrac{2\sqrt{5}}{\sqrt{40}}$　　□(6) $\dfrac{\sqrt{12}}{\sqrt{5}\times\sqrt{2}}$

よく出る **6** 次の計算をしなさい。

□(1) $\sqrt{6}\times\sqrt{10}$　　□(2) $\sqrt{5}\times\sqrt{30}$　　□(3) $\sqrt{42}\times\sqrt{105}$

□(4) $2\sqrt{5}\times\sqrt{27}$　　□(5) $\sqrt{32}\times6\sqrt{2}$　　□(6) $3\sqrt{2}\times2\sqrt{6}$

□(7) $4\sqrt{3}\times3\sqrt{15}$　　□(8) $\sqrt{28}\times\sqrt{32}$　　□(9) $\sqrt{48}\times\sqrt{54}$

よく出る **7** 次の計算をしなさい。

□(1) $\sqrt{45}\div\sqrt{18}$　　□(2) $6\div\sqrt{10}$　　□(3) $5\sqrt{2}\div(-\sqrt{90})$

ヒント　**6** $a\sqrt{b}$ の形に変形したり，約分して根号の中の数をできるだけ小さい自然数にしてから計算する。

7 計算の結果は，かならず分母に根号がない形にする。

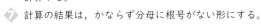

解答▶▶ p.12

2章　平方根

2節　根号をふくむ式の計算
[2]　根号をふくむ式の加減

●根号をふくむ式の加減(1)

教科書 p.57~59

例題 1 次の計算をしなさい。 ▶▶1

(1)　$5\sqrt{3}+4\sqrt{3}$　　(2)　$3\sqrt{2}-3\sqrt{5}-5\sqrt{2}-\sqrt{5}$

考え方　根号の中が同じ数の平方根どうしをまとめます。

答え (1)　$5\sqrt{3}+4\sqrt{3}=(\text{①}\square+\text{②}\square)\sqrt{3}$

$=\text{③}\square$

(2)　$3\sqrt{2}-3\sqrt{5}-5\sqrt{2}-\sqrt{5}$

$=(3-5)\sqrt{2}+(\text{④}\square)\sqrt{5}$

$=\text{⑤}\square$

プラスワン　同じ数の平方根をふくんだ式の計算

同じ数の平方根をふくんだ式は，同類項(どうるいこう)をまとめるのと同じようにして計算します。

(1)　$5\sqrt{3}+4\sqrt{3}=(5+4)\sqrt{3}$

　　$5a+4a=(5+4)a$

(2)　$3\sqrt{2}-3\sqrt{5}-5\sqrt{2}-\sqrt{5}$

　　$3a-3b-5a-b$

●根号をふくむ式の加減(2)

教科書 p.59

例題 2 $\sqrt{48}-\sqrt{27}$ を計算しなさい。 ▶▶2

考え方　根号の中をできるだけ小さい自然数にしてから計算します。

答え $\sqrt{48}-\sqrt{27}=4\sqrt{3}-\text{①}\square\sqrt{\text{②}\square}$

$=\text{③}\square$

●根号をふくむ式の加減(3)

教科書 p.59

例題 3 $2\sqrt{3}+\dfrac{9}{\sqrt{3}}$ を計算しなさい。 ▶▶3

考え方　分母を有理化してから計算します。

答え $2\sqrt{3}+\dfrac{9}{\sqrt{3}}=2\sqrt{3}+\dfrac{9\times\text{①}\square}{\sqrt{3}\times\text{①}\square}$

$=2\sqrt{3}+\dfrac{9\sqrt{\text{②}\square}}{3}$

$=2\sqrt{3}+\text{③}\square$

$=\text{④}\square$

対解 **1** 【根号をふくむ式の加減(1)】次の計算をしなさい。 教科書 p.58 例1，例2

□(1) $\sqrt{7}+6\sqrt{7}$ □(2) $3\sqrt{5}+4\sqrt{5}$

□(3) $4\sqrt{6}-5\sqrt{6}$ □(4) $2\sqrt{2}-\sqrt{2}$

□(5) $2\sqrt{3}-5\sqrt{3}+\sqrt{3}$ □(6) $3\sqrt{6}-2\sqrt{6}-5\sqrt{6}$

□(7) $3\sqrt{5}+4\sqrt{3}-7\sqrt{5}$ □(8) $-5\sqrt{7}-4+2\sqrt{7}-3$

□(9) $7\sqrt{3}-5\sqrt{2}+3\sqrt{3}-\sqrt{2}$ □(10) $2\sqrt{6}+\sqrt{10}-4\sqrt{10}+6\sqrt{6}$

⚠ミスに注意
根号の中の数がちがっているときは，根号の中の数どうしをたしたり，ひいたりしてはいけません。
$\sqrt{3}+\sqrt{2}=\sqrt{5}$ ×

よく出る **2** 【根号をふくむ式の加減(2)】次の計算をしなさい。 教科書 p.59 例3

□(1) $\sqrt{50}+2\sqrt{2}$ □(2) $4\sqrt{6}-\sqrt{24}$

□(3) $\sqrt{80}+\sqrt{20}$ □(4) $\sqrt{112}-\sqrt{28}$

□(5) $\sqrt{50}-\sqrt{12}+\sqrt{18}$ □(6) $-\sqrt{98}+\sqrt{32}-\sqrt{72}$

□(7) $2\sqrt{6}+\sqrt{54}-\sqrt{96}$ □(8) $\sqrt{45}+\sqrt{48}-\sqrt{125}-\sqrt{75}$

3 【根号をふくむ式の加減(3)】次の計算をしなさい。 教科書 p.59 例4

□(1) $6\sqrt{5}+\dfrac{5}{\sqrt{5}}$ □(2) $\dfrac{8}{\sqrt{2}}-\sqrt{18}$

□(3) $2\sqrt{6}+\sqrt{\dfrac{3}{2}}$ □(4) $4\sqrt{3}-\sqrt{108}+\dfrac{15}{\sqrt{3}}$

例題の答え **1** ①5 ②4 ③$9\sqrt{3}$ ④$-3-1$ ⑤$-2\sqrt{2}-4\sqrt{5}$ **2** ①3 ②3 ③$\sqrt{3}$
3 ①$\sqrt{3}$ ②3 ③$3\sqrt{3}$ ④$5\sqrt{3}$

解答▶▶ p.14

2章　平方根

2節　根号をふくむ式の計算 ③ 根号をふくむ式のいろいろな計算 ／ 3節　平方根の利用

●分配法則や乗法公式の活用

教科書 p.60～61

例題 1 次の計算をしなさい。 ▶▶1 2

(1)　$\sqrt{2}(\sqrt{10}-4)$　　(2)　$(\sqrt{6}+3)^2$

考え方　分配法則や乗法公式を使います。

答え　(1)　$\sqrt{2}(\sqrt{10}-4)=\sqrt{2}\times$ ① $-\sqrt{2}\times$ ②

$=\sqrt{2}\times(\sqrt{2}\times\sqrt{5})-4\sqrt{2}$

$=$ ③

(2)　$(\sqrt{6}+3)^2=($ ④ $)^2+2\times$ ④ $\times$ ⑤ $+$ ⑤ ^{2}

$=6+6\sqrt{6}+9=$ ⑥

プラスワン　分配法則　乗法公式

分配法則
- $c(a+b)=ca+cb$

乗法公式
- $(x+a)(x+b)=x^2+(a+b)x+ab$
- $(x+a)^2=x^2+2ax+a^2$
- $(x-a)^2=x^2-2ax+a^2$
- $(x+a)(x-a)=x^2-a^2$

●根号をふくむ式の計算を使った式の値

教科書 p.61

例題 2 $x=\sqrt{5}+1$，$y=\sqrt{5}-1$ のとき，$x^2+2xy+y^2$ の値を求めなさい。 ▶▶3

考え方　式を因数分解してから，x，y の値を代入します。

答え　$x^2+2xy+y^2=(x+y)^2=(\sqrt{5}+1+$ ① $)^2$

$=($ ② $)^2=$ ③

●平方根の利用

教科書 p.63～65

例題 3 A3 判の紙は短い辺と長い辺の長さの比が $1:\sqrt{2}$ です。A3 判の紙を右の図のように半分に切ると，A4 判の紙になります。A4 判の紙の，短い辺と長い辺の長さの比を求めなさい。 ▶▶4

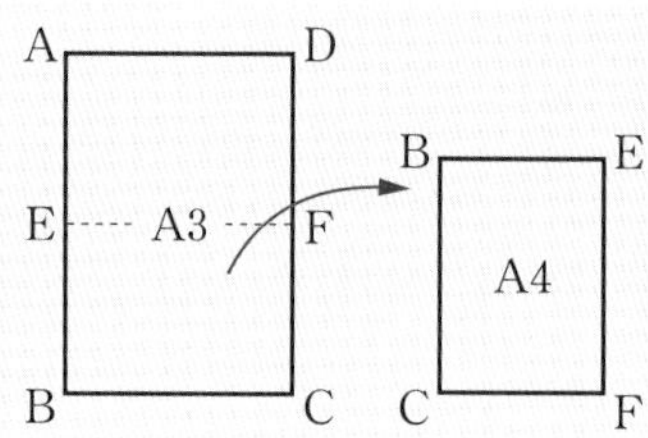

考え方　A3 判の紙は，A4 判の紙を，形を変えずに拡大したものです。

答え　A3 判の紙 ABCD の BC の長さを a とすると，AB の長さは ① と表される。A3 判の紙を図のように半分に切ると，BE の長さは ② と表されるから，A4 判の紙の，短い辺と長い辺の長さの比は

③ $a:a$　すなわち　$1:$ ④

1 【分配法則や乗法公式の活用】次の計算をしなさい。 教科書 p.60 例 1，例 2，問 2

□(1) $\sqrt{2}(2\sqrt{2}-3)$　□(2) $3\sqrt{5}(\sqrt{15}+\sqrt{20})$　□(3) $\sqrt{3}(2\sqrt{6}-\sqrt{30})$

□(4) $(\sqrt{5}-1)(2\sqrt{5}-7)$　□(5) $(\sqrt{6}+2)(\sqrt{6}-3)$　□(6) $(\sqrt{7}-\sqrt{2})^2$

□(7) $(2\sqrt{3}+5)^2$　□(8) $(\sqrt{10}+3)(\sqrt{10}-3)$　□(9) $(\sqrt{5}+\sqrt{6})(\sqrt{5}-\sqrt{6})$

2 【分配法則や乗法公式の活用】次の計算をしなさい。 教科書 p.61 問 4

□(1) $\sqrt{3}(\sqrt{3}-1)+(\sqrt{3}+1)(\sqrt{3}-1)$　□(2) $(\sqrt{7}+\sqrt{5})^2-(\sqrt{7}-\sqrt{5})^2$

3 【根号をふくむ式の計算を使った式の値】次の式の値を求めなさい。 教科書 p.61 例 3，問 6

(1) $x=\sqrt{5}+\sqrt{2}$，$y=\sqrt{5}-\sqrt{2}$ のとき

□① x^2+xy　□② $x^2-2xy+y^2$　□③ x^2-y^2

(2) $a=\sqrt{3}+4$ のとき

□① a^2-16　□② $a^2-8a+16$　□③ a^2+a-20

●キーポイント
根号をふくむ数を代入するときも，式を因数分解してから代入すると計算が簡単になることがあります。

4 【平方根の利用】B5 判の紙 ABCD の長い辺と短い辺の長さの比を，回転移動を使って求めます。右の図のように，頂点 C を中心として，矢印の向きに 45°だけ紙 ABCD を回転移動させると，頂点 D は移動させた辺 AB 上の点になりました。このとき，頂点 B が移動した点を B′とします。BC＝1 とするとき，右の図の △B′CD に注目して，BC：CD を求めなさい。 教科書 p.63～65

□

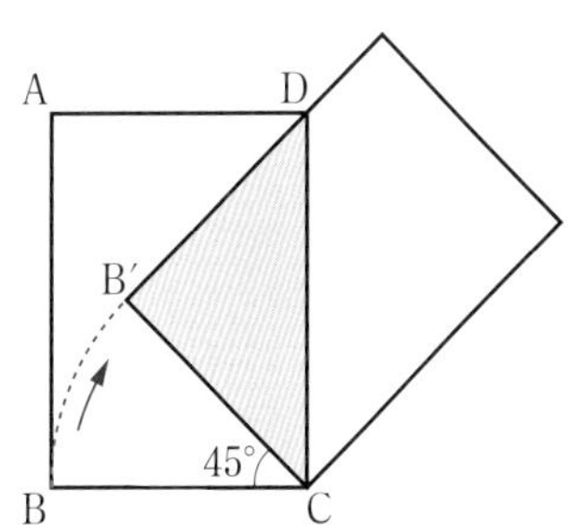

例題の答え **1** ① $\sqrt{10}$　② 4　③ $2\sqrt{5}-4\sqrt{2}$　④ $\sqrt{6}$　⑤ 3　⑥ $15+6\sqrt{6}$　**2** ① $\sqrt{5}-1$　② $2\sqrt{5}$　③ 20
3 ① $\sqrt{2}a$　② $\frac{\sqrt{2}}{2}a$　③ $\frac{\sqrt{2}}{2}$　④ $\sqrt{2}$

解答▶▶ p.14

2節 根号をふくむ式の計算 2, 3

1 次の計算をしなさい。

□(1) $-9\sqrt{5}+7\sqrt{5}$

□(2) $\dfrac{2\sqrt{7}}{3}-\dfrac{5\sqrt{7}}{3}$

□(3) $2\sqrt{2}+5\sqrt{3}-4\sqrt{3}-3\sqrt{2}$

□(4) $\dfrac{2\sqrt{6}}{3}-5-\dfrac{\sqrt{6}}{4}+8$

よく出る **2** 次の計算をしなさい。

□(1) $\sqrt{180}-\sqrt{80}$

□(2) $\dfrac{\sqrt{75}}{5}+\dfrac{\sqrt{12}}{2}$

□(3) $\sqrt{150}-\sqrt{6}-2\sqrt{24}$

□(4) $-\dfrac{\sqrt{45}}{2}+\dfrac{\sqrt{8}}{4}+\sqrt{20}-\dfrac{\sqrt{18}}{6}$

3 $\sqrt{2}=1.414$，$\sqrt{20}=4.472$ として，次の値を求めなさい。

□(1) $\sqrt{0.2}$

□(2) $\sqrt{8}$

□(3) $\sqrt{4.5}$

よく出る **4** 次の計算をしなさい。

□(1) $\dfrac{10}{\sqrt{10}}-\sqrt{40}$

□(2) $\sqrt{2}+\dfrac{2}{\sqrt{2}}$

□(3) $2\sqrt{54}-\sqrt{\dfrac{2}{3}}$

□(4) $\sqrt{5}+\sqrt{20}-\dfrac{15}{\sqrt{5}}$

ヒント **4** 平方根の計算では，まず，根号の中の数は，なるべく小さい自然数にする。分母は有理化すること。

定期テスト予報

●根号の中が同じ数の加減は，同類項をまとめるのと同じように計算しよう。
加減は，まず，$a\sqrt{b}$ の形に変形したり，分母を有理化してから計算しよう。根号の中がちがう数の加減はできないよ。

5 次の計算をしなさい。

□(1) $\sqrt{5}(1+\sqrt{10})$

□(2) $2\sqrt{2}(\sqrt{8}+\sqrt{6})$

□(3) $\sqrt{7}(3\sqrt{21}-\sqrt{14})$

□(4) $\sqrt{3}(\sqrt{15}-\sqrt{6})$

6 次の計算をしなさい。

□(1) $(2+\sqrt{5})^2$

□(2) $(\sqrt{10}-\sqrt{2})(\sqrt{10}+\sqrt{2})$

□(3) $(\sqrt{3}+8)(\sqrt{3}-3)-\dfrac{15}{\sqrt{3}}$

□(4) $(2\sqrt{6}+1)^2-(2\sqrt{6}-1)^2$

□(5) $(\sqrt{3}+\sqrt{2})(\sqrt{3}-\sqrt{2})+\sqrt{2}(\sqrt{3}+\sqrt{2})$

□(6) $\sqrt{3}(-\sqrt{6}+\sqrt{21})-\dfrac{21}{\sqrt{7}}$

7 次の式の値を求めなさい。

(1) $x=\sqrt{7}+\sqrt{2}$，$y=\sqrt{7}-\sqrt{2}$ のとき

□① $x^2+2xy+y^2$

□② x^2y-xy^2

(2) $a=\sqrt{5}+6$ のとき

□① $a^2-12a+36$

□② $a^2-2a-24$

ヒント 5 6 分配法則や乗法公式を使って計算する。
7 式を因数(いんすう)分解してから，値を代入する。

解答▶▶ p.15

2章　平方根

時間30分　／100点　合格70点

❶ 次のことは正しいですか。正しければ○を書き，誤りがあれば＿＿の部分を正しくなおしなさい。知

(1) $\dfrac{16}{49}$ の平方根は $\underline{\dfrac{4}{7}}$ である。　(2) $\underline{-\sqrt{0.4}}$ は -0.2 に等しい。

(3) $\sqrt{(-18)^2}$ は $\underline{-18}$ に等しい。　(4) $(-\sqrt{2})^2$ は $\underline{2}$ に等しい。

(5) $\sqrt{9}+\sqrt{1}$ は $\underline{\sqrt{10}}$ に等しい。　(6) $3\sqrt{5}$ は $\underline{\sqrt{45}}$ に等しい。

❷ 次の数のなかから，無理数と有理数をそれぞれすべて選びなさい。知

㋐ $\sqrt{81}$　㋑ $-\sqrt{6}$　㋒ -3.4　㋓ $\dfrac{2}{3}$

㋔ $\sqrt{0.9}$　㋕ $-\sqrt{\dfrac{1}{4}}$　㋖ $\sqrt{\dfrac{5}{36}}$　㋗ π

❸ 次の各組の数の大小を，不等号を使って表しなさい。知

(1) $6,\ \sqrt{30},\ \sqrt{40}$　(2) $-8,\ -\sqrt{60}$

❹ (1)，(2)は $\sqrt{a}$ の形に，(3)，(4)は $a\sqrt{b}$ の形に表しなさい。知

(1) $4\sqrt{6}$　(2) $12\sqrt{2}$

(3) $\sqrt{52}$　(4) $\sqrt{540}$

点UP **❺** $\sqrt{2}=1.414$，$\sqrt{20}=4.472$ として，$\sqrt{500}$ の値を求めなさい。知

❶ 点/18点（各3点）
(1)
(2)
(3)
(4)
(5)
(6)

❷ 点/4点（完答）
無理数
有理数

❸ 点/6点（各3点）
(1)
(2)

❹ 点/12点（各3点）
(1)
(2)
(3)
(4)

❺ 点/4点

　成績評価の観点　知…数量や図形などについての知識・技能　考…数学的な思考・判断・表現

6 次の数の分母を有理化しなさい。知

(1) $\dfrac{3}{\sqrt{12}}$　　点UP (2) $\dfrac{\sqrt{15}-\sqrt{12}}{\sqrt{6}}$

6	点/8点(各4点)
(1)	
(2)	

7 次の計算をしなさい。知

(1) $\sqrt{3}\times\sqrt{75}$　　(2) $\sqrt{120}\div\sqrt{15}$

(3) $\sqrt{32}\div2\sqrt{6}\times\sqrt{27}$　　(4) $\dfrac{9}{\sqrt{5}}-\sqrt{20}$

(5) $-\sqrt{6}-2\sqrt{8}+\sqrt{24}-\sqrt{50}$　　(6) $\sqrt{\dfrac{2}{3}}+\sqrt{5}\times\sqrt{30}$

(7) $(\sqrt{6}+4)^2-(\sqrt{6}+4)(\sqrt{6}+3)$

7	点/28点(各4点)
(1)	
(2)	
(3)	
(4)	
(5)	
(6)	
(7)	

8 次の問に答えなさい。考

(1) a を自然数とするとき，$6.8<\sqrt{a}<7$ をみたす a の値をすべて求めなさい。

(2) $\sqrt{24n}$ が自然数になるような自然数 n のうちで，もっとも小さい値を求めなさい。また，そのときの $\sqrt{24n}$ の値を求めなさい。

点UP (3) $\sqrt{3}$ の小数部分を a とするとき，$a^2+2a-35$ の値を求めなさい。

8	点/15点(各5点)
(1)	
(2)	
(3)	

9 体積が $150\ \text{cm}^3$，高さが 6 cm の正四角錐(せいしかくすい)があります。この正四角錐の底面の 1 辺の長さを a cm とします。$n<a<n+1$ とするとき，n にあてはまる整数を求めなさい。考

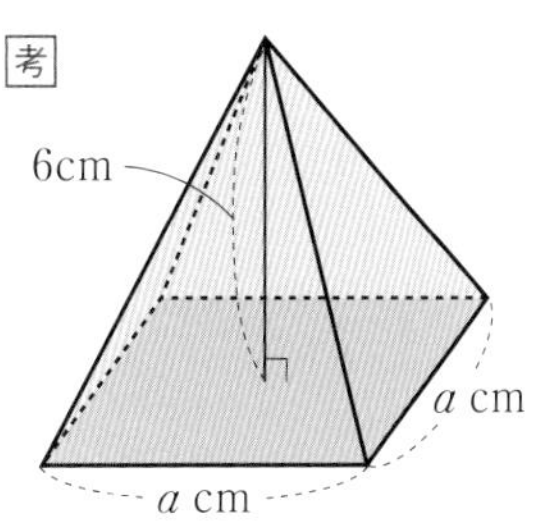

9	点/5点

知　/80点	考　/20点

2章 教科書41～68ページ

解答▶▶ p.16

教科書のまとめ〈2章　平方根〉

●2乗して2になる数

・$x^2=2$ を成り立たせる正の数 x を小数で表そうとすると　1.41421356…　とかぎりなく続く小数となる。この数を**根号** $\sqrt{\ }$ を用いて $\sqrt{2}$ と表す。

・上の 1.41421356…は $\sqrt{2}$ の真の値ではないが，それに近い値であり，この値を**近似値**という。

●平方根

・ある数 x を2乗すると a になるとき，すなわち，$x^2=a$ であるとき，x を a の**平方根**という。

・正の数には平方根が2つあって，絶対値が等しく，符号が異なる。

・0の平方根は0だけである。

・どんな数を2乗しても負の数にならないから，負の数に平方根はない。

●平方根の表し方

・a が正の数であるとき，a の2つの平方根のうち

　正のほうを　$\sqrt{a}$

　負のほうを　$-\sqrt{a}$

と書く。

・$\sqrt{a}$ と $-\sqrt{a}$ をまとめて $\pm\sqrt{a}$ と書くことがある。

・$a>0$ のとき，$\sqrt{a^2}=a$，$\sqrt{(-a)^2}=a$

・$a>0$ のとき，$(\sqrt{a})^2=a$，$(-\sqrt{a})^2=a$

●平方根の大小

・a，b が正の数で，$a<b$ ならば

　$\sqrt{a}<\sqrt{b}$

・根号がついていない数は，根号がついた数にしてから比較する。

(例)　$2=\sqrt{4}$ だから　$2<\sqrt{5}$

●有理数と無理数

・a を整数，b を0でない整数としたとき，$\dfrac{a}{b}$ の形で表すことができる数を**有理数**といい，分数で表すことができない数を**無理数**という。

・数の分類

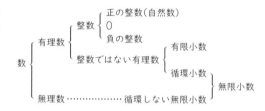

- 数
  - 有理数
    - 整数
      - 正の整数(自然数)
      - 0
      - 負の整数
    - 整数ではない有理数
      - 有限小数
      - 循環小数（無限小数）
  - 無理数……………循環しない無限小数（無限小数）

●平方根の積と商

a，b を正の数とするとき

1. $\sqrt{a}\times\sqrt{b}=\sqrt{ab}$　　2. $\dfrac{\sqrt{a}}{\sqrt{b}}=\sqrt{\dfrac{a}{b}}$

●根号がついた数の変形

・a，b を正の数とするとき　$a\sqrt{b}=\sqrt{a^2b}$

・a，b を正の数とするとき　$\sqrt{a^2b}=a\sqrt{b}$

[注意]　根号の中の数は，できるだけ小さい自然数にしておく。

・分母に根号がある数は，分母と分子に同じ数をかけて，分母に根号がない形に表すことができる。分母に根号がない形に表すことを，分母を**有理化する**という。

(例)　$\dfrac{2}{\sqrt{3}}=\dfrac{2\times\sqrt{3}}{\sqrt{3}\times\sqrt{3}}=\dfrac{2\sqrt{3}}{3}$

●平方根の加法，減法

・同じ数の平方根をふくんだ式は，同類項をまとめるのと同じようにして計算できる。

(例)　$4\sqrt{3}+2\sqrt{3}=(4+2)\sqrt{3}$

・根号の中の数が異なる場合にも，$a\sqrt{b}$ の形に変形することによって，加法や減法の計算ができるようになるものがある。

3章　2次方程式

□因数分解の公式　◀中学3年

1′ $x^2+(a+b)x+ab=(x+a)(x+b)$

2′ $x^2+2ax+a^2=(x+a)^2$

3′ $x^2-2ax+a^2=(x-a)^2$

4′ $x^2-a^2=(x+a)(x-a)$

1 次の方程式のうち，2が解(かい)であるものを選びなさい。　◀中学1年〈方程式とその解き方〉

㋐ $x-7=5$　㋑ $3x-1=5$

㋒ $x+1=2x-1$　㋓ $4x-5=-1-x$

ヒント
xに2を代入して……

2 次の式を因数分解しなさい。　◀中学3年〈因数分解〉

(1) x^2-3x　(2) $2x^2+5x$

(3) x^2-16　(4) $4x^2-9$

(5) x^2+6x+9　(6) $x^2-8x+16$

(7) $9x^2+30x+25$　(8) $x^2+7x+12$

(9) $x^2-12x+27$　(10) $x^2-2x-24$

ヒント
(10)和が-2，積が-24になる2数の組を考えると……

解答▶▶ p.18

ぴたトレ **1** 要点チェック

3章　2次方程式

1節　2次方程式とその解き方
1　2次方程式とその解 ／ 2　平方根の考えを使った解き方

●2次方程式とその解

教科書 p.72~73

例題 1 □ -2，-1，0，1，2 のうち，2次方程式 $x^2+x-2=0$ の解を，すべて答えなさい。

▶▶1 2

考え方　2次方程式の左辺の x に値を代入して，(左辺)＝(右辺)となるときの x の値が解です。

答え　$x=-2$ のとき　(左辺)$=(-2)^2+(-2)-2=$ ①

$x=-1$ のとき　(左辺)$=(-1)^2+(-1)-2=-2$

$x=0$ のとき　(左辺)$=0^2+0-2=-2$

$x=1$ のとき　(左辺)$=1^2+1-2=$ ②

$x=2$ のとき　(左辺)$=2^2+2-2=4$

答　$x=$ ③ ，$x=$ ④

プラスワン　2次方程式

(2次式)$=0$ の形に変形できる方程式が2次方程式です。

●平方根の考えを使った解き方

教科書 p.74~75

例題 2 □ $2x^2-16=0$ を解きなさい。

▶▶3 4

考え方　$x^2=$ ●の形に式を変形します。$x=\pm\sqrt{●}$ が解になります。

答え　$2x^2=16$

$x^2=8$

$x=$ ①

＋と－の2つの解があります。また，解の根号の中はできるだけ小さい自然数にします。

●$(x+▲)^2=$ ●の形に変形する解き方

教科書 p.76~77

例題 3 □ $x^2+4x=3$ を解きなさい。

▶▶5 6

考え方　$(x+▲)^2=$ ●の形に式を変形します。

答え　$x^2+4x=3$

x^2+4x+ ① $^2=3+$ ① ^{2}

$(x+2)^2=7$

$x+2=$ ②

$x=$ ③

両辺に，x の係数 4 の $\frac{1}{2}$ の 2 乗を加えると左辺が $x^2+4x+2^2=(x+2)^2$ のように $(x+▲)^2=$●の形に変形できます。

1 【2次方程式とその解】次の方程式のうち，2次方程式はどれですか。すべて答えなさい。

教科書 p.72 問1

□

㋐ $x^2+6x-6=0$　　㋑ $x^2+3x-7=2x+4$

㋒ $x^2-5=0$　　㋓ $(x-2)(x+3)=x^2+5$

2 【2次方程式とその解】-3，-2，-1，0，1，2，3のうち，2次方程式 $x^2-2x-3=0$ の

□ 解を，すべて答えなさい。

教科書 p.73 問3

絶対理解 **3** 【平方根の考えを使った解き方】次の方程式を解きなさい。

教科書 p.74 例1

□(1) $x^2=10$　　□(2) $x^2-16=0$

□(3) $5x^2=20$　　□(4) $16x^2-7=0$

⚠ミスに注意

・正の数には平方根は2つあるから，解も＋と－の2つあります。

・最後に，解は $a\sqrt{b}$ の形に変形します。

絶対理解 **4** 【平方根の考えを使った解き方】次の方程式を解きなさい。

教科書 p.75 例2，例3

□(1) $(x-2)^2=9$　　□(2) $(x-5)^2=20$

□(3) $(x+3)^2-49=0$　　□(4) $(x+4)^2-24=0$

絶対理解 **5** 【$(x+▲)^2=●$ の形に変形する解き方】次の □ にあてはまる数を入れて，方程式を変形して解きなさい。

教科書 p.76 問3

□(1)

$x^2+8x=1$

x^2+8x+ ① □ $=1+$ ② □

$\left(x+\text{③ □}\right)^2=$ ④ □

□(2)

$x^2-12x=-9$

x^2-12x+ ① □ $=-9+$ ② □

$\left(x-\text{③ □}\right)^2=$ ④ □

6 【$(x+▲)^2=●$ の形に変形する解き方】次の方程式を解きなさい。

教科書 p.77 例4，例5

□(1) $x^2+6x+5=0$　　□(2) $x^2+5x-2=0$

●キーポイント

(2) $x^2+5x=2$

$x^2+5x+\left(\frac{5}{2}\right)^2=2+\left(\frac{5}{2}\right)^2$

x の係数5の $\frac{1}{2}$ の2乗を加える。

例題の答え **1** ①0 ②0 ③-2 ④1 (③1 ④-2) **2** ①$\pm2\sqrt{2}$ **3** ①2 ②$\pm\sqrt{7}$ ③$-2\pm\sqrt{7}$

解答▶▶ p.18

1節 2次方程式とその解き方
③ 2次方程式の解の公式

●解の公式 教科書 p.79

例題 1 $2x^2-5x+1=0$を解きなさい。 ▶▶1 2

考え方 解の公式に，a，b，c の値を代入します。

答え 解の公式に，$a=2$，$b=-5$，$c=1$ を代入すると

$$x=\frac{-(\boxed{①})\pm\sqrt{(\boxed{②})^2-4\times\boxed{③}\times\boxed{④}}}{2\times\boxed{⑤}}$$

$$=\boxed{⑥}$$

プラスワン 2次方程式の解の公式

2次方程式 $ax^2+bx+c=0$ の解は

$$x=\frac{-b\pm\sqrt{b^2-4ac}}{2a}$$ （解の公式）

●解の公式（x の係数が偶数のとき，根号の中がある数の2乗になるとき） 教科書 p.80

例題 2 次の方程式を解きなさい。 ▶▶3 4

(1) $x^2+6x-3=0$　　(2) $3x^2-2x-1=0$

考え方 (1) x の係数が偶数のとき，解の公式に値を代入した結果は約分できます。
(2) 解の公式の根号の中がある数の2乗になるとき，解は有理数になります。

答え (1) 解の公式に，$a=1$，$b=6$，$c=-3$ を代入すると

$$x=\frac{-\boxed{①}\pm\sqrt{\boxed{②}^2-4\times\boxed{③}\times(\boxed{④})}}{2\times\boxed{⑤}}$$

$$=\frac{-6\pm\sqrt{\boxed{⑥}}}{2}=\frac{-6\pm4\sqrt{3}}{2}=\boxed{⑦}$$

(2) 解の公式に，$a=3$，$b=-2$，$c=-1$ を代入すると

$$x=\frac{-(\boxed{⑧})\pm\sqrt{(\boxed{⑨})^2-4\times\boxed{⑩}\times(\boxed{⑪})}}{2\times\boxed{⑫}}$$

$$=\frac{2\pm\sqrt{\boxed{⑬}}}{6}=\frac{2\pm4}{6}$$

$x=\boxed{⑭}$，$x=\boxed{⑮}$

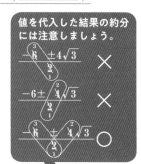

値を代入した結果の約分には注意しましょう。

$\frac{-\overset{3}{\cancel{6}}\pm4\sqrt{3}}{\underset{1}{\cancel{2}}}$ ×

$\frac{-6\pm\overset{2}{\cancel{4}}\sqrt{3}}{\underset{1}{\cancel{2}}}$ ×

$\frac{-\overset{3}{\cancel{6}}\pm\overset{2}{\cancel{4}}\sqrt{3}}{\underset{1}{\cancel{2}}}$ ○

絶対理解 **1** 【解の公式】$4x^2-3x-2=0$ を解の公式を使って解きます。□ にあてはまる数を入れ，

□ この方程式を解きなさい。 教科書 p.79 例 1

解の公式に，$a=$ ①□，$b=$ ②□，$c=$ ③□ を代入すると

$$x=\frac{-(④\square)\pm\sqrt{(⑤\square)^2-4\times ⑥\square\times(⑦\square)}}{2\times ⑧\square}$$

よく出る **2** 【解の公式】次の方程式を解きなさい。 教科書 p.79 例 1

□(1) $2x^2-9x+3=0$

□(2) $2x^2+x-5=0$

□(3) $x^2+7x+8=0$

□(4) $3x^2-3x-1=0$

よく出る **3** 【解の公式（x の係数が偶数のとき）】次の方程式を解きなさい。 教科書 p.80 例 2

□(1) $2x^2+6x+1=0$

□(2) $5x^2+8x+2=0$

□(3) $4x^2-2x-1=0$

□(4) $x^2-4x-3=0$

⚠ミスに注意

約分に注意！

(1)

$x=\frac{-\overset{3}{\cancel{6}}\pm2\sqrt{7}}{\underset{2}{\cancel{4}}}$ ×

$x=\frac{-6\pm\overset{1}{\cancel{2}}\sqrt{7}}{\underset{2}{\cancel{4}}}$ ×

4 【解の公式（根号の中がある数の 2 乗になるとき）】次の方程式を解きなさい。

教科書 p.80 例 3

□(1) $2x^2+x-6=0$

□(2) $3x^2-4x-4=0$

□(3) $16x^2-8x+1=0$

□(4) $9x^2+12x+4=0$

●キーポイント

解の公式の根号の中がある数の 2 乗になるとき，解は有理数です。とくに，根号の中が 0 になるとき，解は 1 つです。

例題の答え **1** ①-5 ②-5 ③$2$ ④$1$ ⑤$2$ ⑥$\frac{5\pm\sqrt{17}}{4}$ **2** ①$6$ ②$6$ ③$1$ ④-3 ⑤$1$ ⑥$48$ ⑦$-3\pm2\sqrt{3}$ ⑧-2 ⑨-2 ⑩3 ⑪-1 ⑫3 ⑬16 ⑭1 ⑮$-\frac{1}{3}$ （⑭$-\frac{1}{3}$ ⑮1）

解答▶▶ p.19

1節 2次方程式とその解き方
4 因数分解を使った解き方

●因数分解を使った解き方(1)

教科書 p.81

例題 1 $(x-1)(x+8)=0$ を解きなさい。 ▸▸1

考え方 $x-1$ と $x+8$ の積が 0 であるから，少なくとも一方は 0 になります。

答え $(x-1)(x+8)=0$

$x-1=$ ① または $x+8=$ ②

したがって，解は

$x=$ ③ ，$x=$ ④

プラスワン $AB=0$ のとき，A，B の少なくとも一方は 0

2つの数を A，B とするとき

$AB=0$ ならば $A=0$ または $B=0$

●因数分解を使った解き方(2)

教科書 p.82

例題 2 $x^2+6x+8=0$ を解きなさい。 ▸▸2

考え方 左辺を因数分解して $(x+a)(x+b)=0$ の形にして解きます。

答え $x^2+6x+8=0$

(①)(②)$=0$

① $=0$ または ② $=0$

$x=$ ③ ，$x=$ ④

プラスワン 2次方程式の解

$(x+a)(a+b)=0$ の解は

$x=-a$，$x=-b$ になります。

$x=a$，$x=b$ としないように注意しましょう。

●因数分解を使った解き方(3)

教科書 p.82

例題 3 $x^2-8x+16=0$ を解きなさい。 ▸▸3

考え方 左辺が，$(x+a)^2$ や $(x-a)^2$ と因数分解できるとき，解は 1 つです。

答え $x^2-8x+16=0$

(①)$^2=0$

① $=0$

$x=$ ②

$(x-a)^2=0$ は，
$(x-a)(x-a)=0$
だから，解 $x=a$ が重なって 1 つになります。

1 【因数分解を使った解き方(1)】次の方程式を解きなさい。 教科書 p.81 例1

□(1) $(x-3)(x-4)=0$ □(2) $(x-1)(x+5)=0$

□(3) $(x+4)(x+9)=0$ □(4) $x(x-10)=0$

2 【因数分解を使った解き方(2)】次の方程式を解きなさい。 教科書 p.82 例2

□(1) $x^2-8x+12=0$ □(2) $x^2-11x+18=0$

□(3) $x^2-8x-9=0$ □(4) $x^2-6x-27=0$

□(5) $x^2+10x+16=0$ □(6) $x^2+12x+20=0$

●キーポイント
右辺が0で，左辺が因数分解できる2次式のとき，左辺を因数分解します。

3 【因数分解を使った解き方(3)】次の方程式を解きなさい。 教科書 p.82 例3

□(1) $x^2-10x+25=0$ □(2) $x^2+16x+64=0$

●キーポイント
$(x+●)^2=0$ の形に因数分解できるときは，解は1つです。

4 【因数分解を使った解き方】方程式 $x^2+x=0$ を右のように解きましたが，正しくありません。まちがいを指摘(してき)し，正しい解を求めなさい。 教科書 p.82 Q

× まちがい例

$x^2+x=0$
両辺を x でわって
$x+1=0$
$x=-1$

5 【因数分解を使った解き方】次の方程式を解きなさい。 教科書 p.82 問5

□(1) $x^2=-4x$ □(2) $x^2-9x=0$

●キーポイント
(1) $x^2+4x=0$ として因数分解します。

例題の答え **1** ①0 ②0 ③1 ④−8 (③−8 ④1) **2** ① $x+2$ ② $x+4$ (① $x+4$ ② $x+2$) ③−2 ④−4 (③−4 ④−2) **3** ① $x-4$ ② 4

解答▶▶ p.20

3章　2次方程式

1節　2次方程式とその解き方
5　いろいろな2次方程式

●いろいろな2次方程式(1)

教科書 p.83

例題 1　次の方程式を解きなさい。　▶▶1

(1)　$(x-2)^2-36=0$　　(2)　$x^2-4x-32=0$

考え方　「平方根の考え」,「解の公式」,「因数分解」のどの方法を使うかを考えます。

(1)　$ax^2+c=0$ や $(x+▲)^2=●$ の形をした2次方程式は，平方根の考えを使います。

(2)　左辺を因数分解できるので，因数分解して解を求めます。

因数分解できなければ，解の公式を使います。

答え　(1)　$(x-2)^2-36=0$

$(x-2)^2=36$

$x-2=$ ①□

②□ $=6$,　$x-2=$ ③□

$x=$ ④□,　$x=$ ⑤□

(2)　$x^2-4x-32=0$

左辺を因数分解すると

(⑥□)(⑦□) $=0$

⑥□ $=0$　または　⑦□ $=0$

$x=$ ⑧□,　$x=$ ⑨□

(1)と(2)の答えは同じです。(1)の式を展開し，(2次式)=0の形になおすと(2)の式と同じになります。

●いろいろな2次方程式(2)

教科書 p.83

例題 2　$5x(x-2)+8=3x^2$ を解きなさい。　▶▶2

考え方　まず，左辺を展開し，(2次式)=0の形になおします。

答え　$5x(x-2)+8=3x^2$

左辺を展開して，$3x^2$ を移項すると

①□ $x^2-10x+8=0$

両辺を共通な因数の2でわって　$x^2-5x+4=0$

左辺を因数分解すると

(②□)(③□) $=0$

②□ $=0$　または　③□ $=0$

$x=$ ④□,　$x=$ ⑤□

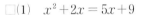

対解 **1** 【いろいろな 2 次方程式】次の方程式を，適当な方法で解きなさい。また，その解き方を選んだ理由も，説明しなさい。

教科書 p.83 問 1

□(1) $(x-5)^2-7=0$

□(2) $2x^2-4x-1=0$

□(3) $x^2-8x+15=0$

□(4) $3x^2+9x+6=0$

●キーポイント
まず，式の形から，平方根の考えを使えないかを確認します。
左辺が因数分解できるときは，因数分解して解を求めます。
因数分解できなければ，解の公式を使います。

よく出る **2** 【いろいろな 2 次方程式】次の方程式を解きなさい。

教科書 p.83 例 1，問 2

□(1) $x^2+2x=5x+9$

□(2) $x^2-4(x-1)=0$

□(3) $3x^2=8(x+2)$

□(4) $(x-1)(x-2)=12$

□(5) $(x+5)(x-8)=3x$

□(6) $(x+3)^2=2x+15$

□(7) $(x-3)^2-10(x-3)+25=0$

□(8) $(x+4)(x-4)-2(x+4)=0$

⚠ミスに注意
(4)(5)右辺が 0 ではないので，因数分解されているとはいえません。
(6)右辺に x がふくまれているので，そのままの形では，平方根の考えを使えません。

●キーポイント
(7) $x-3=A$ とおくと
$A^2-10A+25=0$
となります。

例題の答え **1** ①±6　②$x-2$　③-6　④$8$　⑤-4　⑥$x-8$　⑦$x+4$　(⑥$x+4$　⑦$x-8$)　⑧$8$　⑨-4　(⑧-4　⑨$8$)　**2** ①$2$　②$x-4$　③$x-1$　(②$x-1$　③$x-4$)　④$4$　⑤$1$　(④$1$　⑤$4$)

解答▶▶ p.20

1節 2次方程式とその解き方 1～5

1 次の2次方程式のうち，2が解であるものはどれですか。

□ ㋐ $x^2+4x+4=0$　㋑ $(x+2)(x-2)=0$
㋒ $x^2+2=3x$　㋓ $x^2-2x-5=x+1$

よく出る **2** 次の方程式を解きなさい。

□(1) $x^2-60=0$　□(2) $3x^2=27$　□(3) $4x^2=1$

□(4) $8x^2-25=0$　□(5) $(x-7)^2-144=0$　□(6) $(3x+2)^2=12$

3 次の方程式を，$(x+▲)^2=●$の形に変形して解きなさい。

□(1) $x^2+10x=-9$　□(2) $x^2+5x-1=0$

よく出る **4** 次の方程式を解きなさい。

□(1) $x^2-5x+1=0$　□(2) $x^2-7x-13=0$　□(3) $3x^2+7x+3=0$

□(4) $2x^2-3x-5=0$　□(5) $4x^2-12x+9=0$　□(6) $3x^2+2x-8=0$

ヒント **3** (2)xの係数が奇数(きすう)のときも，xの係数の$\frac{1}{2}$の2乗を両辺に加えて変形する。

定期テスト予報
●(2次式)=0の形になおして，「平方根」，「解の公式」，「因数分解」のどの方法で解くか決めよう。
左辺が因数分解できないか，x^2=●や$(x+$▲$)^2$=●の形に変形できないかをまず確認しよう。
解の公式を使うときは，正しく使うとともに，符号(ふごう)や約分ができないかにも注意しよう。

くる **5** 次の方程式を解きなさい。

□(1) $(x-2)(2x+3)=0$　□(2) $6x-x^2=0$　□(3) $x^2-16x-36=0$

□(4) $x^2-18x+81=0$　□(5) $x^2+12x+27=0$　□(6) $3x^2+15x-18=0$

6 次の方程式を解きなさい。

□(1) $x^2-2x-24=11$　□(2) $5x^2=4x+2$

□(3) $2x^2-20x+50=0$　□(4) $\frac{1}{3}x^2+x-4=0$

□(5) $(x-3)(x-9)=2x^2$　□(6) $(x+1)(x-5)+4x+1=0$

□(7) $(x+6)^2-3(x+6)=0$　□(8) $(x-4)^2+10(x-4)+16=0$

7 $2x^2-10x+3=0$ を右のように解きましたが，
□ まちがっていることに気づきました。正しい解を求めなさい。

× まちがい例

$$x=\frac{-10\pm\sqrt{(-10)^2-4\times2\times3}}{2\times2}$$
$$=\frac{-10\pm\sqrt{100-24}}{4}$$
$$=\frac{-10\pm\sqrt{76}}{4}$$
$$=\frac{-10\pm2\sqrt{19}}{4}$$
$$=-5\pm\sqrt{19}$$

ヒント **6** (3)(4)係数が簡単な整数になるように，両辺を同じ数でわったり，同じ数をかける。
7 まちがいが2つある。

3章 教科書70～84ページ

解答▶▶ p.21

3章 2次方程式

2節 2次方程式の利用
1 2次方程式の利用

●数についての問題

教科書 p.87

例題 1 大小2つの整数があります。その差は7で，積は120です。2つの整数を求めなさい。 ▶▶1

考え方 小さいほうの整数をxとし，差が7であることから大きいほうの整数をxを使って表し，積についての方程式をつくります。

答え 小さいほうの整数をxとすると，大きいほうの整数は

$x+$ ① [　　] と表される。2つの整数の積が120であるから

$$x(② [\quad])=120$$

$$x^2+7x-120=0$$

$$(x-8)(③ [\quad])=0$$

したがって　$x=8$，$x=$ ④ [　　]

$x=8$のとき，大きいほうの整数は　$8+7=15$

$x=$ ④ [　　] のとき，大きいほうの整数は ④ [　　] $+7=$ ⑤ [　　]

これらは問題に適している。　答　8と15，④ [　　] と ⑤ [　　]

プラスワン 数を文字で表す例

- 差が3の2つの整数
  …x，$x+3$
  ($x-3$，x)
- 和が8の2つの整数
  …x，$8-x$
- 2つの続いた整数
  …x，$x+1$
  ($x-1$，x)
- 3つの続いた整数
  …$x-1$，x，$x+1$

●図形についての問題

教科書 p.88

例題 2 正方形の紙があります。この紙の4すみから1辺が2cmの正方形を切り取り，直方体の容器を作ったら，容積が50 cm^3 になりました。
紙の1辺の長さを求めなさい。 ▶▶2 3

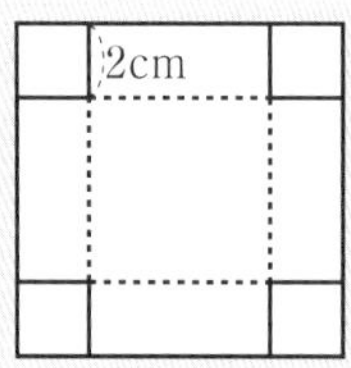

考え方 紙の1辺の長さをx cmとし，容積についての方程式をつくります。

答え 紙の1辺の長さをx cmとすると

$$2(① [\quad])^2=50$$

$(x-4)^2=$ ② [　　]　　$x-4=$ ③ [　　]

したがって，$x=$ ④ [　　]，$x=-1$

$x>4$でなければならないから，

$x=-1$は問題に適していない。

$x=$ ④ [　　] は問題に適している。　　答 ④ [　　] cm

プラスワン xの変域に注意

容器の底面の1辺の長さは$(x-4)$ cmと表されます。長さは正の数でなければならないから，正方形の紙の1辺は4cmより長くなければなりません。
したがって　$x>4$

1 【数についての問題】大小 2 つの整数があります。その和は 10 で，積は 21 です。2 つの整数を求めなさい。

教科書 p.87 例 1

●キーポイント
小さいほうの整数を x として，大きいほうの整数を，x を使って表してみましょう。

2 【図形についての問題】縦が 20 m，横が 18 m の長方形の土地に，右の図のように縦と横に同じ幅（はば）の道路をつけます。残りの部分の面積を 255 m^2 とするには，道路の幅を何 m にすればよいですか。

教科書 p.85〜86

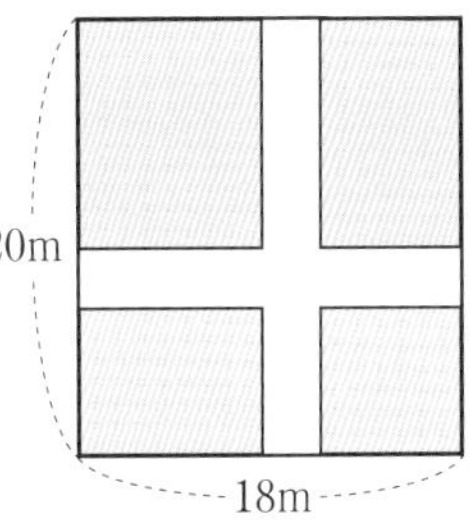

●キーポイント
下の図のように道路を移動して考えます。x の変域にも注意しましょう。

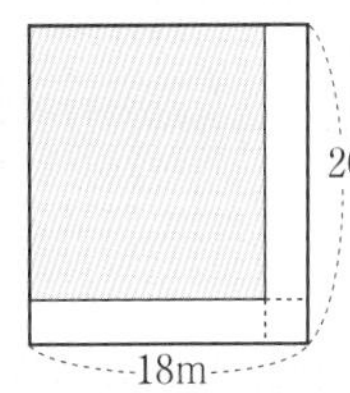

3 【図形についての問題】下の図のような正方形 ABCD で，点 P は，A を出発して辺 AB 上を B まで動きます。また，点 Q は，点 P が A を出発するのと同時に B を出発し，P と同じ速さで辺 BC 上を C まで動きます。点 P が A から何 cm 動いたとき，△PBQ の面積が 12 cm^2 になりますか。

教科書 p.89 例 3

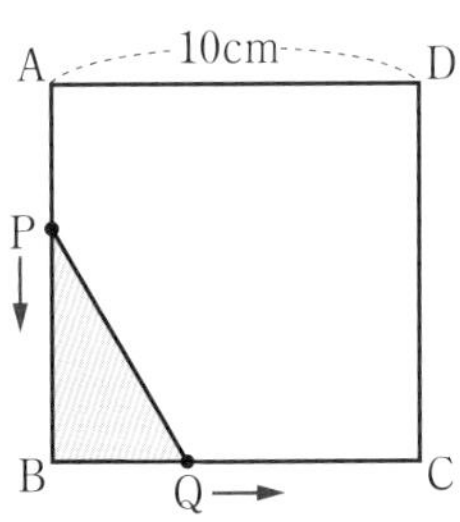

●キーポイント
AP の長さを x cm として，BP と BQ の長さを，x を使って表してみましょう。
点 P がどこからどこまで動くかに着目して，x の変域を考えます。

2節　2次方程式の利用 [1]

1 右の図で，ある数 x について，①，②，③の順に計算していくと，もとの数 x にもどりました。x の値を求めなさい。

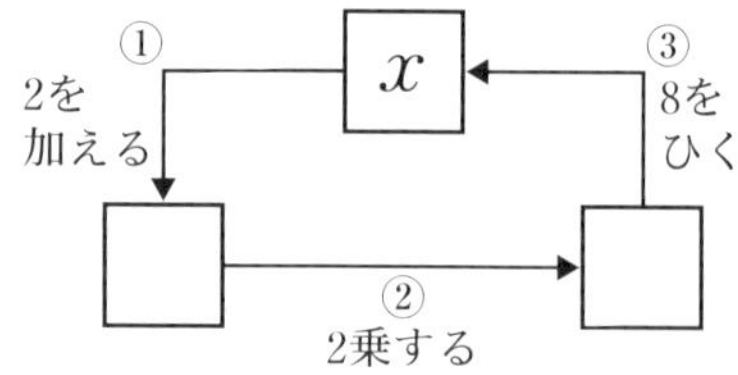

2 大小 2 つの自然数があります。その差は 6 で，小さいほうの数を 2 乗した数は，大きいほうの数の 2 倍に 3 を加えた数に等しくなります。この 2 つの自然数を求めなさい。

よく出る
3 3 つの続いた整数があります。真ん中の数を 2 乗した数と残りの 2 つの数の積の和に，1 を加えた数は 200 になります。この 3 つの続いた整数を求めなさい。

4 1 から n までの自然数の和は $\dfrac{n(n+1)}{2}$ となります。1 から n までの自然数の和が 36 になるときの n の値を求めなさい。

よく出る
5 右の図は，ある月のカレンダーです。このカレンダーのある数を x とし，x と x の真上にある数のそれぞれの 2 乗の和は，x の右どなりの数の 2 乗に等しくなります。x の値を求めなさい。

日	月	火	水	木	金	土
				1	2	3
4	5	6	7	8	9	10
11	12	13	14	15	16	17
18	19	20	21	22	23	24
25	26	27	28	29	30	

6 面積が 96 m^2 の長方形の花だんのまわりの長さは 40 m でした。この長方形の 2 辺の長さを求めなさい。

ヒント　5 カレンダーの数は，下に 7 ずつ，右に 1 ずつ増える。
6 (縦)+(横)=(長方形のまわりの長さの半分)であることから，縦と横の長さを文字で表す。

定期テスト予報
●数量の間の関係から方程式をつくって解き，解が問題に適しているか必ず確かめよう。
次の手順で問題を解こう。①求めたい数量を x とおいて，変域も考える。→②方程式をつくる。→③方程式を解く。→④方程式の解が問題に適しているか確かめる。

7 右の図のように，正方形の縦を 4 cm 長くし，横を 2 cm 短くして長方形をつくったら，長方形の面積は 40 cm^2 になりました。もとの正方形の 1 辺の長さを求めなさい。

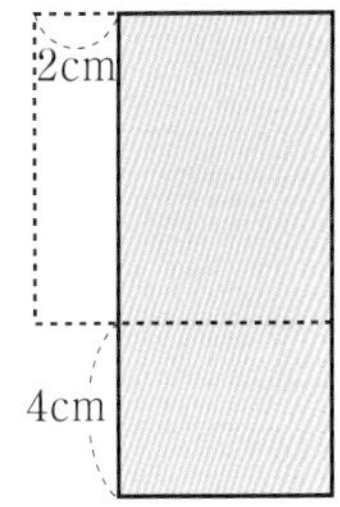

8 縦が 4 m，横が 6 m の長方形の土地に，右の図のように，周にそって同じ幅の道路をつけて，残りを花だんにします。道路の面積が花だんの面積の 2 倍になるようにするには，道路の幅を何 m にすればよいですか。

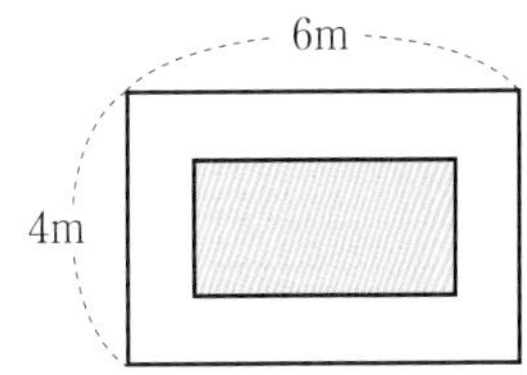

9 縦が 16 cm，横が 30 cm の長方形の紙を，図 1 のように切り取って，図 2 のような，ふたのついた直方体の箱を作りました。この箱の底面積が 60 cm^2 であるとき，箱の高さを求めなさい。

図 1

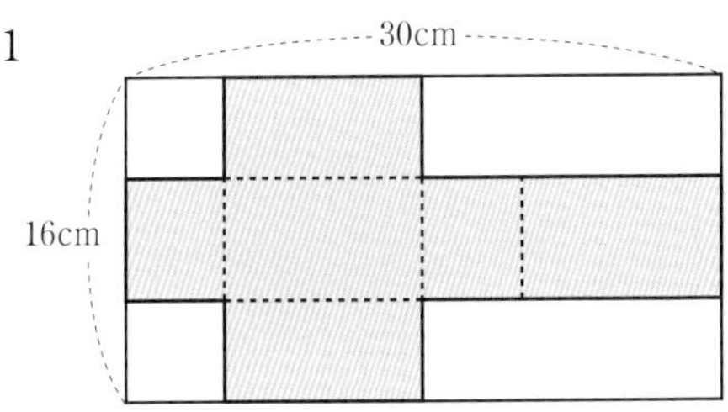

図 2

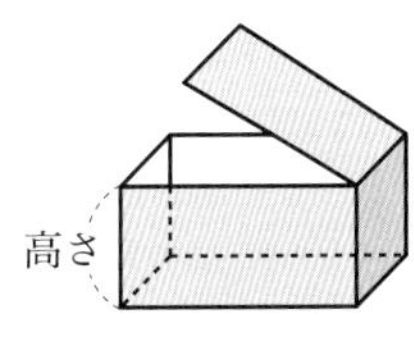

10 長さが 10 cm の線分 AB 上を，点 P が A を出発して B まで動きます。AP，PB をそれぞれ 1 辺とする正方形の面積の和が 62 cm^2 になるのは，点 P が A から何 cm 動いたときですか。

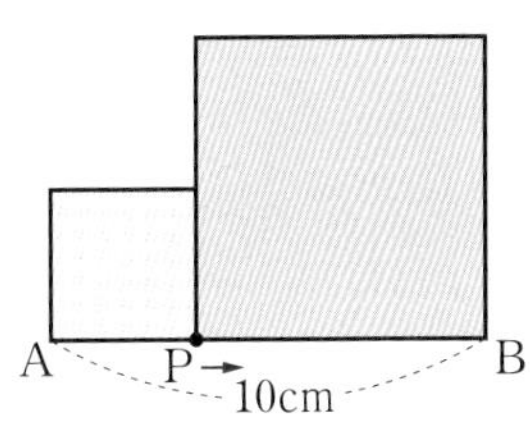

ヒント **8** 花だんの面積は，土地全体の面積の $\frac{1}{3}$ になる。
9 箱の高さを x cm として，箱の底面にあたる長方形の縦と横の長さを x で表す。

解答▶▶ p.23

3章　2次方程式

時間30分　／100点　合格70点

❶ 次の方程式のうち，-3 が解であるものはどれですか。知

㋐ $(x+5)(x-3)=0$　　㋑ $(x+1)(x-1)-8=0$

㋒ $2x^2=-3x+9$　　㋓ $(x+3)^2=3$

❷ 次の方程式を解きなさい。知

(1) $2x^2=36$　　(2) $(x+2)^2-1=0$

(3) $x(x-7)=0$　　(4) $(2x-3)(x+5)=0$

(5) $x^2=-3x$　　(6) $x^2+11x-26=0$

(7) $x^2+5x+3=0$　　(8) $x^2-15x+54=0$

(9) $3x^2+4x-1=0$　　(10) $9x^2-30x+25=0$

❸ 次の方程式を解きなさい。知

(1) $4x^2+32x+60=0$　　(2) $3x^2+12x=2x-3$

(3) $\frac{1}{2}(x^2+1)=x$　　(4) $(x-3)(x+6)+6(x-3)=0$

❶ 点/3点

❷ 点/40点（各4点）

(1)	
(2)	
(3)	
(4)	
(5)	
(6)	
(7)	
(8)	
(9)	
(10)	

❸ 点/16点（各4点）

(1)	
(2)	
(3)	
(4)	

成績評価の観点　知…数量や図形などについての知識・技能　考…数学的な思考・判断・表現

❹ 次の問に答えなさい。 考

(1)　2次方程式 $x^2+ax+b=0$ の解が -4 と5のとき，a と b の値をそれぞれ求めなさい。

(2)　2次方程式 $x^2+6x+a=0$ の解の1つが2であるとき，a の値ともう1つの解を求めなさい。

❹	点/12点（各6点）
(1)	a
	b
(2)	a
	もう1つの解

（(1)，(2)各完答）

❺ 2つの続いた整数があります。小さいほうの数を2乗したものは，大きいほうの数を7倍したものより1大きくなりました。この2つの続いた整数を求めなさい。考

❺	点/9点

❻ 横が縦の2倍の長さの長方形の土地があります。幅が1mの道路を，右の図のように，縦，横にそれぞれ3本ずつつくり，残りを畑にしたところ，畑の面積が長方形の土地の面積の $\frac{3}{4}$ になりました。この土地の縦と横の長さを求めなさい。考

❻	点/10点（完答）
縦	
横	

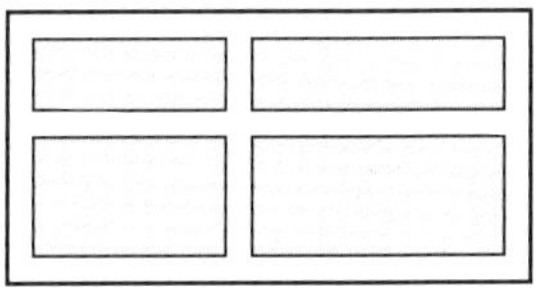

点UP **❼** 右の図で，点Pは，x 座標が a で，$y=-\frac{1}{2}x+4$ のグラフ上の点です。また，点A，Bはそれぞれこの直線と x 軸（じく），y 軸との交点で，点Qは点Pから x 軸に垂線をひいたときの交点です。点Pが線分AB上にあって，台形BOQPの面積が15のとき，点Pの座標を求めなさい。考

❼	点/10点

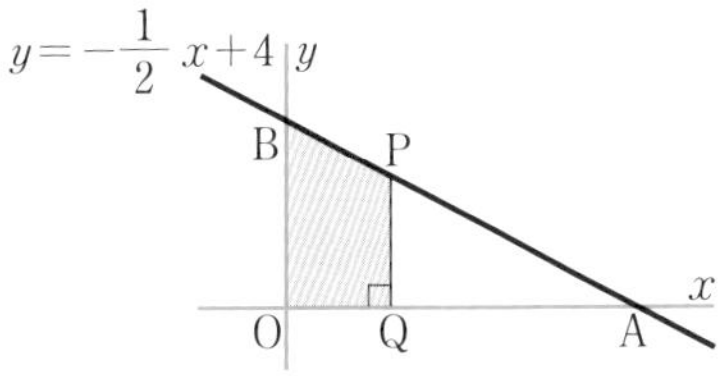

解答▶▶ p.24

教科書のまとめ〈3章　2次方程式〉

●2次方程式

・(2次式)＝0 の形に変形できる方程式を，**2次方程式**という。

・xについての2次方程式は，一般に

$ax^2+bx+c=0$（ただし，$a\neq0$）

で表される。

・2次方程式を成り立たせる文字の値を，その方程式の**解**といい，その解をすべて求めることを，2次方程式を**解く**という。

●平方根の考えを使った解き方

・$ax^2+c=0$ の形をした2次方程式は，$x^2=$● の形に変形し，平方根の考えを使って解くことができる。

・$(x+▲)^2=$● の形をした2次方程式は，かっこの中をひとまとまりのものとみて，平方根の考えを使って解くことができる。

・$x^2+px+q=0$ の形をした2次方程式は，$(x+▲)^2=$●の形に変形することができれば，平方根の考えを使って解くことができる。

(例)　方程式 $x^2+4x-6=0$ を解く。

数の項(こう) -6 を移項すると

$$x^2+4x=6$$

両辺に，x の係数4の $\frac{1}{2}$ の2乗，

すなわち 2^2 を加えると

$$x^2+4x+2^2=6+2^2$$

$$(x+2)^2=10$$

$x+2$ は 10 の平方根だから

$$x+2=\pm\sqrt{10}$$

$$x=-2\pm\sqrt{10}$$

●2次方程式の解の公式

2次方程式 $ax^2+bx+c=0$ の解は

$$x=\frac{-b\pm\sqrt{b^2-4ac}}{2a}$$

[注意]　計算すると約分できる場合や，$\sqrt{\ \ }$ がはずれる場合もある。

(例)　方程式 $2x^2+3x-3=0$ を解の公式を使って解く。

解の公式に，$a=2$，$b=3$，$c=-3$ を代入すると

$$x=\frac{-3\pm\sqrt{3^2-4\times2\times(-3)}}{2\times2}$$

$$=\frac{-3\pm\sqrt{9+24}}{4}$$

$$=\frac{-3\pm\sqrt{33}}{4}$$

したがって　$x=\frac{-3\pm\sqrt{33}}{4}$

●因数分解を使った解き方

2次方程式 $ax^2+bx+c=0$ の左辺が因数分解できるとき，次のことを利用して，2次方程式を解くことができる。

2つの数や式を A，B とするとき

$AB=0$　ならば　$A=0$　または　$B=0$

[注意]　2次方程式には，ふつう解は2つあるが，2つの解が一致(いっち)して，解が1つになるものもある。

(例)　方程式 $x^2-x-6=0$ を解く。

$$x^2-x-6=0$$

$$(x+2)(x-3)=0$$

$$x=-2 \quad または \quad x=3$$

方程式 $x^2+6x+9=0$ を解く。

$$x^2+6x+9=0$$

$$(x+3)^2=0$$

$$x=-3$$

方程式 $x^2-4=0$ を解く。

$$x^2-4=0$$

$$(x+2)(x-2)=0$$

$$x=2 \quad または \quad x=-2$$

4章　関数 $y=ax^2$

□比例，反比例 ◀ 中学1年

y が x の関数で，$y=ax$ で表されるとき，y は x に比例するといい，$y=\dfrac{a}{x}$ で表されるとき，y は x に反比例するといいます。このとき，a を比例定数といいます。

□ 1次関数 ◀ 中学2年

y が x の関数で，y が x の1次式で表されるとき，y は x の1次関数であるといい，一般に $y=ax+b$ の形で表されます。

1次関数 $y=ax+b$ では，変化の割合は一定で，a に等しくなります。

$$(\text{変化の割合})=\frac{(y\text{の増加量})}{(x\text{の増加量})}=a$$

1 次の x と y の関係を式に表しなさい。このうち，y が x に比例するもの，y が x に反比例するもの，y が x の1次関数であるものをそれぞれ答えなさい。

◀ 中学1年〈比例と反比例〉
中学2年〈1次関数〉

ヒント
式の形をみると……

(1)　面積 100 cm^2 の平行四辺形の底辺 x cm と高さ y cm

(2)　80ページの本を，x ページ読んだときの残りのページ数 y ページ

(3)　1個80円の消しゴムを x 個買ったときの代金 y 円

2 1次関数 $y=-3x+5$ について，次の問に答えなさい。

◀ 中学2年〈1次関数〉

ヒント
(1) x の増加量を求めると……

(1)　x の値が1から4まで変わるときの y の増加量を求めなさい。

(2)　x の増加量が1のときの y の増加量を求めなさい。

(3)　x の増加量が4のときの y の増加量を求めなさい。

●関数 $y=ax^2$

教科書 p.96〜98

例題 1　y は x の 2 乗に比例し，$x=3$ のとき $y=18$ です。このとき，y を x の式で表しなさい。 ▶▶1 2

考え方　y は x の 2 乗に比例するから，比例定数を a として $y=ax^2$ と表せます。

答え　y は x の 2 乗に比例するから，比例定数を a とすると $y=ax^2$ と書くことができる。$x=3$ のとき $y=18$ であるから

①［　　］$=a\times$ ②［　　］^{2}

$a=$ ③［　　］　　　答　$y=$ ④［　　］

プラスワン　関数 $y=ax^2$

y が x の関数で，$y=ax^2$ と表されるとき，y は x の 2 乗に比例するといいます。

●関数 $y=ax^2$ のグラフ

教科書 p.99〜106

例題 2　$y=2x^2$ のグラフをかきなさい。 ▶▶3 4

考え方　$y=x^2$ と $y=2x^2$ について，同じ x の値(あたい)に対応する y の値を比べます。

答え

x	…	-3	-2	-1	0	1	2	3	…
x^2	…	9	4	1	0	1	4	9	…
$2x^2$	…	18	8	2	0	2	8	18	…

$y=x^2$ のグラフ上の各点について，①［　　］座標を ②［　　］倍にした点をとり，なめらかな曲線で結ぶ。

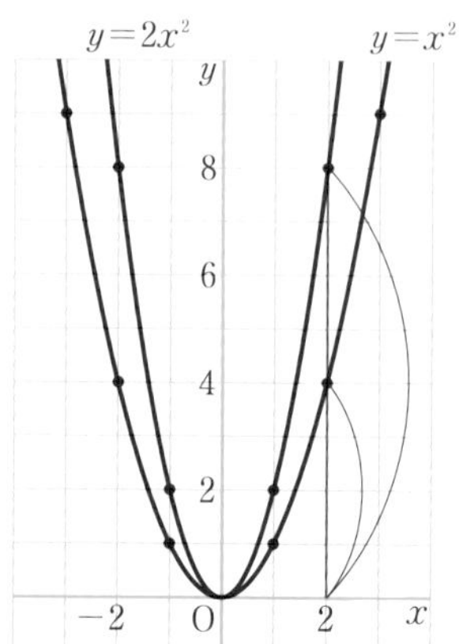

プラスワン　関数 $y=ax^2$ のグラフ

・関数 $y=ax^2$ のグラフの特徴(とくちょう)

1　原点を通る。

2　y 軸(じく)について対称(たいしょう)な曲線である。

3　$a>0$ のときは，上に開いた形。
　$a<0$ のときは，下に開いた形。

4　a の値の絶対値が大きいほど，グラフの開き方は小さい。

・$y=ax^2$ のグラフは放物線(ほうぶつせん)とよばれます。放物線は対称の軸をもち，対称の軸と放物線の交点を放物線の頂点といいます。

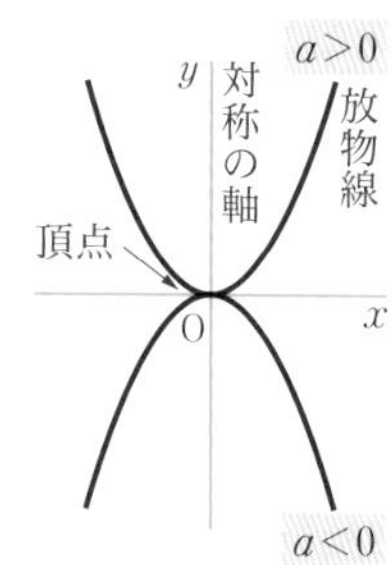

1 【関数 $y=ax^2$】次の㋐～㋒について，y を x の式で表しなさい。また，y が x の2乗に比例するものはどれですか。 教科書 p.97 例1

㋐ 対角線の長さが x cm の正方形の面積を y cm^2 とする。

㋑ 底面が1辺 x cm の正方形で，高さが4 cm の正四角柱の側面積を y cm^2 とする。

㋒ 底面の半径が x cm，高さが6 cm の円錐(えんすい)の体積を y cm^3 とする。

絶対理解 **2** 【関数 $y=ax^2$】**y は x の2乗に比例し，次の条件をみたすとき，y を x の式で表しなさい。** 教科書 p.98 例2

(1) $x=-2$ のとき $y=20$　　(2) $x=4$ のとき $y=-48$

絶対理解 **3** 【関数 $y=ax^2$ のグラフ】**右の図は，$y=2x^2$ のグラフです。次の問に答えなさい。** 教科書 p.104 Q

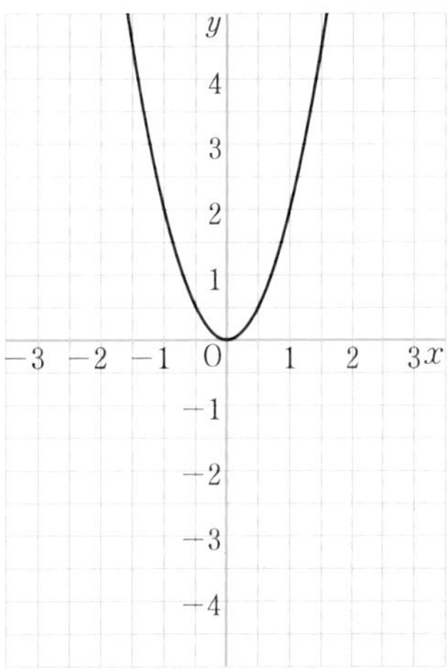

(1) 右の図に，関数 $y=-2x^2$ のグラフをかき入れなさい。

(2) $y=2x^2$ と $y=-2x^2$ のグラフの特徴について，次の □ にあてはまることばを書きなさい。

㋐ 2つのグラフは，どちらも □ を通る。

㋑ 2つのグラフは，どちらも □ 軸について対称である。

㋒ $y=2x^2$ のグラフと $y=-2x^2$ のグラフは，□ 軸について対称である。

㋓ $y=2x^2$ のグラフは □ に開いたグラフである。

4 【関数 $y=ax^2$ のグラフ】右の図は，関数 $y=ax^2$ で，a の値をいろいろにとったグラフです。このうち，$y=3x^2$ のグラフはどれですか。 教科書 p.106

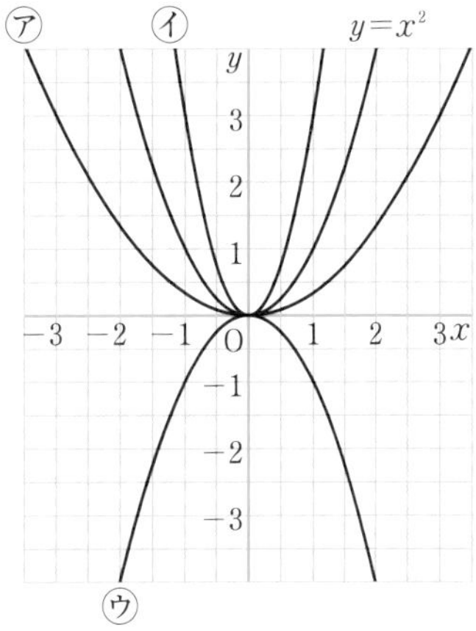

例題の答え **1** ①18 ②3 ③2 ④$2x^2$ **2** ①y ②2

ぴたトレ 1
要点チェック

4章　関数 $y=ax^2$

2節　関数 $y=ax^2$ の性質と調べ方
②　関数 $y=ax^2$ の値の変化

●変化の割合

教科書 p.108～109

例題 1　関数 $y=x^2$ について，x の値が 1 から 3 まで増加するときの変化の割合を求めなさい。　▶▶1

考え方　x と y の増加量を求めます。

答え　$x=1$ のとき　$y=$ ①$^2=$ ②

$x=3$ のとき　$y=$ ③$^2=$ ④

したがって，変化の割合は

$$(\text{変化の割合})=\frac{(y\text{の増加量})}{(x\text{の増加量})}$$

$$=\frac{④-②}{③-①}$$

$$=⑤$$

答　⑤

求めた変化の割合は，2点 (1, 1), (3, 9) を通る直線の傾きを表しています。

プラスワン　変化の割合

$$(\text{変化の割合})=\frac{(y\text{の増加量})}{(x\text{の増加量})}$$

関数 $y=ax^2$ の変化の割合は，x がどの値からどの値まで増加するかによって，異なっていて，一定ではありません。

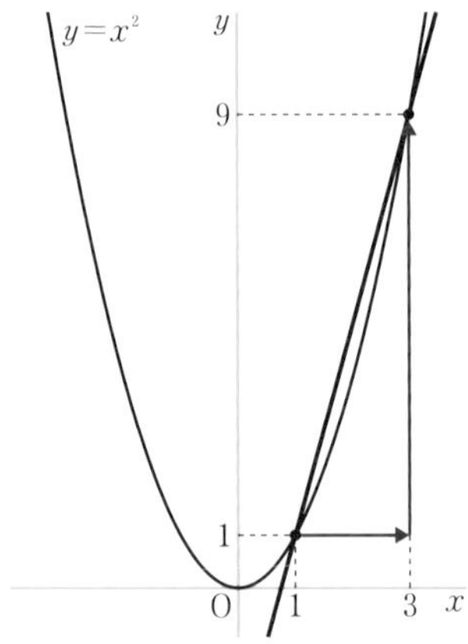

● x の変域と y の変域

教科書 p.110

例題 2　関数 $y=2x^2$ について，x の変域が $-2\leqq x\leqq 3$ のときの y の変域を求めなさい。　▶▶2

考え方　x の変域に $x=0$ をふくむことに注意して，グラフを利用して求めます。

答え　$y=2x^2$ のグラフで，$-2\leqq x\leqq 3$ に対応する部分は，右の図の太い線の部分であるから，y は

$x=$ ① のとき，最小値 ②

$x=$ ③ のとき，最大値 ④

をとる。したがって，求める y の変域は

⑤ $\leqq y\leqq$ ⑥

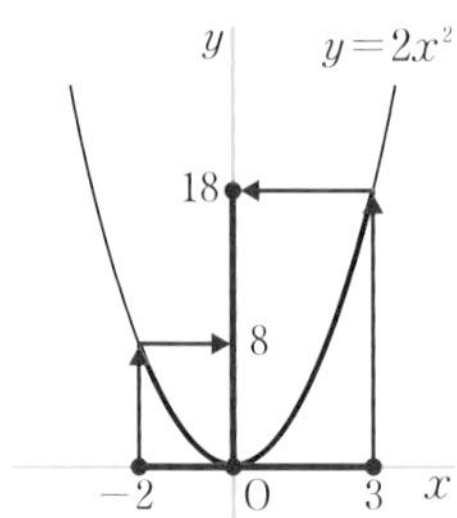

$x=-2$ のとき $y=8$
$x=3$ のとき $y=18$
となることから，y の変域を $8\leqq y\leqq 18$ としないように注意しましょう。

1 【変化の割合】次の(1)，(2)の関数について，x の値が㋐，㋑のように増加するときの変化の割合を求めなさい。

教科書 p.109 例1

㋐ 2から4まで　　㋑ −5から−3まで

□(1) $y=3x^2$　　□(2) $y=-3x^2$

2 【x の変域と y の変域】次の(1)，(2)の関数について，x の変域が㋐〜㋒のときの y の変域を求めなさい。

教科書 p.110 例2

㋐ $1 \leqq x \leqq 3$　　㋑ $-4 \leqq x \leqq 2$　　㋒ $-5 \leqq x \leqq -2$

□(1) $y=3x^2$　　□(2) $y=-3x^2$

●キーポイント
x の変域に $x=0$ をふくむときは，グラフの頂点の y 座標の0が最小値または最大値になります。

3 【1次関数との比較】下の表の□に，あてはまることばや比例定数を書きなさい。

□

教科書 p.111 問6

		関数 $y=ax+b$	関数 $y=ax^2$
グラフの形		①	②
y の値の変化	$a>0$ のとき	つねに ③	$x=0$ を境として，④ から ⑤ に変わる。
	$a<0$ のとき	つねに ⑥	$x=0$ を境として，⑦ から ⑧ に変わる。
変化の割合		⑨ で ⑩ に等しい。	⑪ ではない。

4 【平均の速さ】ある斜面(しゃめん)で球を転がすとき，斜面を下り始めてから x 秒間に進む距離(きょり)を y m とするとき，$y=2x^2$ の関係が成り立つとします。次の平均の速さを求めなさい。

教科書 p.112 Q，問7

□(1) 斜面を下り始めて3秒後から5秒後までの間

□(2) 斜面を下り始めてから2秒後までの間

●キーポイント
平均の速さは，
$\dfrac{(進んだ距離)}{(進んだ時間)}$
の式で求められます。

例題の答え **1** ①1 ②1 ③3 ④9 ⑤4
2 ①0 ②0 ③3 ④18 ⑤0 ⑥18

4章 教科書107〜112ページ

解答▶▶ p.26

1節 関数 $y=ax^2$ [1]
2節 $y=ax^2$ の性質と調べ方 [1], [2]

1 底面の半径と高さがどちらも x cm の円柱があります。次の(1)～(3)のそれぞれの場合について，y を x の式で表しなさい。また，y が x の 2 乗に比例するものはどれですか。

□(1) 底面の周の長さを y cm とする。

□(2) 表面積を y cm^2 とする。

□(3) 体積を y cm^3 とする。

2 y は x の 2 乗に比例し，次の条件をみたすとき，y を x の式で表しなさい。

□(1) $x=-3$ のとき $y=18$

□(2) $x=2$ のとき $y=-12$

よく出る **3** y は x の 2 乗に比例し，$x=-6$ のとき $y=24$ です。このとき，次の問に答えなさい。

□(1) y を x の式で表しなさい。

□(2) $x=9$ のときの y の値を求めなさい。

□(3) この関数のグラフを右の図にかき入れなさい。

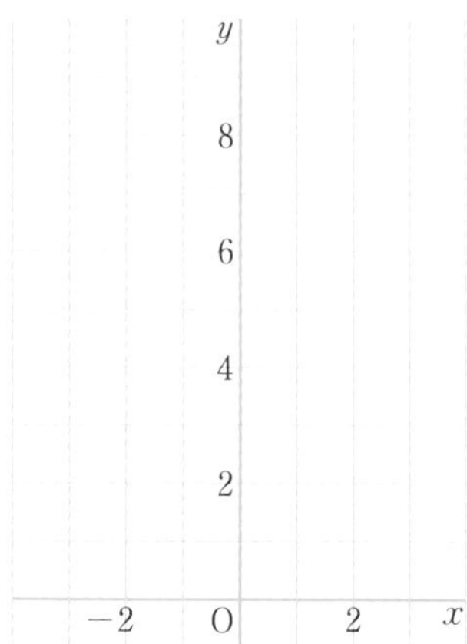

4 次の(1)，(2)の関数について，x の値が -6 から 0 まで増加するときの変化の割合を求めなさい。

□(1) $y=\dfrac{1}{3}x^2$

□(2) $y=-2x^2$

ヒント **1** **2** y が x の 2 乗に比例するとき，$y=ax^2$ と表される。

定期テスト予報
● $y=ax^2$ のグラフの特徴を理解しておこう。変域や変化の割合を求めるときにも役に立つよ。放物線は原点や x，y 座標がともに整数になる点をなめらかな曲線で結ぼう。y の変域を求めるときは，簡単なグラフをかいて必ず確認しよう。$x=0$ をふくむときは要注意！

よく出る **5** 関数 $y=2x^2$ について，x の変域が次の(1)，(2)のときの y の変域を求めなさい。

□(1) $1 \leqq x \leqq 3$　　□(2) $-1 \leqq x \leqq 3$

6 右の図の(1)～(4)は，下の㋐～㋓の関数のグラフを示したものです。(1)～(4)はそれぞれどの関数のグラフですか。□

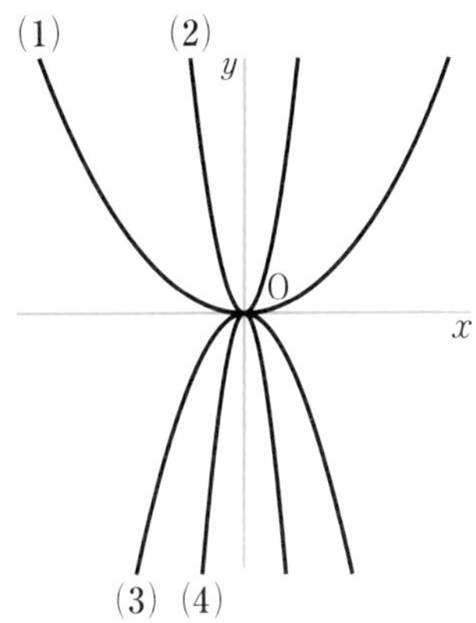

㋐ $y=-5x^2$

㋑ $y=3x^2$

㋒ $y=\dfrac{1}{5}x^2$

㋓ $y=-\dfrac{3}{4}x^2$

7 次の(1)～(5)にあてはまる関数を，㋐～㋓のなかからすべて選び，記号で答えなさい。

㋐ $y=\dfrac{1}{4}x-3$　　㋑ $y=-\dfrac{2}{3}x^2$　　㋒ $y=5x^2$　　㋓ $y=-3x$

□(1) グラフが放物線になる関数

□(2) $x<0$ の範囲(はんい)で，x の値が増加するとき，y の値は減少する関数

□(3) $x>0$ の範囲で，x の値が増加するとき，y の値も増加する関数

□(4) $x=0$ のとき，y の値が最大値 0 をとる関数

□(5) 変化の割合が一定である関数

ヒント
5 簡単なグラフをかいて確認してから，値を式に代入する。
6 グラフが上と下のどちらに開いているか，開き方の大きさの大小から式を選ぶ。

解答▶▶ p.27

4章　関数 $y=ax^2$

3節　いろいろな関数の利用
1　関数 $y=ax^2$ の利用

●身のまわりにみられる関数 $y=ax^2$

教科書 p.117～118

例題 1　高いところから物を落とすとき，落ち始めてから x 秒間に落ちる距離を y m とすると，$y=4.9x^2$ の関係があります。 ▶▶1 2

(1)　落ち始めてから 10 秒間では，何 m 落ちますか。

(2)　10 m の高さから物を落とすとき，地面に着くまでに何秒かかりますか。

考え方　$y=4.9x^2$ に，x または y の値を代入します。

答え　(1)　$y=4.9x^2$ に，$x=$［①　　］を代入すると

$y=4.9\times$［①　　］$^2=$［②　　］　　答 ［②　　］m

(2)　$y=4.9x^2$ に，$y=$［③　　］を代入すると

［③　　］$=4.9x^2$

$x^2=$［④　　］

$x>0$ であるから

$x=$［⑤　　］　　答 ［⑤　　］秒

y の値から x の値を求めるときは，平方根の考えを使って 2 次方程式を解きます。

●放物線と直線の問題

教科書 p.119

例題 2　右の図のように，関数 $y=ax^2$ のグラフと関数 $y=3x+6$ のグラフが，2 点 A，B で交わっています。A，B の x 座標がそれぞれ -1，2 のとき，a の値を求めなさい。 ▶▶3

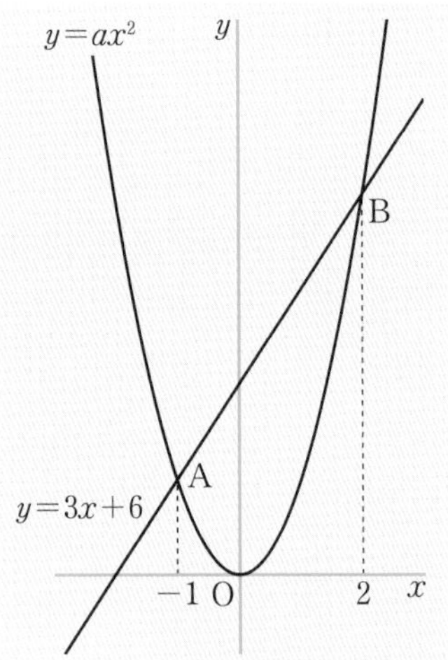

考え方　まず，点 A の座標を求めます。そして A が $y=ax^2$ のグラフ上の点でもあることから，A の座標の組を $y=ax^2$ に代入して，a の値を求めます。

答え　点 A の x 座標の -1 を，$y=3x+6$ に代入すると

$y=$［①　　］

したがって，点 A の座標は(［②　　］)

$x=-1$，$y=3$ を，$y=ax^2$ に代入すると

$3=a\times(-1)^2$

$a=$［③　　］　　答 $a=$［③　　］

点 B の座標を求めてから，a の値を求めることもできます。

1 【身のまわりにみられる関数 $y=ax^2$】1往復するのに x 秒かかる振(ふ)り子の長さを y m とすると，$y=\frac{1}{4}x^2$ の関係があります。このとき，次の問に答えなさい。 教科書 p.117 問1

□(1) 1往復するのに6秒かかる振り子の長さを求めなさい。

□(2) 長さが $\frac{1}{4}$ m の振り子が，1往復するのにかかる時間を求めなさい。

●キーポイント
あたえられた条件が，式 $y=\frac{1}{4}x^2$ の x の値か y の値かを確認して，その値を代入します。

2 【関数 $y=ax^2$ のグラフの利用】まっすぐな線路と，その線路に平行な道路があります。電車は駅を出発してから60秒後までは，x 秒間に $\frac{3}{8}x^2$ m 進みます。この電車が駅を出発したのと同時に，秒速15 m で走ってきた自動車に追いこされました。このとき，次の問に答えなさい。 教科書 p.118 Q

□(1) 電車と自動車が，駅を出発してから x 秒間に進む距離を y m として，電車，自動車がそれぞれ進むようすを表すグラフを，それぞれ右の図にかき入れなさい。

□(2) しばらくして，電車が自動車に追いつきました。電車が自動車に追いつくのは，電車が駅を出発してから何秒後ですか。

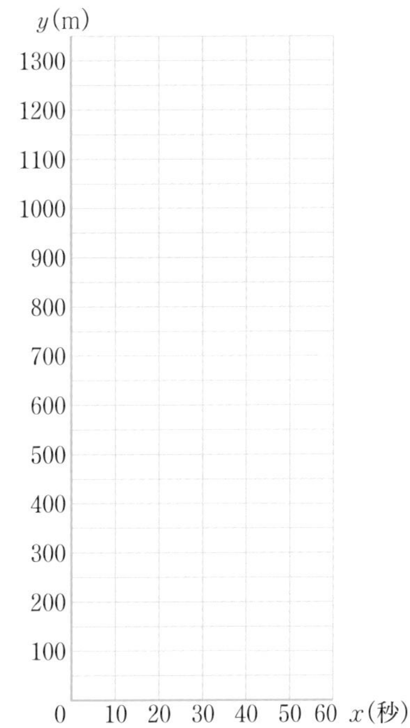

3 【放物線と直線の問題】右の図のように，関数 $y=x^2$ のグラフ上に2点A，Bがあります。A，Bの x 座標がそれぞれ -2，3のとき，次の問に答えなさい。 教科書 p.119 例2

□(1) 2点A，Bを通る直線の式を求めなさい。

□(2) △OABの面積を求めなさい。

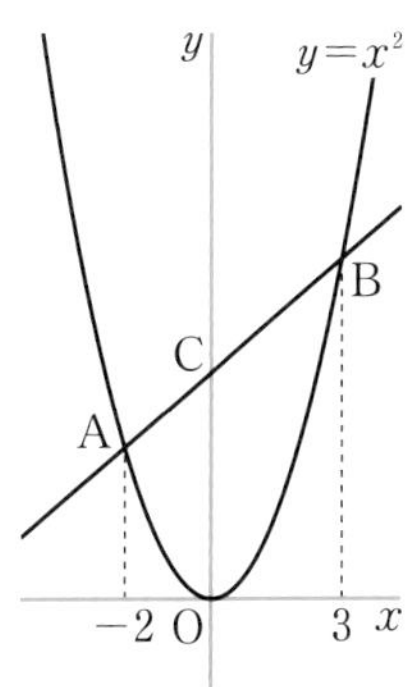

●キーポイント
(2) △OABを，△OACと△OBCに分けて考えます。

例題の答え **1** ①10 ②490 ③10 ④$\frac{100}{49}$ ⑤$\frac{10}{7}$ **2** ①3 ②−1，3 ③3

4章 教科書117〜119ページ

解答▶▶ p.28

3節　いろいろな関数の利用
2　いろいろな関数

●いろいろな関数　　教科書 p.120〜121

例題 1　ある駐車場の1日目の駐車料金は，1時間以内300円で，その後の4時間までは30分ごとに150円追加され，4時間以降は一定の1200円です。このとき，次の問に答えなさい。　▶▶ 1 2

(1)　1日目の駐車時間と料金を表にまとめ，駐車時間が x 時間のときの料金を y 円として，6時間までのグラフをかきなさい。

(2)　駐車時間が2時間20分のときの料金は何円ですか。

考え方　(1)　グラフの端の点は，ふくむ場合は●，ふくまない場合は○を使って表します。
(2)　2時間20分は，2時間から2.5時間の間です。

答え　(1)　表とグラフは，次のようになる。

駐車時間	料　金	駐車時間	料　金
1時間まで	300円	3時間まで	④　　円
1.5時間まで	①　　円	3.5時間まで	⑤　　円
2時間まで	②　　円	4時間まで	⑥　　円
2.5時間まで	③　　円	6時間まで	1200円

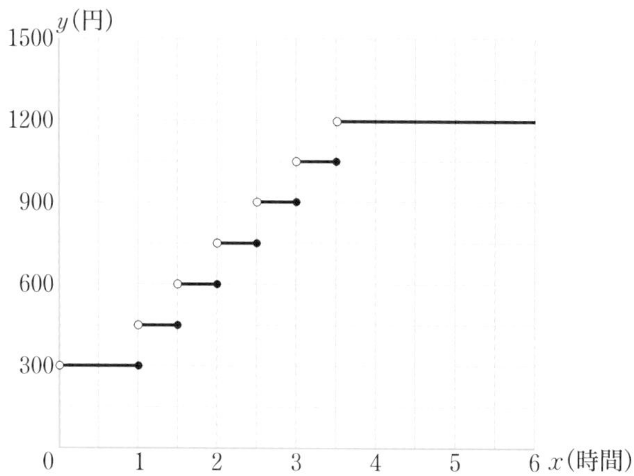

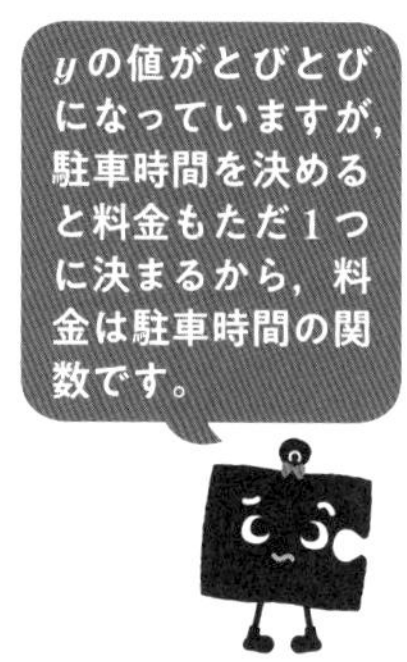

yの値がとびとびになっていますが，駐車時間を決めると料金もただ1つに決まるから，料金は駐車時間の関数です。

(2)　駐車時間の2時間20分は，上の表の ⑦　　 時間までに入るから，料金は ⑧　　 円である。

答　⑧　　 円

1 【いろいろな関数】100 cm のテープを，2 等分に切り，切ってできた 2 本のテープを重ねて，また 2 等分します。このようにしてくり返し切って，同じ長さに切り分けていきます。このとき，次の問に答えなさい。

教科書 p.120Q

□(1) 3 回切ったときにできるテープ 1 本の長さを求めなさい。

□(2) x 回切ったときにできるテープ 1 本の長さを y cm とし，x の値に対応する y の値を求め，x と y の値の組を座標とする点を右の図にかき入れなさい。

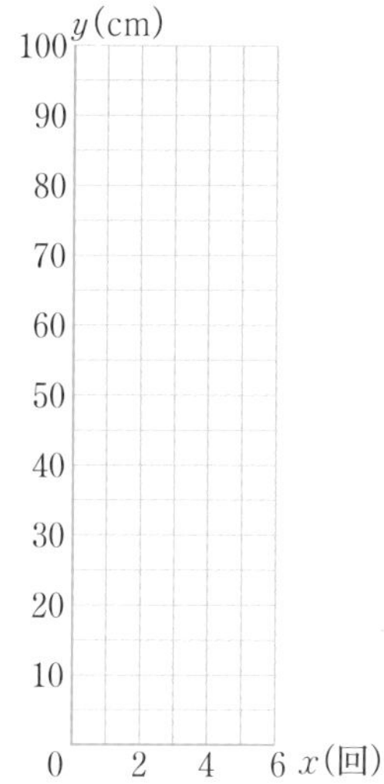

□(3) y は x の関数であるといえますか。その理由も説明しなさい。

絶対理解 **2** 【いろいろな関数】ある鉄道会社の乗車運賃は，乗車距離が 5 km までは 150 円，その後 30 km までは 5 km ごとに 30 円追加されます。このとき，次の問に答えなさい。

教科書 p.121 例 1

□(1) 乗車距離と運賃を表にまとめ，乗車距離が x km のときの運賃を y 円として，30 km までのグラフを，かきなさい。

乗車距離	運賃
5 km まで	円
10 km まで	円
15 km まで	円
20 km まで	円
25 km まで	円
30 km まで	円

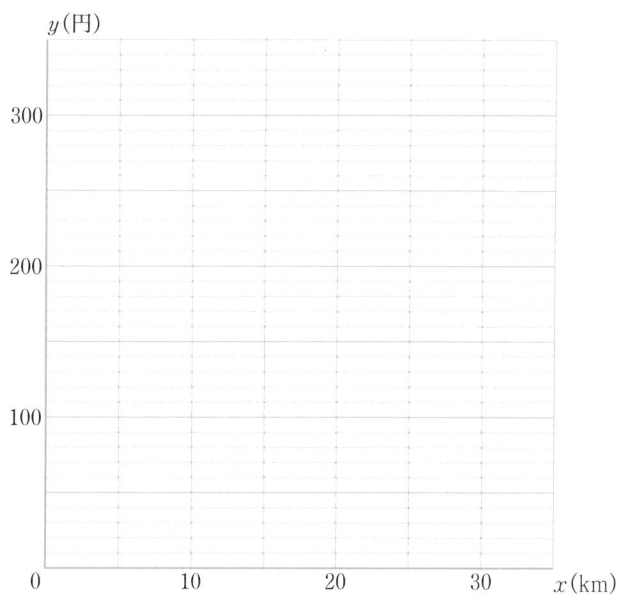

(2) 乗車距離が次のときの運賃を求めなさい。

□① 15 km　　□② 23 km

3節　いろいろな関数の利用　1，2

1 秒速 x m で真上にボールを投げ上げるとき，ボールの到達（とうたつ）する高さを y m とすると，y は x の 2 乗に比例するといわれています。秒速 10 m で真上に投げたときに到達する高さが 5 m であるとするとき，次の問に答えなさい。

□(1)　y を x の式で表しなさい。

□(2)　20 m の高さまでボールを投げ上げるには，秒速何 m で真上に投げればよいですか。

2 右の図のように，関数 $y=2x^2$ のグラフ上に 2 点 A，B があります。ただし，点 A は原点とは異なる点であるとします。次の問に答えなさい。

□(1)　点 A の x 座標と y 座標が等しいとき，点 A の座標を求めなさい。

□(2)　点 B の x 座標が -1 のとき，2 点 A，B を通る直線の式を求めなさい。

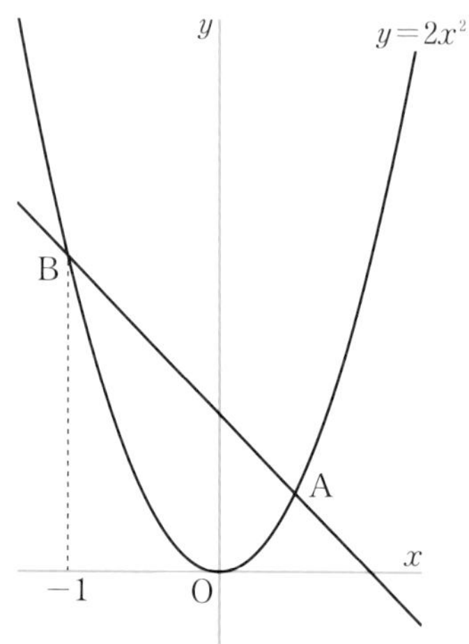

絶対理解 **3** 走っている車がブレーキを一定の力でかけて止まるまでの距離（制動距離）は速さの 2 乗に比例するといわれています。ある車が時速 40 km で走るときの制動距離は 10 m でした。このとき，次の問に答えなさい。

□(1)　時速 80 km で走るときの制動距離は何 m ですか。

□(2)　時速 x km で走るときの制動距離を y m として，y を x の式で表しなさい。

□(3)　制動距離が 90 m のとき，車の時速を求めなさい。

ヒント　**2** (1)点 A は関数 $y=2x^2$ のグラフ上の点で，点 A の x 座標を a とすると，y 座標も a となる。
3 (1)制動距離は速さの 2 乗に比例するから，時速が 2 倍になると，2^2 倍になる。

定期テスト予報
●学んできた関数を理解し，式やグラフを利用して問題を解決できるようになろう。
放物線と直線の問題では，グラフの交点がポイントになることが多いよ。yがとびとびの値をとる関数では，端(はし)の点が黒丸(ふくむ)か白丸(ふくまない)かを区別して表そう。

4 □ ある中学校の3年生は卒業アルバムを作るために，A社とB社の料金を調べ，右の表のようにまとめました。
この中学校の3年生が120冊の卒業アルバムを作るとすると，A社とB社のどちらの料金のほうが安いですか。

A社

初期費用なし
1冊　1750円

B社

制作基本料	14000円

冊数	1冊あたりの料金
30冊まで	2300円
50冊まで	2100円
100冊まで	1900円
200冊まで	1650円
201冊から	1400円

5 タクシーの運賃は，走った距離によって料金が決まっています。次の問に答えなさい。

□(1)　タクシー会社Aでは，次のように料金が決まっています。乗車距離と運賃を表にまとめ，乗車距離が5kmまでのグラフをかきなさい。

・2kmまで　700円
・2km以降　300mごとに100円加算

乗車距離	運賃
2kmまで	700円
2.3kmまで	円
2.6kmまで	円
2.9kmまで	円
3.2kmまで	円
3.5kmまで	円
3.8kmまで	円
4.1kmまで	円
4.4kmまで	円
4.7kmまで	円
5kmまで	円

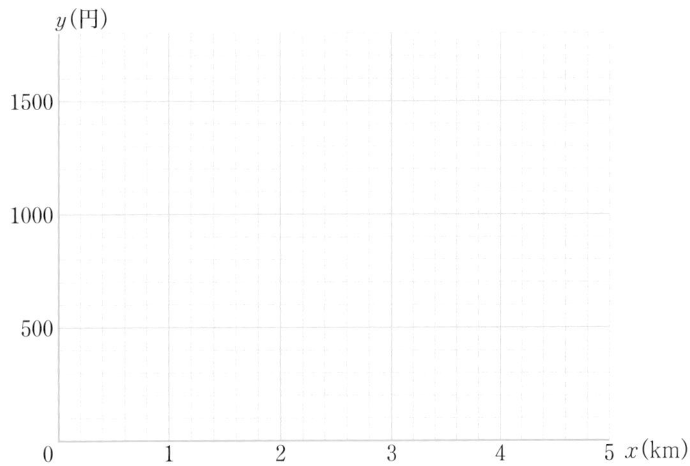

□(2)　タクシー会社Bでは，次のように料金が決まっています。乗車距離が4kmのとき，料金が安いのはA，Bのどちらの会社ですか。

・1.5kmまで　550円
・1.5km以降　500mごとに150円加算

ヒント　**4** B社の料金のしくみを表から読みとる。

解答▶▶ p.29

4章　関数 $y=ax^2$

時間30分　／100点　合格70点

❶ 次の(1)〜(4)にあてはまる関数を，㋐〜㋔のなかからすべて選び，記号で答えなさい。知

㋐ $y=\frac{1}{3}x^2$　　㋑ $y=-\frac{3}{x}$　　㋒ $y=-\frac{1}{3}x^2$

㋓ $y=\frac{1}{3}x$　　㋔ $y=-3x$

(1) グラフが y 軸について対称となる関数

(2) グラフが原点を通る関数

(3) グラフが x 軸について対称な2つの関数

(4) y の値が最小値をもつ関数

❶ 点/20点（各5点）

(1)	
(2)	
(3)	
(4)	

（(1)〜(4)各完答）

❷ y は x の2乗に比例し，$x=6$ のとき $y=-12$ です。このとき，次の問に答えなさい。知

(1) y を x の式で表しなさい。

(2) この関数のグラフをかきなさい。

❷ 点/14点（各7点）

(1)

(2)

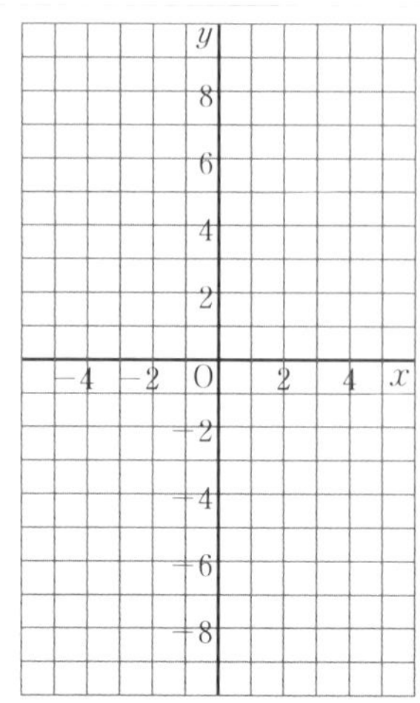

❸ 関数 $y=ax^2$ について，次のそれぞれの場合の a の値を求めなさい。知

(1) x の変域が $-3 \leqq x \leqq 6$ のとき，y の変域が $0 \leqq y \leqq 6$ である。

(2) x の値が2から4まで増加するときの変化の割合が，$y=3x-5$ の変化の割合と等しい。

❸ 点/16点（各8点）

(1)	
(2)	

❹ ある列車が動き出してから x 秒間に進む距離を y m とすると，出発してから60秒後までは，y は x の2乗に比例します。列車が発車してから10秒間に40 m 進むとき，列車が発車してから60秒後までの間の平均の速さを求めなさい。考

❹ 点/10点

成績評価の観点　知…数量や図形などについての知識・技能　考…数学的な思考・判断・表現

点UP **5** $y=2x^2$ のグラフ上に，x 座標がそれぞれ -1，2 となる点A，Bをとり，A，Bを通る直線と y 軸との交点をCとします。
点Pが $y=2x^2$ のグラフ上の点であるとき，次の問に答えなさい。考

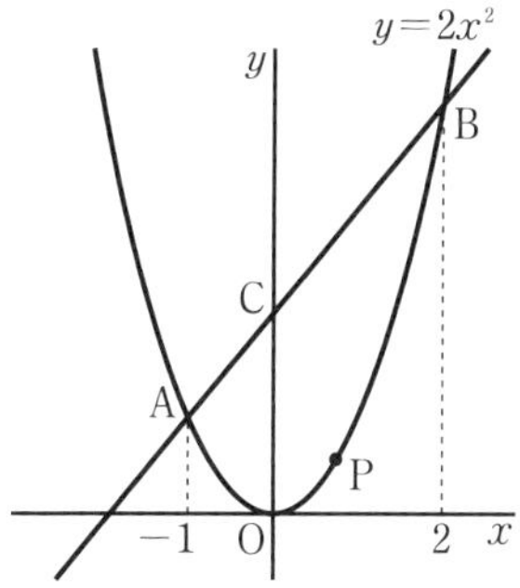

(1) 直線ABの式を求めなさい。

(2) 四角形OACPの面積が△OABの面積の $\frac{1}{2}$ になるときの点Pの座標を求めなさい。

5 点/20点（各10点）

(1)	
(2)	

点UP **6** 図1のように，正方形ABCDの袋（ふくろ）に，台形PQRSの紙を，点Rが袋の端の点Cに重なるように入れていきます。図2のように，BRの長さを x cm，袋に入った紙の面積を y cm² とするとき，次の問に答えなさい。考

(1) x の変数が次の㋐，㋑のとき，y を x の式で表しなさい。

㋐ $0 \leqq x \leqq 2$　　㋑ $2 \leqq x \leqq 5$

(2) x と y の関係を表すグラフをかきなさい。

6 点/20点

(1)	㋐	5点
	㋑	5点
(2)	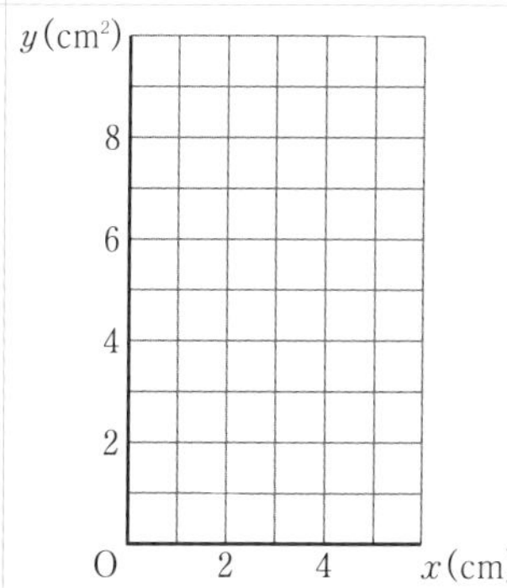	10点

図1

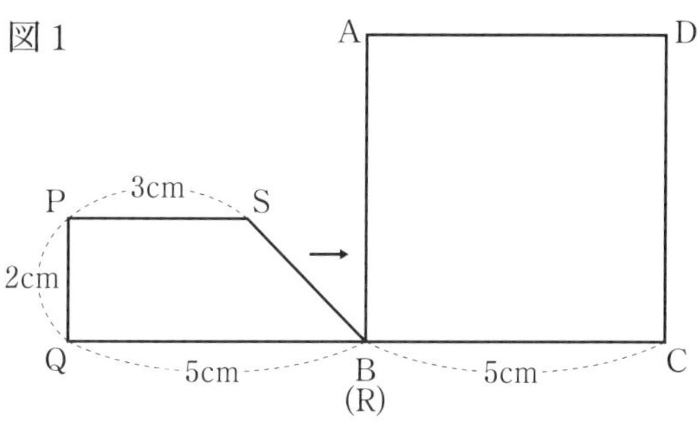

図2

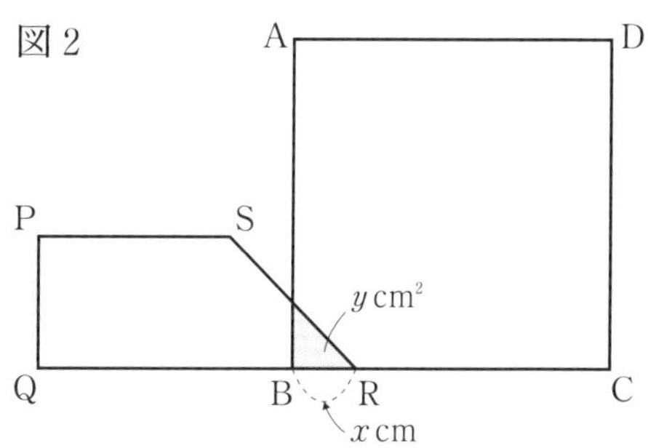

4章
教科書93～126ページ

解答▶▶ p.29

教科書のまとめ〈4章　関数 $y=ax^2$〉

●関数 $y=ax^2$

・y が x の関数で，次のような式で表されるとき，**y は x の2乗に比例する**という。

$y=ax^2$

・$y=ax^2$ の式のなかの文字 a は定数であり，**比例定数**という。

●関数 $y=ax^2$ のグラフ

・$y=ax^2$ のグラフの特徴

1. 原点を通る。
2. y 軸について対称な曲線である。
3. $a>0$ のときは，上に開いた形
$a<0$ のときは，下に開いた形
になる。
4. a の値の絶対値が大きいほど，グラフの開き方は小さい。

・$y=ax^2$ のグラフは**放物線**とよばれる。放物線は対称の軸をもち，対称の軸と放物線の交点を放物線の頂点という。

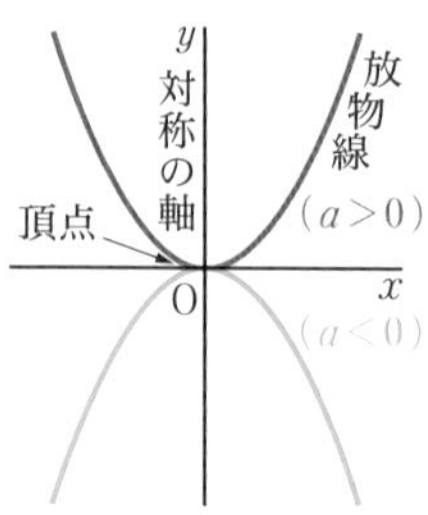

●関数 $y=ax^2$ の値の変化

・$a>0$ のとき，x の値が増加すると
$x<0$ の範囲では，y の値は減少する。
$x=0$ のとき，y は最小値0をとる。
$x>0$ の範囲では，y の値は増加する。

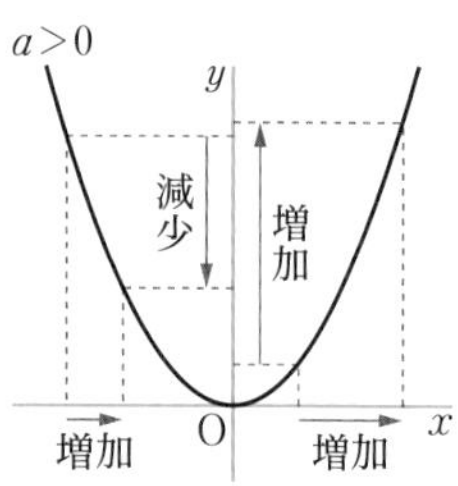

・$a<0$ のとき，x の値が増加すると
$x<0$ の範囲では，y の値は増加する。
$x=0$ のとき，y は最大値0をとる。
$x>0$ の範囲では，y の値は減少する。

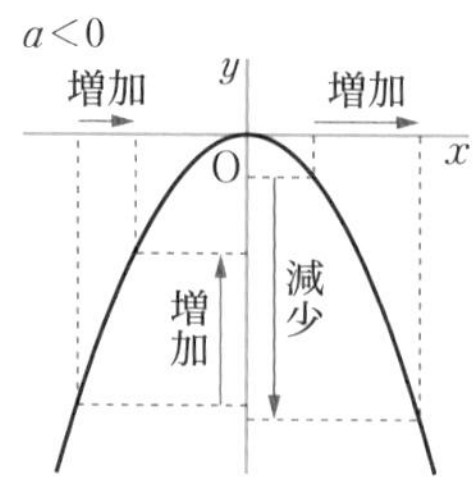

●変化の割合

・関数 $y=ax^2$ の変化の割合は，x がどの値からどの値まで増加するかによって異なっていて，一定ではない。

(例) $y=x^2$ について，
x の値が1から2まで増加するときの変化の割合は

$$\frac{(y\text{の増加量})}{(x\text{の増加量})}=\frac{4-1}{2-1}=3$$

x の値が3から4まで増加するときの変化の割合は

$$\frac{(y\text{の増加量})}{(x\text{の増加量})}=\frac{16-9}{4-3}=7$$

・関数 $y=2x^2$ で，x の値が1から3まで増加するときの変化の割合は，グラフ上の2点A(1，2)，B(3，18)を通る直線ABの傾き(かたむ)きを表している。

● x の変域と，それに対応する y の変域

x の変域の端の値が，y の変域の端の値にかならず対応しているとはかぎらない。

(例) 関数 $y=x^2$ について，x の変域が
$-1 \leqq x \leqq 2$ のとき，
y の変域は　$0 \leqq y \leqq 4$
（$x=0$ のとき，最小値0をとる。
$1 \leqq y \leqq 4$ としないように注意。）

5章　相似な図形

□比例式の性質　← 中学1年

$a:b=m:n$ ならば $an=bm$

□三角形の合同条件　← 中学2年

1　3組の辺がそれぞれ等しい。

2　2組の辺とその間の角がそれぞれ等しい。

3　1組の辺とその両端(りょうたん)の角がそれぞれ等しい。

1 次の比例式を解きなさい。　← 中学1年〈比例式〉

(1)　$x:5=6:15$　　(2)　$12:x=3:8$

(3)　$6:9=x:15$　　(4)　$x:(x+3)=4:7$

ヒント
比例式の性質を使って……

2 下の図の三角形を，合同な三角形の組に分けなさい。また，そのとき使った合同条件を答えなさい。　← 中学2年〈三角形の合同条件〉

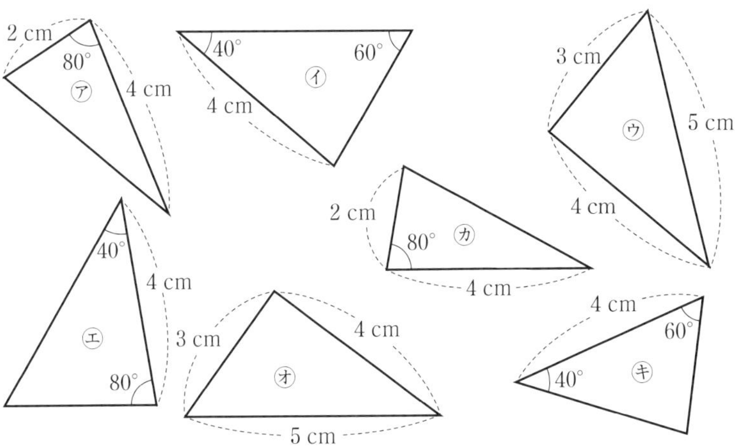

ヒント
三角形の辺の長さや角の大きさに目をつけて……

5章

1節 相似な図形
1 相似な図形

●相似な図形

教科書 p.130～131

例題 1 右の図の三角形(ア)と三角形(イ)は相似です。対応する辺の長さと角の大きさの関係を，記号を使って表しなさい。 ▶▶1 2

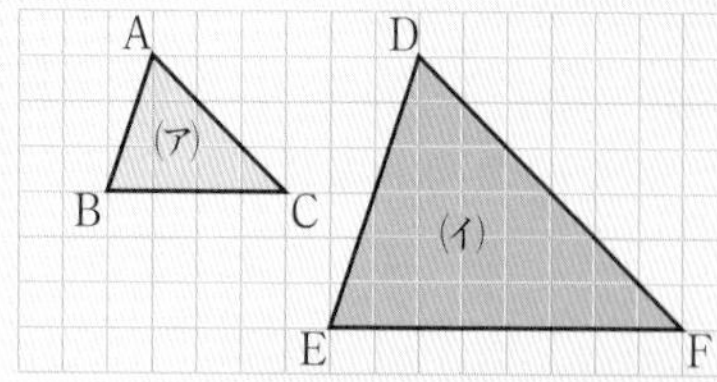

考え方 相似な図形の性質を使って，対応する辺や角の関係を考えます。

答え △ABC∽△［①］で，EF＝［②］BC

であるから

AB：DE＝1：2，BC：EF＝1：2，CA：FD＝［③］

∠A＝∠［④］，∠B＝∠［⑤］，∠C＝∠［⑥］

記号 ∽ を使って表すときは，対応する頂点を周にそって同じ順に書きます。
対応する頂点
△ABC∽△DEF
対応する頂点

プラスワン 相似

相似…1つの図形を，形を変えずに一定の割合に拡大，または縮小して得られる図形は，もとの図形と相似であるといいます。2つの図形が相似であることを，記号 ∽ を使って表します。

相似な図形の性質…相似な図形では，対応する部分の長さの比はすべて等しく，対応する角の大きさはそれぞれ等しくなります。

●相似比・辺の長さ

教科書 p.131～134

例題 2 右の図で，△ABC∽△DEF です。 ▶▶3

(1) 相似比を求めなさい。

(2) 辺 EF の長さを求めなさい。

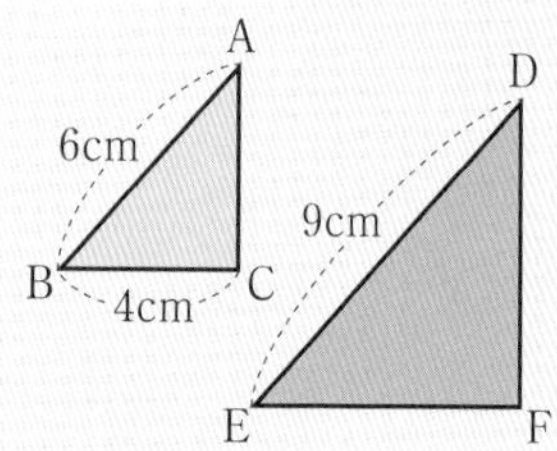

考え方 (1) 相似比は，対応する部分の長さの比に等しいです。

(2) 対応する部分の長さの比はすべて等しいことから，比例式をつくります。

答え (1) △ABC∽△DEF で，AB と DE が対応する辺であるから，相似比は

AB：DE＝6：9＝［①］

(2) EF＝x cm とすると

［②］：［③］＝4：x

［④］x＝［⑤］

x＝［⑥］　答［⑥］cm

$a:b=m:n$ ならば $an=bm$

(2) となり合う2辺の比が等しいことから求めることもできます。
$a:c=b:d$ ならば
$a:b=c:d$
└となり合う2辺の比は等しいです。

1 【相似な図形】下の四角形 ABCD について，次の問に答えなさい。 教科書 p.131 問 1，問 2

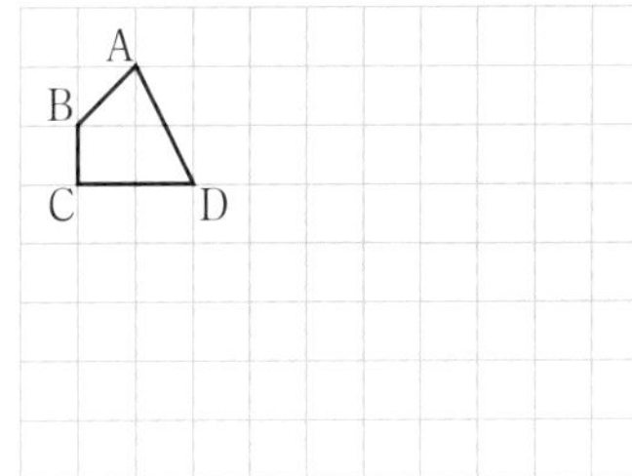

□(1) 各辺を 3 倍に拡大した四角形 EFGH を，右の図にかき入れなさい。

□(2) 2 つの四角形が相似であることを，記号 ∽ を使って表しなさい。

□(3) 対応する辺の長さと角の大きさの関係を，記号を使って表しなさい。

□(4) 四角形 EFGH の対角線 EG の長さは，四角形 ABCD の対角線 AC の長さの何倍ですか。

2 【相似の位置】2 つの図形の対応する点どうしを通る直線がすべて 1 点 O に集まり，O から対応する点までの距離(きょり)の比がすべて等しいとき，それらの図形は，O を「相似の中心」として「相似の位置にある」といいます。点 O を相似の中心として，次の図形をかきなさい。

教科書 p.133 問 5，問 6

□(1) 四角形 ABCD の各辺を $\frac{1}{2}$ に縮小した四角形 A′B′C′D′

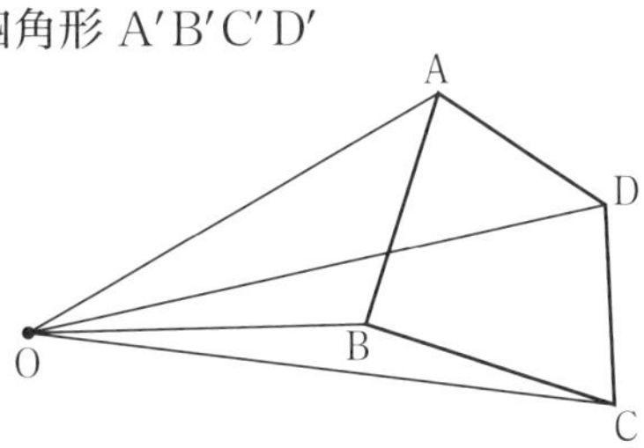

□(2) △ABC の各辺を 2 倍に拡大した △A′B′C′

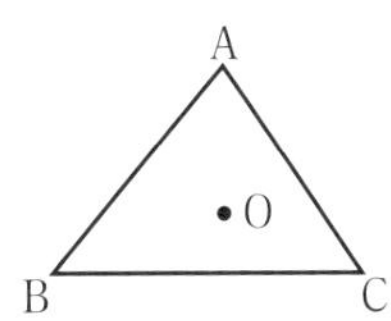

よく出る 3 【相似比・辺の長さ】下の図で，△ABC∽△DEF であるとき，次の問に答えなさい。

教科書 p.132 問 3，p.134 例 1

□(1) △ABC と △DEF の相似比を求めなさい。

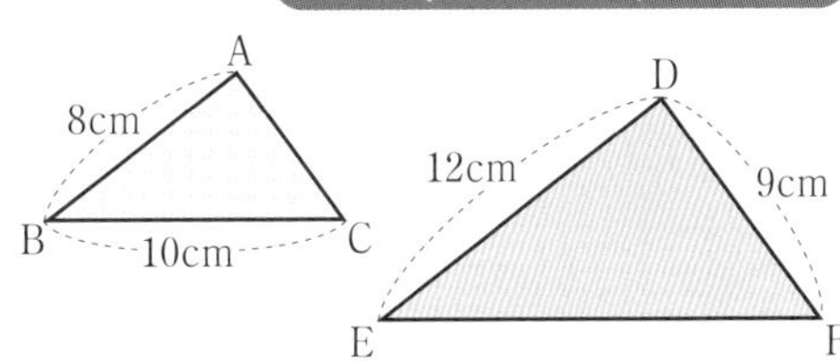

(2) 次の辺の長さをそれぞれ求めなさい。

□① 辺 AC　　□② 辺 EF

例題の答え **1** ①DEF ②2 ③1：2 ④D ⑤E ⑥F **2** ①2：3 ②6 ③9 ④6 ⑤36 ⑥6

1節　相似な図形
②　三角形の相似条件

●三角形の相似条件

教科書 p.135～137

例題 1 下の図のなかから，相似な三角形の組を見つけ，記号 ∽ を使って表しなさい。また，そのときに使った相似条件を答えなさい。 ▶▶①②

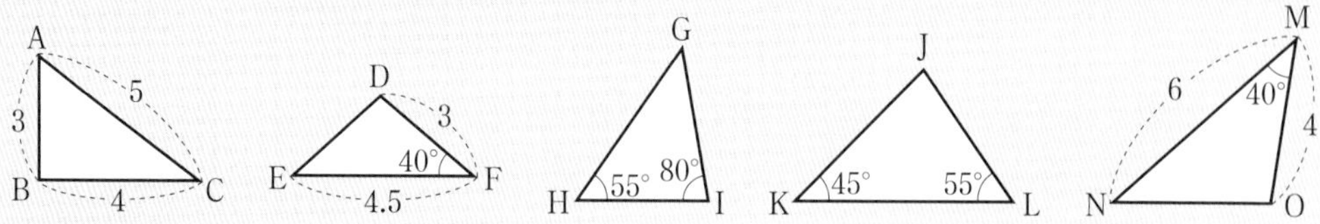

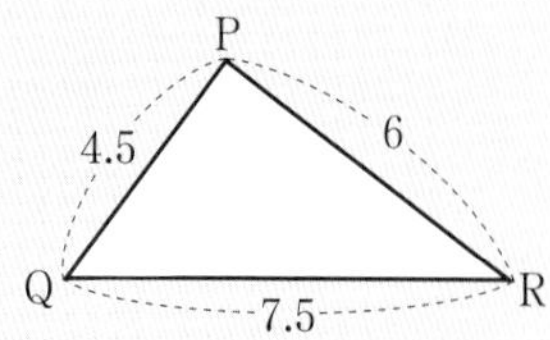

プラスワン　三角形の相似条件

2つの三角形は，次のどれかが成り立つとき相似です。
① 3組の辺の比がすべて等しい。
② 2組の辺の比とその間の角がそれぞれ等しい。
③ 2組の角がそれぞれ等しい。

考え方　辺の比や残りの角の大きさを求めて，相似条件にあてはめます。

相似な三角形は同じ向きにおくと対応がわかりやすいです。

答え
・AB：QP＝BC：PR＝CA：RQ＝2：3

答　△ABC∽△①[　　　]，相似条件②[　　　　　]がすべて等しい。

・EF：NM＝FD：MO＝3：4，∠F＝∠M

答　△DEF∽△③[　　　]，相似条件④[　　　　　　　]がそれぞれ等しい。

・∠H＝∠L＝55°，∠I＝∠J＝80°

答　△GHI∽△⑤[　　　]，相似条件⑥[　　　　　]がそれぞれ等しい。

●相似条件を利用した図形の性質の証明

教科書 p.138

例題 2 右の図の△ABCで，点A，Bから辺BC，CAにそれぞれ垂線AD，BEをひき，ADとBEの交点をPとするとき，△APE∽△BPDとなります。このことを証明しなさい。 ▶▶③

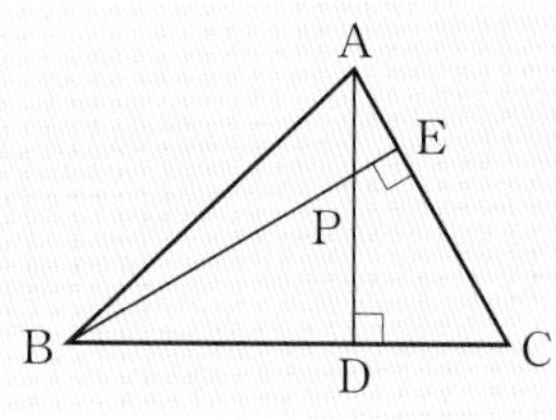

考え方　相似であることを示す2つの三角形で，等しい角を見つけます。

∠AEPは∠AEBや∠PEAなどと書いてもよいです。（他の角についても同じです。）

証明
△APEと△BPDにおいて

仮定から　∠①[　　　]＝∠②[　　　]＝90°　……㋐

また，③[　　　]は等しいから

∠④[　　　]＝∠⑤[　　　]　……㋑

㋐，㋑より，⑥[　　　　　　　　]がそれぞれ等しいから

△APE ∽ △BPD

絶対理解 **1** 【三角形の相似条件】下の図のなかから，相似な三角形の組を見つけ，記号 ∽ を使って表しなさい。また，そのときに使った相似条件を答えなさい。 教科書 p.137 問 1

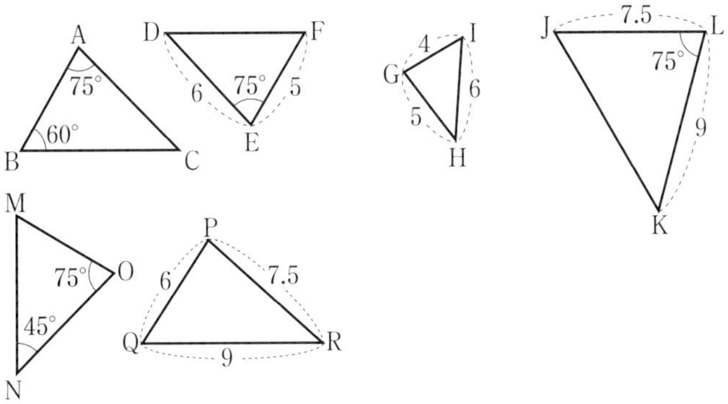

●キーポイント

次のようにして，相似条件にあてはまるかどうかを考えます。

- 辺を長い順(または短い順)に組にして，その長さの比を求める。
- となり合う辺の長さの比を求める。
- 三角形の内角の和から角の大きさを求める。

よく出る **2** 【三角形の相似条件】下のそれぞれの図で，相似な三角形を記号 ∽ を使って表しなさい。また，そのときに使った相似条件を答えなさい。 教科書 p.137 例 1

□(1)

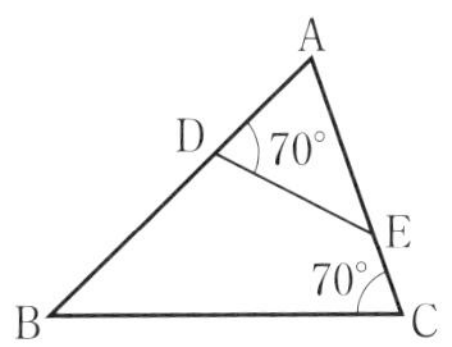

□(2)

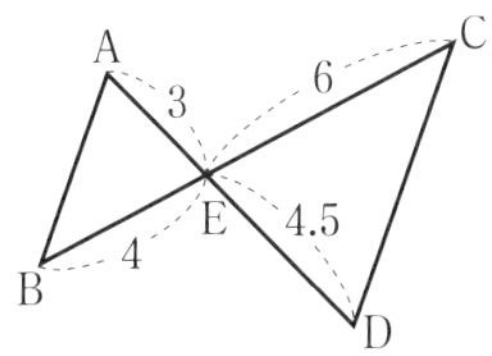

□(3)

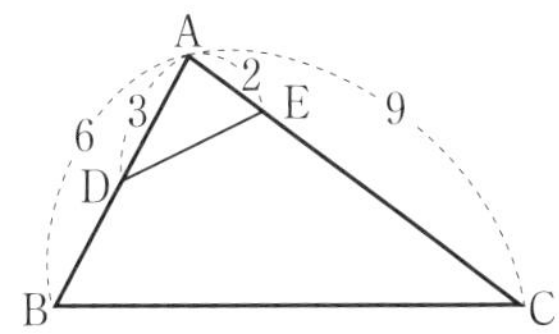

絶対理解 **3** 【相似条件を利用した図形の性質の証明】右の図の △ABC で，D は辺 BC 上の点で，∠BAC＝∠BDA です。このとき，次の問に答えなさい。 教科書 p.138 例 2

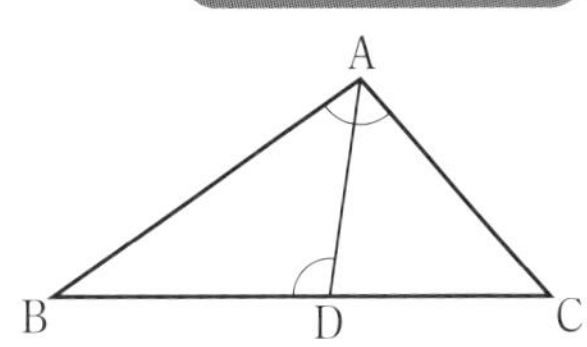

□(1) △ABC∽△DBA となることを証明しなさい。

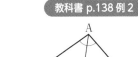

□(2) (1)で証明したことから，AB：DB＝BC：BA となることを示しなさい。

□(3) (2)のことから，BC＝7 cm，BD＝4 cm のとき，AB の長さを求めなさい。

例題の答え **1** ①QPR ②3 組の辺の比 ③ONM ④2 組の辺の比とその間の角 ⑤KLJ ⑥2 組の角

2 ①AEP ②BDP ③対頂角 ④APE ⑤BPD ⑥2 組の角

解答▶▶ p.32

5章　相似な図形

1節　相似な図形
3　相似の利用

●相似の利用

教科書 p.139〜140

□ **例題 1** 右の図のように，池をはさんだ2地点A，B間の距離を求めなさい。 ▶▶1 2

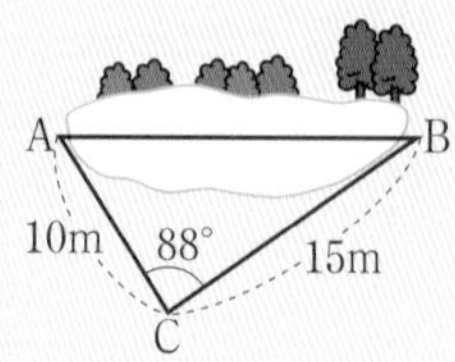

考え方　縮図をかいて，相似な図形の性質を使います。

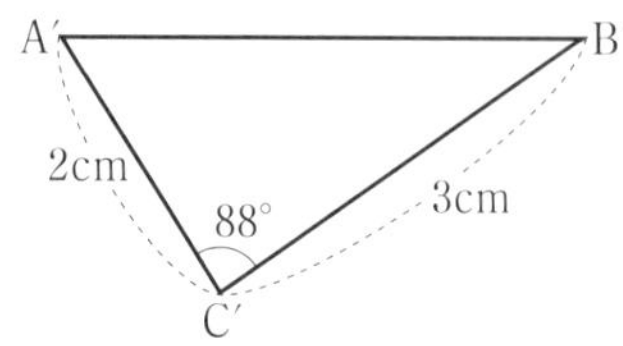

答え　右の図のように，縮尺 $\frac{1}{500}$ の縮図をかくと

A′B′＝3.6 cm

AB＝3.6×[①]＝[②](cm)

したがって　AB＝[③] m

答　約[③] m

プラスワン　縮図

$\frac{C'A'}{CA}=\frac{2}{1000}=\frac{1}{500}$ であるから，△A′B′C′ は△ABCの $\frac{1}{500}$ の縮図です。

●真の値と有効数字

教科書 p.141

□ **例題 2** ある長さを測定し，10 cm未満を四捨五入して測定値360 cmを得ました。 ▶▶3 4

(1)　真の値(あたい) a の範囲を，不等号を使って表しなさい。

(2)　この長さの測定値360 cmの有効数字(ゆうこうすうじ)が3，6のとき，この測定値を，(整数部分が1けたの数)×(10の累乗(るいじょう))の形に表しなさい。

考え方　有効数字を表すときの整数部分が1けたの数には，1以上10未満の数が入ります。

答え　(1)　10 cm未満，つまり一の位を四捨五入しているから

[①] ≦ a ＜ [②]

(2)　360の一の位の0は，たんに位取りを示しているだけである。

[③] ×10^[④]

1以上10未満の数

プラスワン　近似値，誤差，有効数字

誤差(ごさ)…近似値(きんじち)から真の値をひいた差を誤差といいます。

(誤差)＝(近似値)－(真の値)

有効数字…近似値を表す数字のうち，信頼(しんらい)できる数字を有効数字といいます。

どこまでが有効数字であるかをはっきりさせたいときは，次のような形に表します。

(整数部分が1けたの数)×(10の累乗)

1 **【相似の利用】** 右の図のように，あるビルから 20 m はなれた地点 P から，ビルの先端(せんたん) A を見上げたら，55°上に見えました。縮図をかいて，このビルの高さを求めなさい。ただし，目の高さを 1.5 m とします。 教科書 p.140 Q

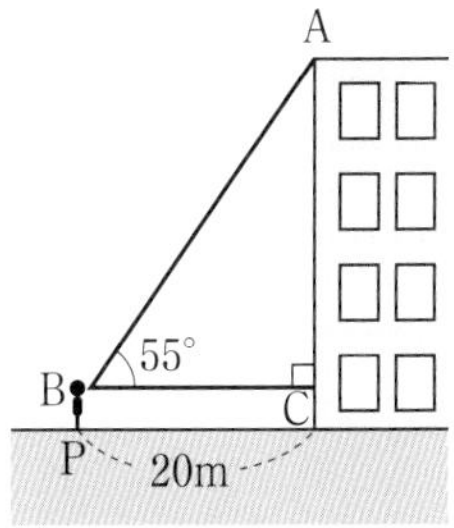

2 **【相似の利用】** 高さ 8 m の時計塔(とう)の影(かげ)の長さが 320 cm のとき，校舎の影の長さをはかったら，8 m ありました。校舎の高さを求めなさい。 教科書 p.140 問 1

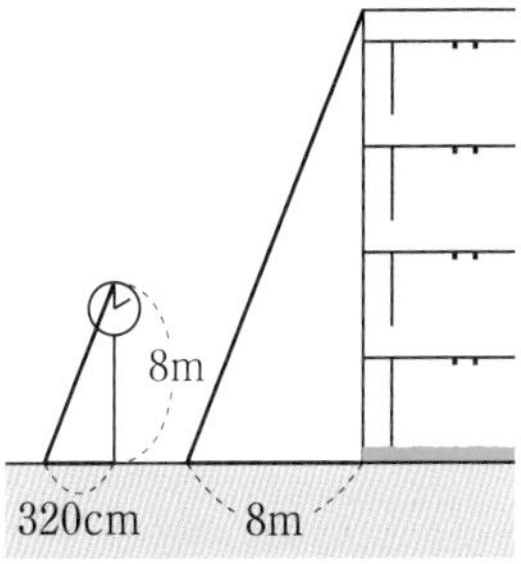

よく出る **3** **【真の値と誤差】** 次の(1)，(2)について，真の値 a の範囲を不等号を使って表しなさい。また，誤差の絶対値は大きくてもどのくらいと考えられますか。 教科書 p.141 問 2

(1) ある数 a の小数第 1 位を四捨五入したら，35 になりました。

(2) ある長さを測定し，10 cm 未満を四捨五入して測定値 120 cm を得ました。

よく出る **4** **【有効数字】** 次の(1)，(2)について，測定値を，(整数部分が 1 けたの数)×(10 の累乗)の形に表しなさい。 教科書 p.141 問 3

(1) ある距離の測定値 5630 m の有効数字が 5，6，3 のとき

(2) ある距離の測定値 2800 m の有効数字が 2，8，0 のとき

例題の答え **1** ①500 ②1800 ③18 **2** ①355 ②365 ③3.6 ④2

解答▶▶ p.32

1節　相似な図形　1～3

1 右の図は，相似の位置にある2つの三角形を示したものです。次の問に答えなさい。

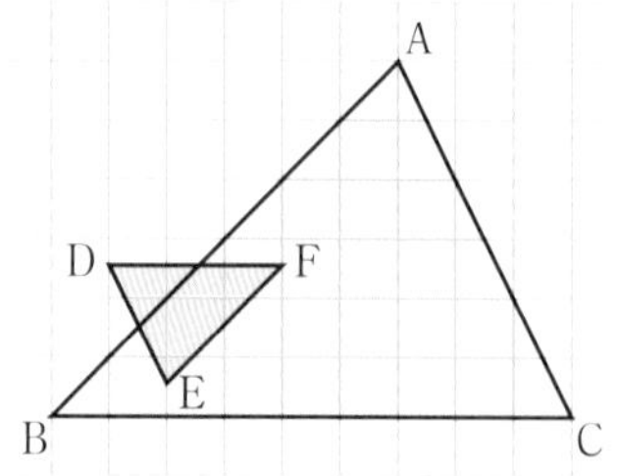

□(1)　2つの三角形が相似であることを，記号∽を使って表しなさい。また，相似比を求めなさい。

□(2)　相似の中心Oをかき入れなさい。

2 2つの図形が相似で，相似比が1：1であるとき，この2つの図形はどんな関係にあるといえますか。

□

よく出る **3** 右の図の2つの四角形は相似です。次の問に答えなさい。

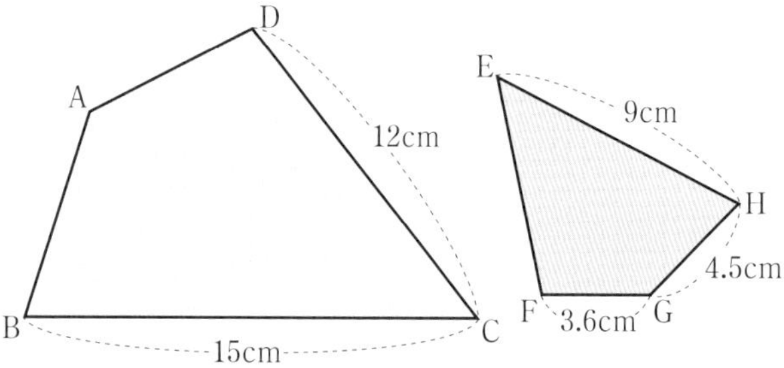

□(1)　2つの四角形が相似であることを，記号∽を使って表しなさい。

□(2)　辺AD，EFの長さをそれぞれ求めなさい。

よく出る **4** 下の(1)，(2)の図で，相似な三角形を記号∽を使って表しなさい。また，そのときに使った相似条件を答えなさい。

□(1)

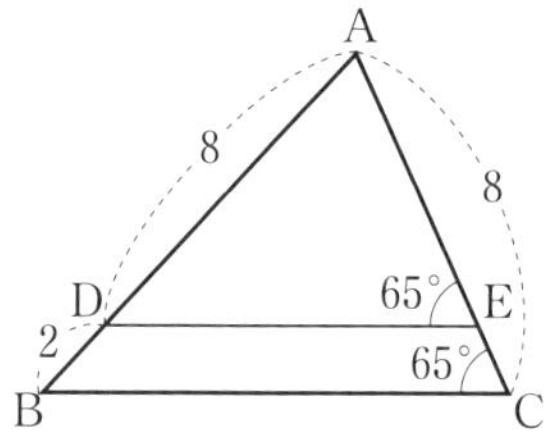

□(2)

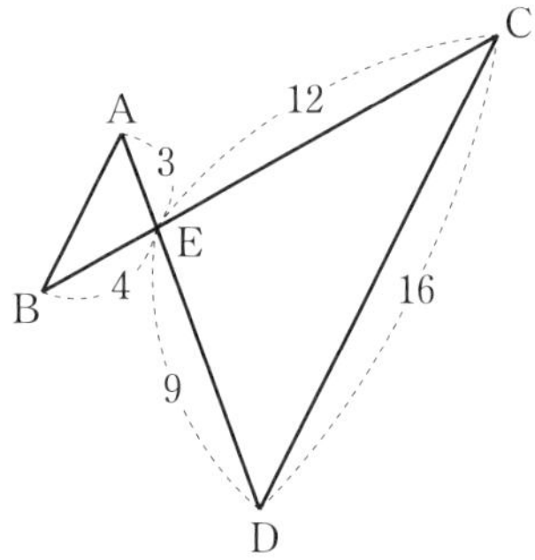

ヒント　**3** (1)辺の長さや角の大きさに着目して，対応する頂点を決める。
4 等しい角や，等しい辺の比の組を見つける。

定期テスト 予報

●相似条件をしっかり覚えておこう。「等しい角」の発見がポイントだよ。
あたえられた条件や共通な角，対頂角に着目して相似な三角形を見つけよう。そのとき対応する頂点の順に注意しよう。有効数字では信頼できる数字がどこまでかで意味がちがうよ。

5 右の図の △ABC で，D，E はそれぞれ辺 AB，BC 上の点で，AE と CD の交点を F とします。∠BAE＝∠BCD であるとき，△ADF∽△CEF となることを証明しなさい。

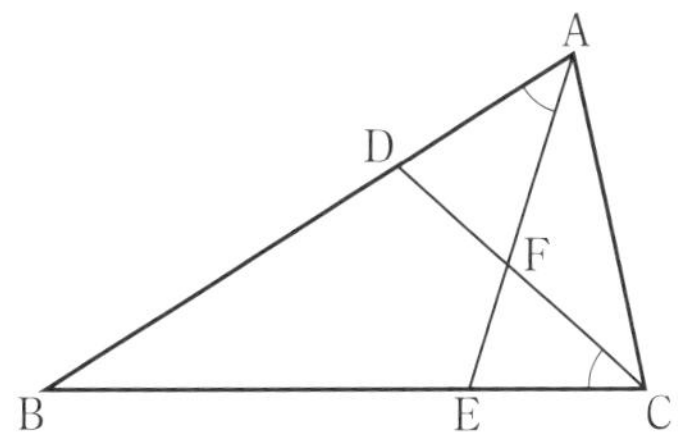

よく出る **6** 右の図のように，高さ 4 m のポール AB の影 BC の長さが 2.4 m のとき，木の影 EF の長さをはかったら，7.2 m ありました。この木の高さ DE を求めなさい。

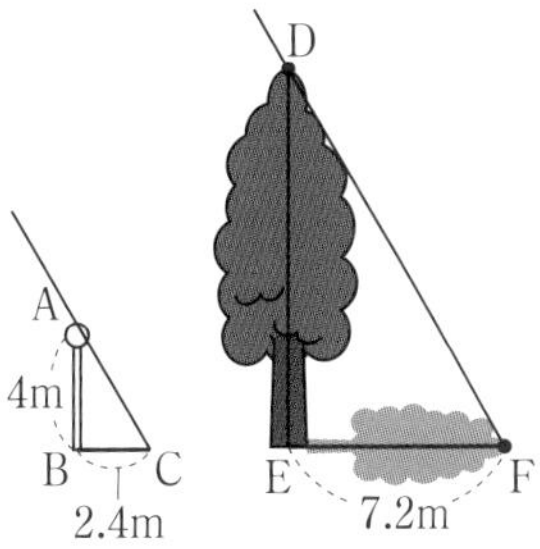

7 右の図のように，池の中の B 地点に小さな岩が，A 地点から見て，北の方向にあります。A，B の間の距離を知るために，A 地点から東に 15 m はなれた C 地点で ∠BCA の大きさをはかったら，∠BCA＝60° になりました。A，B の間のおよその距離を求めなさい。

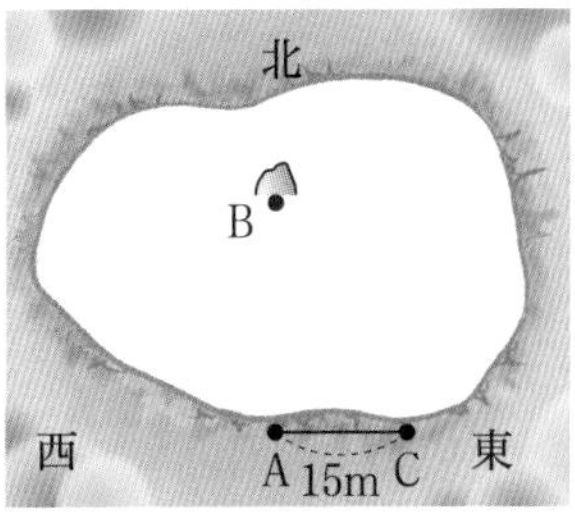

よく出る **8** 次の問に答えなさい。

(1) 2 地点間の距離を測定し，10 m 未満を四捨五入して，測定値 1600 m を得ました。真の値 a の範囲を，不等号を使って表しなさい。

(2) ある距離の測定値 12800 m の有効数字が 1，2，8 のとき，(整数部分が 1 けたの数)×(10 の累乗)の形に表しなさい。

ヒント **6** 太陽の光は平行で，ポールと木は地面に対して垂直であることから考える。

解答▶▶ p.33

2節　平行線と比
1　三角形と比—①

●三角形と比の定理

教科書 p.144〜146

例題 1 右の図で，DE∥BC とするとき，x，y の値を求めなさい。 ▶▶1

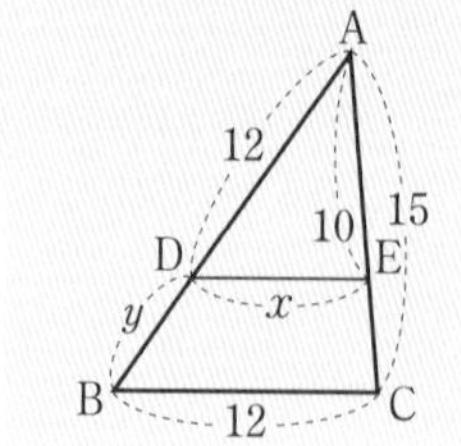

考え方　三角形と比の定理を使います。

答え　DE∥BC であるから

10：15＝① ＿＿ ：② ＿＿

③ ＿＿ x＝④ ＿＿　　x＝⑤ ＿＿

答　x＝⑤ ＿＿

DE∥BC であるから

⑥ ＿＿ ：⑦ ＿＿ ＝10：5

⑧ ＿＿ y＝⑨ ＿＿　　y＝⑩ ＿＿

答　y＝⑩ ＿＿

プラスワン　三角形と比の定理

定理…△ABC の辺 AB，AC 上の点をそれぞれ D，E とするとき

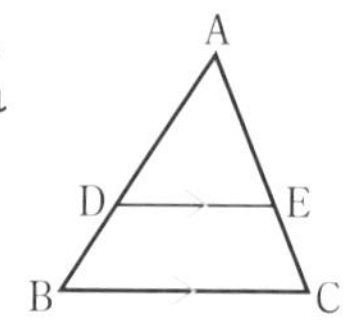

1　DE∥BC　ならば
AD：AB＝AE：AC＝DE：BC

2　DE∥BC　ならば
AD：DB＝AE：EC

●三角形と比の定理の逆

教科書 p.146〜147

例題 2 右の図で，DE と BC の位置関係を式で表しなさい。 ▶▶2

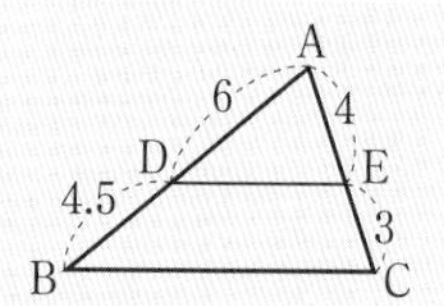

考え方　三角形と比の定理の逆を使います。

答え　AD：DB＝6：4.5 ←比を簡単にする

＝① ＿＿ ：② ＿＿

AE：EC＝4：3

AD：DB＝AE：EC となるから，
三角形と比の定理の逆より

DE ③ ＿＿ BC

答　DE ③ ＿＿ BC

プラスワン　三角形と比の定理の逆

定理…△ABC の辺 AB，AC 上の点をそれぞれ D，E とするとき

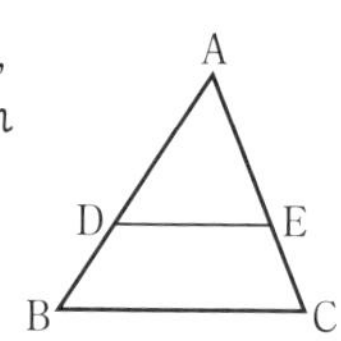

1　AD：AB＝AE：AC ならば
DE∥BC

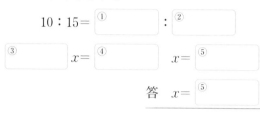

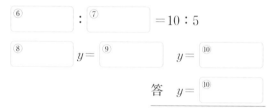

2　AD：DB＝AE：EC　ならば
DE∥BC

1 【三角形と比の定理】下の図で，DE // BC とするとき，x，y の値を求めなさい。

教科書 p.146 例 1

□(1)

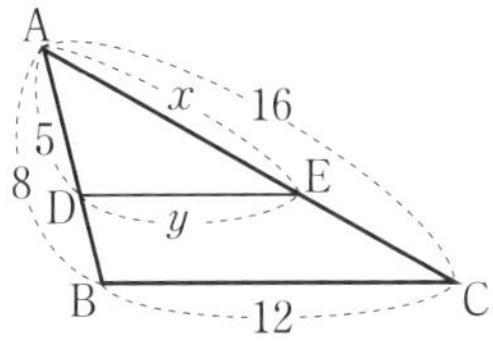

□(2)

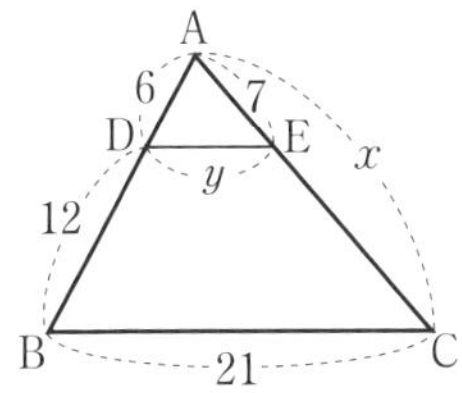

⚠ミスに注意

(2)三角形と比の定理は，2 直線によって分けられる線分の比です。

DE：BC

＝AD：DB ✕

□(3)

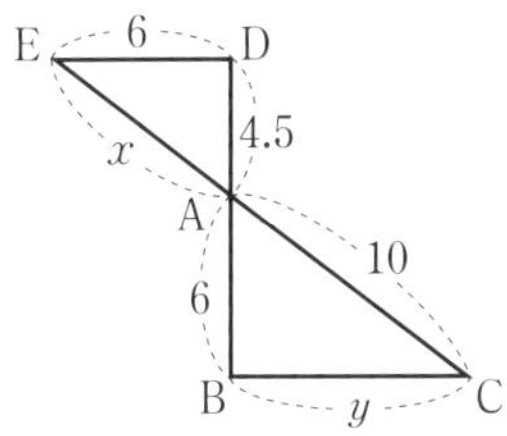

□(4)

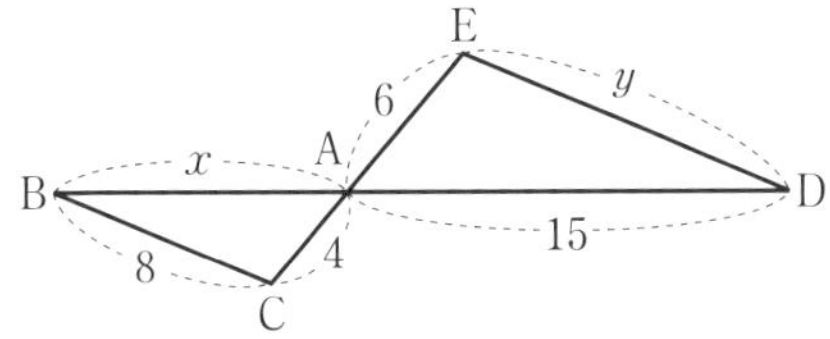

□(5)

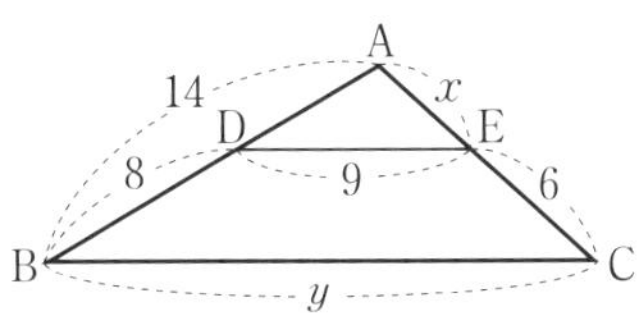

□(6)

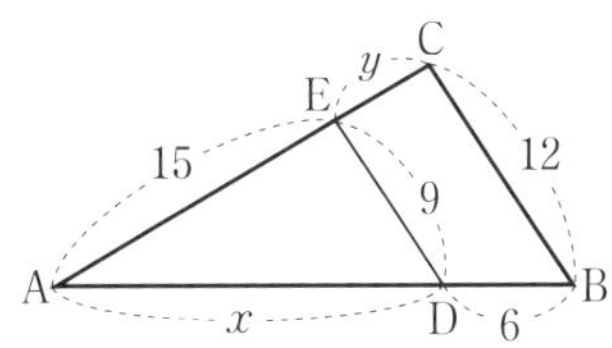

2 【三角形と比の定理の逆】右の図で，線分 DE，EF，FD のうち，△ABC の辺に平行なもの

□ のはどれですか。その理由も答えなさい。

教科書 p.147 問 6

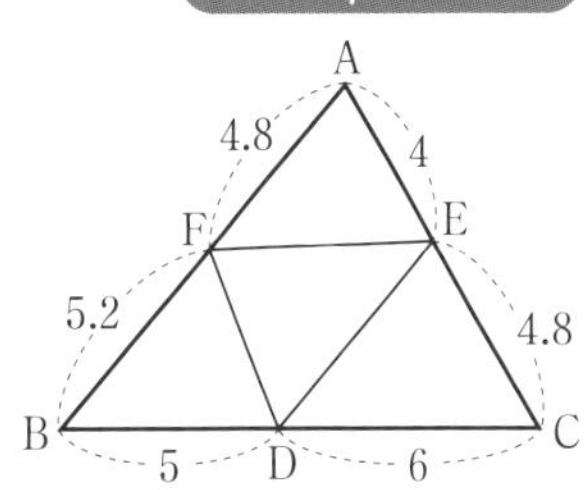

2節 平行線と比
[1] 三角形と比─②

●中点連結定理

教科書 p.148

例題 1 右の図で，△ABC の辺 AB，AC の中点をそれぞれ M，N とするとき，∠ANM の大きさと MN の長さを求めなさい。 ▶▶ 1 2

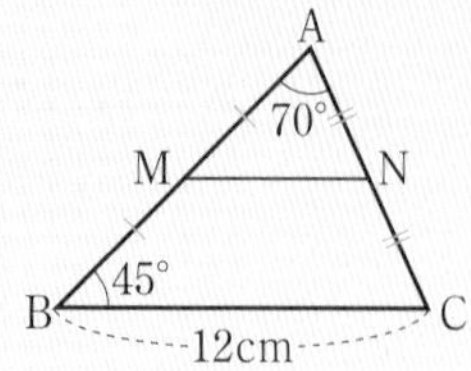

考え方　中点連結定理を使います。

答え　△ABC において，M は辺 AB の中点，N は辺 AC の中点であるから，
中点連結定理より

MN (①) BC

平行線の同位角は等しいから

∠ANM＝∠ (②)
＝180°－((③)°＋(④)°)
＝(⑤)°

また，MN＝(⑥) BC＝(⑥)×12＝(⑦)(cm)

答　∠ANM＝(⑤)°，MN＝(⑦) cm

プラスワン　中点連結定理

定理…△ABC の2辺 AB，AC の中点をそれぞれ M，N とすると，次の関係が成り立つ。

MN // BC

$MN=\frac{1}{2}BC$

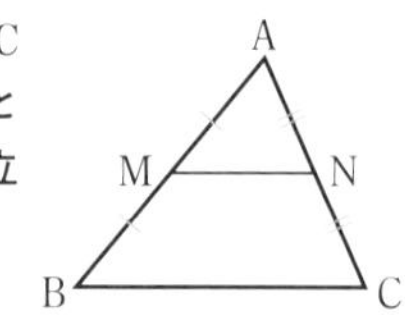

角の大きさを求めるとき，平行線の性質や，三角形の内角の和を利用します。

●中点連結定理の利用

教科書 p.149～150

例題 2 △ABC の辺 BC，CA，AB の中点をそれぞれ D，E，F とするとき，四角形 AFDE はどんな四角形になりますか。 ▶▶ 3

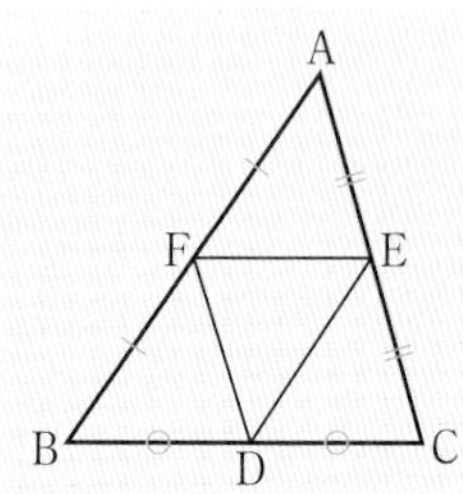

考え方　中点連結定理を使い，対辺の関係を調べます。

答え　△ABC において，F は辺 AB の中点，D は辺 BC の中点であるから，中点連結定理より

FD (①) AC，FD＝(②) AC

したがって，FD (③) AE，FD＝(④)

1組の対辺が平行でその長さが等しいから，四角形 AFDE は (⑤) になる。

長方形やひし形，正方形になることもありますが，これも平行四辺形のなかまです。

対解 **1** 【中点連結定理】△ABC の辺 BC，CA，AB の中点をそれぞれ D，E，F とするとき，次の問に答えなさい。

教科書 p.148 問7

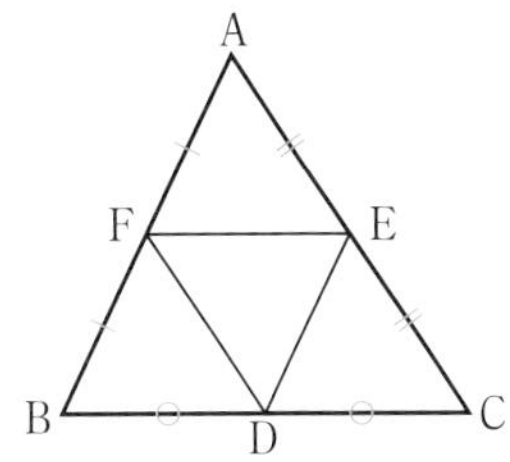

□(1) DE と平行な辺はどれですか。また，DE と長さが等しい線分をすべて答えなさい。

□(2) △ABC と相似な三角形をすべて答えなさい。また，相似比も求めなさい。

□(3) △ABC の面積が 12 cm^2 のとき，△DEF の面積を求めなさい。

●キーポイント
辺の中点があたえられているときは，中点連結定理が使えないか考えましょう。

よく出る **2** 【中点連結定理】右の図で，四角形 ABCD は，AD // BC の台形です。辺 AB の中点を E とし，E から辺 BC に平行な直線をひき，AC，CD との交点をそれぞれ F，G とします。このとき，次の問に答えなさい。

教科書 p.148 問8

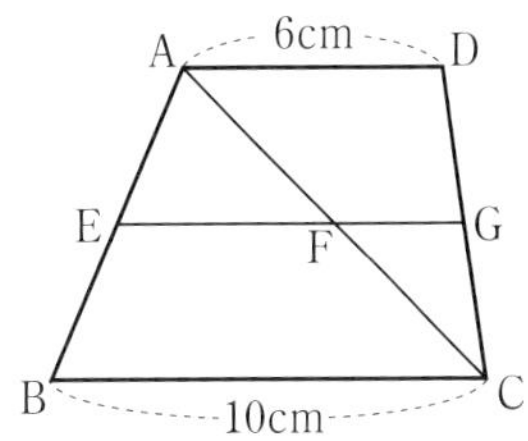

□(1) F は AC の中点になります。このことを証明しなさい。

□(2) EF，EG の長さを求めなさい。

3 【中点連結定理の利用】右の図のように，AB＝CD の四角形 ABCD の対角線 BD の中点を E，辺 BC，DA の中点をそれぞれ F，G とします。このとき，次の問に答えなさい。

教科書 p.149~150

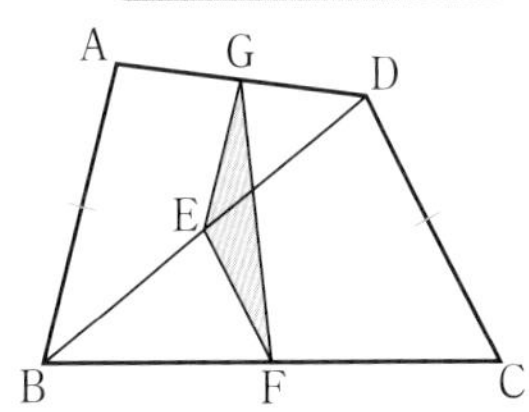

□(1) △EFG はどんな三角形になりますか。

□(2) (1)で予想したことを証明しなさい。

例題の答え **1** ①// ②ACB ③70 ④45 (③45 ④70) ⑤65 ⑥$\frac{1}{2}$ ⑦6

2 ①// ②$\frac{1}{2}$ ③// ④AE ⑤平行四辺形

解答▶▶ p.34

2節 平行線と比
2 平行線と比

●平行線と比

教科書 p.151～152

例題1 右の図で，直線 ℓ, m, n が平行であるとき，x の値を求めなさい。 ▶▶1

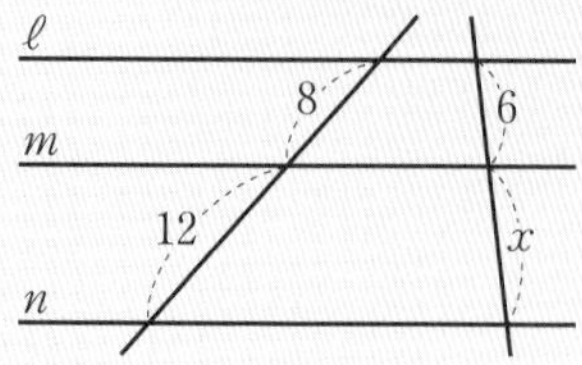

考え方 平行線と比の定理を使います。

答え ℓ, m, n が平行であるから

①　　：②　　$=6:x$

③　　$x=$④

$x=$⑤

プラスワン 平行線と比

定理…平行な3つの直線 a, b, c が直線 ℓ とそれぞれ A, B, C で交わり，直線 m とそれぞれ A′, B′, C′ で交われば

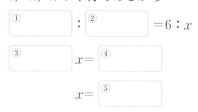

AB : BC＝A′B′ : B′C′

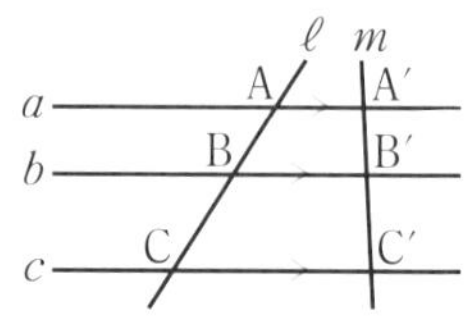

●平行線と比の性質の利用

教科書 p.152

例題2 次の手順で点Rをとります。このとき，点Rが線分ABを3：1に分ける点である理由を説明しなさい。 ▶▶2

1 点Aから半直線AXをひく。

2 AX上に，点Aから順に等間隔(かんかく)に4点をとり，Aから3番目と4番目の点をそれぞれP，Qとし，点QとBを結ぶ。

3 点PからQBに平行な直線をひき，ABとの交点をRとする。

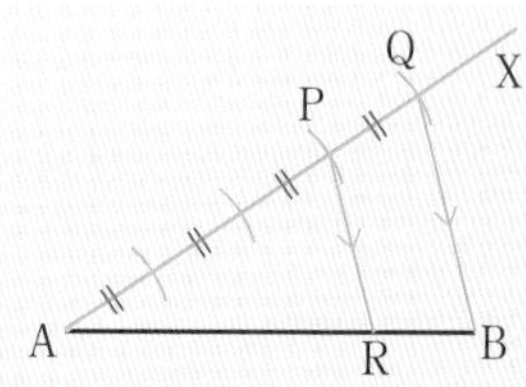

考え方 平行線と比の性質を使います。同じようにして，線分をいろいろな比に分けることができます。

説明 PR // QB であるから，平行線と比の定理より

AR：RB＝①　　：②

AP：PQ＝3：1 であるから

AR：RB＝3：1

対解 **1** 【平行線と比】下の図で，直線 ℓ，m，n が平行であるとき，x の値を求めなさい。

教科書 p.152 例 1

□(1)

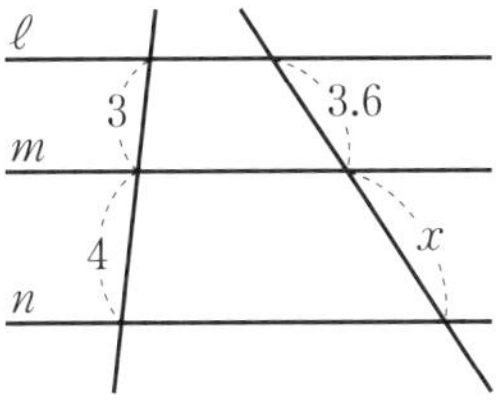

□(2)

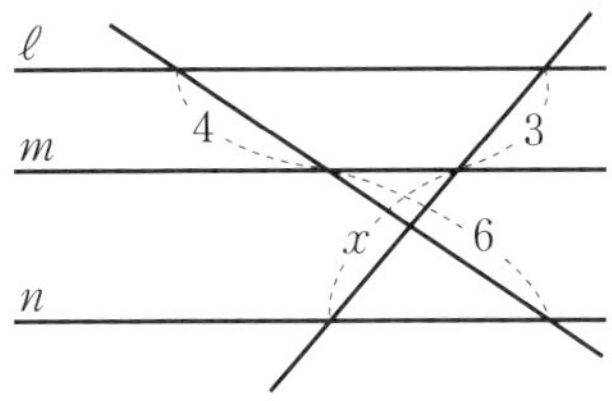

●キーポイント
平行線に交わる直線は，平行線によって等しい比の線分に分けられます。

□(3)

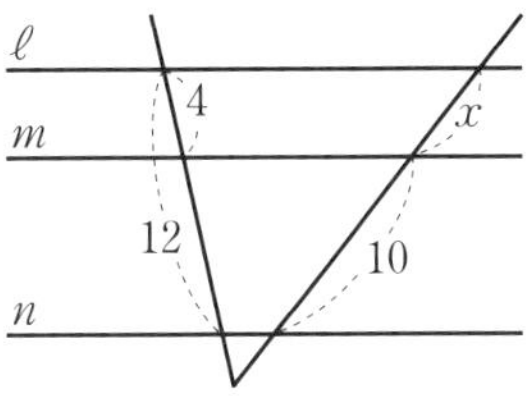

□(4)

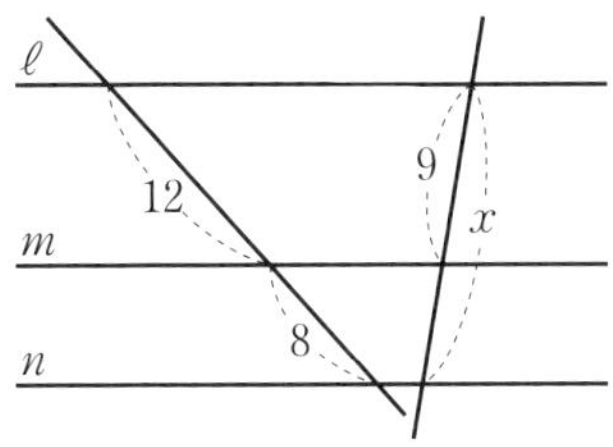

2 【平行線と比の性質の利用】次の問に答えなさい。

教科書 p.152 Q

□(1) 下の図の線分 AB を 2：3 に分ける点 P を，下の等間隔の平行線を利用して求めなさい。

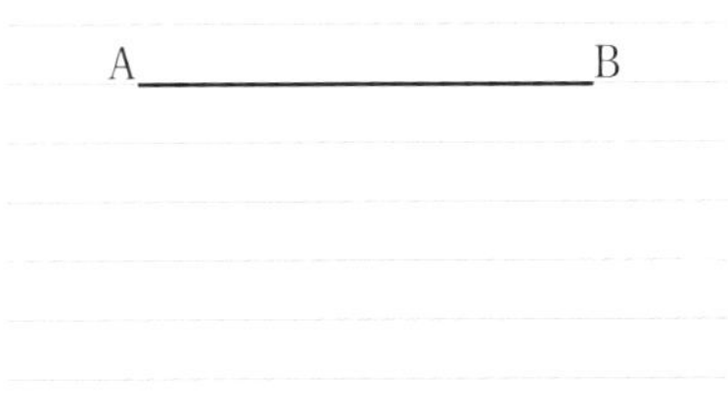

□(2) 線分 AB をかき，AB を 4：1 に分ける点 P を求めなさい。

3 【平行線と比の性質の利用】下の図の △ABC の ∠A の二等分線と辺 BC の交点を D とするとき，x の値を求めなさい。

教科書 p.153 問 3

□(1)

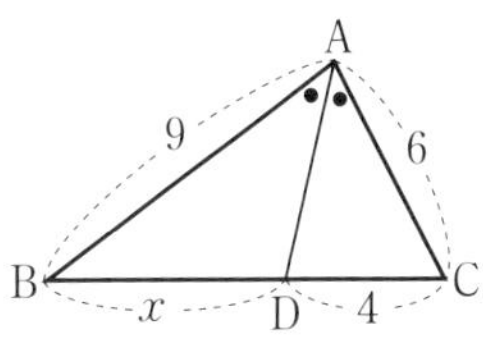

□(2)

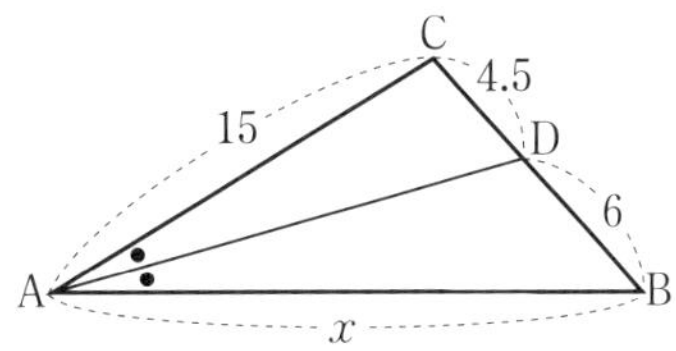

●キーポイント
△ABC の ∠A の二等分線と辺 BC との交点を D とすると
AB：AC＝BD：DC

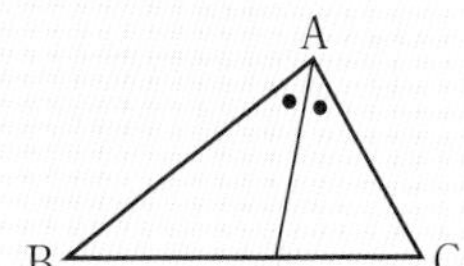

例題の答え **1** ①8　②12　③8　④72　⑤9　**2** ①AP　②PQ

解答▶▶ p.35

よく出る **1** 下の図で，DE // BC であるとき，x，y の値を求めなさい。

□(1)

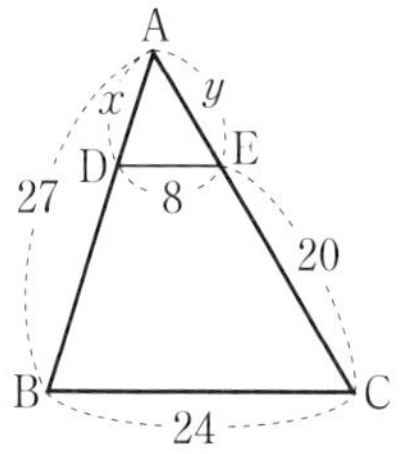

□(2)

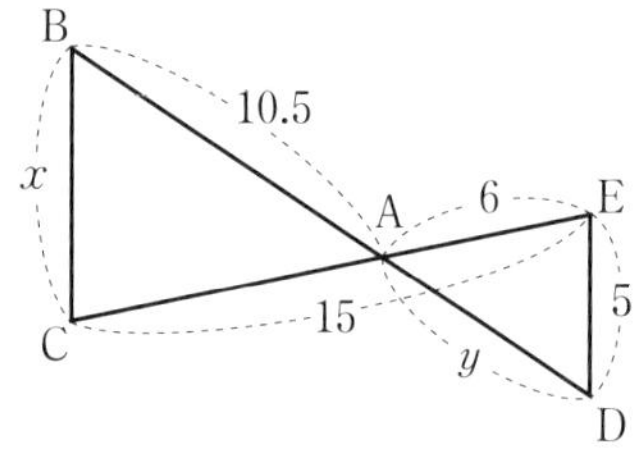

2 右の図で，線分 DE，EF，FD のうち，△ABC の辺に平行なものをすべて答えなさい。

□

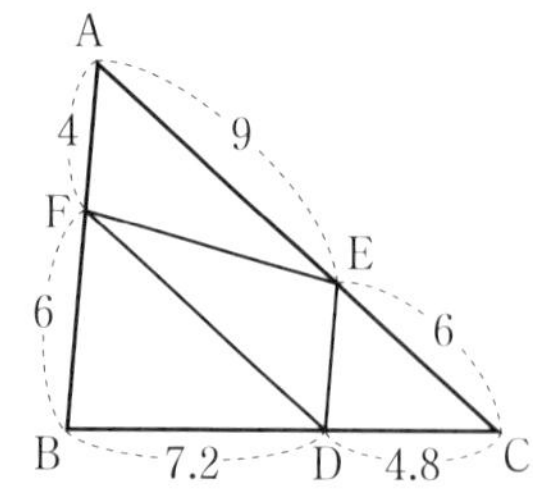

よく出る **3** 右の図で，四角形 ABCD は，AD // BC の台形です。辺 AB 上の点 E から辺 BC に平行な直線をひき，BD，CD との交点をそれぞれ F，G とします。DG，EF，EG の長さを求めなさい。

□

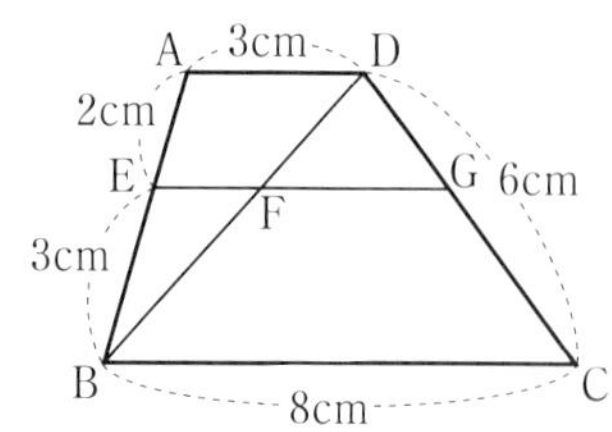

4 右の図で，AB，CD，EF は BD に垂直です。このとき，次の問に答えなさい。

□(1) BE：EC を求めなさい。

□(2) BF の長さを求めなさい。

□(3) EF の長さを求めなさい。

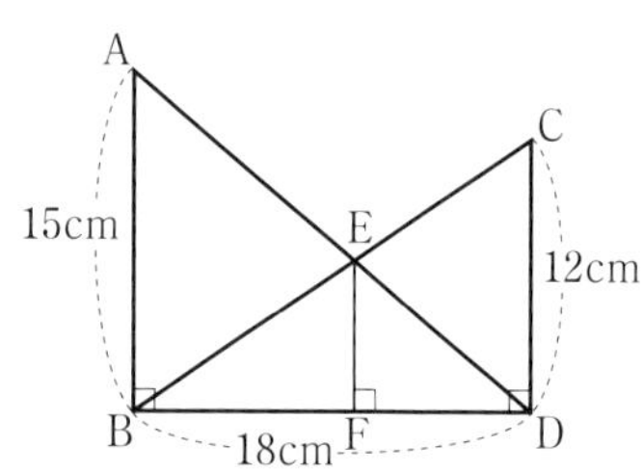

ヒント **3** AD // EG，BC // EG で，それぞれ平行線と比の定理や三角形と比の定理を使う。
4 AB // CD，AB // EF や EF // CD で，それぞれ三角形と比の定理を使う。

定期テスト 予報

●三角形と比の定理，平行線と比の定理はよく使われるから，しっかり覚えておこう。
三角形の辺に平行な直線があるときは，三角形と比の定理が使えるよ。辺の比か，平行線によって分けられた線分の比かに注意しよう。「中点」がでてきたら，中点連結定理が使えるか調べよう。

5 □ 右の図の△ABCで，D，Eは辺ABを3等分した点，FはACの中点です。また，BC，DFを延長したときの交点をGとします。このとき，DF：FGを求めなさい。

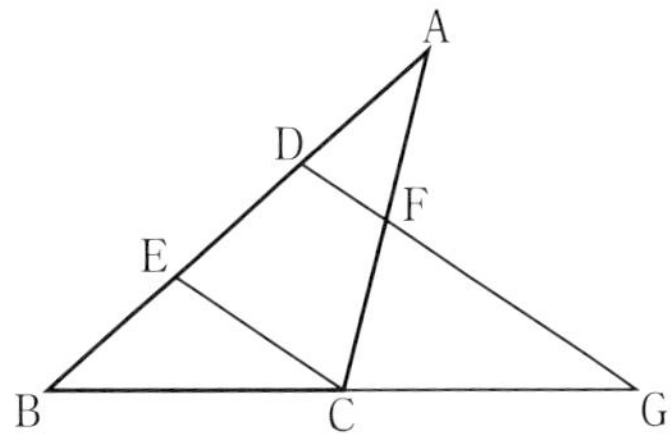

よく出る **6** 右の図の四角形ABCDで，辺AB，CD，対角線AC，BDの中点をそれぞれE，F，G，Hとします。このとき，次の問に答えなさい。

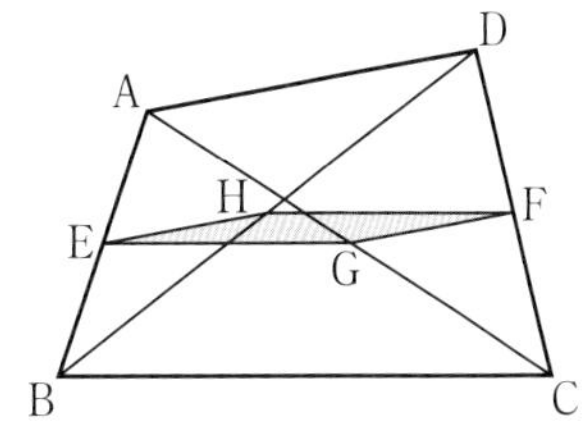

□(1) 四角形EGFHは平行四辺形になることを証明しなさい。

□(2) AD＝BCのとき，四角形EGFHはどんな四角形になりますか。

7 下の図で，直線ℓ，m，nが平行であるとき，x，yの値を求めなさい。

□(1)

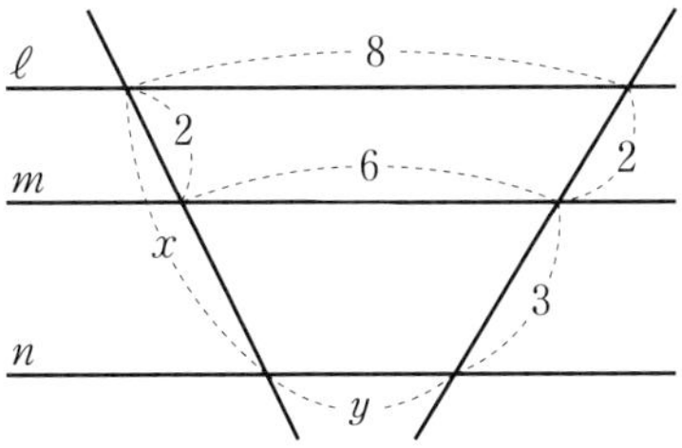

□(2)

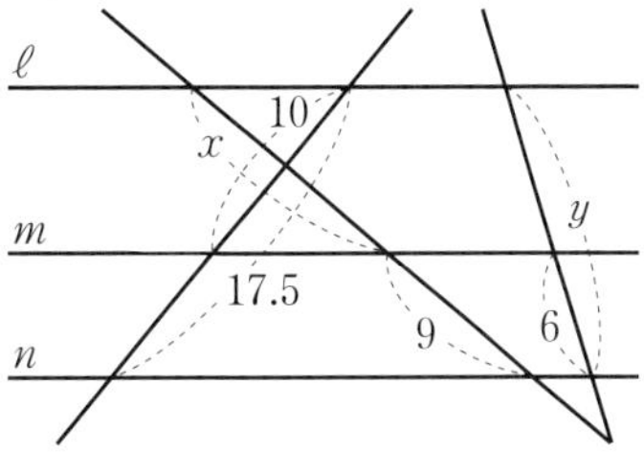

ヒント **5** まずDF：ECを求める。 **6** (1)△ABCと△DBCで中点連結定理を使う。
7 (1)補助線を1本ひく。

解答▶▶ p.35

ぴたトレ **1** 要点チェック

5章　相似な図形

3節　相似な図形の面積と体積
1　相似な図形の相似比と面積比

●相似な図形の相似比と面積比　　教科書 p.156〜158

例題 1　△ABC∽△DEF で，その相似比が 2：3 のとき，△ABC と △DEF の面積比を求めなさい。 ▶▶1〜4

考え方　相似な 2 つの三角形で，その相似比が $m:n$ であるとき，面積比は $m^2:n^2$ となります。

答え　相似比が 2：3 であるから，

面積比は　$2^{①\square}:3^{②\square}=$ ③□

プラスワン　相似な平面図形の周と面積

相似な平面図形では，周の長さの比は相似比に等しく，面積比は相似比の 2 乗に等しい。
相似比が $m:n$ ならば　周の長さの比は $m:n$
面積比は　$m^2:n^2$

●相似な平面図形の周と面積　　教科書 p.156〜158

例題 2　相似な 2 つの図形 P，Q があり，その相似比は 3：4 です。 ▶▶1〜4
(1)　P の周の長さが 12 cm のとき，Q の周の長さを求めなさい。
(2)　Q の面積が 48 cm^2 のとき，P の面積を求めなさい。

考え方　相似比が $m:n$ のとき，周の長さの比は $m:n$，面積比は $m^2:n^2$ であることから比例式をつくります。

答え　(1)　相似比が 3：4 であるから，

周の長さの比は　①□：②□

Q の周の長さを x cm とすると

$12:x=3:4$

③□ $x=$ ④□

$x=$ ⑤□　　答 ⑤□ cm

(2)　相似比が 3：4 であるから，

面積比は　⑥□：⑦□

P の面積を x cm^2 とすると

$x:48=9:16$

⑧□ $x=$ ⑨□

$x=$ ⑩□　　答 ⑩□ cm^2

相似な図形の相似比がわかれば，面積比もわかります。また，一方の図形の面積がわかっているとき，もう一方の図形の面積も相似比から面積比を考えて求めることができます。

絶対理解 **1** 【相似な平面図形の周と面積】 下の(1)，(2)で，P，Qはそれぞれ相似です。PとQの相似比，周の長さの比，面積比をそれぞれ求めなさい。
教科書 p.156〜157

□(1)

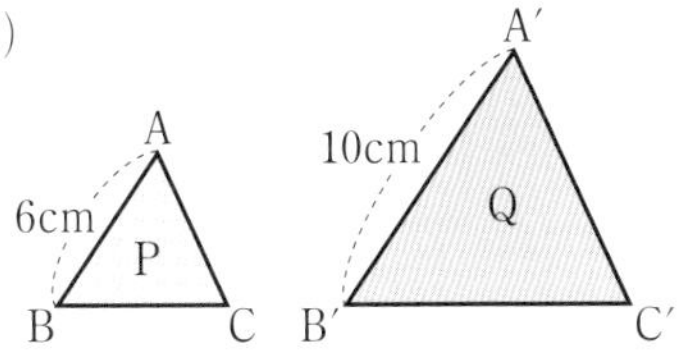

□(2)

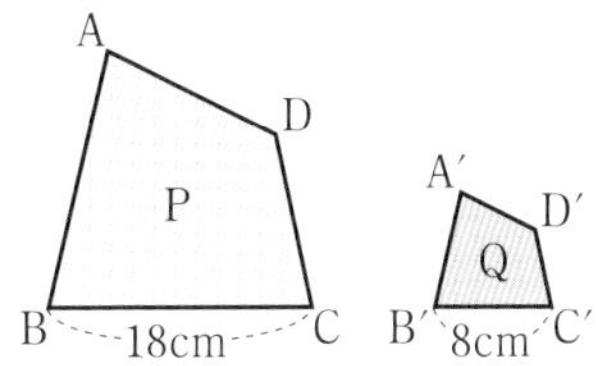

2 【相似な平面図形の周と面積】 下の２つの円で，周の長さの比を求めなさい。また，面積比を求めなさい。
教科書 p.158 問２

□

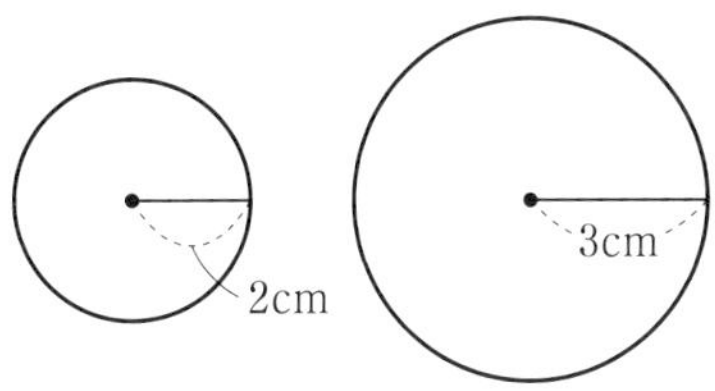

●キーポイント
円では周の長さの比は
半径の比，
面積比は
半径の２乗の比
になります。

3 【相似な平面図形の周と面積】 相似な２つの図形P，Qがあり，その相似比は6：1です。次の問に答えなさい。
教科書 p.158 問３

□(1)　Pの周の長さが24 cmのとき，Qの周の長さを求めなさい。

□(2)　Qの面積が5 cm^2のとき，Pの面積を求めなさい。

よく出る **4** 【相似な平面図形の周と面積】 右の図で，点Pは△ABCの辺ABを３等分した点のうち，Aに近いほうの点で，Pを通る線分PQは辺BCに平行です。このとき，次の問に答えなさい。
教科書 p.158 問４

□(1)　△APQと△ABCの相似比と面積比を求めなさい。

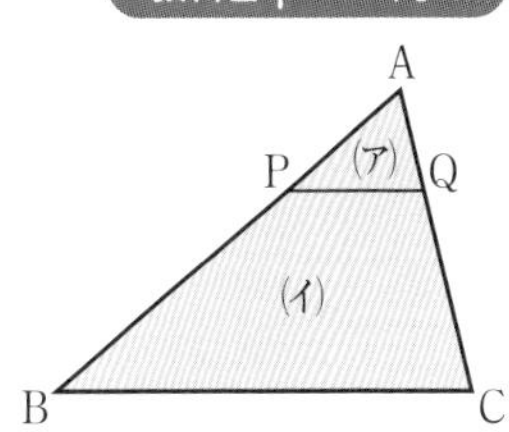

□(2)　三角形(ア)の面積がaのとき，四角形(イ)の面積をaを使って表しなさい。

例題の答え **1** ①2　②2　③4：9
2 ①3　②4　③3　④48　⑤16　⑥$3^2$(9)　⑦$4^2$(16)　⑧16　⑨432　⑩27

解答▶▶ p.36

3節　相似な図形の面積と体積
②　相似な立体の表面積の比や体積比

●相似な立体の表面積の比や体積比と相似比
教科書 p.159〜161

例題 1　**2つの立方体 P，Q があり，1辺の長さはそれぞれ 3 cm，4 cm です。P と Q の相似比，表面積の比，体積比をそれぞれ求めなさい。** ▶▶1 2

考え方　相似な立体では，辺の長さの比は相似比に等しく，表面積の比は相似比の2乗に，体積比は相似比の3乗に等しいです。

答え　1辺の長さの比が 3：4 であるから，相似比は ①＿＿ ：②＿＿

表面積の比は　$3^{③}$：$4^{④}$ ＝ ⑤＿＿

体積比は　$3^{⑥}$：$4^{⑦}$ ＝ ⑧＿＿

プラスワン　相似な立体の表面積と体積

相似な立体では，表面積の比は相似比の2乗に等しく，体積比は相似比の3乗に等しい。
相似比が $m:n$ ならば　表面積の比は $m^2:n^2$
体積比は　$m^3:n^3$

●相似な立体の表面積と体積
教科書 p.159〜161

例題 2　**相似な2つの図形 P，Q があり，その相似比は 3：5 です。** ▶▶3 4
(1)　P の表面積が 45 cm² のとき，Q の表面積を求めなさい。
(2)　Q の体積が 500 cm³ のとき，P の体積を求めなさい。

考え方　相似比が $m:n$ のとき，表面積の比は $m^2:n^2$，体積比は $m^3:n^3$ です。

答え　(1)　相似比が 3：5 であるから，表面積の比は ①＿＿ ：②＿＿

Q の表面積を x cm² とすると

$45:x=9:25$

③＿＿ x＝④＿＿

x＝⑤＿＿　　　答 ⑤＿＿ cm²

(2)　相似比が 3：5 であるから，体積比は ⑥＿＿ ：⑦＿＿

P の体積を x cm³ とすると

$x:500=27:125$

⑧＿＿ x＝⑨＿＿

x＝⑩＿＿　　　答 ⑩＿＿ cm³

平面図形と同じように，1つの立体を形を変えずに拡大または縮小したものは相似です。

絶対理解 **1** 【相似な立体の表面積と体積】下の(1)，(2)で，P，Q はそれぞれ相似です。P と Q の相似比，表面積の比，体積比をそれぞれ求めなさい。 教科書 p.160 問 1

□(1)

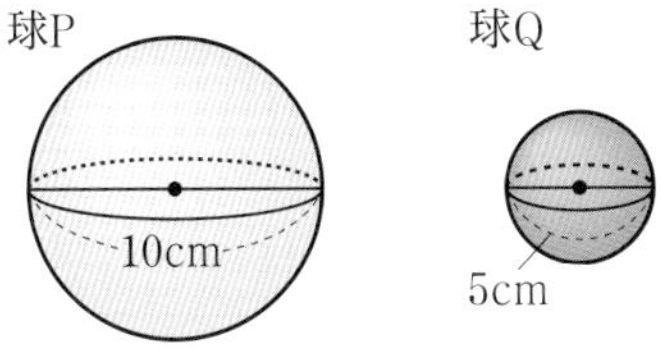

□(2)

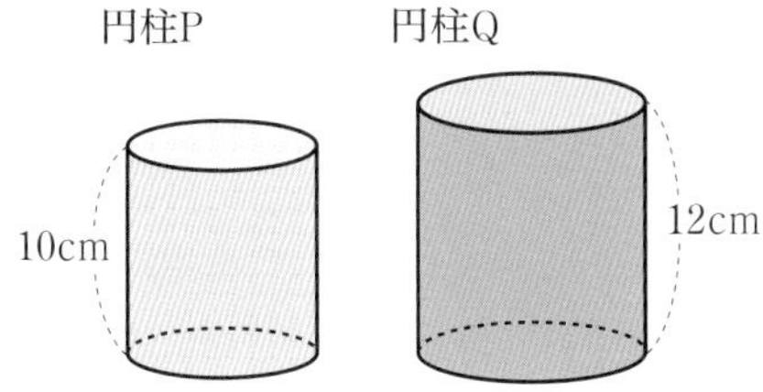

2 【相似な立体の表面積と体積】正四面体の 1 辺の長さを 2 倍にすると，表面積は何倍になりますか。また，体積は何倍になりますか。 教科書 p.161 問 2

□

3 【相似な立体の表面積と体積】相似な 2 つの四角柱 P，Q があり，その相似比は 4：5 です。次の問に答えなさい。 教科書 p.161 問 3

□(1)　P の表面積が 80 cm^2 のとき，Q の表面積を求めなさい。

□(2)　Q の体積が 500 cm^3 のとき，P の体積を求めなさい。

よく出る **4** 【相似な立体の表面積と体積】右の図のような容器で水の入る部分は，円錐(えんすい)の形をした容器とみなすことができます。いま，この容器に，2 cm の深さまで水が入っています。このとき，次の問に答えなさい。 教科書 p.161 問 4

□(1)　容器の容積を求めなさい。

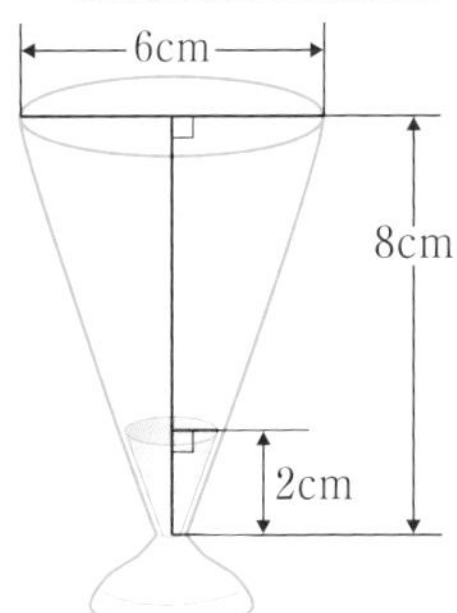

□(2)　水が入っている部分と容器は相似です。その相似比を求めなさい。

□(3)　容器に入っている水の体積を求めなさい。

例題の答え **1** ①3　②4　③2　④2　⑤9：16　⑥3　⑦3　⑧27：64　**2** ①$3^2$(9)　②$5^2$(25)　③9　④1125　⑤125　⑥$3^3$(27)　⑦$5^3$(125)　⑧125　⑨13500　⑩108

解答▶▶ p.37

3節　相似な図形の面積と体積　1, 2

よく出る **1** 2つの相似な図形P，Qについて，次の問に答えなさい。

□(1)　PとQの相似比が2：5のとき，PとQの面積比を求めなさい。

□(2)　PとQの面積比が16：9のとき，PとQの周の長さの比を求めなさい。

□(3)　PとQの周の長さがそれぞれ40 cm，32 cmで，Pの面積が100 cm^2のとき，Qの面積を求めなさい。

よく出る **2** □ 右の図で，PQはAPの2倍，QBはAPの3倍で，点P，Qからでて辺ACに交わる線分は，いずれも辺BCに平行です。(ア)の面積をaとするとき，(イ)，(ウ)の面積を，それぞれaを使って表しなさい。

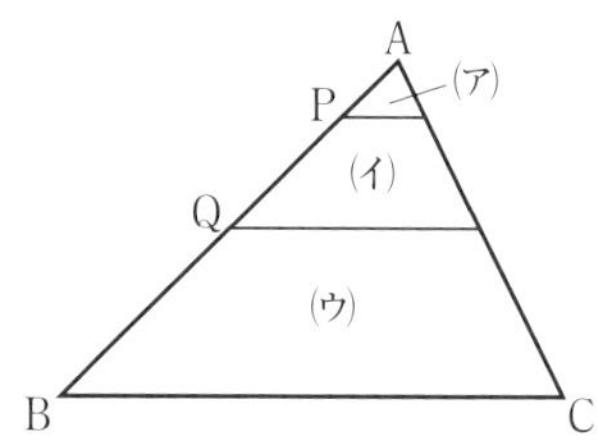

3 □ 右の図のように，1辺の長さが10 cmの正六角形の紙から，小さな正六角形を切り取り，残った外側の部分を(ア)，切り取った小さな正六角形を(イ)とします。(ア)と(イ)の面積が等しいとき，切り取る正六角形の1辺の長さを求めなさい。

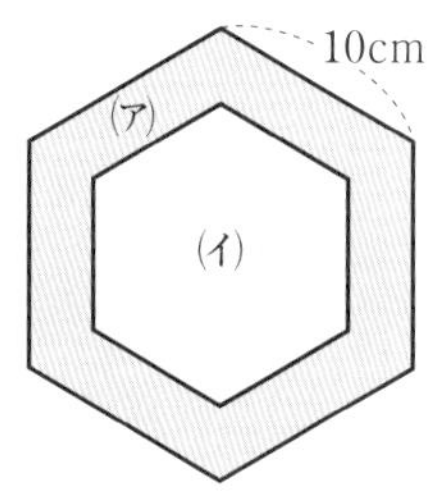

4 □ 右の図の平行四辺形ABCDで，点Oは対角線ACとBDの交点で，線分POは辺BCと平行です。このとき，△APOと平行四辺形ABCDの面積比を求めなさい。

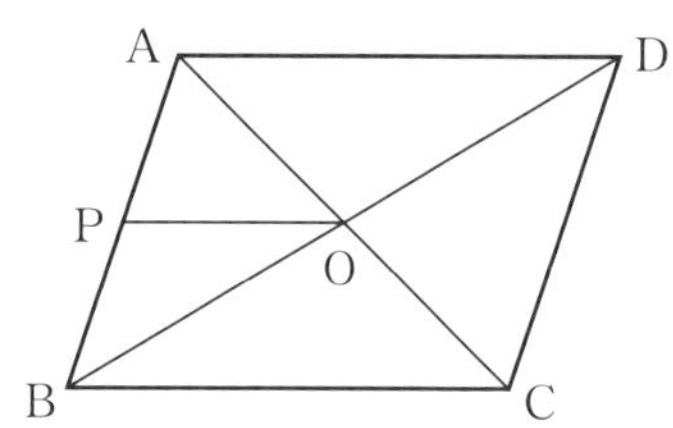

ヒント　**2** まず，大中小3つの三角形の辺の長さの比から相似比を求める。
3 大小の正六角形の面積比は2：1である。

定期テスト予報

●相似比が $m:n$ であるとき，面積比は $m^2:n^2$，体積比は $m^3:n^3$ であることを覚えておこう。相似な図形では，対応する辺や対角線と同様に，周の長さの比も $m:n$ だよ。また，相似な立体では，表面積と同様に，側面積や底面積の比も $m^2:n^2$ だね。

5 球の表面積を $\frac{4}{25}$ 倍にすると，半径は何倍になりますか。また，体積は何倍になりますか。

6 2つの相似な立体P，Qについて，次の問に答えなさい。

(1) PとQの表面積の比が81：16のとき，PとQの相似比を求めなさい。

(2) PとQの体積比が27：64のとき，PとQの側面積の比を求めなさい。

(3) PとQの表面積がそれぞれ $100\ \text{cm}^2$，$144\ \text{cm}^2$ で，Qの体積が $36\ \text{cm}^3$ のとき，Pの体積を求めなさい。

7 右の図のように，正四角錐を高さが半分のところで底面に平行な平面で切り，2つの立体に分けます。この2つの立体のうち，小さい正四角錐の体積が $50\ \text{cm}^3$ のとき，もう1つの立体の体積を求めなさい。

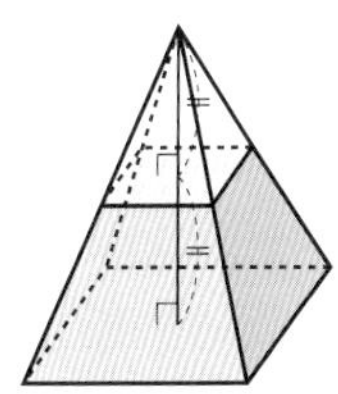

8 Aさんは，大きくなった植木を植え替える（か）ことにしました。いまの4号鉢（ばち）に植えるときは，土をおよそ1L使いました。今度は5号鉢に植えようと思います。およそ何Lの土を用意すればよいと予想できますか。また，そう考えた理由も説明しなさい。

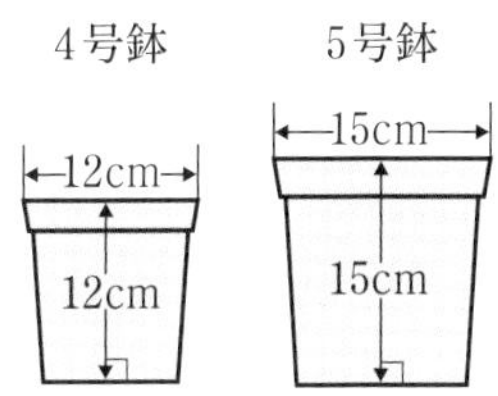

ヒント
6 (2)(3)まず，相似比を求める。
8 2つの植木鉢は，相似な立体とみなして，4号鉢と5号鉢の体積比を考える。

解答▶▶p.37

5章　相似な図形

時間30分　／100点　合格70点

❶ 下の図で，相似な三角形を見つけ，記号∽を使って表しなさい。また，そのときに使った相似条件を答えなさい。知

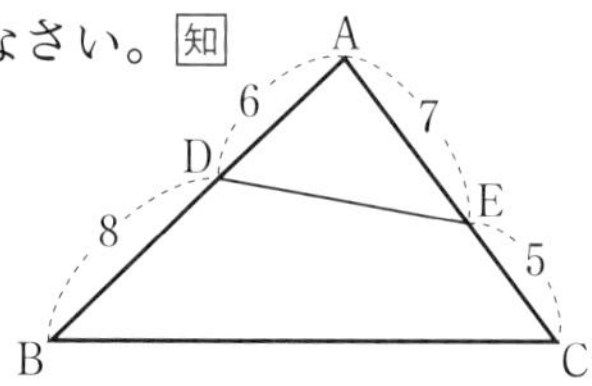

❷ 下の図で，x，y の値を求めなさい。知

(1)

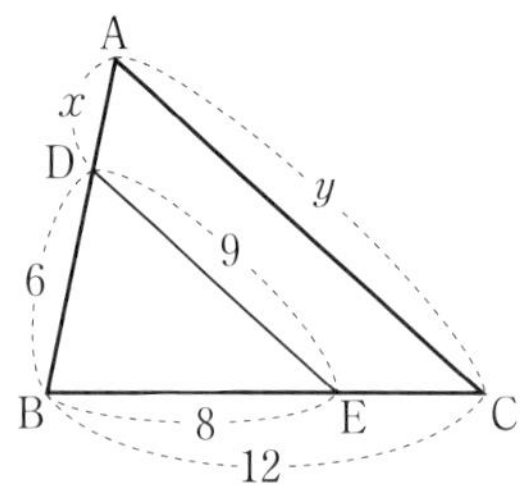

(DE // AC)

(2)

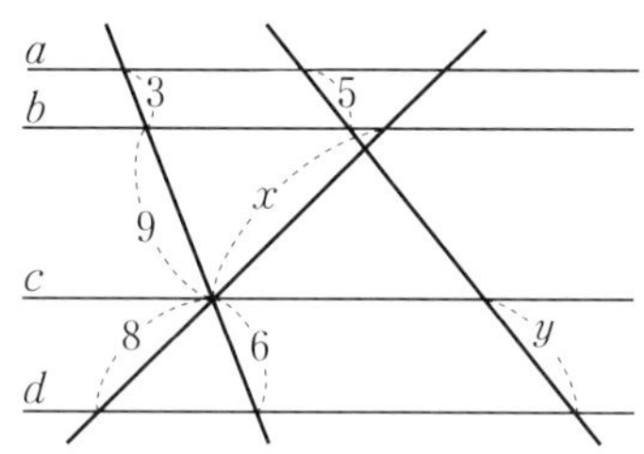

(a，b，c，d は平行)

❸ 右の図のように，∠C＝2∠B である△ABC の∠C の二等分線と辺 AB との交点を D とします。

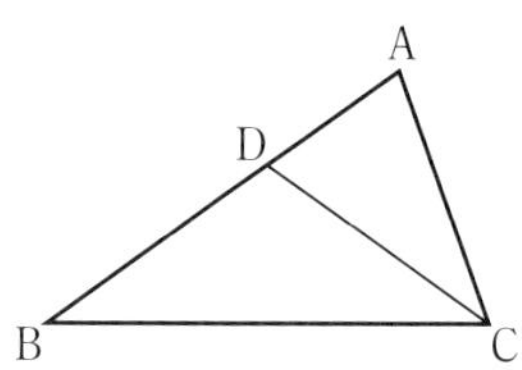

このとき，次の問に答えなさい。((1) 考 (2) 知)

(1) 相似な三角形の組を見つけ，相似であることを証明しなさい。

(2) AB＝9 cm，AC＝6 cm のとき，CD，BC の長さを求めなさい。

❹ 右の図のように，地点 A に高さ 4 m の街灯があり，地点 B に身長が 1.6 m の人が立っています。この人の影 BC の長さが 2 m のとき，この人は地点 A から何 m はなれたところに立っていますか。考

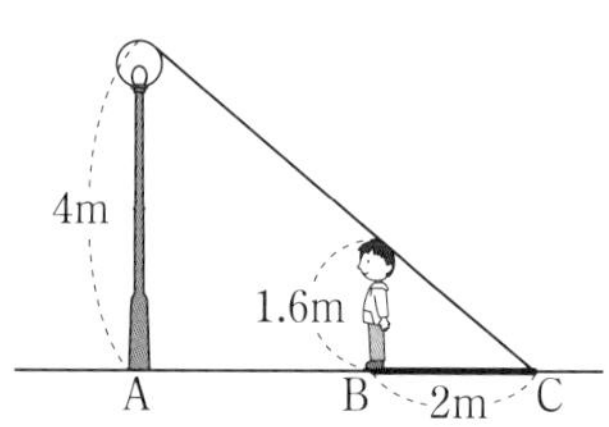

❶ 点/6点(完答)

相似条件

❷ 点/24点(各6点)

(1)	x
	y
(2)	x
	y

❸ 点/24点

(1)	12点	
(2)	CD 6点	BC 6点

❹ 点/6点

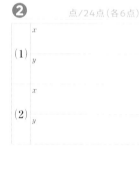

成績評価の観点　知…数量や図形などについての知識・技能　考…数学的な思考・判断・表現

❺ 相似な 2 つの立体 P，Q があり，相似比は 3：2 です。次の問に答えなさい。 知

(1) P の表面積が 36 cm^2 のとき，Q の表面積を求めなさい。

(2) P の体積が 135 cm^3 のとき，Q の体積を求めなさい。

❺ 点/10点（各5点）

(1)	
(2)	

点UP ❻ 右の図のように，△ABC の辺 BC を 5 等分した点のうち，2 点 D，E をとります。また，D を通り，辺 AB に平行な直線と辺 AC との交点を F とし，線分 AE と DF の交点を G とします。このとき，線分 FG の長さを求めなさい。 考

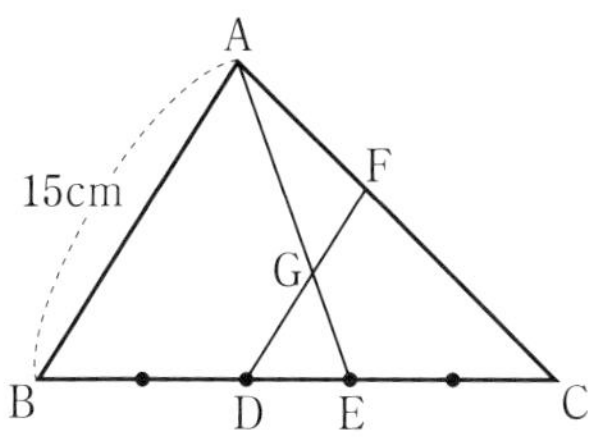

❻ 点/7点

❼ 右の図の四角形 ABCD は平行四辺形です。E は辺 BC を 1：2 に分けた点で，F は辺 CD の中点です。また，線分 AE，AF が対角線 BD と交わる点をそれぞれ G，H とします。BD＝12 cm のとき，線分 GH の長さを求めなさい。 考

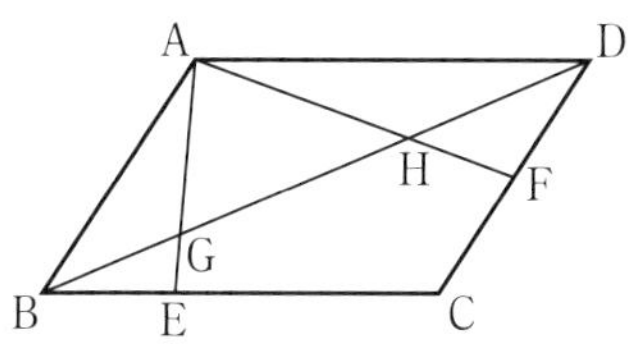

❼ 点/7点

点UP **❽ 右の図の四角形 ABCD は，AD∥BC の台形で E，F はそれぞれ辺 AB，CD の中点です。また，EF と対角線 BD，AC との交点をそれぞれ G，H とし，BD と AC の交点を I とします。このとき，次の問に答えなさい。** 考

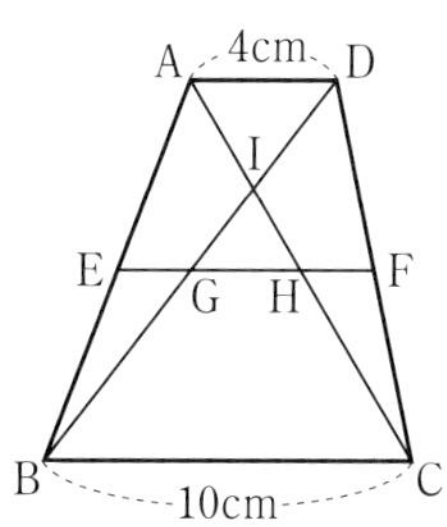

(1) 線分 GH の長さを求めなさい。

(2) △ADI の面積を S とするとき，四角形 ABCD の面積を S を使って表しなさい。

❽ 点/16点（各8点）

(1)	
(2)	

教科書のまとめ〈5章　相似な図形〉

●相似な図形

・相似な図形では，対応する部分の長さの比はすべて等しく，対応する角の大きさはそれぞれ等しい。

・相似な図形で対応する部分の長さの比を**相似比**という。

・2つの図形の対応する点どうしを通る直線がすべて1点Oに集まり，Oから対応する点までの距離の比がすべて等しいとき，それらの図形は，Oを**相似の中心**として**相似の位置にある**という。

●三角形の相似条件

2つの三角形は，次のどれかが成り立つとき相似である。

1　3組の辺の比がすべて等しい。

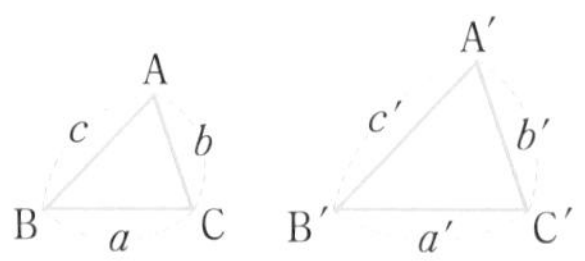

$a:a'$
$=b:b'$
$=c:c'$

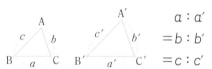

2　2組の辺の比とその間の角がそれぞれ等しい。

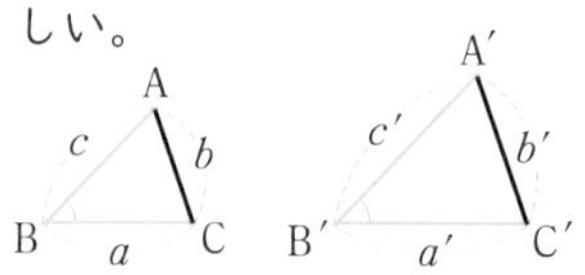

$\begin{cases} a:a'=c:c' \\ \angle B=\angle B' \end{cases}$

3　2組の角がそれぞれ等しい。

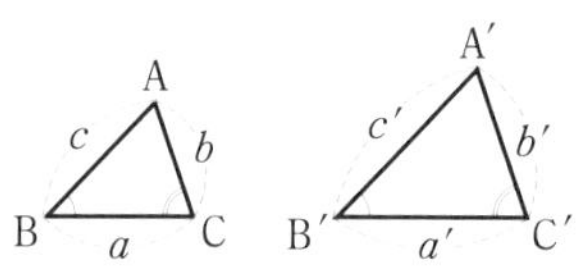

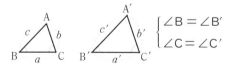

$\begin{cases} \angle B=\angle B' \\ \angle C=\angle C' \end{cases}$

●測定値の表し方

・近似値から真の値をひいた差を**誤差**という。

(誤差)＝(近似値)－(真の値)

・近似値を表す数字のうち，信頼できる数字を**有効数字**という。

・どこまでが有効数字であるかをはっきりさせたいときは，次のような形に表す。

(整数部分が1けたの数)×(10の累乗)

●三角形と比の定理

△ABCの辺AB，AC上の点をそれぞれD，Eとするとき

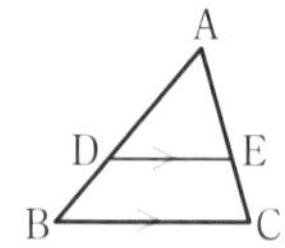

1　DE//BCならば

AD：AB＝AE：AC＝DE：BC

2　DE//BCならば　AD：DB＝AE：EC

●三角形と比の定理の逆

△ABCの辺AB，AC上の点をそれぞれD，Eとするとき

1　AD：AB＝AE：AC　ならば　DE//BC

2　AD：DB＝AE：EC　ならば　DE//BC

●中点連結定理

△ABCの2辺AB，ACの中点をそれぞれM，Nとするとき

MN//BC

$MN=\frac{1}{2}BC$

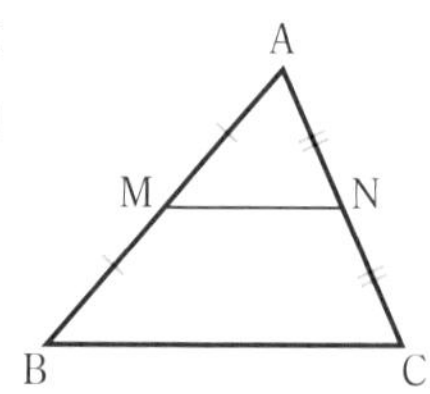

●平行線と比

平行な3つの直線a，b，cが直線ℓとそれぞれA，B，Cで交わり，直線mとそれぞれA′，B′，C′で交われば

AB：BC＝A′B′：B′C′

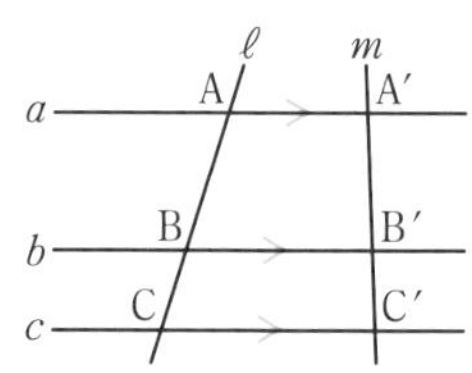

●相似な平面図形の周と面積

相似な平面図形では，周の長さの比は相似比に等しく，面積比は相似比の2乗に等しい。

●相似な立体の表面積と体積

相似な立体では，表面積の比は相似比の2乗に等しく，体積比は相似比の3乗に等しい。

6章　円

□三角形の内角，外角の性質　⬅中学2年

1 三角形の内角の和は 180° です。

2 三角形の外角は，それととなり合わない2つの内角の和に等しくなります。

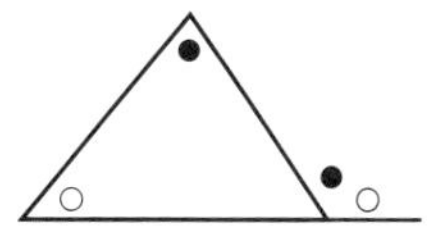

□円の接線の性質　⬅中学1年

円の接線は，接点を通る半径に垂直です。

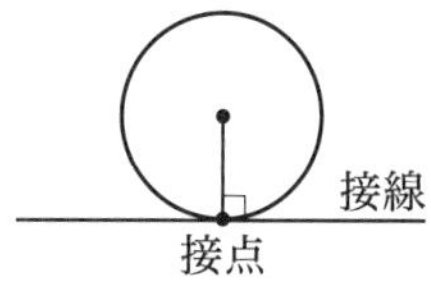

1 下の図で，$\angle x$ の大きさを求めなさい。　⬅中学2年〈三角形の内角，外角〉

ヒント
三角形の内角の和は 180° だから……

(1)

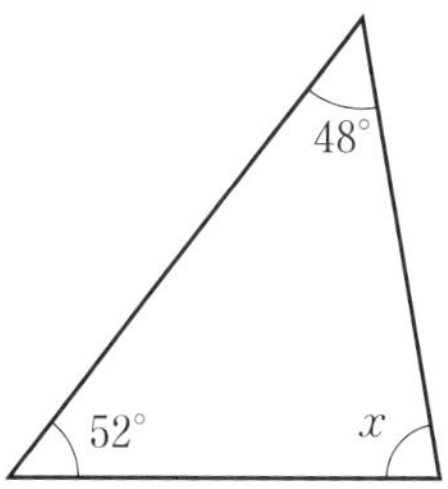

(2)

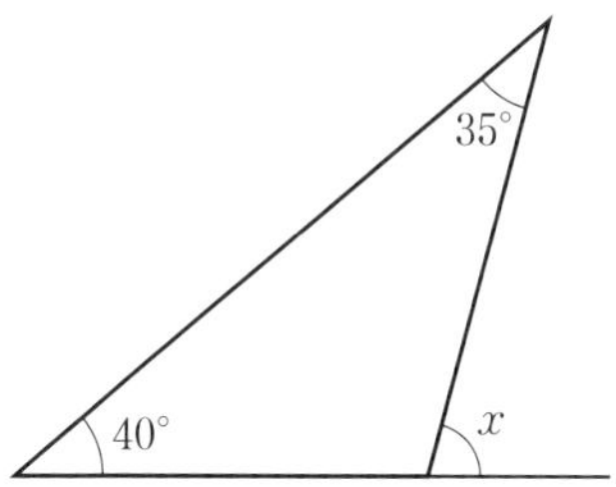

(3)

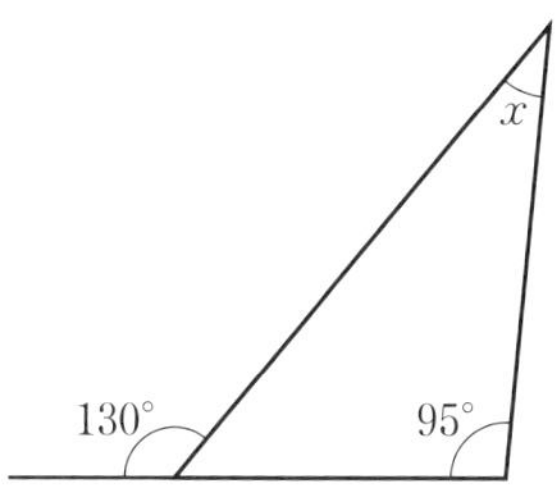

(4)

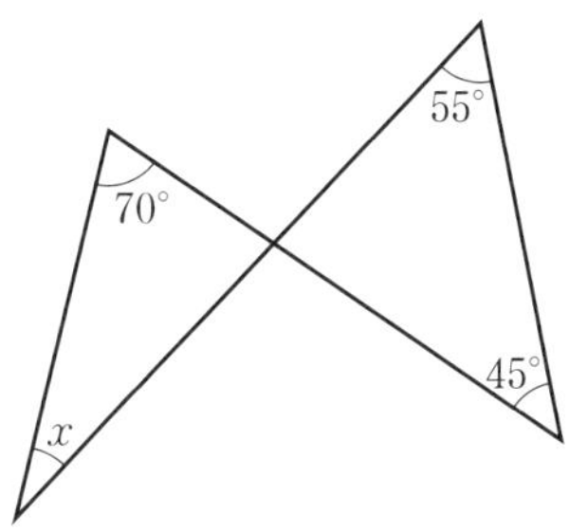

2 下の図で，同じ印をつけた辺の長さが等しいとき，$\angle x$ と $\angle y$ の大きさを，それぞれ求めなさい。　⬅中学2年〈二等辺三角形〉

ヒント
二等辺三角形の底角は等しいから……

(1)

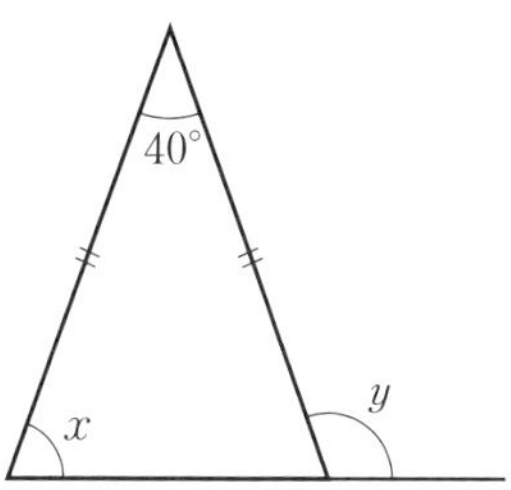

(2)

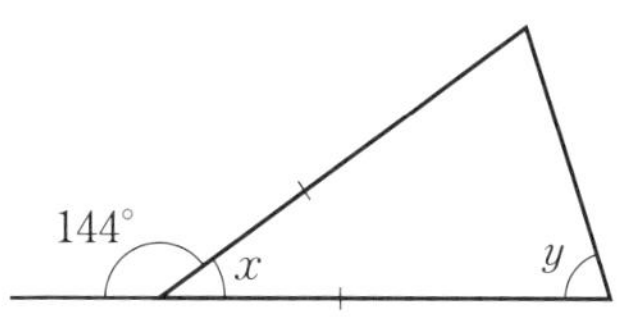

解答▶▶ p.40

6章 円

1節 円周角の定理
1 円周角の定理

●円周角の定理
教科書 p.168〜170

例題 1 右の図で，$\angle x$ の大きさを求めなさい。 ▶▶1

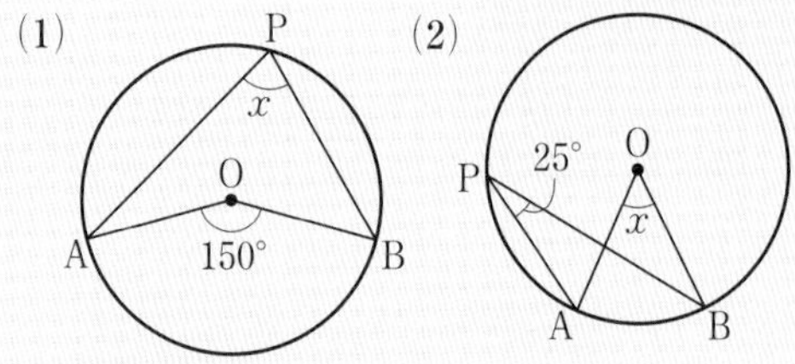

考え方 円周角の定理を使います。

答え (1) $\overset{\frown}{AB}$ に対する円周角であるから

$\angle x=$ ① $\times 150°=$ ② °

(2) $\overset{\frown}{AB}$ に対する中心角であるから

$\angle x=$ ③ $\times 25°=$ ④ °

プラスワン 円周角の定理

定理…1つの弧（こ）に対する円周角の大きさは一定であり，その弧に対する中心角の半分である。

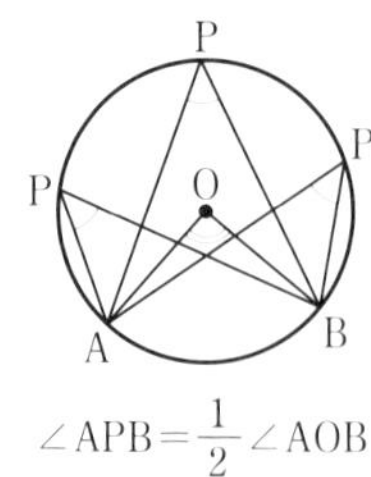

$\angle APB=\frac{1}{2}\angle AOB$

●円周角と弧
教科書 p.171〜172

例題 2 右の図で，$\overset{\frown}{BC}=2\overset{\frown}{AB}$ のとき，$\angle x$ の大きさを求めなさい。 ▶▶2

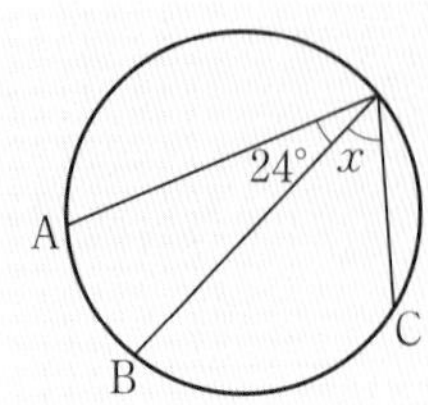

考え方 円周角と弧の定理を使います。

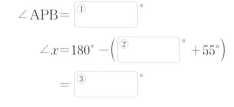

答え $\overset{\frown}{BC}$ は $\overset{\frown}{AB}$ の2倍であるから

$\angle x=$ ① $\times 24°=$ ② °

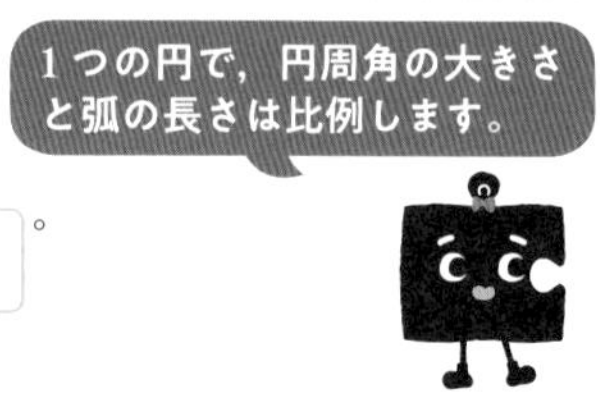

1つの円で，円周角の大きさと弧の長さは比例します。

●直径と円周角
教科書 p.173

例題 3 右の図で，$\angle x$ の大きさを求めなさい。 ▶▶3

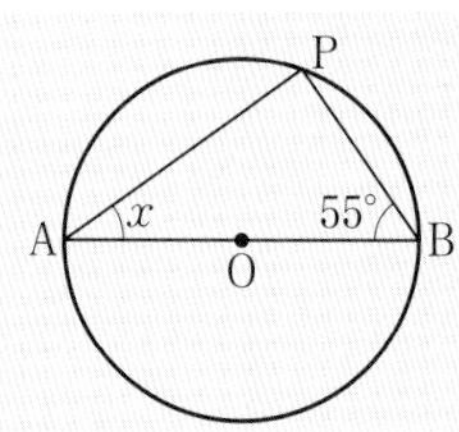

考え方 線分 AB は直径であることを使います。

答え 線分 AB は直径であるから

$\angle APB=$ ① °

$\angle x=180°-($ ② $°+55°)$

$=$ ③ °

プラスワン 直径と円周角

定理…線分 AB を直径とする円の周上に A，B と異なる点 P をとれば，$\angle APB=90°$ である。

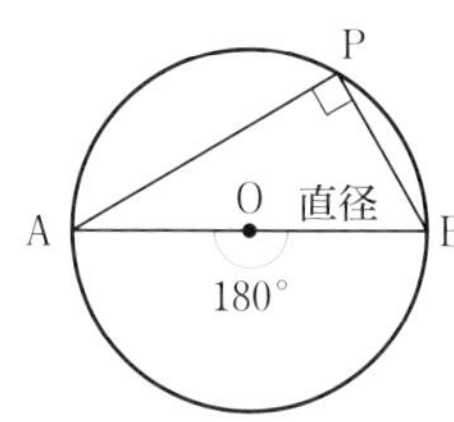

対解 **1** 【円周角の定理】下の図で，$\angle x$ の大きさを求めなさい。 教科書 p.170 問 1

□(1)
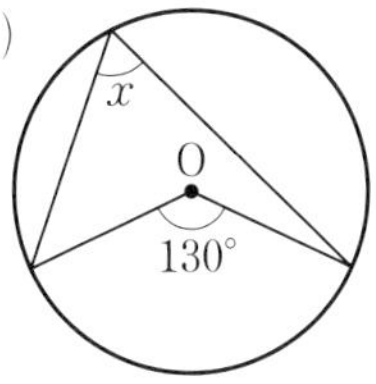

□(2)
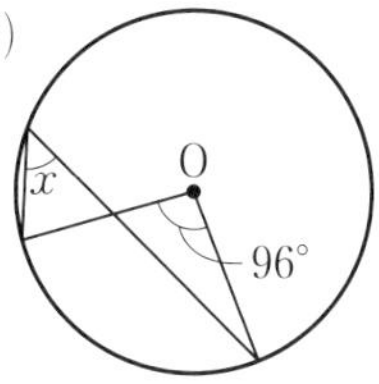

□(3)
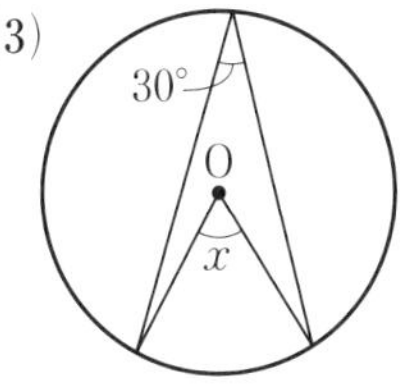

●キーポイント
円周角は中心角の半分。
中心角は円周角の 2 倍。

□(4)
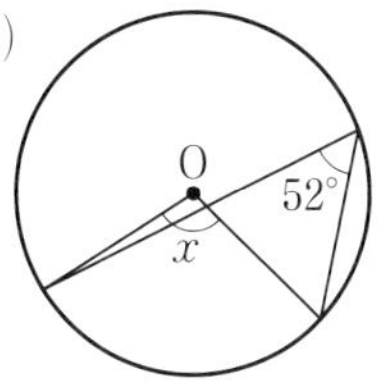

□(5)
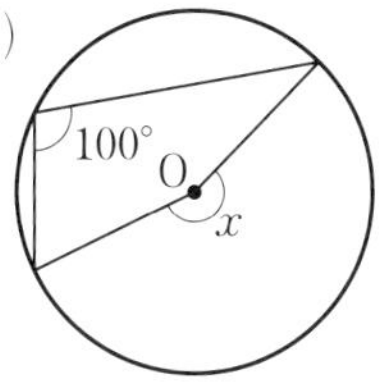

□(6)
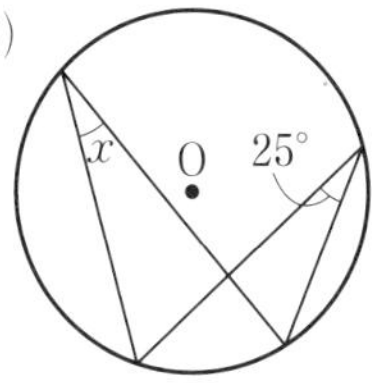

□(7)
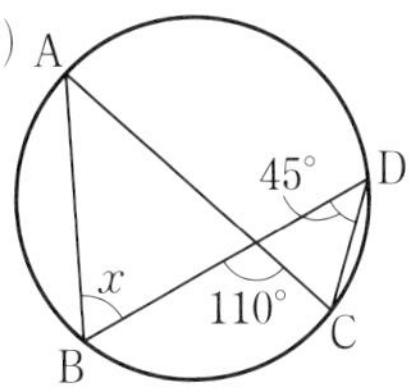

□(8)
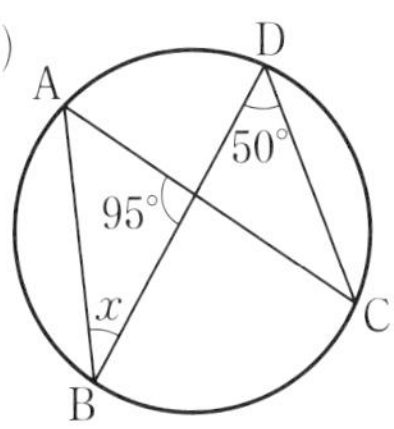

□(9)
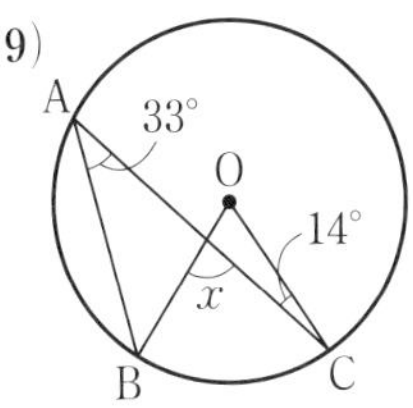

2 【円周角と弧】右の図のように，円を 6 等分した点を結んで，正六角形 ABCDEF をつくります。 教科書 p.172 問 4

□(1) AC，BF の交点を G とすると，△GAB は二等辺三角形になることを証明しなさい。

□(2) ∠BGC の大きさを求めなさい。

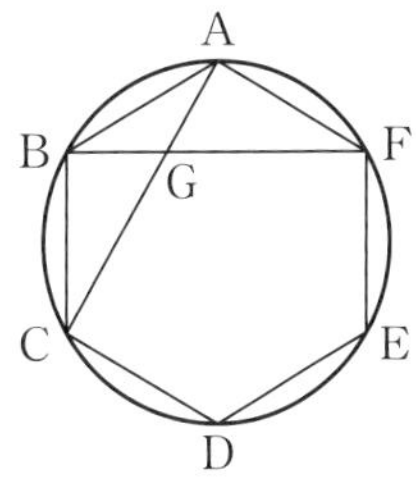

よく出る **3** 【直径と円周角】下の図で，$\angle x$ の大きさを求めなさい。 教科書 p.173 問 5

□(1)
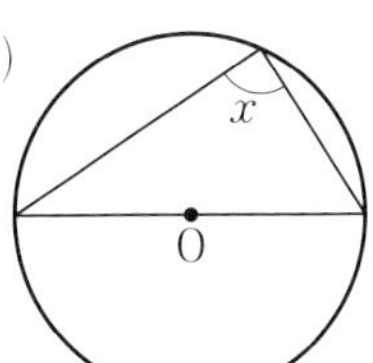

□(2)
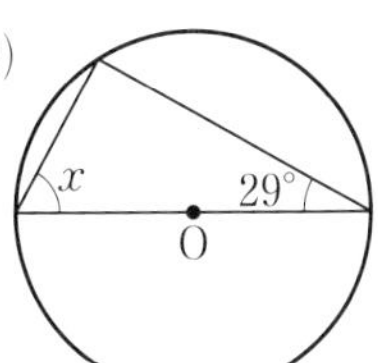

□(3)
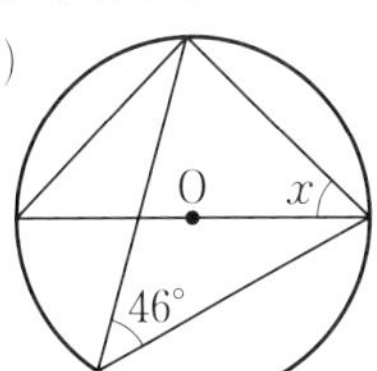

●キーポイント
図のなかに直径を見つけたら，半円の弧に対する円周角は 90° であることを使います。

例題の答え **1** ① $\frac{1}{2}$ ②75 ③2 ④50 **2** ①2 ②48 **3** ①90 ②90 ③35

6 章 教科書 168〜173 ページ

6章 円

1節 円周角の定理
[2] 円周角の定理の逆

●円周角の定理の逆(1)

教科書 p.174～175

□ **例題 1** 右の図で，∠xの大きさが何度のとき，4点A，B，C，Dは1つの円周上にあるといえますか。 ▸▸[1][2]

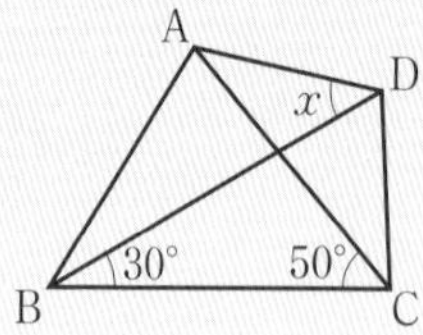

考え方 円周角の定理の逆を使います。

答え 円周角の定理の逆より

∠ADB＝∠ ① ＿＿ となるとき，

4点A，B，C，Dは1つの円周上にあるから　∠x＝ ② ＿＿ °

プラスワン 円周角の定理の逆

定理…4点A，B，P，Qについて，P，Qが直線ABの同じ側にあって∠APB＝∠AQBならば，この4点は1つの円周上にある。

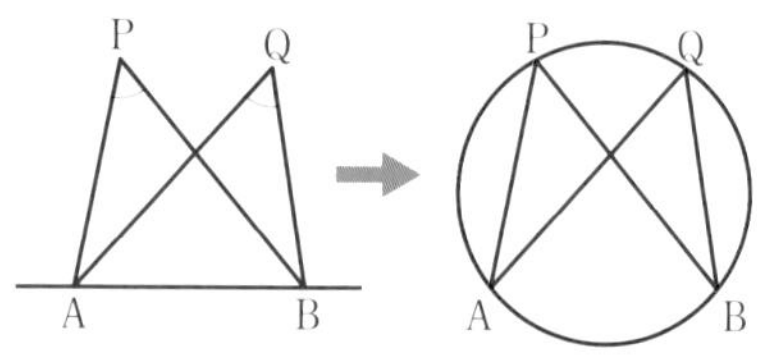

●円周角の定理の逆(2)

教科書 p.175

□ **例題 2** 右の図の四角形ABCDで，対角線ACとBDとの交点をEとします。∠CADの大きさを求めなさい。 ▸▸[3]

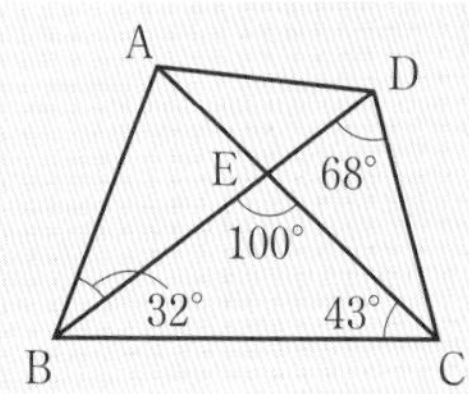

考え方 円周角の定理の逆を使うために，等しい大きさの角を探します。

答え △ECDで，三角形の内角と外角の関係から

∠DCE＝∠BEC－∠CDE＝ ① ＿＿ °

2点B，Cは直線ADの同じ側にあって，∠ ② ＿＿ ＝∠ ③ ＿＿ であるから，4点A，B，C，Dは1つの円周上にある。

∠CAD＝∠ ④ ＿＿

＝180°－(100°＋43°)

＝ ⑤ ＿＿ °

∠BAEを計算して，∠BAE＝∠BDCであることからも，4点A，B，C，Dが1つの円周上にあるといえます。

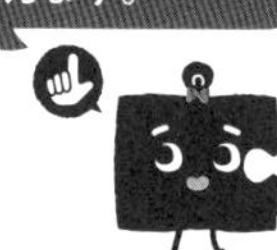

1【円周角の定理の逆】下の図で，4 点 A，B，C，D が 1 つの円周上にあるものを選びなさい。

教科書 p.175 問 1

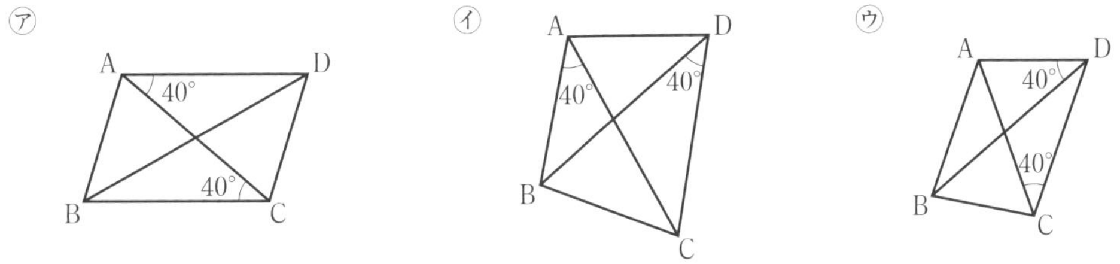

2【円周角の定理の逆】下の図で，∠x の大きさが何度のとき，4 点 A，B，C，D は 1 つの円周上にあるといえますか。

教科書 p.175 問 1

□(1)

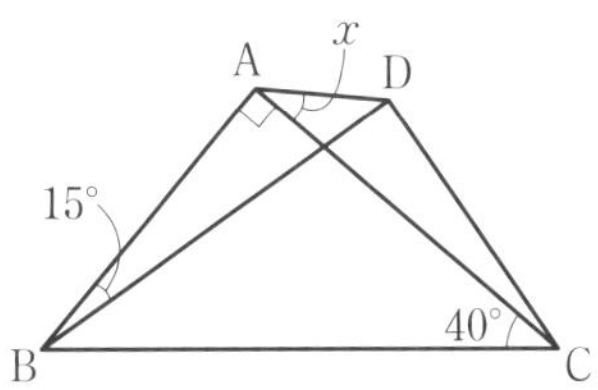

□(2)

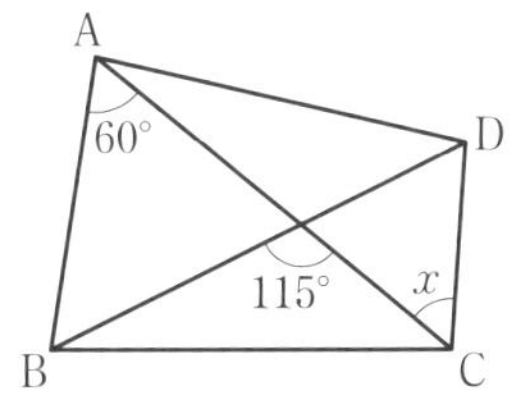

3【円周角の定理の逆】下の図のように，正三角形 ABC の辺 BC 上に点 D をとり，AD を 1 辺とする正三角形 ADE をかき，AC，DE の交点を F とします。このとき，点 A，B，C，D，E，F のうち，1 つの円周上にある 4 点の組を答えなさい。また，そのように考えた理由も書きなさい。

教科書 p.175 問 2

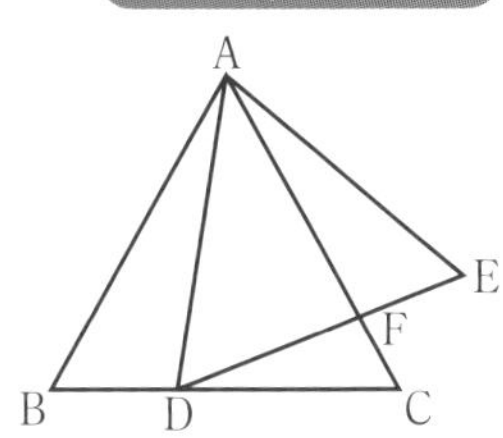

例題の答え **1** ①ACB ②50 **2** ①32 ②ABD ③ACD (②ACD ③ABD) ④CBD ⑤37

6章 教科書 174～175ページ

よく出る **1** 下の図で，$\angle x$ の大きさを求めなさい。

□(1)
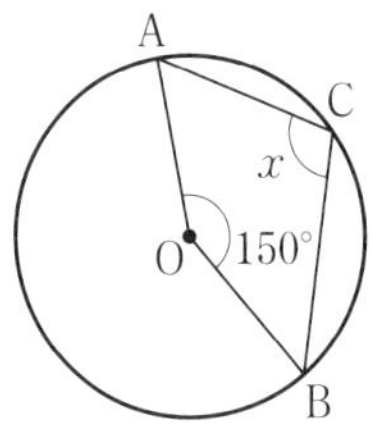

□(2)
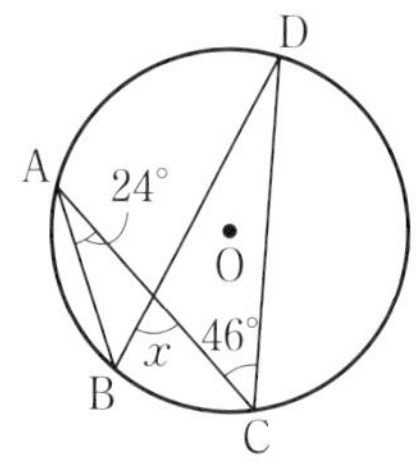

□(3)
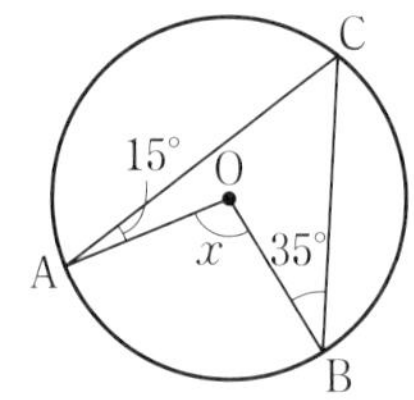

□(4)
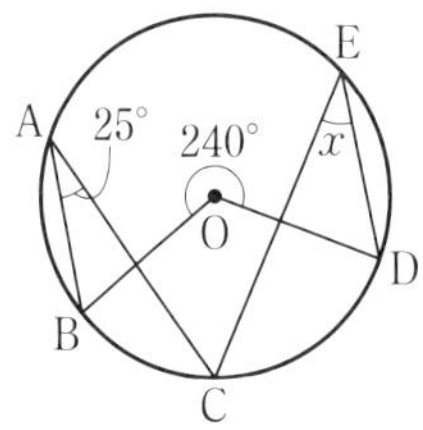

□(5)
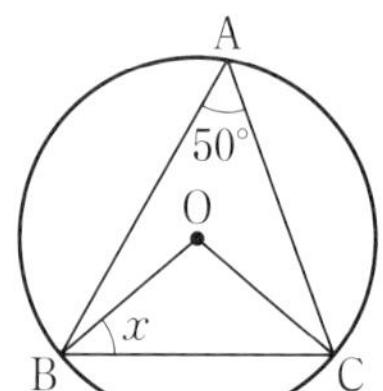

□(6)
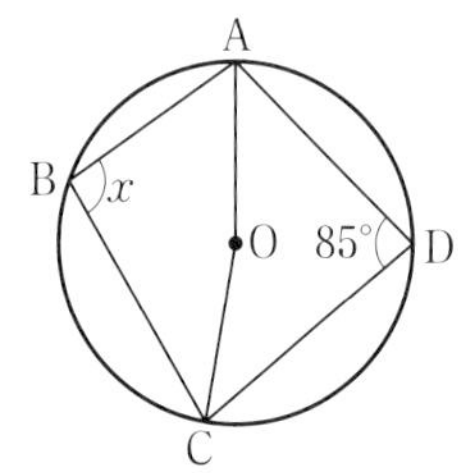

よく出る **2** 右の図の台形 ABCD で，4 点 A，B，C，D は円 O の周上にあり，
□ AD // BC です。このとき，AB＝CD となることを証明しなさい。

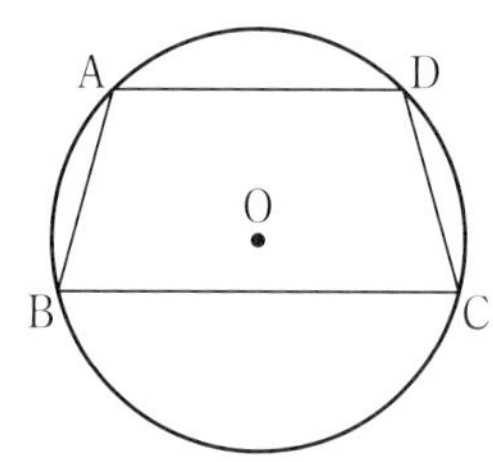

3 右の図のように，円を 5 等分した点を結んで，正五角形 ABCDE
□ をつくります。対角線 CE と AD，BD の交点をそれぞれ F，G
とします。このとき，$\triangle$CDF≡$\triangle$EDG を証明しなさい。

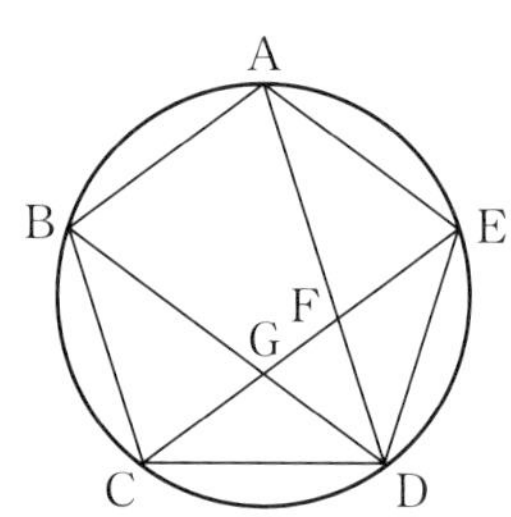

ヒント
1 (3)(4)半径 OC をかき入れて考える。
2 対角線をひいて，円周角，弧，弦(げん)の関係を見つける。

定期テスト予報

●どの弧に対する円周角や中心角かを確かめよう。
円周角の定理や円周角と弧の定理を使うときは，弧↔中心角↔円周角を必ず確かめよう。
直径↔円周角 90°は組にして覚えておこう。

4 下の図で，$\angle x$ の大きさを求めなさい。

□(1)

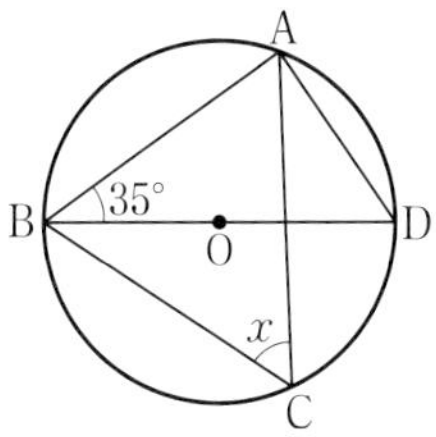

□(2)

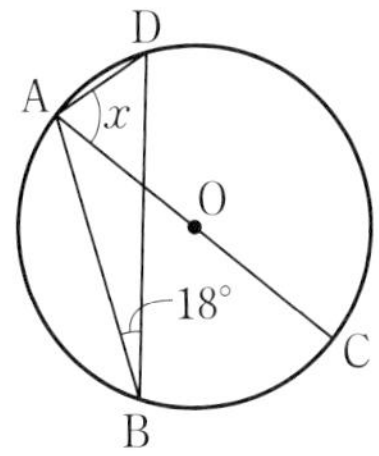

□(3)

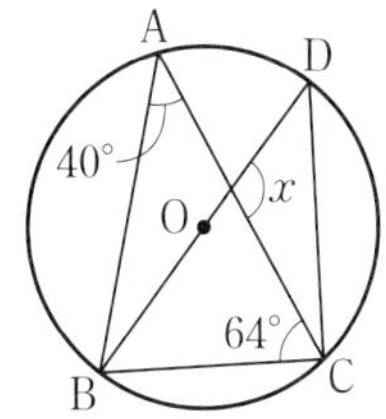

5 右の図のように，直径 12 cm の円 O で，$\angle$DAB＝35°，
□ $\angle$CBA＝25°のとき，$\overset{\frown}{\mathrm{CD}}$ の長さを求めなさい。

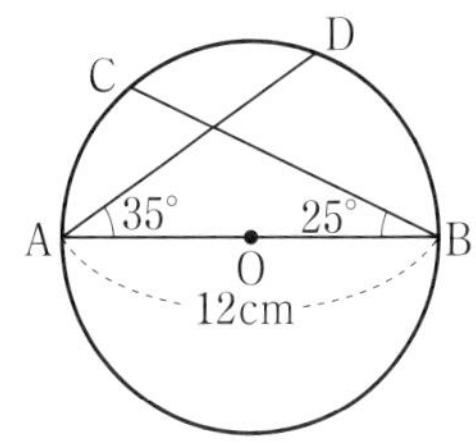

6 右の図で，4 点 A，B，C，D は 1 つの円周上にあるといえますか。
□ また，そのように考えた理由も書きなさい。

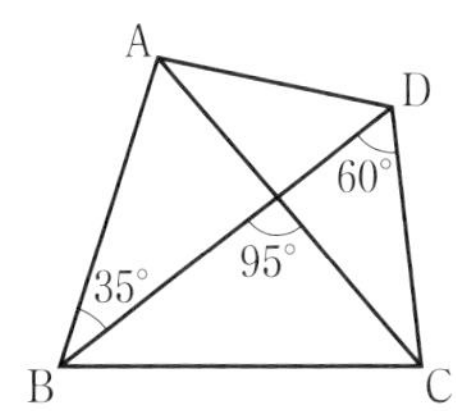

7 右の図のように，AB＝AC の二等辺三角形の辺 AB，AC の中点を
□ それぞれ D，E とし，BE と CD の交点を F とします。
このとき，点 A，B，C，D，E，F のうち，1 つの円周上にある 4 点の組を答えなさい。また，そのことを証明しなさい。

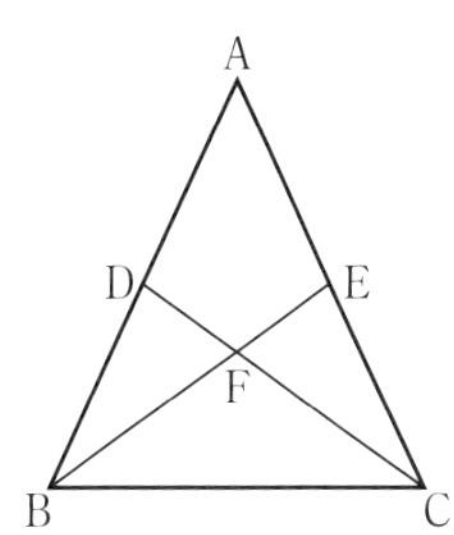

ヒント
4 (2)弦をかき入れて考える。
5 弦 AC をひき，$\angle$CAD の大きさを求める。AB は直径である。

解答▶▶ p.41

ぴたトレ 1 要点チェック

6章　円

2節　円周角の定理の利用
[1]　円周角の定理の利用—①

●円の接線の作図

教科書 p.178～179

□ **例題 1**　**円Oをかき，円外の1点Aを決め，Aから円Oへの接線AP，AP′を作図する方法を説明しなさい。**

▶▶1

考え方　AP⊥OP，AP′⊥OP′であることから，点P，P′は，AOを直径とする円周上にあります。

説明　∠APO＝∠AP′O＝［①　　］°

であるから，点P，P′はAOを［②　　］とする円周上にある。

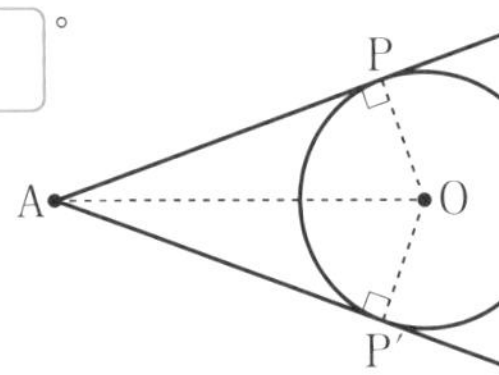

プラスワン　円の接線と接点

円の接線は，接点を通る半径に垂直です。

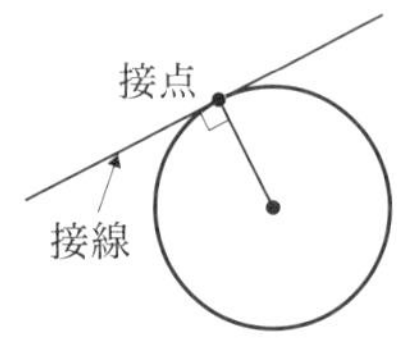

円O外の1点Aから円Oへの接線の作図方法

[1]　線分AOの［③　　］を作図し，AOとの交点をO′とする。

[2]　点［④　　］を中心とし，［⑤　　］を半径とする円をかく。

[3]　[2]でかいた円と円Oとの交点をP，P′とし，直線AP，AP′をひく。

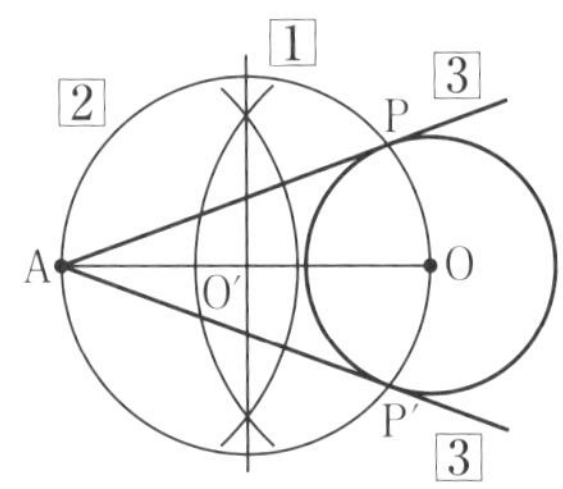

●円周角の定理を利用した作図

教科書 p.179

□ **例題 2**　**∠BACをかき，∠BPC＝∠BACとなる点Pを1つ作図する方法を説明しなさい。**

▶▶2

考え方　∠BPC＝∠BACとなるには，4点A，B，C，Pが1つの円周上になるように作図します。

[1]，[2]で，3点A，B，Cを通る円の中心Oを作図して求めています。

説明　大きさの等しい角の作図方法

[1]　∠BACをかき，線分ABの［①　　］をひく。

[2]　線分ACの［②　　］をひく。

[3]　[1]と[2]の交点をOとし，点［③　　］を中心とし，半径［④　　］の円をかく。

[4]　[3]の円周上で，点Aと直線BCの同じ側に，点Pをとる。

(例)

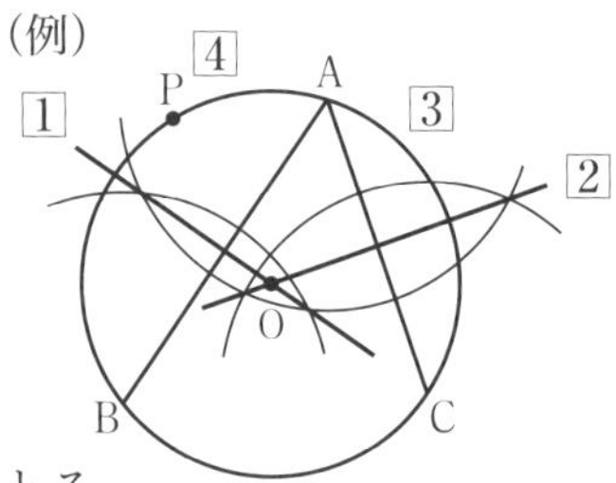

1 **【円の接線の作図】** 下の図のように，円 O と円外の点 A があります。点 A から円 O への

□ 接線 AP，AP′ を作図しなさい。また，AP＝AP′ となることを証明しなさい。

教科書 p.178～179 Q

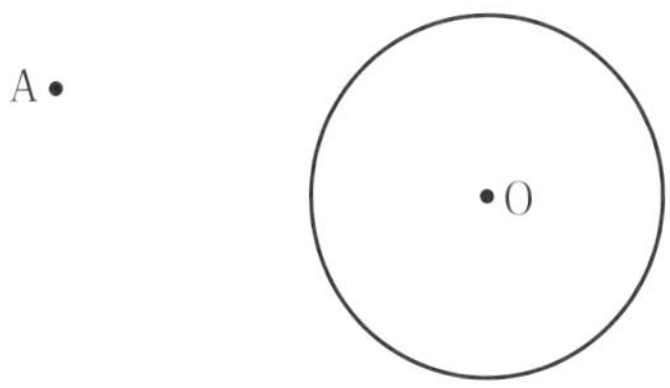

●キーポイント
円外の1点から，その円にひいた2つの接線の長さは等しくなります。

作図した線分 AP または AP′ の長さを，点 A から円 O にひいた接線の長さといいます。

2 **【円周角の定理を利用した作図】** 下の図のように線分 AB，△ABC があたえられたとき，下の条件㋐，㋑のどちらもみたす点 P を作図しなさい。

教科書 p.179 問 1

□(1) 条件㋐ ∠APB＝90°である。
㋑ ∠PAB＝60°である。

□(2) 条件㋐ ∠BAC＝∠BPC である。
㋑ ∠PCB＝90°である。

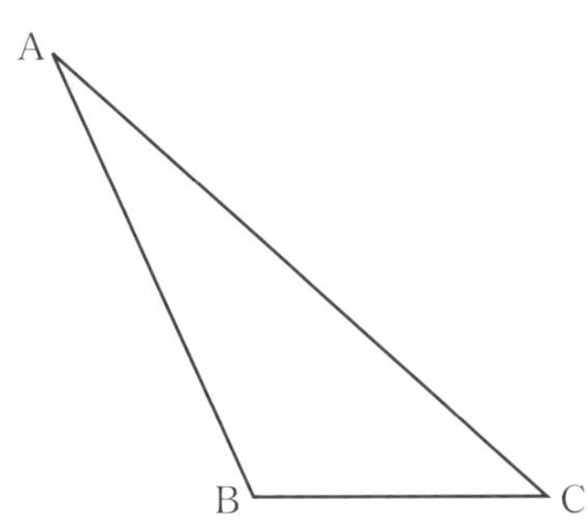

例題の答え **1** ①90 ②直径 ③垂直二等分線 ④O′ ⑤O′O(O′A)
2 ①垂直二等分線 ②垂直二等分線 ③O ④OA(OB，OC)

解答▶▶ p.43

2節 円周角の定理の利用
1 円周角の定理の利用―②

●円と相似　　教科書 p.180~181

□ **例題 1** 右の図のように，2つの弦 AB，CD の交点を P とします。次の問に答えなさい。 ▸▸1~3

(1) △ADP∽△CBP となることを証明しなさい。
(2) PA：PC＝PD：PB となることを証明しなさい。
(3) PA＝6 cm，PB＝10 cm，PD＝8 cm のとき，PC の長さを求めなさい。

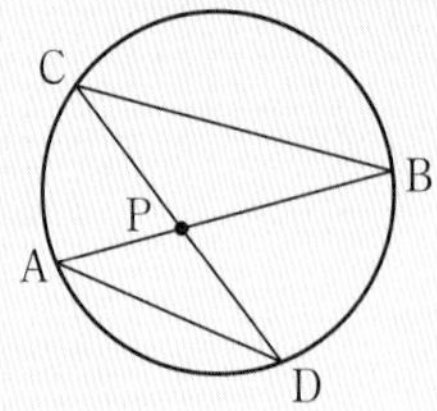

考え方 (1) 円周角の定理を利用して，等しい角を見つけます。
(2) 相似(そうじ)な図形の対応する部分の長さの比は等しいことを使います。

答え (1) △ADP と △CBP において

[①] に対する円周角は等しいから

∠DAP＝∠[②] ……㋐

対頂角は等しいから

∠APD＝∠[③] ……㋑

㋐，㋑より，2組の角がそれぞれ等しいから

△ADP∽△CBP

AC に対する円周角が等しいことから
∠CBP＝∠ADP
です。これを使ってもよいです。

(2) (1)より，相似な図形の対応する辺の比は等しいから

[④]：PC＝[⑤]：PB

(3) PC＝x cm とすると，(2)より

[⑥]：x＝[⑦]：10

[⑧]x＝[⑨]

x＝[⑩]

答 [⑩] cm

プラスワン 円と相似，辺の比の関係

例題1 の(2)で
PA：PC＝PD：PB
という関係が成り立つことがわかりました。
このことから
PA×PB＝PC×PD
が成り立ちます。

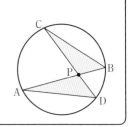

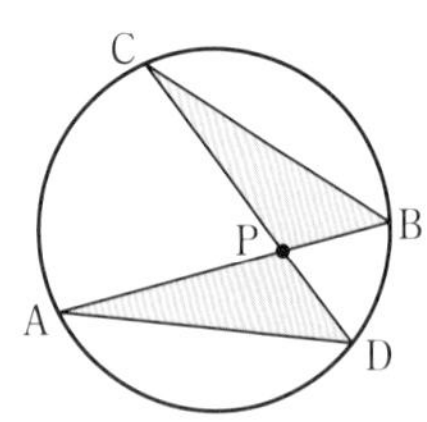

1 【円と相似】下の図で，x の値(あたい)を求めなさい。　教科書 p.181 問 2

□(1)

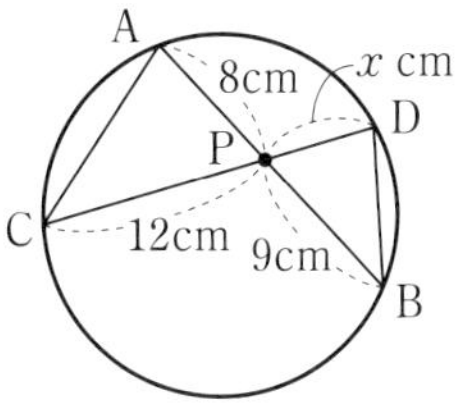

□(2)

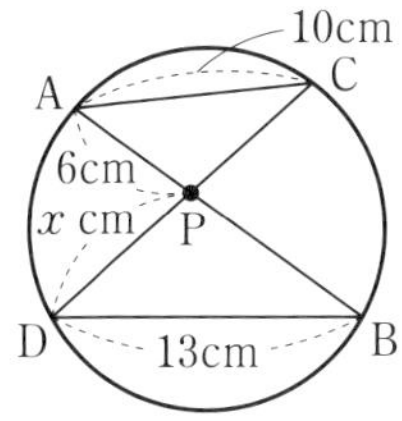

2 【円と相似】右の図で，A，B，C，D は円周上の点で，$\overset{\frown}{AD}=\overset{\frown}{CD}$ です。弦 AC，BD の交点を E とするとき，△ABD∽△EBC となります。このことを証明しなさい。

□

教科書 p.181 問 3

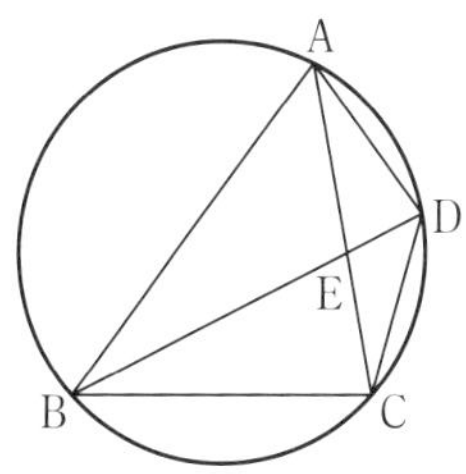

3 【円と相似】右の図で，A，B，C は円周上の点です。∠BAC の二等分線をひき，弦 BC，$\overset{\frown}{BC}$ との交点をそれぞれ D，E とします。このとき，△ABE∽△BDE となります。このことを証明しなさい。

□

教科書 p.181 問 4

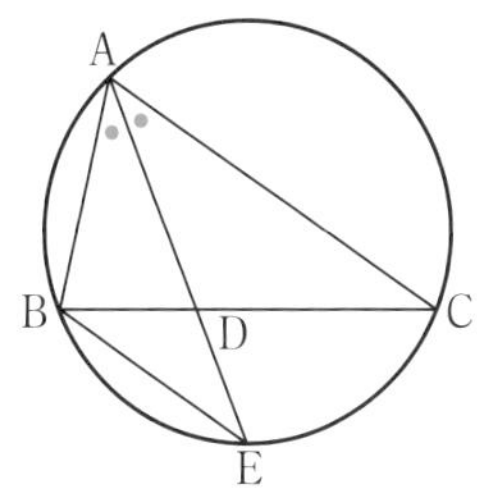

例題の答え **1** ①$\overset{\frown}{BD}$　②BCP　③CPB　④PA　⑤PD　⑥6　⑦8　⑧8　⑨60　⑩7.5$\left(\frac{15}{2}\right)$

2節 円周角の定理の利用 1

1 右の図のような3点A，B，CとCを通る直線ℓがあたえられたとき，下の条件㋐，㋑をともにみたす点Pを作図しなさい。

条件㋐ ∠ACB＝∠APB である。

条件㋑ 点Pは直線ℓ上にある。

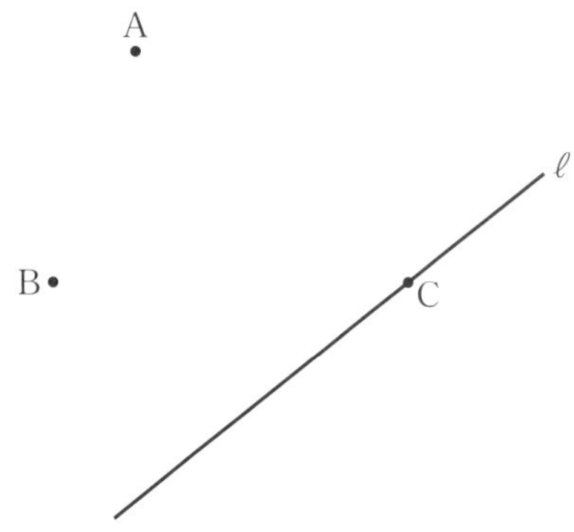

よく出る **2** 右の図で，A，B，C，Dは円周上の点で，$\overset{\frown}{AB}=\overset{\frown}{AC}$ です。直線AD，BCの交点をE，弦AC，BDの交点をFとします。このとき，次の問に答えなさい。

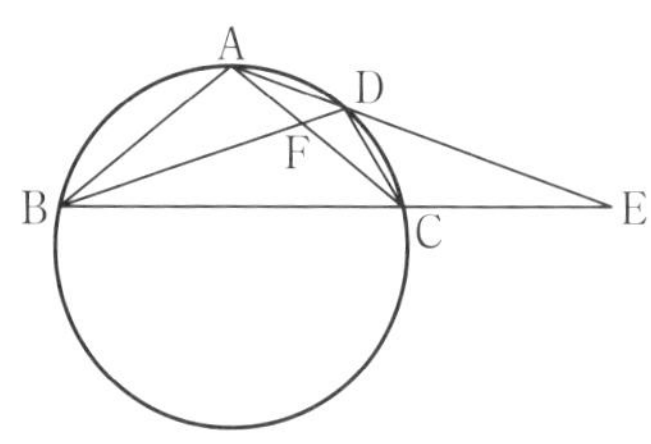

(1) △ABD∽△AEB となることを証明しなさい。

(2) AD＝4 cm，DE＝10 cm のとき，線分ACの長さを求めなさい。

ヒント **1** 線分AB，ACの垂直二等分線の交点が3点A，B，Cを通る円の中心。

2 (1) $\overset{\frown}{AB}=\overset{\frown}{AC}$ であるから，AB＝AC。また，∠ADB＝∠ACB である。

●円周角を利用した，三角形の相似の証明では，「2 組の角がそれぞれ等しい」を使うことが多いよ。等しい角に印をつけて対応する 2 組の角が等しくなることを導こう。特に円周角どうしのときは，必ずどの弧に対するものかを確かめてから印をつけよう。

3 □ 右の図で，A，B，C，D は円周上の点です。弦 AC と BD の交点を E とし，弦 AC 上に，AD // BF となる点 F をとるとき，△BCE∽△FBE となります。このことを証明しなさい。

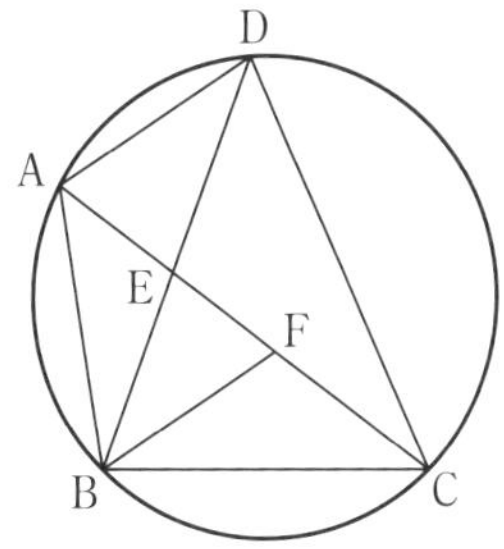

4 □ 右の図で，A，B，C，D は円 O の周上の点で，AB は直径です。また，弦 AC，BD の交点を E，直線 AD，BC の交点を F とします。このとき，AC：BC＝AF：BE という関係が成り立つことを証明しなさい。

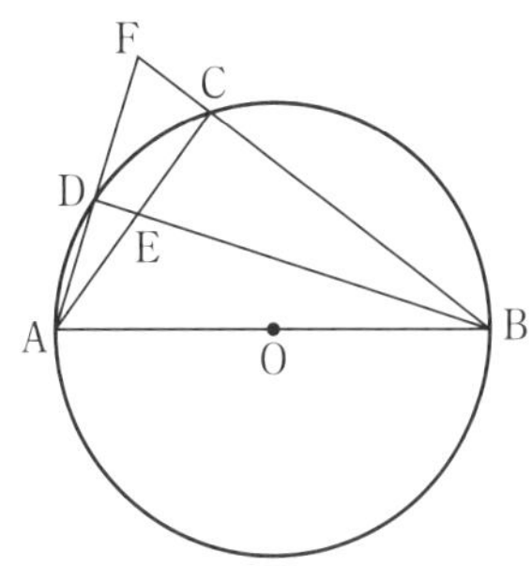

5 **右の図のように，円周上にそれぞれ線分で結ばれた 4 点 A，B，C，D があり，AC と BD の交点を E とします。$\overset{\frown}{AD}=\overset{\frown}{CD}$ のとき，次の問に答えなさい。**

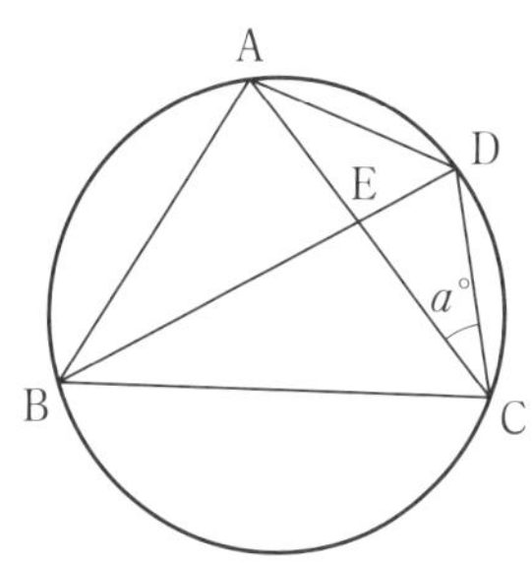

□(1) ∠ACD＝a° とするとき，∠ABC の大きさを a を用いて表しなさい。

□(2) △BCD∽△CED となることを証明しなさい。

6章
教科書 177〜181ページ

ヒント **3** AD // BF であることと円周角の定理を使う。 **4** △ACF ∽△BCE を証明する。
5 (1)等しい弧に対する円周角は等しいことを使う。

解答▶▶ p.44

6章　円

時間30分	／100点	合格70点

❶ 下の図で，$\angle x$ の大きさを求めなさい。知

(1)

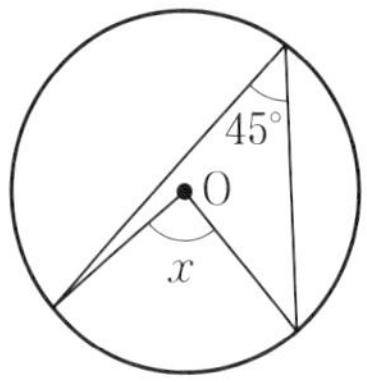

(2)

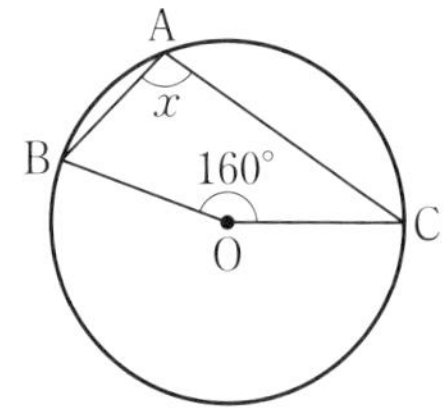

(3)

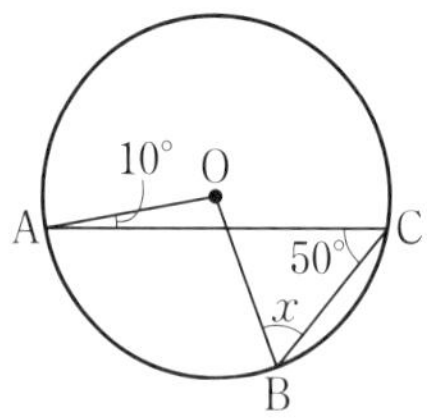

(4)

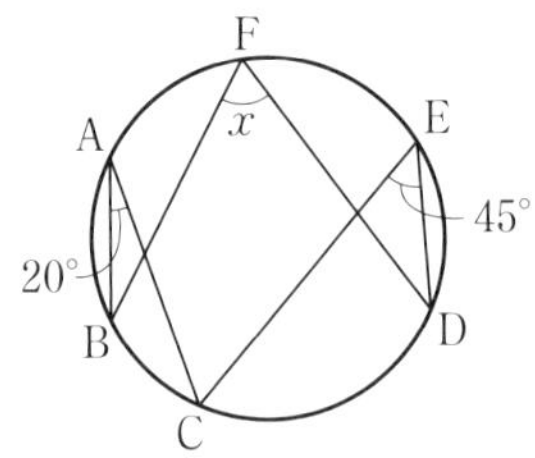

(5)

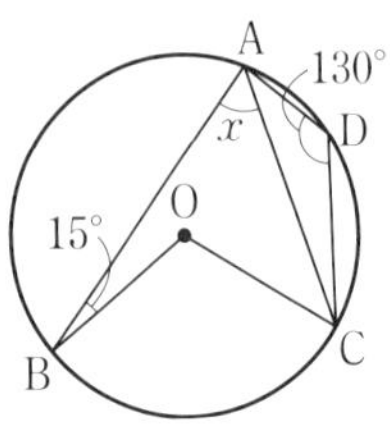

(6)

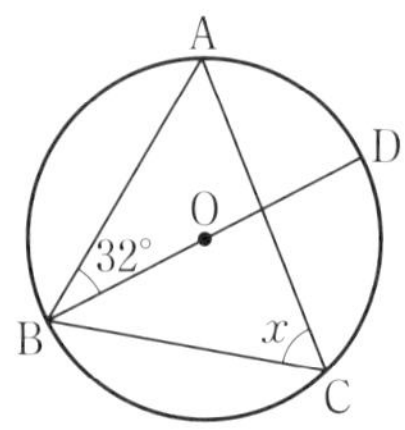

❶	点/36点（各6点）
(1)	
(2)	
(3)	
(4)	
(5)	
(6)	

点UP **❷** 右の図のように，2つの弦 AB，CD の交点を E，直線 AD，CB の交点を F とします。$\angle AEC = 102^\circ$，$\angle AFC = 30^\circ$ のとき，$\angle x$，$\angle y$ の大きさをそれぞれ求めなさい。知

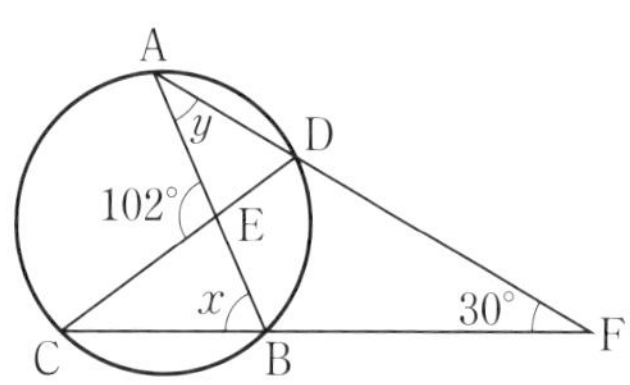

❷	点/12点（各6点）
$\angle x$	
$\angle y$	

❸ 右の図で，$\angle x$ の大きさを求めなさい。知

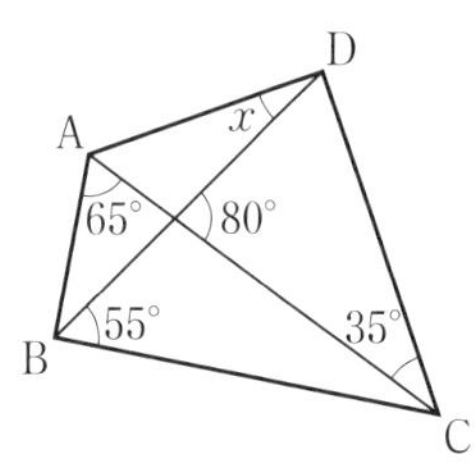

❸	点/6点

　成績評価の観点　知…数量や図形などについての知識・技能　考…数学的な思考・判断・表現

❹ 右の図に，直線BCの上側に∠A＝∠BPCとなる頂点Pをもつ△PBCのうち，面積がもっとも大きいものを作図しなさい。知

❹ 点/10点

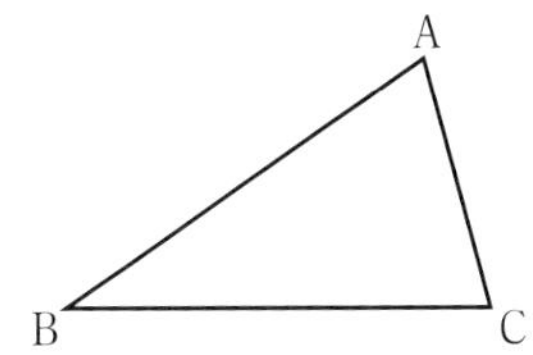

❺ **右の図のように，△ABCの辺AC，AB上に，それぞれ点D，Eをとり，BDとCEの交点をFとします。**
△ABD∽△ACEのとき，次の問に答えなさい。考

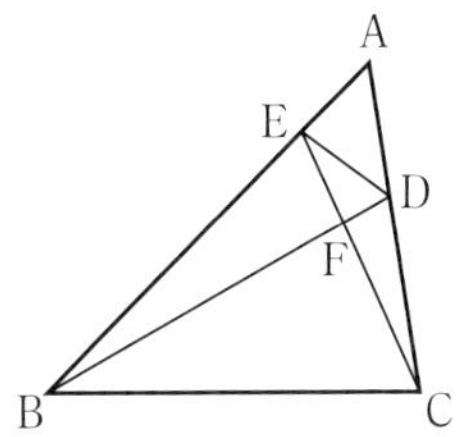

(1) 4点B，C，D，Eは1つの円周上にあります。その理由を説明しなさい。

(2) △BCF∽△EDFとなることを証明しなさい。

❺ 点/24点(各12点)

(1)

(2)

❻ 右の図のように，点A，B，Cを円Oの周上にとり，直径ADをひいて，弦BCとの交点をEとします。また，点Aから弦BCに垂線をひき，BCとの交点をFとします。
このとき，相似な三角形の組を見つけ，相似になることを証明しなさい。考

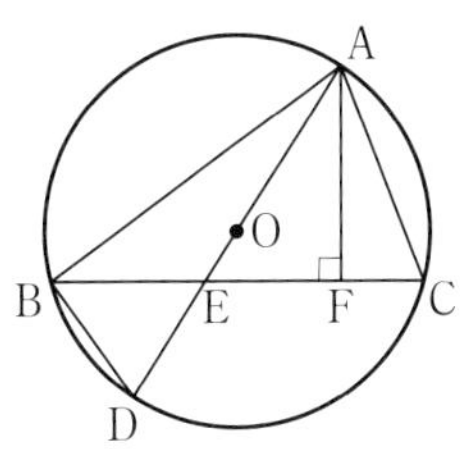

❻ 点/12点(完答)

相似な三角形

証明

6章
教科書165〜184ページ

教科書のまとめ〈6章　円〉

●円周角

・円Oにおいて，$\overset{\frown}{AB}$ を除く円周上の点をPとするとき，∠APB を $\overset{\frown}{AB}$ に対する**円周角**という。

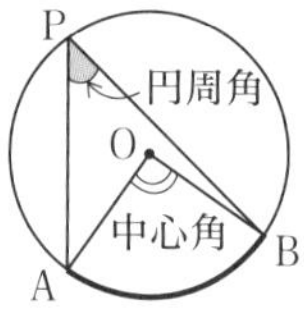

・$\overset{\frown}{AB}$ を円周角 ∠APB に対する弧という。

●円周角の定理

1つの弧に対する円周角の大きさは一定であり，その弧に対する中心角の半分である。

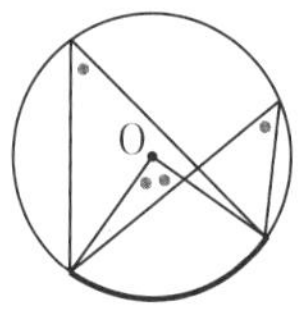

●中心角と弧

1つの円で，等しい中心角に対する弧は等しい。逆に，等しい弧に対する中心角は等しい。

●円周角と弧

・1つの円において

1. 等しい円周角に対する弧は等しい。
2. 等しい弧に対する円周角は等しい。

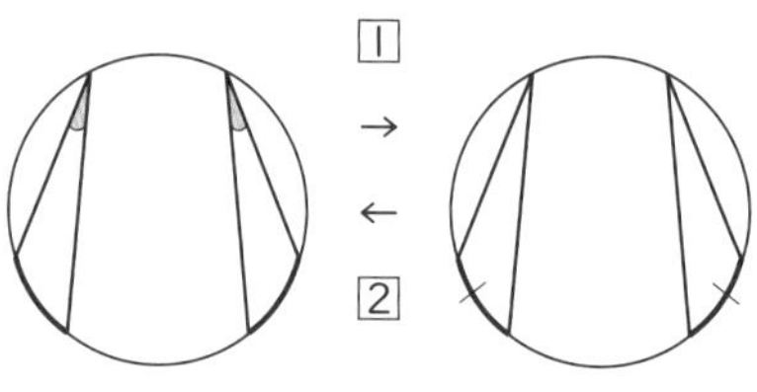

・1つの円で，等しい弧に対する弦は等しい。

●直径と円周角

・線分 AB を直径とする円の周上に A，B と異なる点 P をとれば，∠APB=90° である。

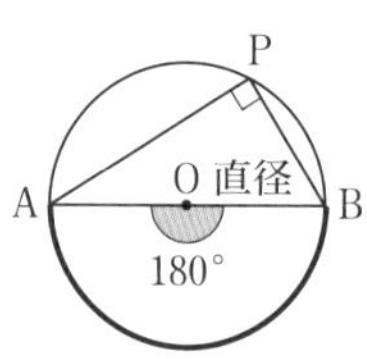

・円周上の 3 点 A，P，B について，∠APB=90° ならば，線分 AB は直径になる。

●円周角の定理の逆

・4点A，B，P，Qについて，P，Qが直線 AB の同じ側にあって

∠APB＝∠AQB

ならば，この4点は1つの円周上にある。

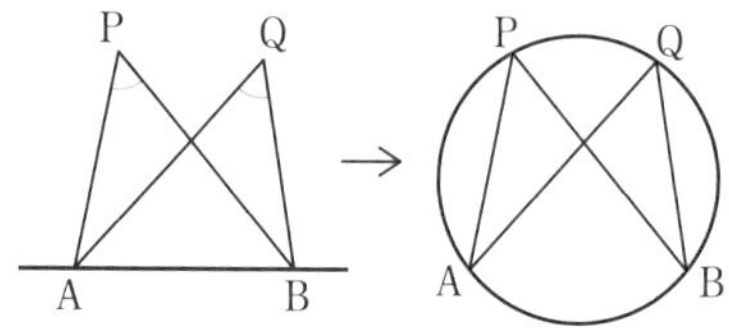

●円の接線の作図

1. 線分 AO を直径とする円 O′をかき，円 O との交点を P，P′とする。
2. 直線 AP，AP′をひく。

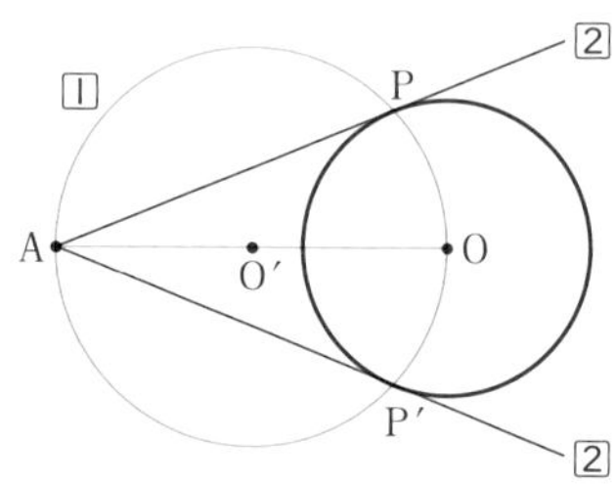

●円の接線の長さ

円外の1点から，その円にひいた2つの接線の長さは等しい。

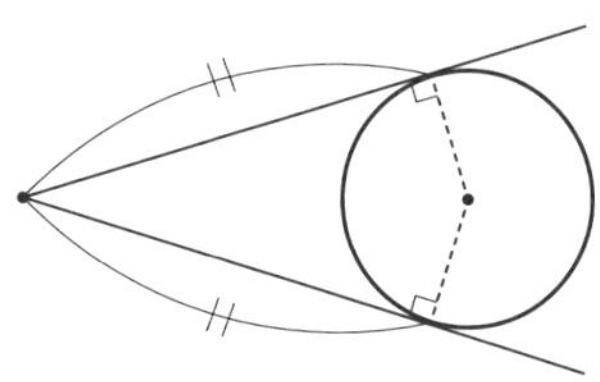

7章　三平方の定理

□**二等辺三角形の頂角の二等分線**　◀中学2年

二等辺三角形の頂角の二等分線は，底辺を垂直に2等分します。

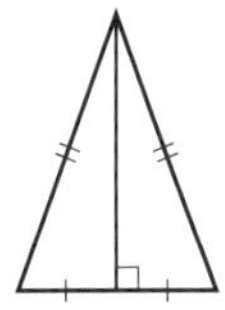

□**角錐(かくすい)，円錐の体積**　◀中学1年

底面積を S，高さを h，体積を V とすると，$V=\dfrac{1}{3}Sh$

特に，円錐の底面の半径を r とすると，$V=\dfrac{1}{3}\pi r^2h$

1 色をつけた部分の正方形の面積を求めなさい。　◀小学5年〈面積〉

(1)

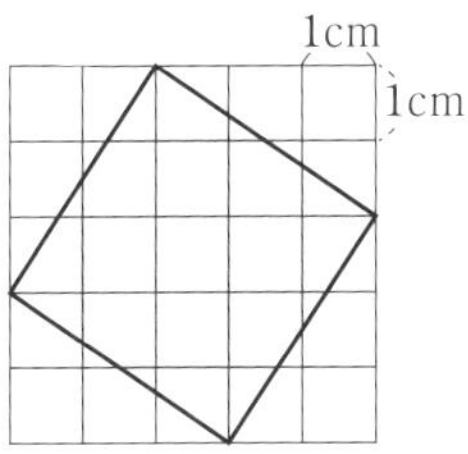

(2)

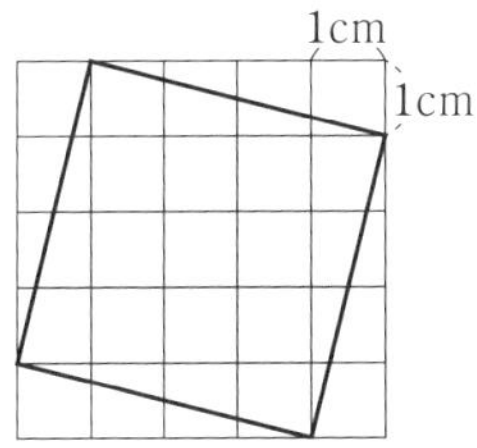

ヒント
全体の正方形から，周りの直角三角形をひくと……

2 次の2次方程式を解きなさい。　◀中学3年〈2次方程式〉

(1)　$x^2=9$　　(2)　$x^2=13$

(3)　$x^2=17$　　(4)　$x^2=32$

ヒント
平方根の考えを使って x の値を求めると……

3 次の立体の体積を求めなさい。　◀中学1年〈角錐，円錐の体積〉

(1)

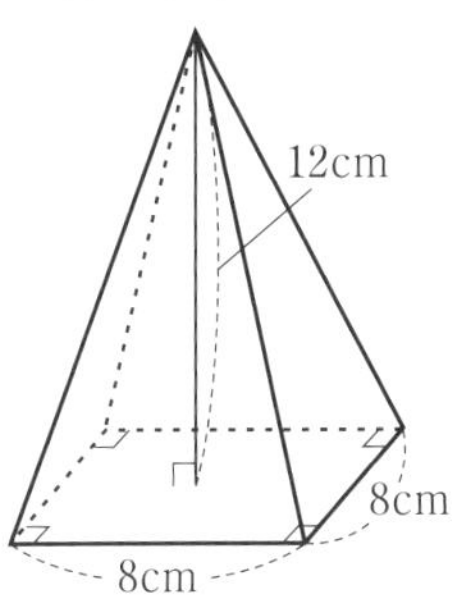

(2)

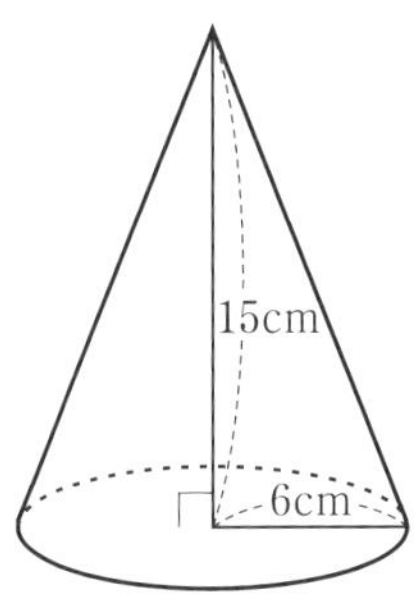

ヒント
底面積を求めて……

ぴたトレ 1
要点チェック

7章 三平方の定理

1節 三平方の定理
① 三平方の定理 ／ ② 三平方の定理の逆

●三平方の定理

教科書 p.188〜189

□ **例題 1** 下の図の直角三角形で，x の値(あたい)をそれぞれ求めなさい。 ▸▸1

(1)

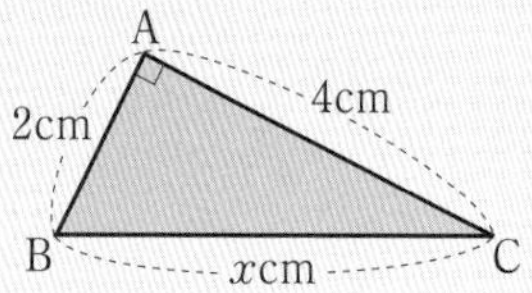

(2)

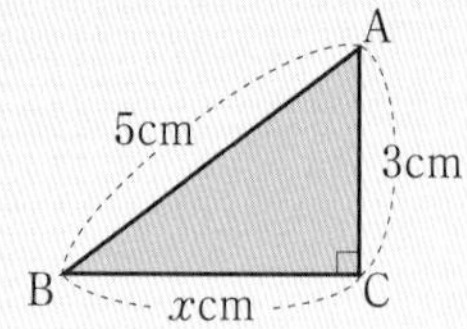

考え方 直角三角形でもっとも長い辺を斜辺(しゃへん)として，三平方(さんへいほう)の定理を使います。

答え (1) $①^2 + ②^2 = ③^2$　$x^2 =$ ④

↑斜辺は辺 BC

$x > 0$ であるから　$x =$ ⑤

(2) $⑥^2 + ⑦^2 = ⑧^2$　$x^2 =$ ⑨

↑斜辺は辺 AB

$x > 0$ であるから　$x =$ ⑩

プラスワン　三平方の定理

定理…直角三角形の直角をはさむ 2 辺の長さを a，b，斜辺の長さを c とすると，次の関係が成り立つ。

$$a^2 + b^2 = c^2$$

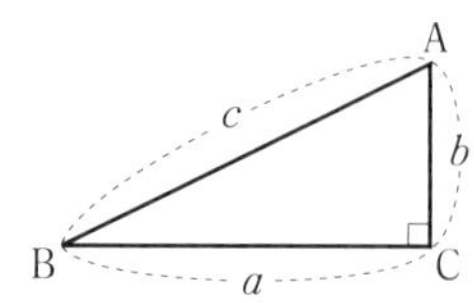

●三平方の定理の逆

教科書 p.190〜191

□ **例題 2** 3 辺の長さが 6 cm，8 cm，10 cm である三角形は，直角三角形であるといえますか。 ▸▸2

考え方 もっとも長い辺を c，残りの 2 辺を a，b とし，それぞれを 2 乗して $a^2 + b^2 = c^2$ の関係が成り立つかどうかを調べます。

答え $a =$ ①，$b =$ ②，$c =$ ③ とすると

$a^2 + b^2 = ①^2 + ②^2 =$ ④　$c^2 = ⑤^2 =$ ⑥

したがって，$a^2 + b^2 = c^2$ という関係が成り立つ。　答 ⑦

プラスワン　三平方の定理の逆

定理…三角形の 3 辺の長さ a，b，c の間に

$$a^2 + b^2 = c^2$$

という関係が成り立てば，その三角形は，長さ c の辺を斜辺とする直角三角形である。

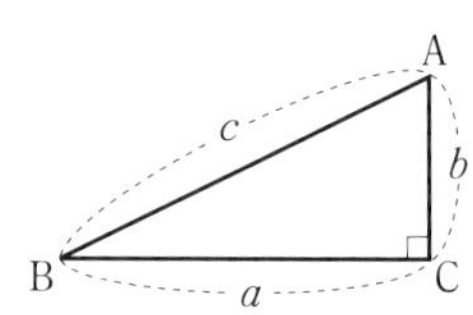

対解

1 【三平方の定理】下の図の直角三角形で，x の値をそれぞれ求めなさい。 教科書 p.189 例 1

□(1)

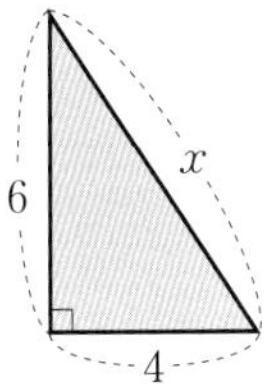

□(2)

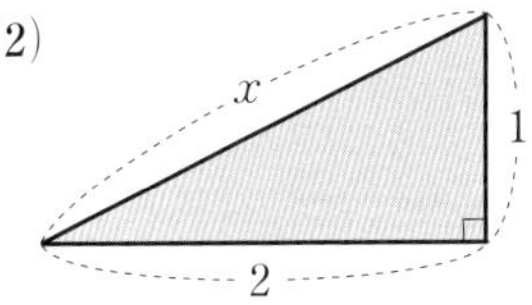

□(3)

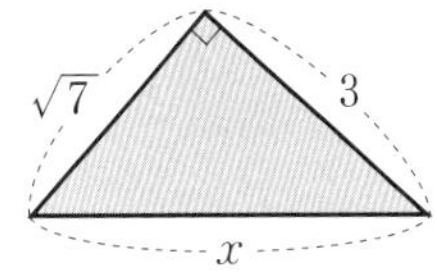

□(4)

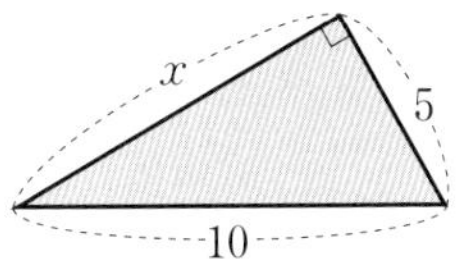

□(5)

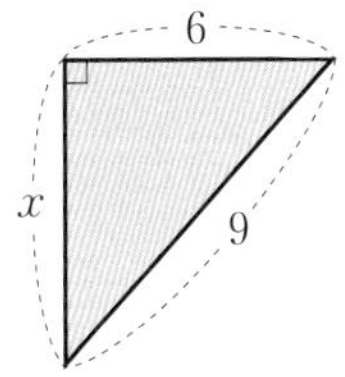

□(6)

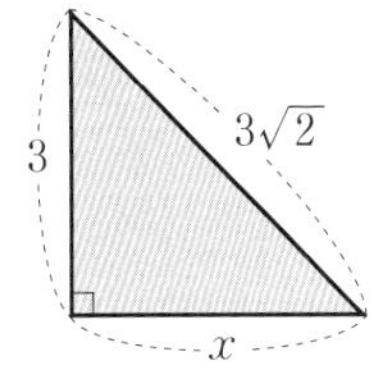

□(7)

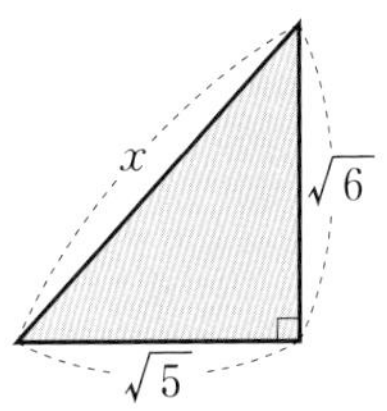

□(8)

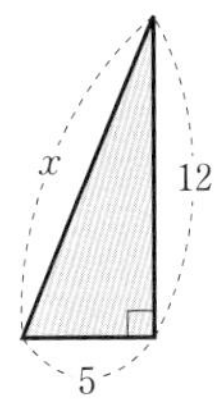

□(9)

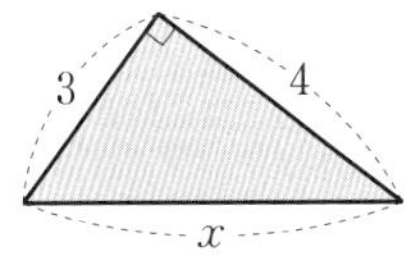

2 【三平方の定理の逆】次の長さを 3 辺とする三角形のうち，直角三角形はどれですか。

□ 教科書 p.191 例 1

㋐ 5 cm，8 cm，9 cm　　㋑ 12 cm，16 cm，20 cm

㋒ 3 cm，$\sqrt{2}$ cm，$\sqrt{6}$ cm　　㋓ $\sqrt{3}$ cm，$\sqrt{5}$ cm，$2\sqrt{2}$ cm

●キーポイント
もっとも長い辺を斜辺とし，斜辺の長さの 2 乗と，他の 2 辺の長さの 2 乗の和が等しいかを調べます。

例題の答え **1** ①2　②4　(①4　②2)　③x　④20　⑤$2\sqrt{5}$　⑥x　⑦3　(⑥3　⑦x)　⑧5　⑨16　⑩4
2 ①6　②8　(①8　②6)　③10　④100　⑤10　⑥100　⑦いえる

解答▶▶ p.46

よく出る **1** 下の図の直角三角形で，x の値をそれぞれ求めなさい。

□(1)

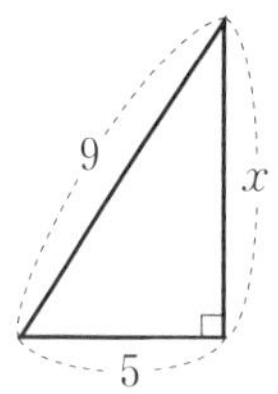

□(2)

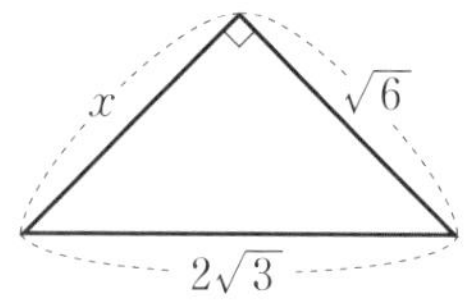

□(3)

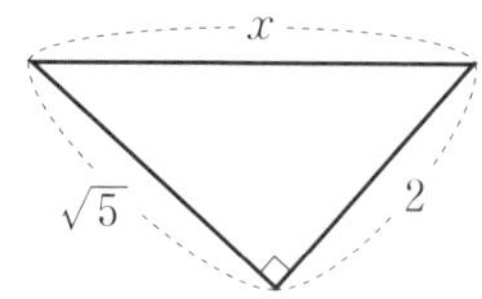

□(4)

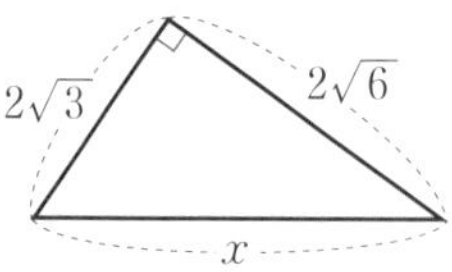

□(5)

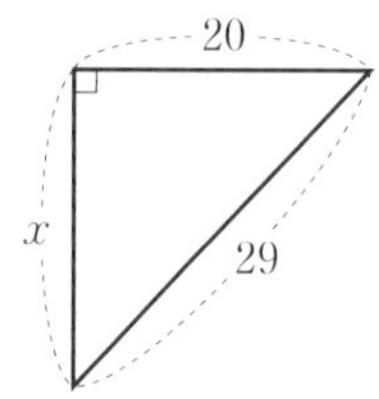

□(6)

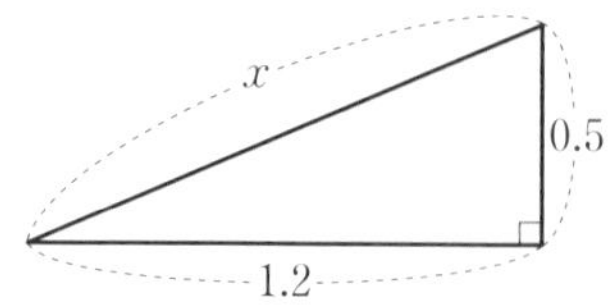

□(7)

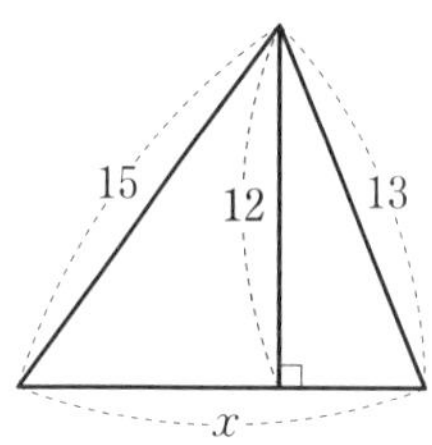

□(8)

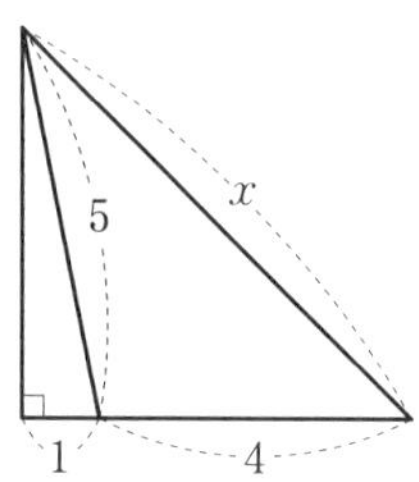

2 次の問に答えなさい。

□(1)　$\angle C=90°$，$BC=\sqrt{5}$ cm，$AC=\sqrt{3}$ cm の $\triangle ABC$ で，辺 AB の長さを求めなさい。

□(2)　$\angle B=90°$，$AB=5$ cm，$AC=7$ cm の $\triangle ABC$ で，辺 BC の長さを求めなさい。

ヒント　**1** (7)(8)三平方の定理を 2 回使う。

2 図をかいて斜辺の位置を確かめてから三平方の定理を使う。

定期テスト予報
●直角三角形は，「斜辺」と「他の２辺」に分けて，三平方の定理を使おう。
三平方の定理とその逆はセットにして覚えておこう。平方根や２次方程式も使うから，復習しておこう。

3 **直角三角形 ABC で，AB は BC より 6 cm 短く，CA は BC より 2 cm 長くなっています。次の問に答えなさい。**

□(1)　BC＝x cm として，AB，CA の長さを x の式で表しなさい。

□(2)　BC の長さを求めなさい。

4 次の長さを 3 辺とする三角形のうち，直角三角形はどれですか。

□
㋐　5 cm，6 cm，8 cm　　㋑　5 cm，7 cm，$2\sqrt{6}$ cm
㋒　3 cm，$\sqrt{5}$ cm，$\sqrt{15}$ cm　　㋓　0.8 cm，1.6 cm，2 cm
㋔　5 cm，$\frac{8}{3}$ cm，$\frac{17}{3}$ cm　　㋕　$\frac{\sqrt{5}}{2}$ cm，$\frac{\sqrt{7}}{2}$ cm，$\sqrt{3}$ cm

5 **右の図の △ABC について，次の問に答えなさい。**

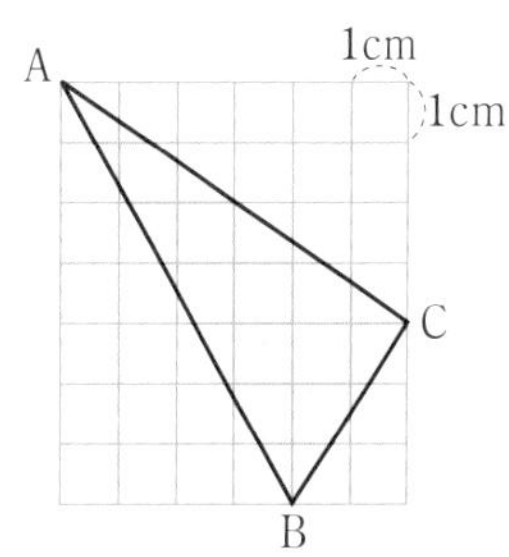

□(1)　3 辺 AB，BC，CA の長さをそれぞれ求めなさい。

□(2)　△ABC はどんな三角形ですか。また，その理由も説明しなさい。

6 **もっとも長い辺の長さが $n+1$，他の 2 辺の長さが $2\sqrt{n}$，$n-1$ である三角形について，次の問に答えなさい。ただし，$n>1$ であるとします。**

□(1)　この三角形は，どんな三角形ですか。また，その理由も説明しなさい。

□(2)　n に適当な値を代入して，3 辺がすべて整数になる三角形の 3 辺の長さを 1 組求めなさい。

ヒント　**5** (1)方眼の目もりで，AB，BC，CA それぞれを斜辺とする直角三角形を見つけて，三平方の定理を使う。

7章
教科書188〜192ページ

解答▶▶ p.47

2節　三平方の定理の利用
1　三平方の定理の利用—①

●四角形や三角形への利用

教科書 p.194〜196

□ **例題 1**　次の長さを求めなさい。 ▶▶1〜3

(1)　1辺が4 cmの正方形の対角線の長さ

(2)　1辺が4 cmの正三角形の高さ

考え方　対角線や高さを辺にもつ直角三角形を見つけます。

答え　(1)　対角線の長さを x cmとすると

$x^2 =$ ①^2 + ②^2

$=$ ③

$x>0$ であるから

$x=$ ④　　　答 ④ cm

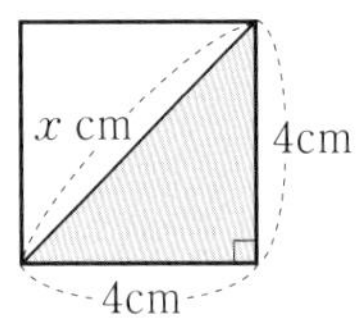

(2)　高さを h cmとすると

⑤^2 + h^2 = ⑥^2

$h^2 =$ ⑦

$h>0$ であるから

$h=$ ⑧　　　答 ⑧ cm

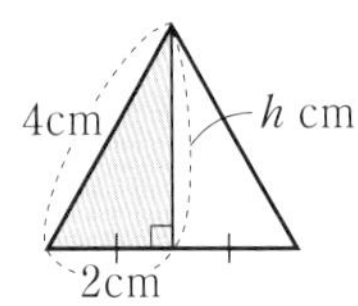

プラスワン　三角形や四角形への利用

図のなかに直角三角形を見いだし，三平方の定理を利用して求めます。

・長方形の対角線の長さ

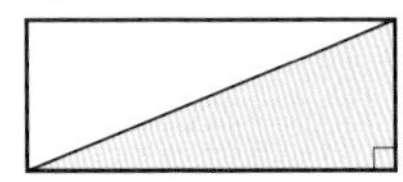

・二等辺三角形の高さ

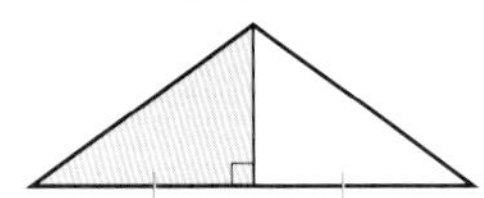

● 2点間の距離

教科書 p.197

□ **例題 2**　2点 A(1, 2), B(−3, −1) の間の距離(きょり)を求めなさい。 ▶▶4

考え方　ABを斜辺とする直角三角形をつくります。

答え　右の図の直角三角形ABCで

BC＝ ① −(②)

＝ ③

AC＝ ④ −(⑤)

＝ ⑥

AB＝d とすると　$d^2 =$ ⑦^2 + ⑧^2

$=$ ⑨

$d>0$ であるから　$d=$ ⑩　　　答 ⑩

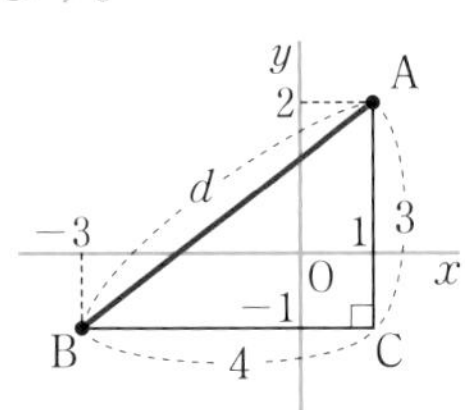

プラスワン　2点間の距離

2点を結ぶ線分を斜辺として，他の2辺が座標軸(じく)に平行な直角三角形をつくり，三平方の定理を使って斜辺の長さ(2点間の距離)を求めます。

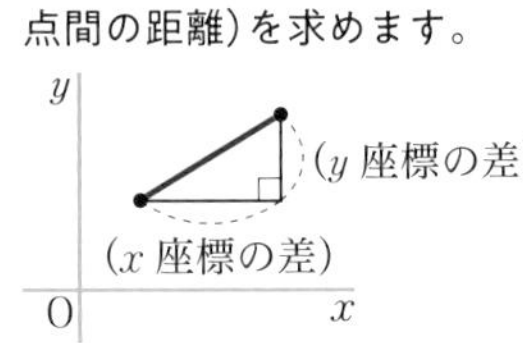

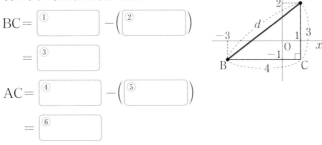

1 【四角形への利用】下の図の正方形や長方形の対角線の長さを求めなさい。

教科書 p.194 Q

□(1)

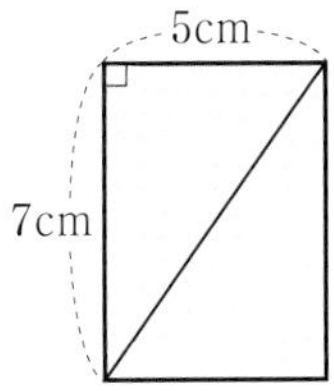

□(2)

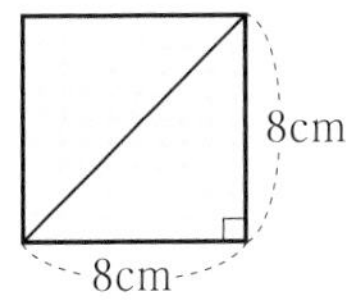

よく出る **2** 【特別な直角三角形の 3 辺の比】下の図で，x，y の値を求めなさい。

教科書 p.195 問 2

□(1)

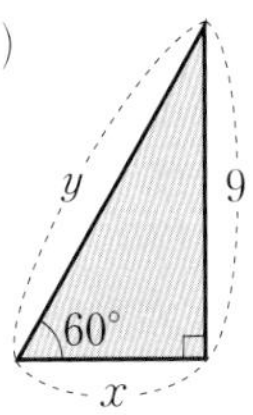

□(2)

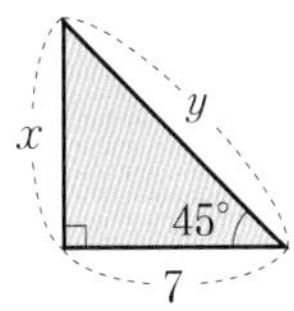

□(3)

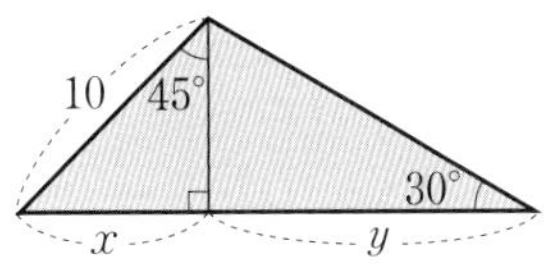

●キーポイント

特別な直角三角形の3辺の比

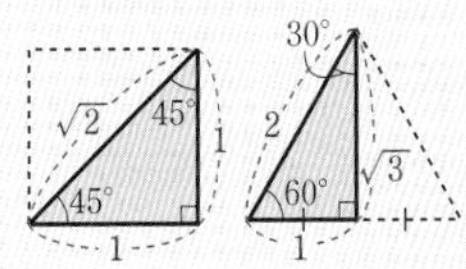

絶対理解 **3** 【三角形への利用】下の図の正三角形や二等辺三角形の高さ AH と，面積を求めなさい。

教科書 p.196 問 6

□(1)

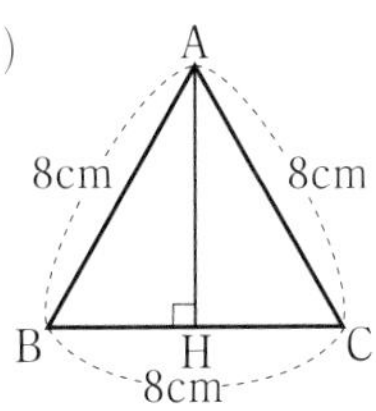

□(2)

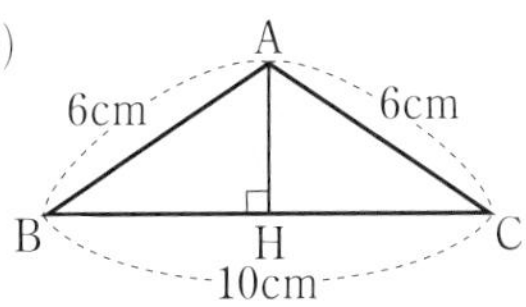

絶対理解 **4** 【2 点間の距離】下の図で，2 点 A，B の間の距離を求めなさい。

教科書 p.197 例 1

□(1)

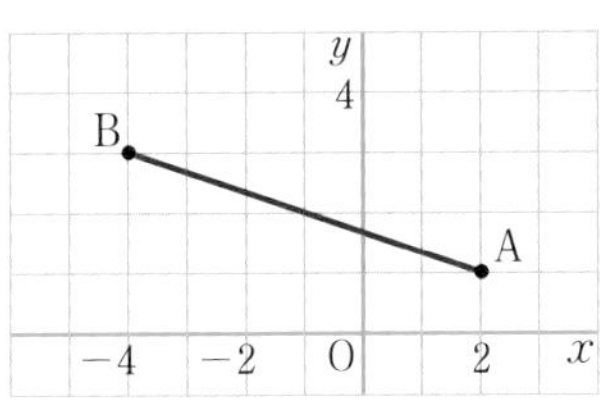

□(2)

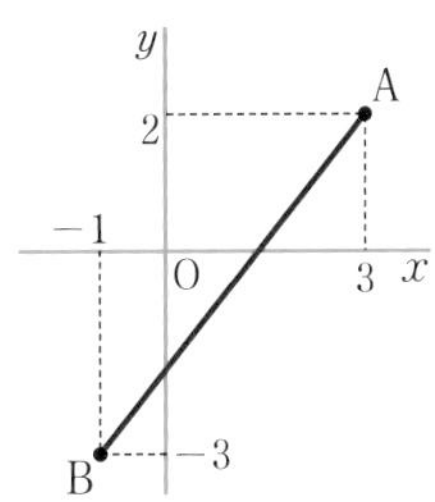

●キーポイント

直角三角形の直角をはさむ2辺の長さは，x 座標の差と y 座標の差となります。

7章 教科書194〜197ページ

例題の答え **1** ①4　②4　③32　④$4\sqrt{2}$　⑤2　⑥4　⑦12　⑧$2\sqrt{3}$

2 ①1　②−3　③4　④2　⑤−1　⑥3　⑦4　⑧3　（⑦3　⑧4）　⑨25　⑩5

解答▶▶ p.48

2節 三平方の定理の利用
1 三平方の定理の利用—②

●円への利用

教科書 p.198

□ **例題 1** 半径が 4 cm の円 O で，中心 O からの距離が 3 cm である弦 AB の長さを求めなさい。 ▶▶1 2

考え方 円の中心 O から弦（げん）AB に垂線 OH をひき，直角三角形をつくります。

答え AH＝x cm とすると，△OAH は直角三角形であるから

$x^2+3^2=4^2$　$x^2=7$　$x>0$ であるから　$x=$ ①

AB＝2AH＝ ②

答 ② cm

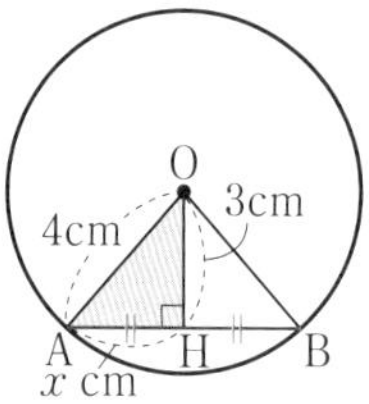

●直方体の対角線

教科書 p.199

□ **例題 2** 縦 5 cm，横 7 cm，高さ 4 cm の直方体の対角線の長さを求めなさい。 ▶▶3

考え方 底面の対角線をひき，2 つの直角三角形で，三平方の定理を利用します。

答え △FGH は直角三角形であるから

$FH^2=$ ① $^2+$ ② ^{2} ……㋐

△BFH も直角三角形であるから

$BH^2=FH^2+$ ③ ^{2} ……㋑

㋐，㋑から　$BH^2=(7^2+5^2)+4^2=90$

$BH>0$ であるから　BH＝ ④

答 ④ cm

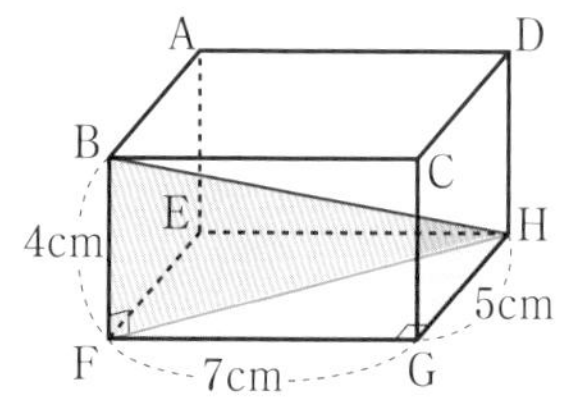

●円錐や角錐への利用

教科書 p.200

□ **例題 3** 底面の半径が 3 cm，母線の長さが 7 cm の円錐の高さを求めなさい。 ▶▶4

考え方 母線を斜辺とする直角三角形をつくります。

答え AO＝h cm とすると

h^2+ ① $^2=$ ② ^{2}

$h^2=$ ③

$h>0$ であるから　$h=$ ④

答 ④ cm

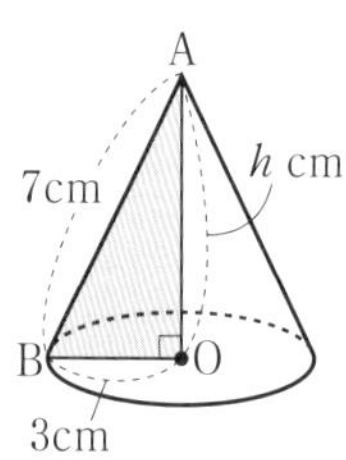

高さがわかれば，体積を求めることもできます。

対解 **1** 【円への利用】次の長さを求めなさい。

教科書 p.198 例 2

□(1) 弦 AB の長さ

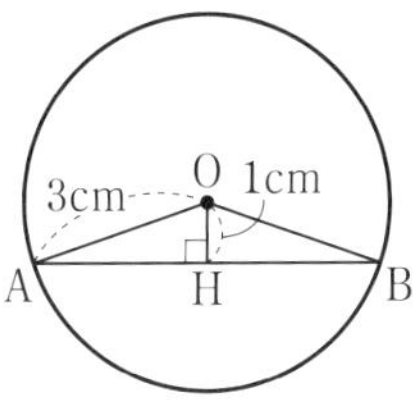

□(2) 中心 O と弦 AB との距離 OH

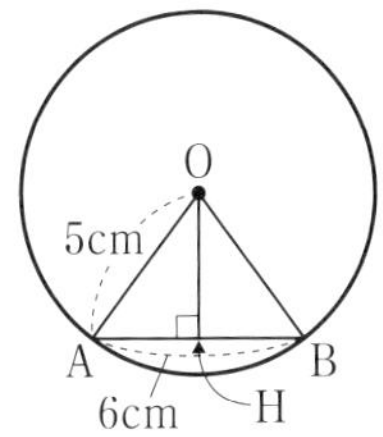

●キーポイント
円の中心 O から弦 AB にひいた垂線と弦との交点は，弦の中点です。

2 【円への利用】半径 2 cm の円 O と，中心 O から 7 cm の距離に点 A があります。点 A から円 O への接線をひいたとき，この接線の長さを求めなさい。

□

教科書 p.198 問 10

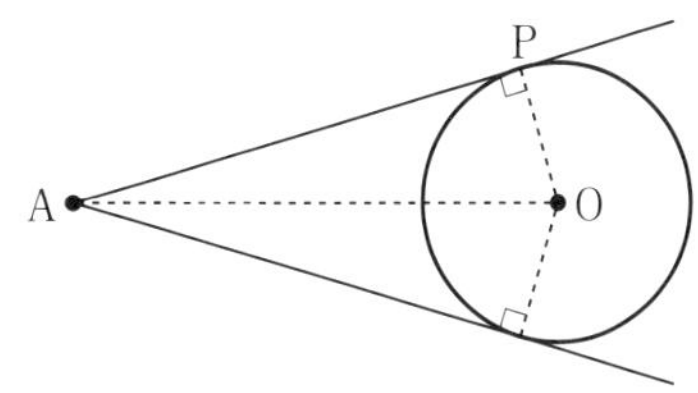

3 【直方体の対角線】下の図の直方体や立方体の対角線の長さを求めなさい。

教科書 p.199 例 3

□(1)

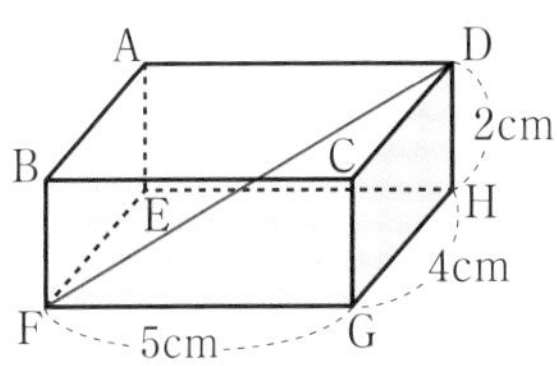

□(2)

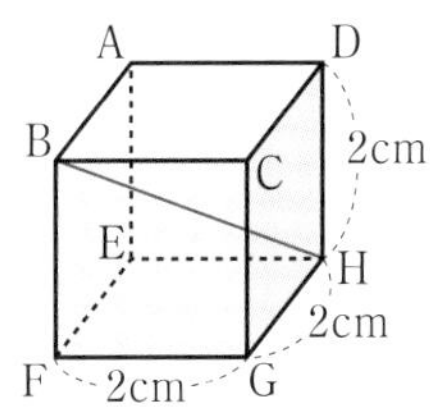

●キーポイント
縦，横，高さが，それぞれ a，b，c の直方体の対角線の長さは
$\sqrt{a^2+b^2+c^2}$
になります。

よく出る **4** 【円錐や角錐への利用】次の問に答えなさい。

教科書 p.200 例 4

□(1) 右の図のような母線の長さが 9 cm，高さが 6 cm の円錐の底面の半径 OB の長さと体積を求めなさい。

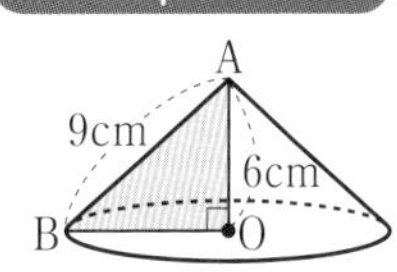

□(2) 右の図のような底面が 1 辺 4 cm の正方形で，他の辺が 6 cm の正四角錐の高さ OH の長さと体積を求めなさい。

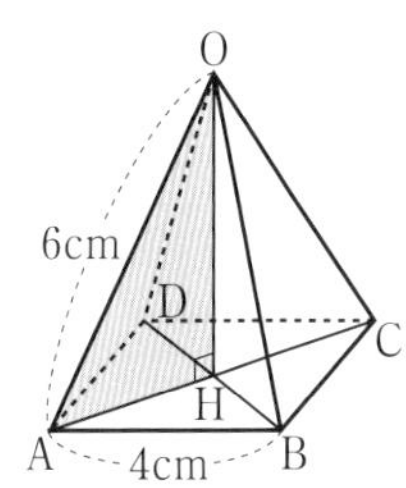

例題の答え **1** ①$\sqrt{7}$ ②$2\sqrt{7}$ **2** ①7 ②5 (①5 ②7) ③4(BF) ④$3\sqrt{10}$ **3** ①3 ②7 ③40 ④$2\sqrt{10}$

解答▶▶ p.48

2節　三平方の定理の利用　1

よく出る **1** 次の問に答えなさい。

□(1)　1辺が6 cm の正方形の対角線の長さを求めなさい。

□(2)　1辺が10 cm の正三角形の高さと面積を求めなさい。

□(3)　底辺が10 cm で，等しい2辺が7 cm の二等辺三角形の高さを求めなさい。

□(4)　縦が4 cm，対角線の長さが6 cm の長方形の横の長さを求めなさい。

2 1組の三角定規では，辺の長さの関係は図1のようになっています。この三角定規を図2のように重ねたとき，BE，CD，DE の長さを求めなさい。

図1

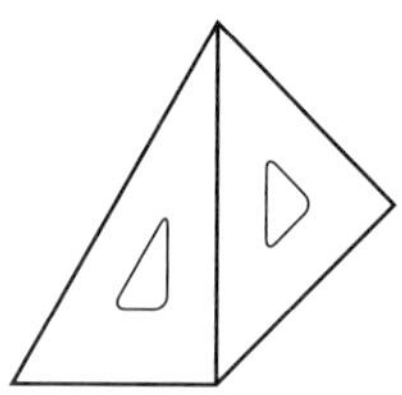

図2

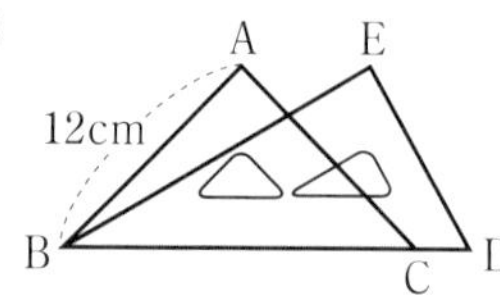

よく出る **3** 右の図の △ABC で，次の長さを求めなさい。

□(1)　BC を底辺としたときの高さ

□(2)　辺 AB

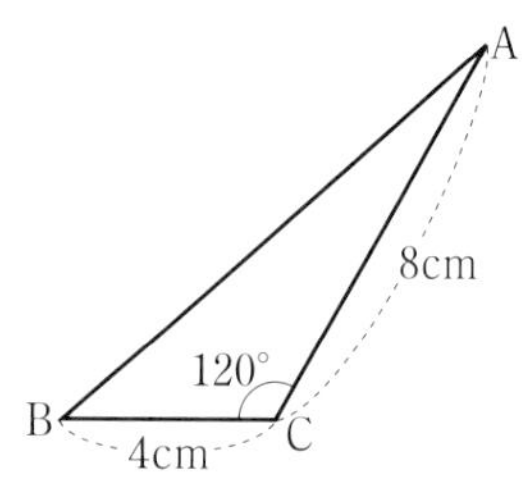

ヒント **2** 三角定規は，3つの角が45°，45°，90°と，30°，60°，90°である。また，BC=BE である。
3 (1)頂点Aから辺BCの延長に垂線をひき，直角三角形をつくる。

定期テスト 予報

●図のなかに直角三角形を見つけたり，つくったりして，三平方の定理を使おう。
長さを求める半径や高さを辺にもつ直角三角形を図にかき入れて考えよう。30°や 60°，45°の角がある特別な直角三角形の 3 辺の比はしっかり覚えておこう。

4 右の図で，A，B は，関数 $y=x^2$ のグラフ上の点で，x 座標はそれぞれ -3 と 2 です。線分 AB の長さを求めなさい。

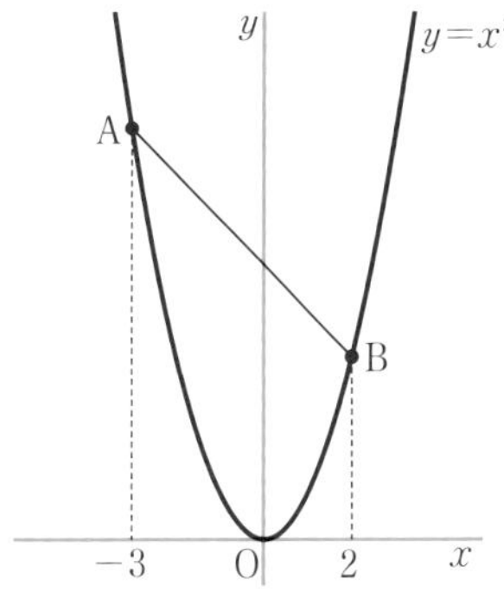

よく出る **5** 次の問に答えなさい。

□(1) 円 O の中心から 6 cm の距離に円外の点 A があります。点 A から円 O にひいた接線の長さが 3 cm であるとき，円 O の半径の長さを求めなさい。

□(2) 半径が 9 cm の球を，中心との距離が 7 cm である平面で切ったとき，その切り口の面積を求めなさい。

よく出る **6** 次の問に答えなさい。

□(1) 右の図は，1 辺が 4 cm の立方体で，M は辺 GH の中点です。線分 BM の長さを求めなさい。

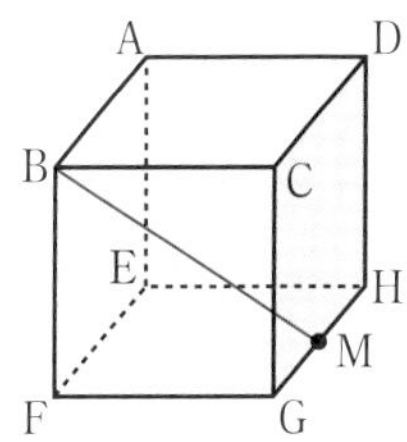

□(2) 母線の長さが 13 cm，高さが 12 cm の円錐の底面の半径の長さと体積を求めなさい。

7 右の図のように，1 辺が 6 cm の正八面体があります。この正八面体の体積を求めなさい。

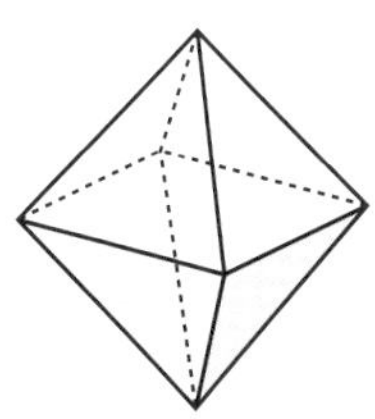

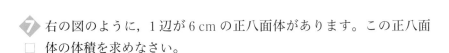

ヒント **6** (1) BM は，縦，横，高さがそれぞれ何 cm の直方体の対角線になっているか考える。
7 正八面体を 2 つに分けて考える。

解答▶▶ p.49

2節　三平方の定理の利用
2　いろいろな問題

●立体の表面にかけた糸の長さの問題　　教科書 p.203

例題 1　右の図の直方体に，点 A から辺 BC を通って点 G まで糸をかけます。かける糸の長さがもっとも短くなるときの，糸の長さを求めなさい。　▶▶1

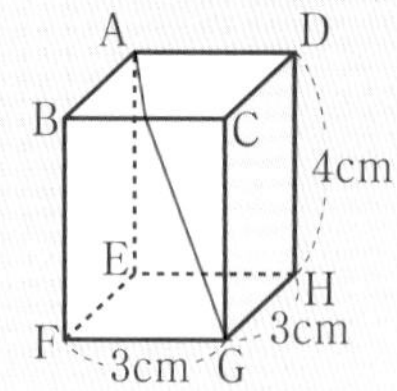

考え方　展開図で，2点 A，G を結ぶ線分が，もっとも短いときのひもを表します。

答え　糸がかかる面は，

面 ①＿＿，②＿＿ である。

糸の長さがもっとも短くなるときの糸のようすは右の図のようになる。

直角三角形 AFG で

$AG^2 =$ ③＿＿^{2} ＋ ④＿＿^{2}

$=$ ⑤＿＿

$AG > 0$ であるから　$AG =$ ⑥＿＿

答 ⑥＿＿ cm

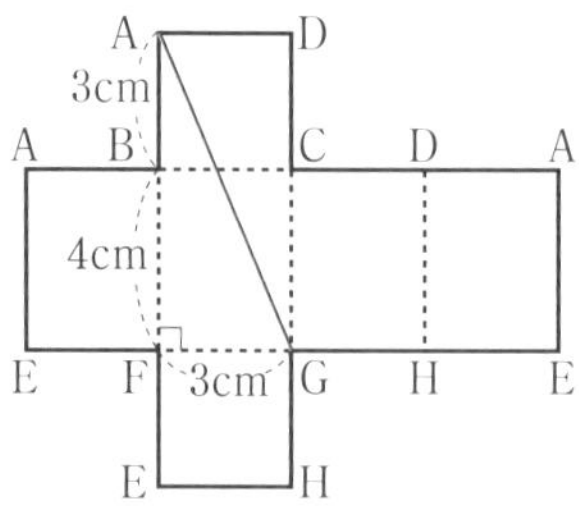

展開図で，どの点どうしが重なるかに注意しましょう。

●折り返しの問題　　教科書 p.204

例題 2　右の図のように，縦が 4 cm，横が 6 cm の長方形 ABCD の紙を，頂点 A が C と重なるように折ります。このとき，AF の長さを求めなさい。　▶▶2 3

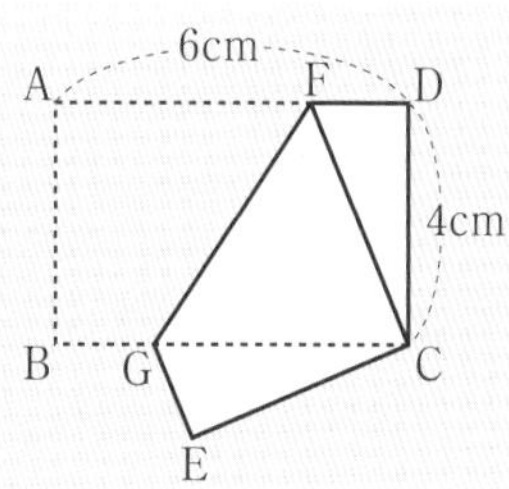

考え方　折り返した部分の長さが等しいことから，△CDF で三平方の定理を使います。

答え　AF＝x cm とすると

CF＝ ①＿＿ cm

DF＝(②＿＿)cm

直角三角形 CDF で

③＿＿^{2} ＋ (④＿＿)^2 ＝ ⑤＿＿^{2}

これを解くと　$x =$ ⑥＿＿

答 ⑥＿＿ cm

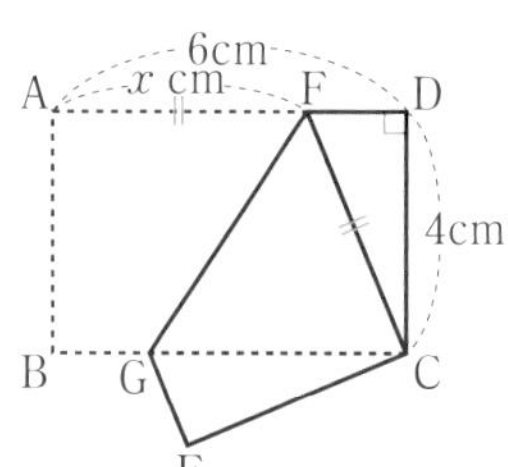

等しい辺の長さを見つけましょう。

絶対理解 **1** **【立体の表面にかけた糸の長さの問題】** 下の図の直方体に，点 D から辺 AB，CG をそれぞれ通って点 F まで 2 本の糸をかけます。このとき，次の問に答えなさい。

教科書 p.203 Q

(1) かける糸の長さがもっとも短くなるときの，それぞれの長さを，右の展開図を利用して求めなさい。

□① 辺 AB を通るとき

□② 辺 CG を通るとき

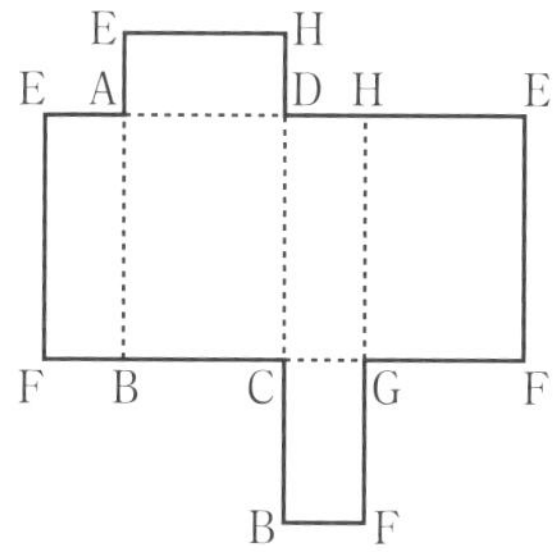

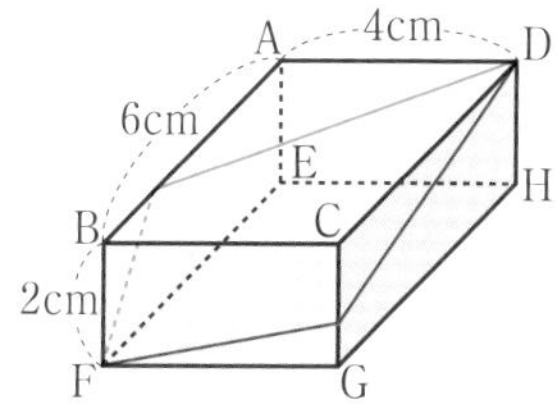

●キーポイント
2 点を結ぶ線でもっとも短いのは，2 点を結ぶ線分です。

□(2) どちらのほうが短いといえますか。

2 **【折り返しの問題】** 下の図のように，縦が 8 cm，横が 6 cm の長方形 ABCD の紙を，対角線 BD を折り目として折ります。このとき，EF の長さを求めなさい。

□

教科書 p.204 問 1

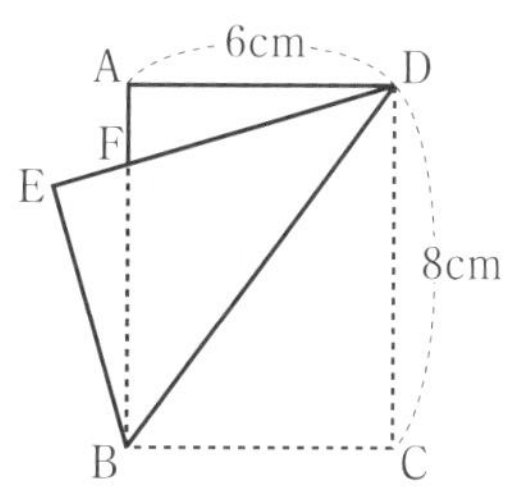

●キーポイント
折り返した部分の図形は，もとの位置にあった図形と合同であることから，等しい長さの線分を見つけて 2 次方程式をつくります。

よく出る **3** **【折り返しの問題】** 右の図のように，縦が 4 cm，横が 5 cm の長方形 ABCD の紙を，頂点 D が辺 BC 上にくるように折ります。このとき，BE，CF の長さを求めなさい。

□

教科書 p.204 問 2

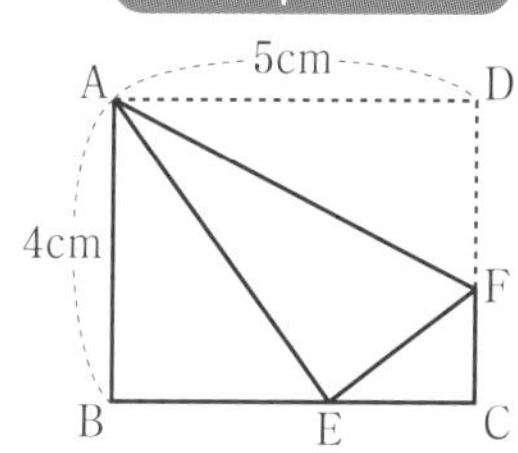

例題の答え **1** ①ABCD ②BFGC ③7 ④3 (③3 ④7) ⑤58 ⑥$\sqrt{58}$

2 ①x ②$6-x$ ③4 ④$6-x$ ⑤x ⑥$\frac{13}{3}$

解答▶▶ p.50

2節　三平方の定理の利用　2

1 右の図のような1辺が3cmの立方体に，点Aから辺BF，CGを通って，点Hまで糸をかけます。かける糸の長さがもっとも短くなるときの糸のようすを下の展開図にかき入れて，その糸の長さを求めなさい。

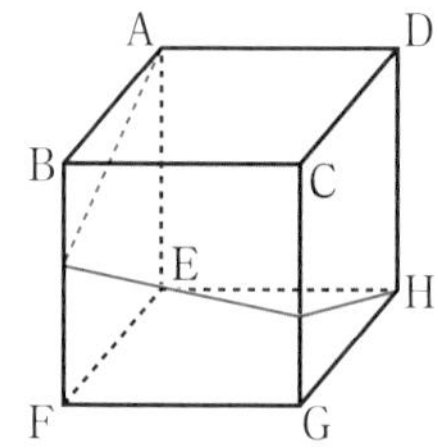

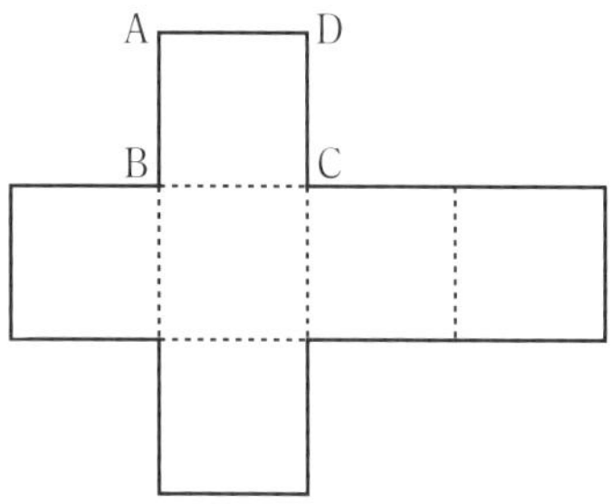

2 **右の図のように，円錐上の点Aから円錐の側面にそって，1周するようにひもをかけます。このひもがもっとも短くなるとき，母線OBと交わる点をPとします。このとき，次の問に答えなさい。**

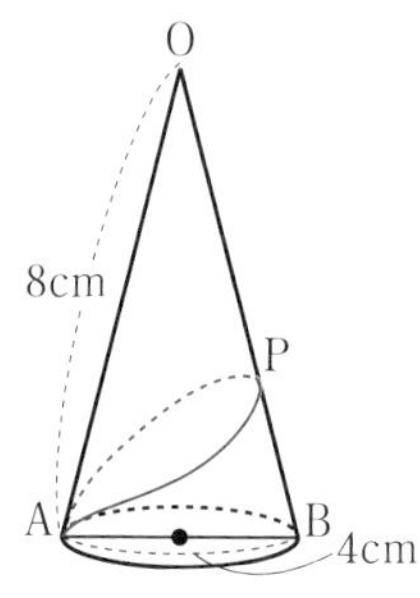

□(1) 下の図は，この円錐の側面となるおうぎ形をかいたものです。かけるひもの長さがもっとも短くなるときの糸のようすを，下の図にかき入れなさい。

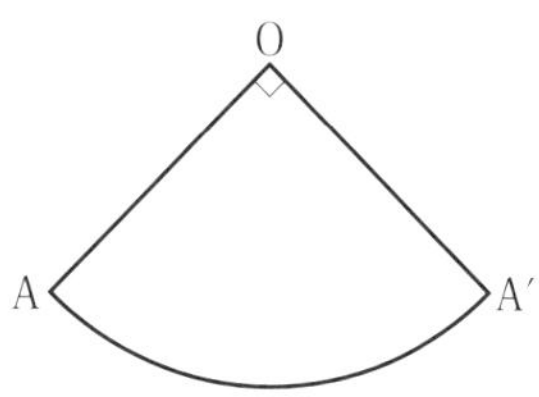

□(2) ひもがもっとも短くなるときの長さを求めなさい。

□(3) BPの長さを求めなさい。

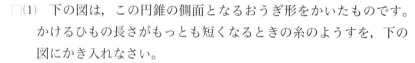

ヒント **1** まず，展開図に頂点の文字を書き，糸がかかる3つの面で考える。
2 (3)$\overset{\frown}{AB}$は，側面のおうぎ形の弧の半分の長さであることから，点Pを(1)の展開図にかき入れる。

定期テスト 予報

●図のなかに直角三角形を見つけたり，つくったりして，三平方の定理を使おう。
立体の表面にかけた糸のようすは，糸がかかる面がつながるように展開図をかこう。折り返しの問題では長さが等しくなる線分に印をつけて考えよう。円の接線と接点を通る半径は垂直だよ。

3 右の図のように，1 辺が 5 cm の正方形 ABCD の紙を，頂点 C が辺 AD を 4：1 に分ける点と重なるように折りました。このとき，次の問に答えなさい。

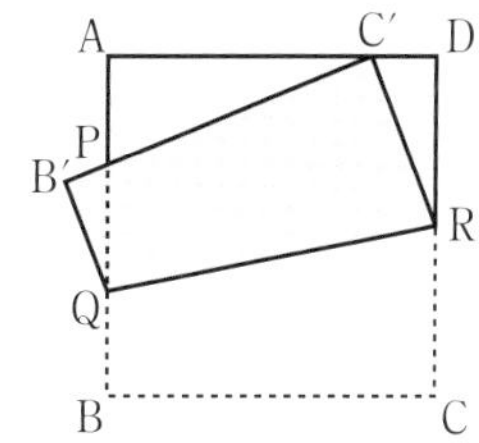

□(1) DR の長さを求めなさい。

□(2) BQ の長さを求めなさい。

4 □ 右の図のように，線分 AB を 4 等分する点のうち，B にもっとも近い点を O として，O を中心とし，半径 OB の円をかきます。A から円 O への接線をひき，1 つの接点を P とし，接線 AP と B を接点とする円 O の接線との交点を Q とします。AB＝8 cm のとき，線分 PQ の長さを求めなさい。

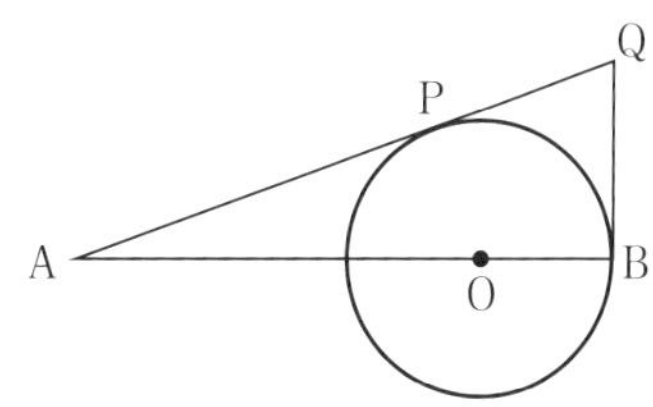

5 □ 図 1 のように，メロンが円柱の形をしたケースの底に接するようにのっています。このケースの底面の直径は 8 cm，深さは 1 cm です。図 2 は，ケースにのったメロンを正面から見たものです。図 2 に必要なことをかきこみ，このメロンの形を球として，その半径の長さを求めなさい。途中（とちゅう）の説明も書きなさい。

図 1

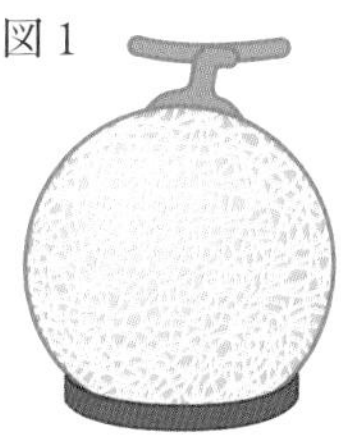

図 2

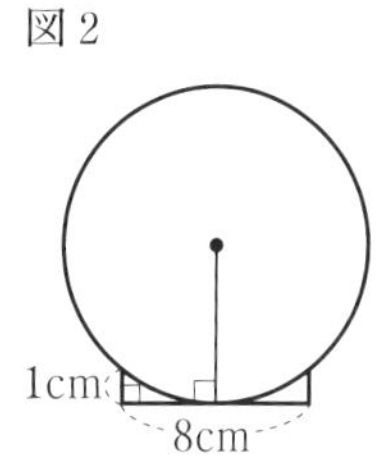

ヒント
3 (2)まず，AP の長さを求める。△B′PQ ∽ △DC′R である。
4 まず，AP の長さを求める。PQ ＝ BQ である。

7章　三平方の定理

時間 30分　　／100点　合格 70点

1 下の図の直角三角形で，x の値をそれぞれ求めなさい。知

(1)

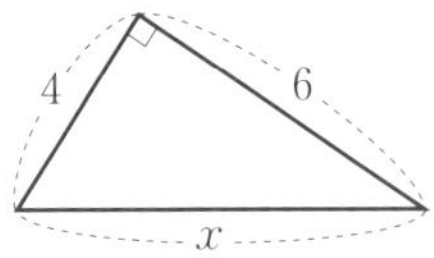

(2)

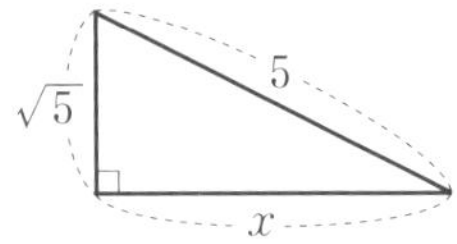

1	点/8点(各4点)
(1)	
(2)	

2 次の長さを 3 辺とする三角形のうち，直角三角形はどれですか。知

㋐　5 cm，7 cm，9 cm

㋑　2 cm，3 cm，$\sqrt{5}$ cm

㋒　1 m，2.4 m，2.6 m

2	点/4点(完答)

3 次の問に答えなさい。知

(1)　底辺が 6 cm で，長さの等しい辺が 7 cm の二等辺三角形の高さを求めなさい。

(2)　右の図のひし形の 1 辺の長さを求めなさい。

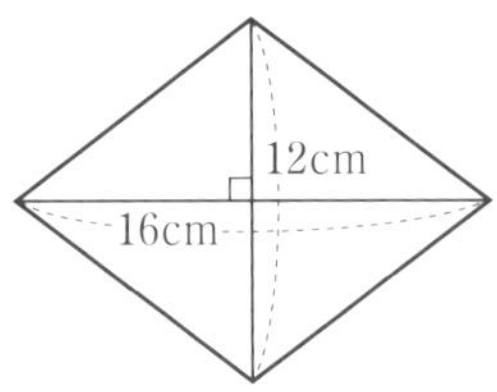

(3)　右の図で，中心 O と弦 AB との距離を求めなさい。

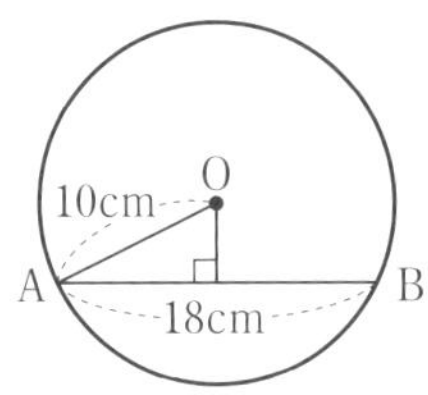

(4)　対角線の長さが 15 cm である立方体の 1 辺の長さを求めなさい。

3	点/24点(各6点)
(1)	
(2)	
(3)	
(4)	

4 右の図のような △ABC について，次の問に答えなさい。((1)考 (2)知)

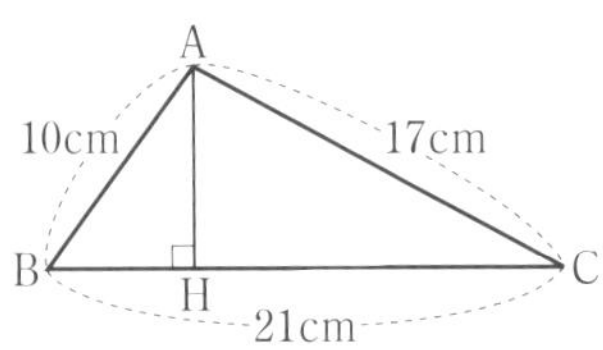

(1)　BH の長さを求めなさい。

(2)　△ABC の面積を求めなさい。

4	点/12点(各6点)
(1)	
(2)	

成績評価の観点　知…数量や図形などについての知識・技能　考…数学的な思考・判断・表現

⑤ 右の図のように，関数 $y=\frac{1}{2}x+5$ と y 軸(じく)の交点をAとし，このグラフ上に点Pをとります。△AOPがAO＝APの二等辺三角形となるときの点Pの座標をすべて求めなさい。[考]

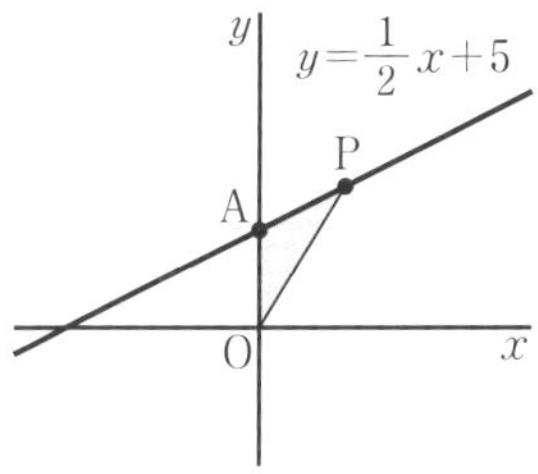

⑤ 点/10点

⑥ 展開図が右の図のようになる円錐があります。この円錐の高さと体積を求めなさい。[知]

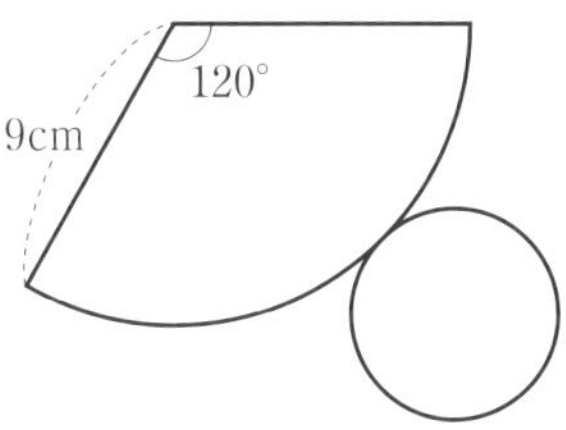

⑥ 点/16点（各8点）

高さ

体積

点UP **⑦** 右の図は，1辺が6cmの立方体です。辺AB，BF，FG，GH，HD，DAの中点を頂点とする六角形の周の長さと面積を求めなさい。[考]

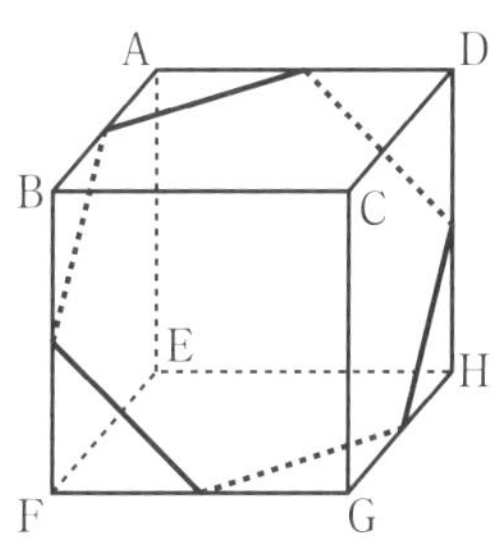

⑦ 点/16点（各8点）

周の長さ

面積

点UP **⑧** 右の図のように，直線 ℓ 上に3点A，B，Cをとり，AB，ACをそれぞれ1辺とする正方形の面積をそれぞれ P，Q とします。面積が $P+Q$ となる正方形の1辺の長さを，右の図の直線 ℓ 上に太線(――)で表しなさい。[考]

⑧ 点/10点

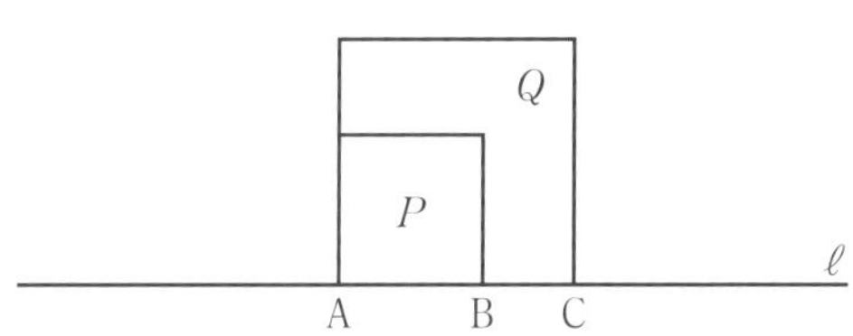

教科書のまとめ 〈7章　三平方の定理〉

●三平方の定理

直角三角形の直角をはさむ2辺の長さを a, b, 斜辺の長さを c とすると, 次の関係が成り立つ。

$a^2+b^2=c^2$

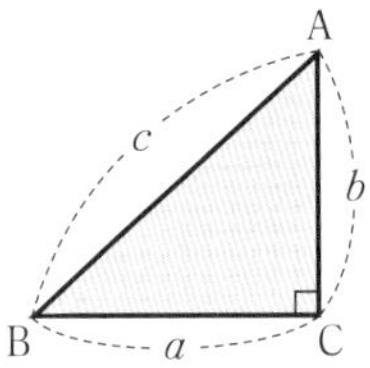

●三平方の定理の逆

三角形の3辺の長さ a, b, c の間に, $a^2+b^2=c^2$ という関係が成り立てば, その三角形は, 長さ c の辺を斜辺とする直角三角形である。

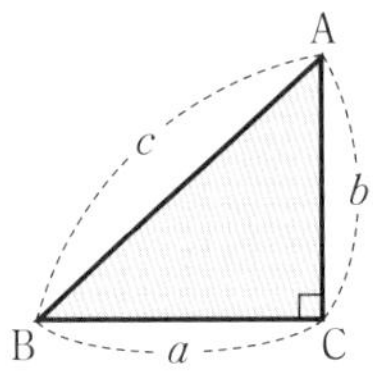

●正方形の対角線の長さ

1辺が a の正方形の対角線の長さを x とすると

$x^2=a^2+a^2$

$\quad=2a^2$

$x=\sqrt{2}\,a$

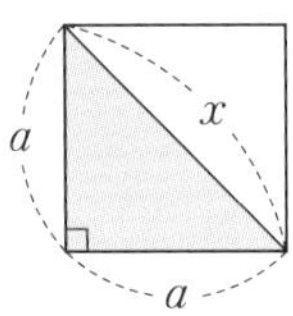

●長方形の対角線の長さ

縦が a, 横が b の長方形の対角線の長さを x とすると

$x^2=a^2+b^2$

$x=\sqrt{a^2+b^2}$

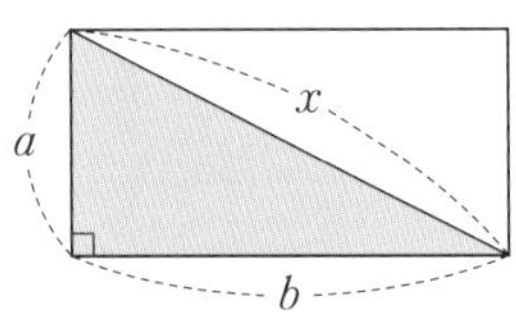

●特別な直角三角形の3辺の比

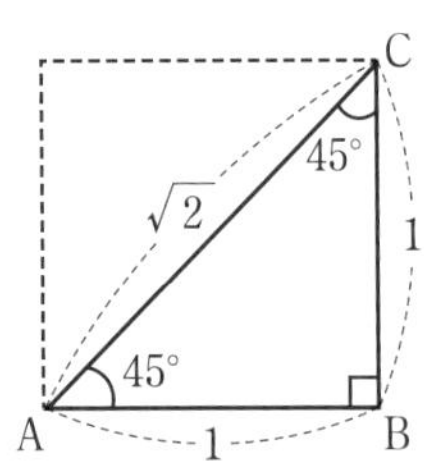

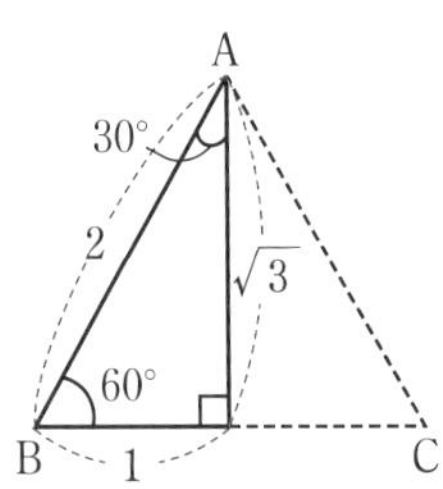

●座標平面上の2点間の距離

2点A, Bを結ぶ線分ABを斜辺とし, 座標軸に平行な2つの辺ACと辺BCをもつ直角三角形をつくると, △ABCは, ∠C＝90°の直角三角形だから, 三平方の定理を使って, 2点間の距離ABの長さを求める。

(例)　上の図で　$AB=\sqrt{5^2+4^2}=\sqrt{41}$

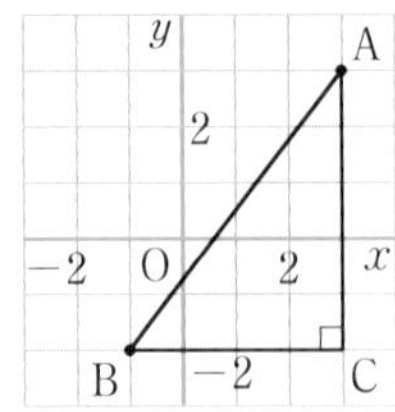

●円の弦の長さ

中心Oから弦ABに垂線OHをひくと, Hは弦ABの中点になる。△OAHは∠OHA＝90°の直角三角形だから, 三平方の定理を使って, AHの長さを求める。

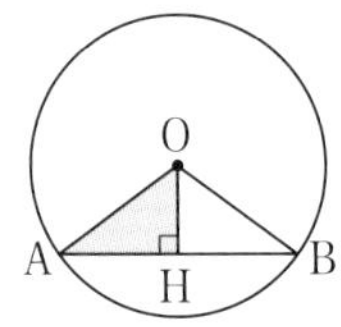

●直方体の対角線の長さ

3辺の長さが a, b, c の直方体の対角線AGの長さは

$AG^2=a^2+b^2+c^2$

したがって

$AG=\sqrt{a^2+b^2+c^2}$

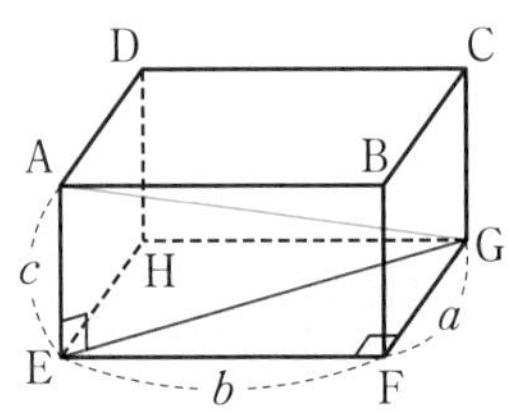

●円錐の高さ

底面の半径が r, 母線の長さが x の円錐の高さを h とすると

$r^2+h^2=x^2$

$h^2=x^2-r^2$

$h=\sqrt{x^2-r^2}$

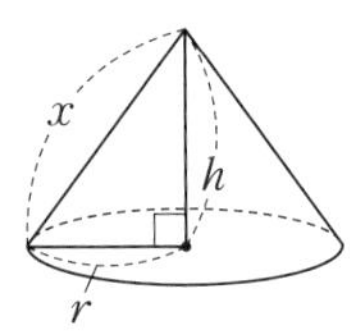

8章　標本調査

□**割合** ◀ 小学5年

もとにする量を1と見たとき，比べられる量がどれだけにあたるかを表した数を，割合といいます。

(割合)＝(比べられる量)÷(もとにする量)
(比べられる量)＝(もとにする量)×(割合)
(もとにする量)＝(比べられる量)÷(割合)

1 ペットボトルのキャップを投げると，表，横，裏のいずれかになります。下の表は，それぞれの起こりやすさを実験した結果をまとめたものです。 ◀ 中学1年〈確率〉

回数	200	400	600	800	1000
表	53	109	166	210	265
横	20	51	85	107	133
裏	127	240	349	483	602

(1)　表になる確率を小数第3位を四捨五入して求めなさい。

(2)　裏になる確率を小数第3位を四捨五入して求めなさい。

ヒント
1000回の実験結果から，相対度数を求めて……

2 ある中学校の中庭全体の面積は600 m^2 で，そのうち花だんの面積が240 m^2 です。 ◀ 小学5年〈割合〉

(1)　花だんの面積は，中庭全体の面積の何倍ですか。

(2)　中庭全体の面積は，花だんの面積の何倍ですか。

ヒント
もとにする量と比べられる量は……

8章

3 定価2800円の品物を，3割引きで買ったときの代金を求めなさい。 ◀ 小学5年〈割合〉

ヒント
(10−3)割と考えると……

解答▶▶p.53

8章　標本調査

1節　標本調査
1　標本調査 ／ 2　標本調査の利用

●標本調査

教科書 p.212〜214

□ **例題 1** ある工場で生産された缶詰(かんづめ)の品質調査は，全数調査，標本調査のどちらですか。 ▶▶1 2

考え方　調査するのは，生産された缶詰のすべてか，一部かを考えます。

答え　生産された缶詰の ① [　　] を調査するから，
② [　　] 調査である。

プラスワン　標本調査

- **全数調査**(ぜんすうちょうさ)…調査の対象となる集団全部について調査すること。
- **標本調査**(ひょうほん)…集団の一部分を調査して，集団全体の傾向(けいこう)を推測する調査。
- 標本調査を行うとき，傾向を知りたい集団全体を**母集団**(ぼしゅうだん)という。母集団の一部分として取り出して実際に調べたものを**標本**といい，取り出したデータの個数を，標本の大きさという。
- 母集団から，かたよりのないように標本を取り出すことを，**無作為に抽出する**(むさくい ちゅうしゅつ)という。
標本を無作為に抽出するには，乱数さい，乱数表，コンピューターの表計算ソフトを利用する方法がある。

●標本調査による推定

教科書 p.217

□ **例題 2** 袋(ふくろ)の中に赤球と白球が合わせて 300 個入っています。この袋の中から 15 個の球を無作為に抽出したら，白球が 9 個ありました。この袋の中には，白球が全部でおよそ何個入っていると考えられますか。 ▶▶3 4

考え方　赤球と白球の割合は，袋の中全体と無作為に抽出された球では，ほぼ等しいと考えることができます。

答え　袋の中から無作為に抽出された球の数は ① [　　] 個で，その中にふくまれる白球は ② [　　] 個であるから，白球がふくまれる割合は

$$\frac{③}{④} = \frac{⑤}{⑥}$$

であると推定できる。
したがって，袋の中全体の球 300 個のうち，白球の総数は，およそ

$$300 \times \frac{⑤}{⑥} = ⑦$$

答　およそ ⑦ [　　] 個

袋の中全体の球が母集団で，無作為に抽出された球が標本です。

1 【標本調査と全数調査】次の調査は，それぞれ全数調査，標本調査のどちらですか。

教科書 p.212 Q

□(1) 学校での健康診断(しんだん)　　□(2) ある湖の水質調査

2 【標本調査と全数調査】ある中学校の全校生徒 320 人から，学年ごとに 20 人ずつ計 60 人を無作為に選び出して，1 日の家庭学習の時間を調べました。この調査の母集団と標本はそれぞれ何ですか。また，標本の大きさを答えなさい。

教科書 p.213 問 2

3 【平均値を使った標本調査】ある工場で作られた製品の中から，無作為に 200 個を取り出し，5 日間続けて品質調査をしたところ，次の表のような結果を得ました。次の問に答えなさい。

教科書 p.215～216 Q

	1日目	2日目	3日目	4日目	5日目
不良品の数(個)	3	2	1	2	1

□(1) 標本における 1 日あたりの不良品の個数の平均値を求めなさい。

□(2) 1 日 1000 個の製品が作られるとして，25 日間に出る不良品の個数を推定しなさい。

4 【標本調査による推定】袋の中に白と黒の碁石(ごいし)が合わせて 400 個入っています。この袋の中から 25 個の碁石を無作為に抽出したら，白い碁石が 15 個入っていました。このとき，次の問に答えなさい。

教科書 p.217 例 1

□(1) 標本調査と考えると，母集団と標本はそれぞれ何ですか。

□(2) この袋の中には，白い碁石はおよそ何個入っていると考えられますか。

5 【標本調査の利用】ある中学校で生徒全員が 1 か月に何冊の本を読んだかを調べるために，ある日の放課後，図書室にいた生徒全員にアンケート調査をし，その結果をまとめました。この調査方法は適切といえますか。また，そう考えた理由も答えなさい。

教科書 p.218～219

例題の答え **1** ①一部　②標本　**2** ①15　②9　③9　④15　⑤3　⑥5　⑦180

1節 標本調査 1, 2

よく出る **1** 次の調査は，それぞれ全数調査，標本調査のどちらですか。

□(1) 学校での学力調査　□(2) 新製品のアンケート調査　□(3) 電球の寿命(じゅみょう)調査

2 「日本の中学生はどの教科が好きか」についてアンケート調査をするとき，次のような集団で調査したら，日本の中学生全体のおおよその傾向を推定することができますか。また，そう考えた理由も答えなさい。

> 全中学校で，数学のテストの得点が高かった生徒を，各学年5人ずつ1校から15人選んで調査する。

よく出る **3** 袋の中にひまわりの種がたくさん入っています。その数を数える代わりに，次のような方法で，種の数を推定しました。

> 1 袋の中から種を50個取り出し，印をつけてもとにもどします。
> 2 袋の中をよくかき混ぜて，種をひとつかみ取り出したところ，32個ありました。
> 3 取り出した種の中に，印をつけた種は6個ありました。

□(1) 母集団と標本はそれぞれ何と考えればよいですか。

□(2) 2で，袋の中をよくかき混ぜた理由を説明しなさい。

□(3) 袋の中のひまわりの種の個数を計算し，一の位を四捨五入して答えなさい。

4 ある工場で作った製品の中から，250個を無作為に抽出して調べたら，その中の4個が不良品でした。この工場で作った5000個の製品の中には，およそ何個の不良品がふくまれていると考えられますか。

ヒント 3 (3)印をつけた種の割合が，標本と母集団でほぼ等しいと考える。
4 不良品の割合が，標本と5000個の製品では等しいと考える。

定期テスト 予報

●標本調査の問題では，母集団と標本が何であるかを考えながら問題を解こう。
標本調査では，標本が無作為に抽出されたものであれば，割合が母集団と標本でほぼ等しくなることから，個数を推測できるんだね。

5 □ 袋の中に赤と青の 2 種類のボタンが合わせて 300 個入っています。この袋の中から 15 個のボタンを無作為に抽出したところ，抽出したボタンのうち赤いボタンは 9 個でした。この袋の中には，およそ何個の赤いボタンが入っていると考えられますか。

6 袋の中に白と黒の碁石が合わせて 500 個入っています。袋の中をよくかき混ぜたあと，その中から 20 個の碁石を無作為に抽出して，それぞれの色の碁石の個数を数えて袋の中にもどします。この実験を 5 回くり返したところ，次のような結果になりました。このとき，次の問に答えなさい。

	1 回目	2 回目	3 回目	4 回目	5 回目
白い碁石	7	8	5	9	6
黒い碁石	13	12	15	11	14

□(1) 袋の中から無作為に抽出された白い碁石のおよその割合を求めなさい。

□(2) 袋の中に白と黒の碁石はそれぞれおよそ何個あると考えられますか。

7 □ 袋の中に白球がたくさん入っています。白球が何個あるかを，次のような方法で推定しました。

> 1 白球と同じ大きさの赤球 30 個を袋の中に入れ，よくかき混ぜる。
> 2 袋の中から 40 個の球を無作為に抽出し，赤球の個数を調べる。

2 で，赤球が 4 個あったとき，袋の中に白球はおよそ何個あると考えられますか。

ヒント
6 (1)まず，5 回の実験の，白い碁石の個数の平均を求める。
7 白球の個数を x 個とすると，袋の中の球の総数は $(x+30)$ 個。比例式で表す。

解答▶▶ p.53

8章　標本調査

時間 30分　／100点　合格 70点

❶ 次の調査は，それぞれ全数調査，標本調査のどちらですか。 知

(1)　高校の入学者選抜（せんばつ）学力検査

(2)　新聞社が行う世論調査

(3)　乾電池（かんでんち）の寿命調査

❶　点/15点(各5点)

(1)	
(2)	
(3)	

❷ ある都市の中学生 8590 人から，500 人を選び出して通学時間の調査を行いました。この調査の母集団，標本はそれぞれ何ですか。 知

❷　点/10点(各5点)

母集団	
標本	

❸ ある集会の参加者は 486 人です。この参加者の女性の人数を標本調査を利用して，次のような方法で推定しました。 考

> 1　486 人の参加者を母集団として，1 から 486 の番号をつける。
> 2　1 から 486 までの番号のなかから，標 本 として，20 個の番号を選ぶ。
> 3　選んだ番号の人の女性の割合を調べる。この割合をもとに，参加者 486 人のうちの女性の人数を推定する。

(1)　20 個の番号を選ぶには，どんなものを使う方法がありますか。3 つ答えなさい。

(2)　20 個の番号を選ぶときに，(1)で答えた方法を使うのはなぜですか。

❸　点/24点(各6点)

(1)	
(1)	
(1)	
(2)	

成績評価の観点　知…数量や図形などについての知識・技能　考…数学的な思考・判断・表現

❹ ある工場の製品の品質調査をするために，180 個の製品を無作為に抽出して調べたら，その中の 2 個が不良品でした。この工場で 1 日に作ることができる製品の数は 2520 個です。この中に不良品はおよそ何個入っていると考えられますか。考

❹ 点/17点

❺ ある山にいるシカを 19 頭捕獲(ほかく)して，印をつけてから山にかえしました。数日後，この山でシカを 33 頭捕獲したところ，4 頭のシカに印がついていました。この山にはおよそ何頭のシカがいると考えられますか。一の位を四捨五入して答えなさい。考

❺ 点/17点

❻ 箱の中に赤球がたくさん入っています。赤球が何個あるかを，次のような方法で推定しました。

1　赤球と同じ大きさの青球 20 個を箱の中に入れ，よくかき混ぜる。 2　箱の中から 30 個の球を無作為に抽出し，青球の個数を調べる。

2 で，青球が 2 個あったとき，箱の中に赤球はおよそ何個あると考えられますか。考

❻ 点/17点

8章

教科書209～221ページ

知 /25点 考 /75点

解答▶▶ p.54

教科書のまとめ〈8章　標本調査〉

●全数調査と標本調査

・調査の対象となる集団全部について調査することを**全数調査**という。

・集団の一部分を調査して，集団全体の傾向を推測する調査を**標本調査**という。

(例)　「学校で行う体力測定」は全数調査。
「ペットボトル飲料の品質調査」は全数調査よりも標本調査が適している。

●母集団と標本

・標本調査を行うとき，傾向を知りたい集団全体を**母集団**という。

・母集団の一部分として取り出して実際に調べたものを**標本**といい，取り出したデータの個数を，**標本の大きさ**という。

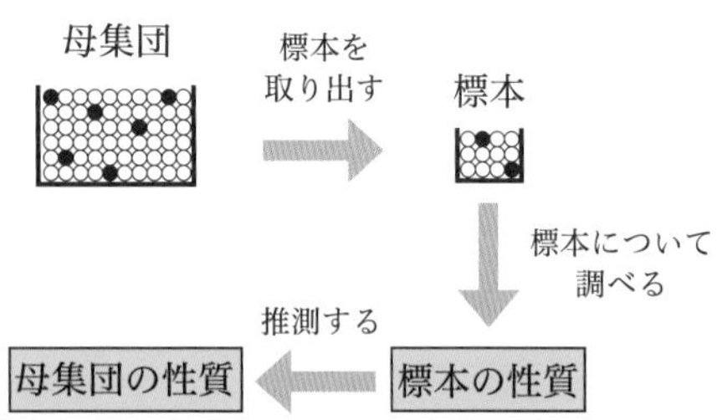

・標本をもとにして母集団の傾向を知るためには，標本をかたよりなく取り出す必要がある。母集団から，かたよりのないように標本を取り出すことを，**無作為に抽出する**という。

・標本を無作為に抽出する方法
(ア)　乱数さいを使う
(イ)　乱数表を使う
(ウ)　コンピューターの表計算ソフトを使う

(例)　全校生徒 560 人から 100 人を選び出して，睡眠(すいみん)時間の調査を行った。
この調査の母集団は全校生徒 560 人で，標本は選び出した 100 人である。

●標本の平均値と母集団の平均値

標本の大きさが大きいほど，標本の平均値は母集団の平均値により近づいていく。

●母集団の数量の推定

標本を無作為に抽出しているときは，標本での数量の割合が母集団の数量の割合とおよそ等しいと考えてよい。

(例)　袋の中に，白い碁石と黒い碁石が合わせて 300 個入っている。この袋の中から 20 個の碁石を無作為に抽出したところ，白い碁石が 12 個ふくまれていた。
袋の中の碁石に対する白い碁石の割合は

$$\frac{12}{20}=\frac{3}{5}$$

であると推定できる。したがって，袋の中に入っていた白い碁石のおよその個数は

$$300\times\frac{3}{5}=180(\text{個})$$

●標本調査の活用

1　調べたいことを決める
↓
2　標本調査の計画を立てる
・母集団と標本を決める
・標本を無作為に抽出するための方法を決める
↓
3　標本の性質を調べる
↓
4　標本の性質から母集団の性質を考える

テスト前に役立つ!

定期テスト 予想問題

チェック!

- テスト本番を意識し，時間を計って解きましょう。
- 取り組んだあとは，必ず答え合わせを行い，まちがえたところを復習しましょう。
- 観点別評価を活用して，自分の苦手なところを確認しましょう。

テスト前に解いて，わからない問題やまちがえた問題は，もう一度確認しておこう!

1章　多項式

時間30分　／100点　合格70点

① 次の計算をしなさい。知

教科書 p.12〜13

(1) $-2a(3a-2b)$

(2) $(15a^2-6ab)\div\frac{3}{4}a$

① 点/8点(各4点)

(1)	
(2)	

② 次の式を展開しなさい。知

教科書 p.14〜21

(1) $(a-3b+2)(2a+b)$

(2) $(x+3)(x-8)$

(3) $\left(a-\frac{1}{4}\right)\left(a+\frac{5}{6}\right)$

(4) $(-y+6)^2$

(5) $(9-x)(x+9)$

(6) $(2x+5y)^2$

(7) $(a+b-3)(a-b+3)$

② 点/28点(各4点)

(1)	
(2)	
(3)	
(4)	
(5)	
(6)	
(7)	

③ 次の計算をしなさい。知

教科書 p.21

(1) $(x-3)^2-3(x-2)(x+2)$

(2) $(3x+2)^2-(3x+1)(3x-5)$

③ 点/8点(各4点)

(1)	
(2)	

④ 次の式を因数(いんすう)分解しなさい。知

教科書 p.24〜30

(1) $7a^2b-14ab^2+28ab$

(2) $x^2+8x-20$

(3) $x^2-24x+144$

(4) $-2x^2+12x-10$

(5) $18x^2z-8y^2z$

(6) $(x-y)^2+8(x-y)+16$

(7) $x^2y+xy-5x-5$

④ 点/28点(各4点)

(1)	
(2)	
(3)	
(4)	
(5)	
(6)	
(7)	

成績評価の観点　知…数量や図形などについての知識・技能　考…数学的な思考・判断・表現

5 次の問に答えなさい。知 教科書 p.33

(1) 5.1×4.9 を，くふうして計算しなさい。途中の式も書きなさい。

(2) $x=16$，$y=12$ のとき，$9x^2-24xy+16y^2$ の値を求めなさい。

5　点/8点（各4点）

(1)	
(2)	

6 偶数を 2 乗した数から 1 をひくと，その偶数をはさむ 2 つの奇数の積になります。このことを証明しなさい。考 教科書 p.33～34

6　点/8点

7 3 つの続いた偶数をそれぞれ 2 乗してできる数の和を 6 でわります。そのときの余りを求めなさい。考 教科書 p.33～34

7　点/4点

8 下の図のような 1 辺の長さが p m の正方形の花だんの周囲に，幅 a m の道があります。この道の面積を S m²，道の真ん中を通る線の長さを ℓ m とするとき，$S=a\ell$ となります。このことを証明しなさい。考 教科書 p.34～35

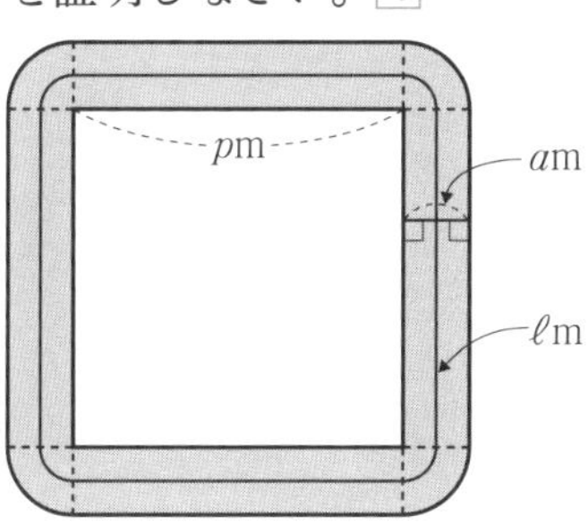

8　点/8点

知　/80点　考　/20点

解答▶▶ p.55

2章　平方根

時間30分　／100点　合格70点

1 次のことは正しいですか。正しければ○を書き，誤りがあれば ＿＿ の部分を正しくなおしなさい。知

教科書 p.44〜46

(1) 25 の平方根は $\underline{5}$ である。

(2) 0.9 の平方根は $\underline{\pm 0.3}$ である。

(3) $\sqrt{0.81}$ は $\underline{\pm 0.9}$ に等しい。

(4) $\sqrt{(-7)^2}$ は $\underline{7}$ に等しい。

(5) $(-\sqrt{36})^2$ は $\underline{-6}$ に等しい。

1 点/10点（各2点）

(1)	
(2)	
(3)	
(4)	
(5)	

2 次の各組の数の大小を，不等号を使って表しなさい。知

教科書 p.47

(1) $4,\ \sqrt{17}$　　(2) $-3,\ -\sqrt{10}$

2 点/8点（各4点）

(1)	
(2)	

3 4つの数 $\frac{2}{3}$，$\sqrt{16}$，$-\sqrt{22}$，π のなかから，無理数をすべて選びなさい。知

教科書 p.48

3 点/4点（完答）

4 次の計算をしなさい。知

教科書 p.52〜53

(1) $\sqrt{5}\times\sqrt{7}$　　(2) $(-\sqrt{2})\times\sqrt{32}$

(3) $(-\sqrt{39})\div\sqrt{13}$　　(4) $\sqrt{96}\div\sqrt{6}$

4 点/12点（各3点）

(1)	
(2)	
(3)	
(4)	

5 次の数の分母を有理化（ゆうりか）しなさい。知

教科書 p.55

(1) $\frac{3\sqrt{2}}{5\sqrt{6}}$　　(2) $\frac{9}{\sqrt{18}}$

5 点/6点（各3点）

(1)	
(2)	

成績評価の観点　知…数量や図形などについての知識・技能　考…数学的な思考・判断・表現

6 次の計算をしなさい。知

教科書 p.56

(1) $3\sqrt{5}\times2\sqrt{10}$　(2) $\dfrac{\sqrt{63}}{4}\times\dfrac{\sqrt{28}}{3}$

(3) $\dfrac{\sqrt{15}}{15}\times\sqrt{45}$　(4) $\sqrt{30}\div(-\sqrt{42})$

6　点/16点（各4点）

(1)	
(2)	
(3)	
(4)	

7 次の計算をしなさい。知

教科書 p.57~59

(1) $3\sqrt{2}-5\sqrt{2}$　(2) $\sqrt{12}+\sqrt{27}$

(3) $\sqrt{45}-\dfrac{20}{\sqrt{5}}$　(4) $2\sqrt{48}-2\sqrt{32}-3\sqrt{27}+4\sqrt{18}$

7　点/16点（各4点）

(1)	
(2)	
(3)	
(4)	

8 次の計算をしなさい。知

教科書 p.60~61

(1) $\sqrt{7}(\sqrt{35}-4)$　(2) $(2\sqrt{3}+1)(2\sqrt{3}-1)$

(3) $(\sqrt{5}+3)(\sqrt{5}-1)$　(4) $(\sqrt{6}+\sqrt{2})^2-(\sqrt{6}-\sqrt{2})^2$

8　点/16点（各4点）

(1)	
(2)	
(3)	
(4)	

9 $\sqrt{60n}$ が自然数になるような自然数 n のうちで，もっとも小さい値を求めなさい。考

教科書 p.66

9　点/6点

10 $\sqrt{2}$ の小数部分を a とするとき，a^2+2a の値を求めなさい。考

教科書 p.67

10　点/6点

知 /88点	考 /12点

解答▶▶ p.56

定期テスト
予想問題
3

3章　2次方程式

時間30分　／100点　合格70点

1 次の方程式のうち，-3 が解であるものはどれですか。知

教科書 p.73

㋐ $x^2-3x-18=0$　㋑ $x^2-6=0$

㋒ $(x-2)^2-25=0$　㋓ $(x+3)(x-5)=2$

2 次の方程式を，平方根の考えを使って解きなさい。知

教科書 p.74〜77

(1) $25x^2=8$　(2) $(x-2)^2-36=0$

(3) $x^2+6x-3=0$

3 次の方程式を，解の公式を使って解きなさい。知

教科書 p.78〜80

(1) $x^2-x-5=0$　(2) $3x^2-4x-2=0$

(3) $2x^2+3x+1=0$

4 次の方程式を，因数分解を使って解きなさい。知

教科書 p.81〜82

(1) $(x-3)(2x+5)=0$　(2) $x^2-7x-18=0$

(3) $x^2-18x+72=0$　(4) $x^2+12x+36=0$

(5) $2x^2-12x+18=0$　(6) $x^2-2x=0$

5 次の方程式を解きなさい。知

教科書 p.83〜84

(1) $(x-3)(x+4)=8$　(2) $(2x-3)^2=x^2$

(3) $\frac{1}{4}x^2=2x-3$　(4) $(x+2)^2+3x+6=0$

1 点/3点（完答）

2 点/12点（各4点）

(1)	
(2)	
(3)	

3 点/12点（各4点）

(1)	
(2)	
(3)	

4 点/24点（各4点）

(1)	
(2)	
(3)	
(4)	
(5)	
(6)	

5 点/16点（各4点）

(1)	
(2)	
(3)	
(4)	

成績評価の観点　知…数量や図形などについての知識・技能　考…数学的な思考・判断・表現

6 大小 2 つの正の数があります。その差は 2 で，積は 80 です。2 つの数を求めなさい。考

教科書 p.87

6 点/7点

7 右の図のように，正方形の紙の 4 すみから 1 辺が 5 cm の正方形を切り取り，直方体の容器を作ったら，容積が 720 cm^3 になりました。紙の 1 辺の長さを求めなさい。考

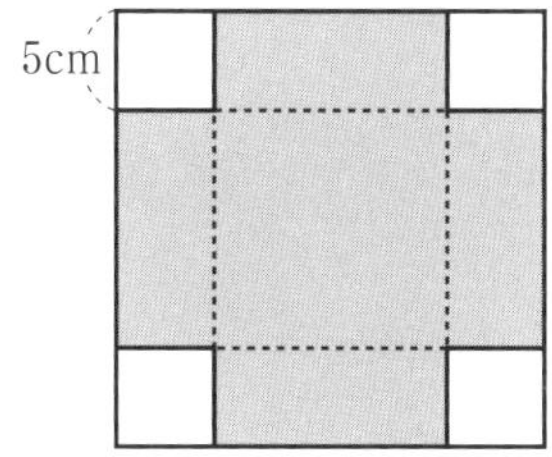

教科書 p.88

7 点/7点

8 右の図のような直角二等辺三角形 ABC で，点 P は，B を出発して辺 BC 上を C まで動きます。点 P を通って，辺 AC，AB に平行にひいた直線が AB，AC と交わる点をそれぞれ Q，R とします。点 P が B から何 cm 動いたとき，△BPQ と △PCR の面積の和が，△ABC の面積の半分になりますか。考

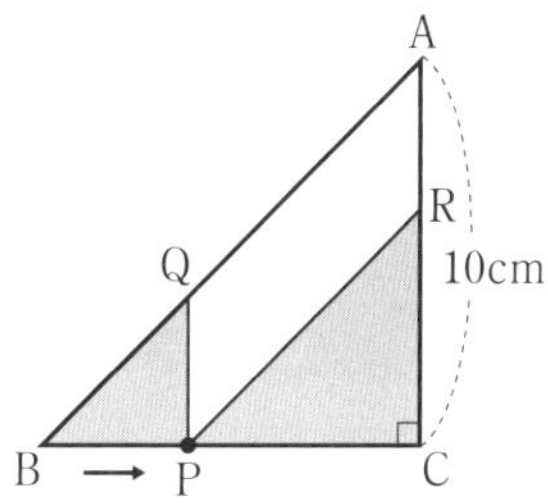

教科書 p.89

8 点/7点

9 2 次方程式 $x^2+ax+b=0$ の解が -4，7 のとき，a と b の値をそれぞれ求めなさい。考

教科書 p.91

9 点/5点(完答)

a | b

10 右の図のように，点 P を $y=2x+4$ のグラフ上にとります。点 Q は P を通り y 軸(じく)に平行な直線と $y=-x-2$ のグラフとの交点です。線分 PQ を 1 辺とする正方形 PQRS の面積が 18 となるときの点 P の座標を，P の x 座標を a として求めなさい。ただし，$a>-2$ とします。考

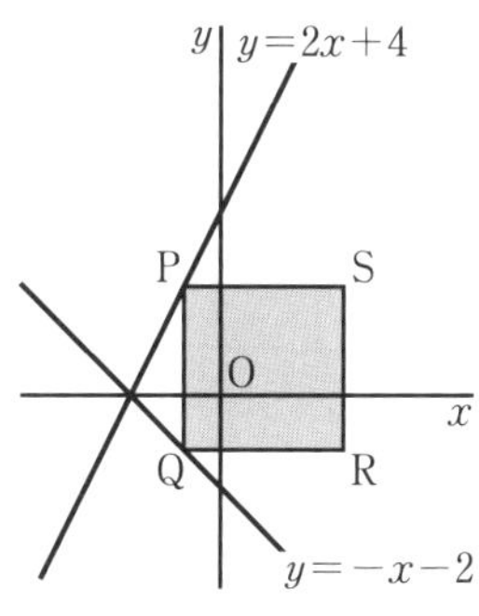

教科書 p.91

10 点/7点

知 /67点 考 /33点

解答▶▶ p.58

4章　関数 $y=ax^2$

時間 30分　／100点　合格 70点

1 直角をはさむ2辺の長さが x cm，$2x$ cm である直角三角形の面積を y cm^2 とします。このとき，y を x の式で表しなさい。知

教科書 p.97

1 点/4点

2 y は x の2乗に比例し，$x=-2$ のとき $y=8$ です。次の問に答えなさい。知

(1) y を x の式で表しなさい。

(2) $x=-3$ のときの y の値を求めなさい。

教科書 p.98

2 点/10点（各5点）

(1)	
(2)	

3 次の関数のグラフをかきなさい。知

(1) $y=\dfrac{1}{2}x^2$

(2) $y=-2x^2$

教科書 p.100〜105

3 点/10点（各5点）

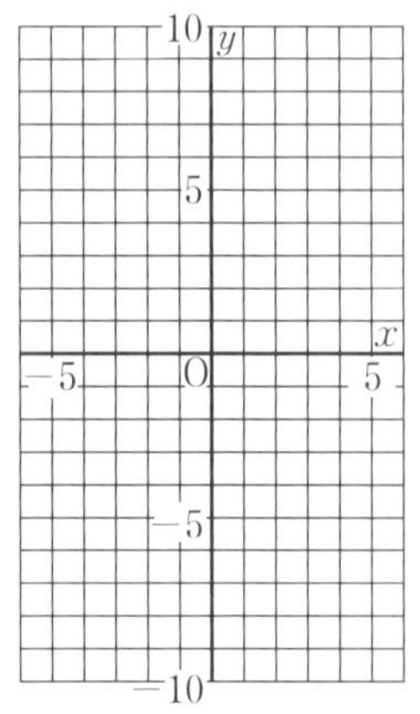

4 右の図の(1)〜(4)は，下の㋐〜㋓の関数のグラフを示したものです。(1)〜(4)はそれぞれどの関数のグラフですか。知

㋐ $y=x^2$　　㋑ $y=-x^2$

㋒ $y=\dfrac{3}{2}x^2$　　㋓ $y=-\dfrac{2}{3}x^2$

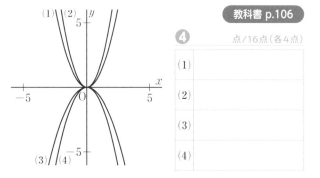

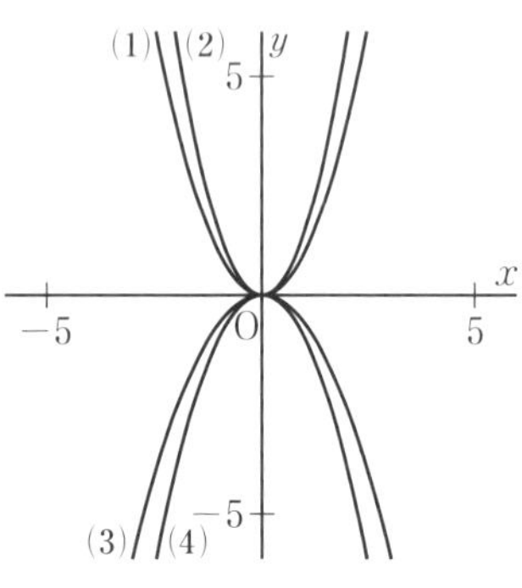

教科書 p.106

4 点/16点（各4点）

(1)	
(2)	
(3)	
(4)	

5 関数 $y=ax^2$ について，x の変域が $-3 \leqq x \leqq 2$ のとき，y の変域が $0 \leqq y \leqq 6$ です。a の値を求めなさい。知

教科書 p.109〜110

5 点/8点

成績評価の観点　知…数量や図形などについての知識・技能　考…数学的な思考・判断・表現

6 関数 $y=ax^2$ について，x の値が -2 から 5 まで増加するときの変化の割合が，$y=-2x+3$ の変化の割合と等しいとき，a の値を求めなさい。考

教科書 p.109〜110, 125

6 点/8点

7 次の(1)〜(4)にあてはまる関数を，㋐〜㋔のなかからすべて選び，記号で答えなさい。知

㋐ $y=3x-2$　　㋑ $y=3x^2$　　㋒ $y=-2x+3$
㋓ $y=-2x^2$　　㋔ $y=-3x$

(1) グラフが y 軸について対称(たいしょう)となる関数
(2) x の値が増加するとき，y の値がつねに減少する関数
(3) x の値が増加するとき，y の値が $x=0$ を境として，減少から増加に変わる関数
(4) 変化の割合が一定でない関数

教科書 p.111

7 点/16点（各4点）

(1)	
(2)	
(3)	
(4)	

（(1)〜(4)各完答）

8 $y=\frac{1}{2}x^2$ のグラフ上に点 A をとり，A から y 軸，x 軸に平行な直線をひき，x 軸，y 軸との交点をそれぞれ B，C とします。四角形 ACOB が正方形となるとき，点 A の座標を求めなさい。ただし，点 A の x 座標は正の数であるとします。考

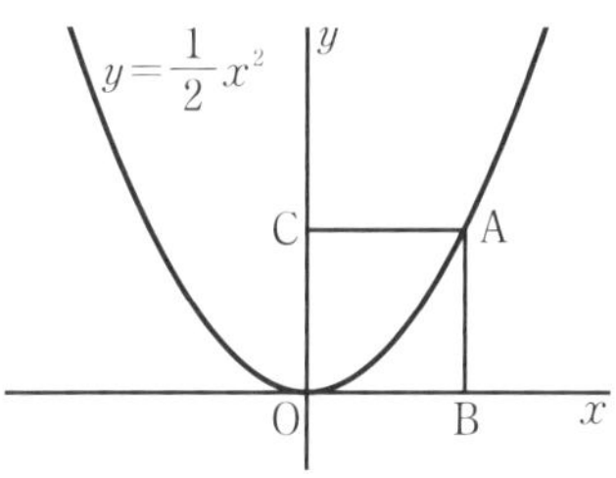

教科書 p.119

8 点/10点

9 定形外郵便物を送るとき，重さによって，料金が決まっています。重さを x g，料金を y 円とすると，y は x の関数です。これをグラフに表すと，右の図のようになります。次の問に答えなさい。知

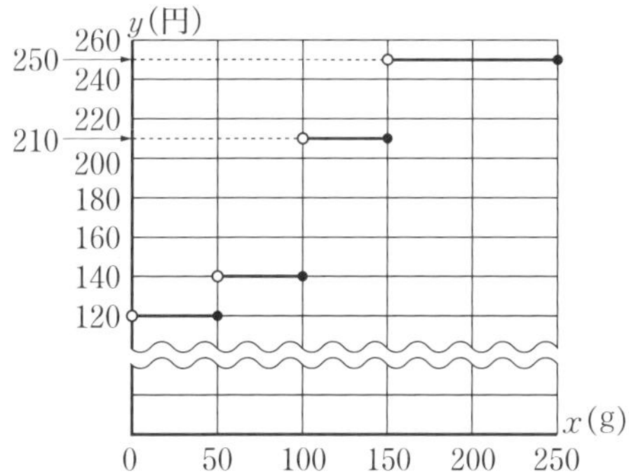

(1) 重さが 70 g，150 g のときの料金は，それぞれ何円ですか。

(2) 料金が 250 円のときの，重さの範囲(はんい)を不等号を使って表しなさい。

教科書 p.121

9 点/18点（各6点）

(1)	70g	
	150g	
(2)		

知 /82点　考 /18点

5章　相似な図形

時間30分　／100点　合格70点

1 右の図で，
四角形 ABCD ∽ 四角形 EFGH
のとき，次の問に答えなさい。
（(1)知 (2)考）

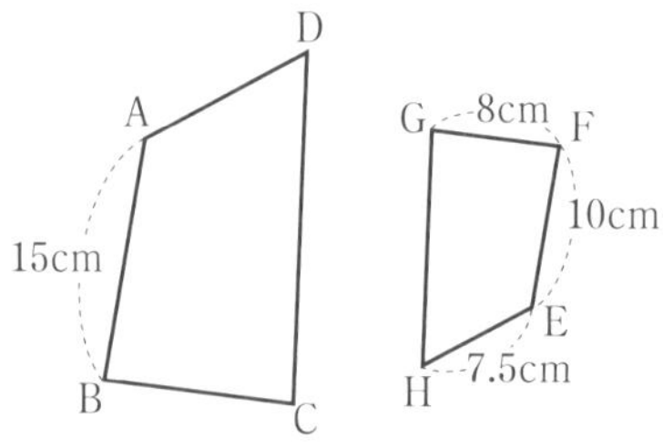

(1) 四角形 ABCD と四角形 EFGH の相似比を求めなさい。

(2) 辺 BC の長さを求めなさい。

教科書 p.131～132

1　点／10点（各5点）

(1)	
(2)	

2 下のそれぞれの図で，相似な三角形を記号 ∽ を使って表しなさい。また，そのときに使った相似条件を書きなさい。知

(1)

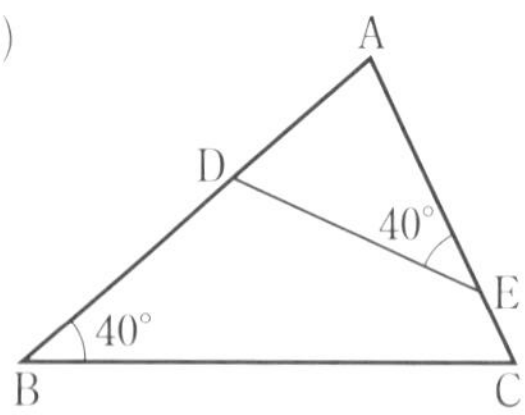

(2)

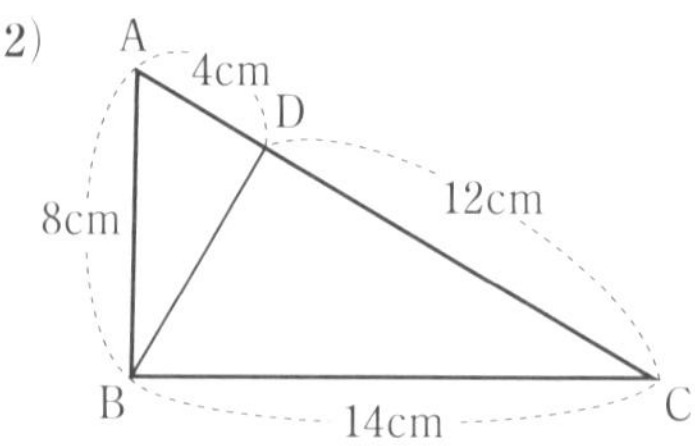

教科書 p.135～137

2　点／16点（各8点）

(1)	相似条件
(2)	相似条件

（(1)，(2)各完答）

3 下の図のように，△ABC の内部に点 D をとり，直線 BD 上に，△ABC ∽ △ADE となる点 E をとります。このとき，△ABD ∽ △ACE となります。このことを証明しなさい。考

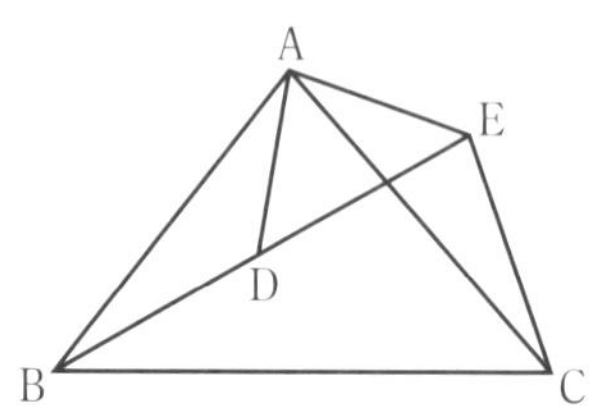

教科書 p.138

3　点／12点

4 ある重さの測定値 140 g の有効数字（ゆうこうすうじ）が 1，4，0 のとき，この測定値を，(整数部分が 1 けたの数)×(10 の累乗（るいじょう）)の形に表しなさい。

知

教科書 p.141

4　点／5点

成績評価の観点　知…数量や図形などについての知識・技能　考…数学的な思考・判断・表現

5 下の図で，x，y の値を求めなさい。知

教科書 p.144〜147

(1)

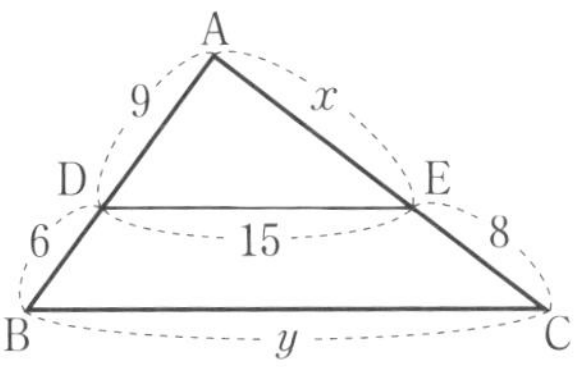

(DE∥BC)

(2)

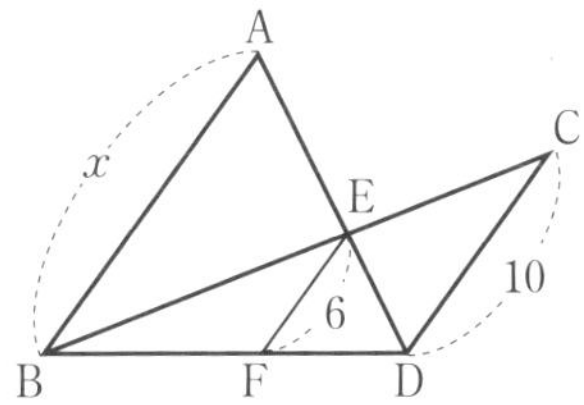

(AB, CD, EF は平行)

5	点/21点（各7点）
(1)	x
	y
(2)	

6 右の図のように，辺 BC，AB の中点をそれぞれ D，E とし，E から BC に平行な直線をひき，AD との交点を F とします。また，AD と CE の交点を G とします。AD＝12 cm のとき，FG の長さを求めなさい。考

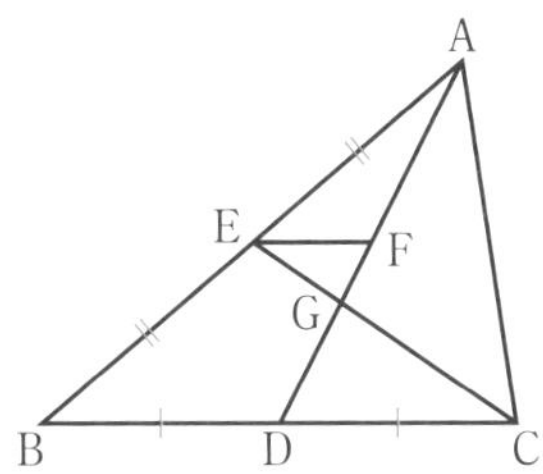

教科書 p.144〜148

6	点/8点

7 右の図で，直線 ℓ，m，n が平行であるとき，x，y の値を求めなさい。知

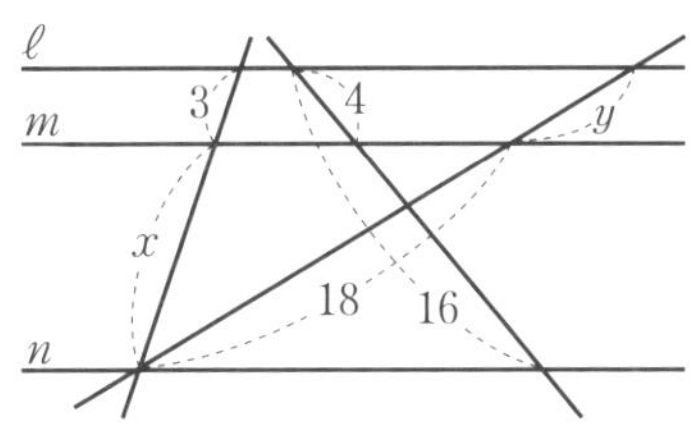

教科書 p.151〜152

7	点/14点（各7点）
x	
y	

8 右の図のような，深さが 20 cm の円錐（えんすい）の容器に，15 cm の深さまで水が入っています。このとき，水が入っている部分と容器は相似です。次の問に答えなさい。知

(1) 水面の円 (P) と，円錐の容器の底面の円 (Q) の面積比を求めなさい。

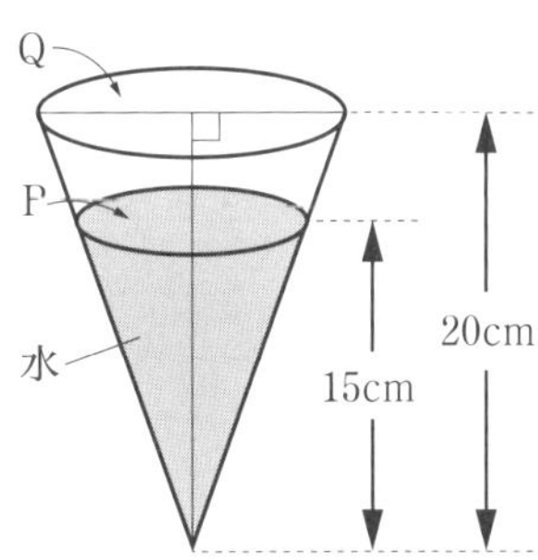

教科書 p.156〜161

8	点/14点（各7点）
(1)	
(2)	

(2) この円錐の容器の容積が 320 cm^3 とすると，この容器をいっぱいにするには，あと何 cm^3 の水を入れればよいですか。

6章　円

時間30分　／100点　合格70点

1 下の図で，∠xの大きさを求めなさい。知

教科書 p.168～170

(1)

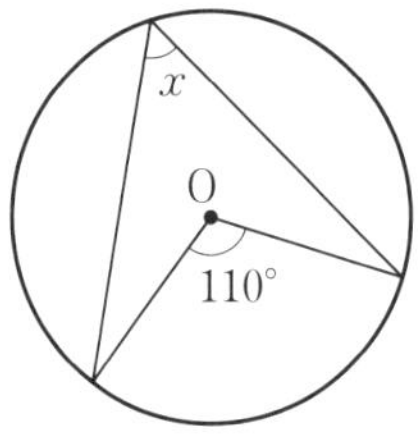

(2)

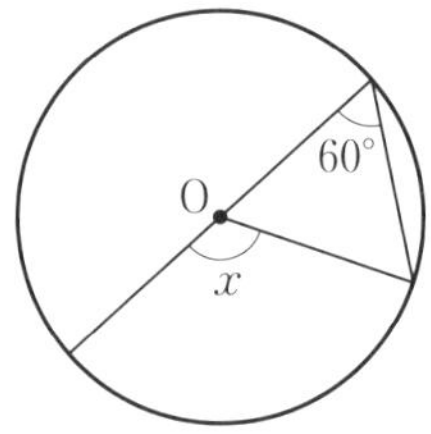

(3)

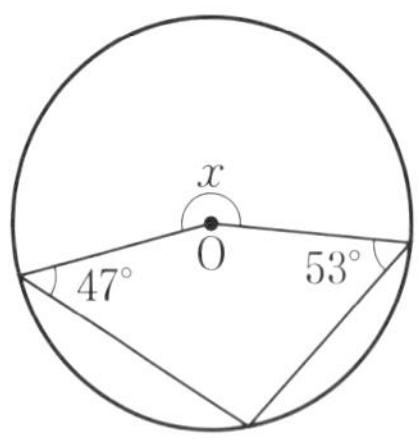

(4)

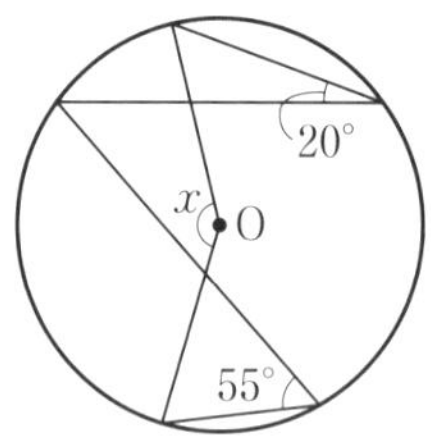

1　点/28点（各7点）

(1)	
(2)	
(3)	
(4)	

2 右の図で，A，B，C，D，E は，円周を5等分する点です。∠x，∠yの大きさを，それぞれ求めなさい。知

教科書 p.171～172

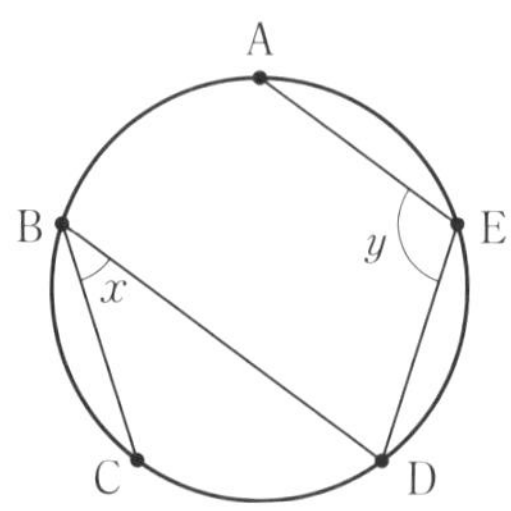

2　点/14点（各7点）

∠x	
∠y	

3 下の図で，∠xの大きさを求めなさい。知

教科書 p.173

(1)

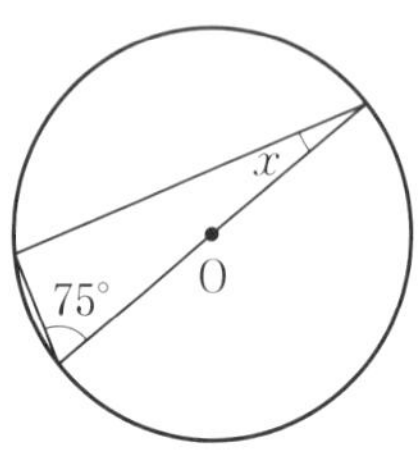

(2)

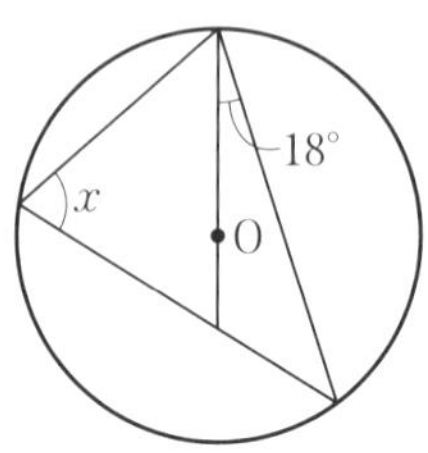

(3)

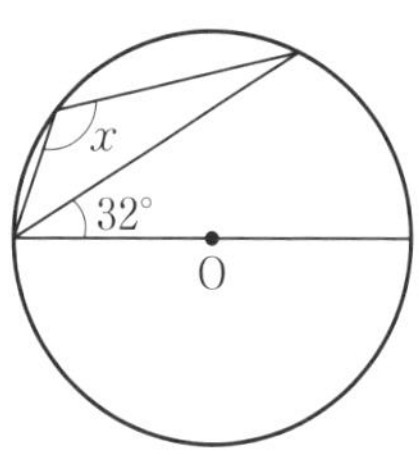

3　点/21点（各7点）

(1)	
(2)	
(3)	

成績評価の観点　知…数量や図形などについての知識・技能　考…数学的な思考・判断・表現

4 右の図で，∠ABD の大きさを求めなさい。[知]

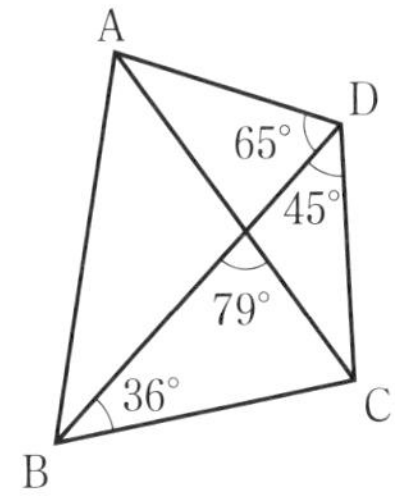

教科書 p.174〜175

4 点/7点

5 右の図で，2 点 D，E はそれぞれ辺 AB，AC 上の点で，CD は ∠C の二等分線で，∠BDC＝∠BEC であるとします。このとき，BD＝DE であることを証明しなさい。[考]

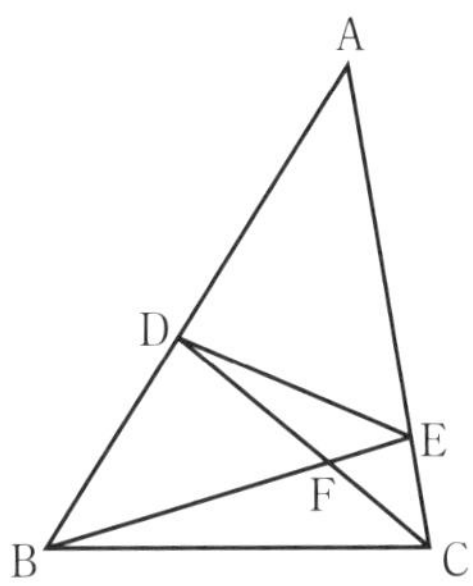

教科書 p.175

5 点/14点

6 右の図で，A，B，C，D は円周上の点です。対角線 AC，BD の交点を E とし，弦(げん) BC 上に DC∥EF となる点 F をとります。△ABD と相似な三角形を見つけ，相似になることを証明しなさい。[考]

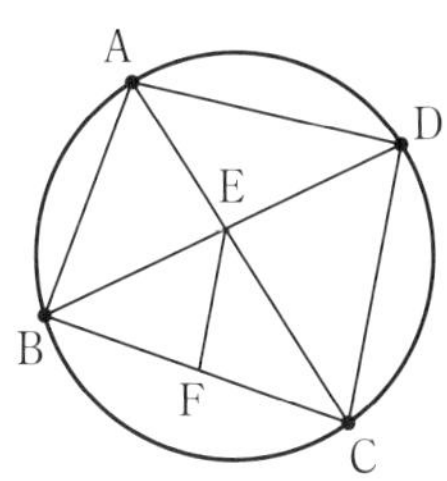

教科書 p.180〜181

6 点/16点（完答）

相似な三角形

[知] /70点 [考] /30点

解答▶▶ p.61

7章　三平方の定理

時間 30分	／100点	合格 70点

1 下の図の直角三角形で，x の値をそれぞれ求めなさい。知

教科書 p.188 ～ 189

(1)

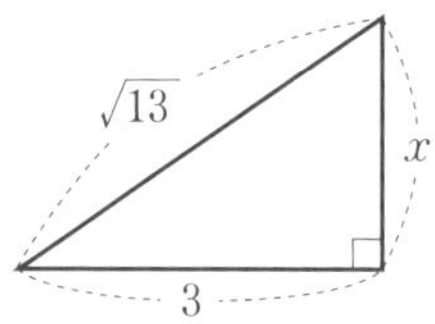

(2)

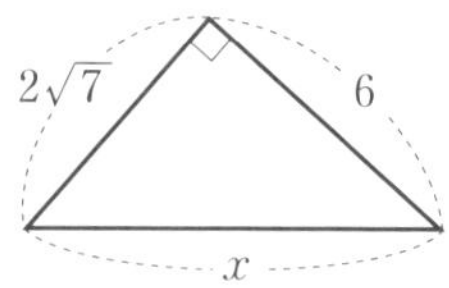

1	点/8点（各4点）
(1)	
(2)	

2 直角三角形 ABC で，BC は AB より 3 cm 長く，CA より 2 cm 短くなっています。斜辺（しゃへん）の長さを求めなさい。知

教科書 p.188～189，207

2	点/6点

3 次の長さを 3 辺とする三角形のうち，直角三角形はどれですか。知

教科書 p.190～191

㋐　7，20，23　　　㋑　$\sqrt{2}$，$\sqrt{6}$，3　　　㋒　2.1，2，2.9

3	点/5点

4 次の問に答えなさい。知

教科書 p.194～196

(1)　縦が 12 cm，横が 5 cm の長方形の対角線の長さを求めなさい。

(2)　右の図の三角形で，底辺を 10 cm としたときの高さと面積を求めなさい。

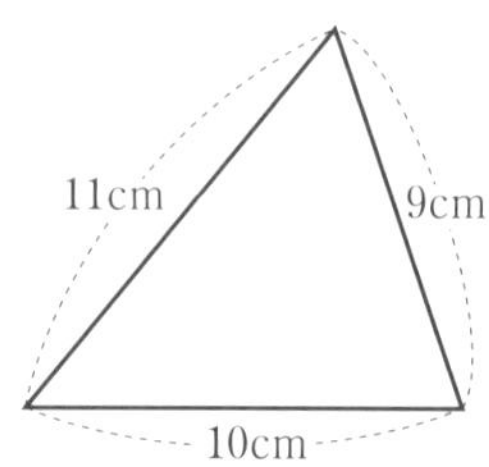

4	点/12点（各4点）
(1)	
(2)	高さ
	面積

5 下の図で，x，y の値をそれぞれ求めなさい。知

教科書 p.195

(1)

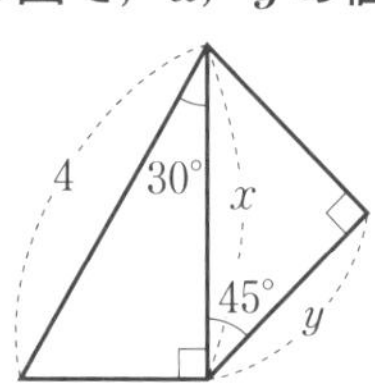

(2)

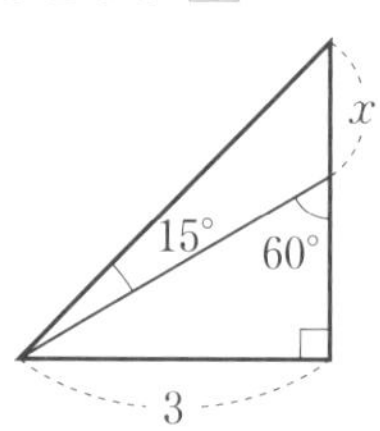

5	点/15点（各5点）
(1)	x
	y
(2)	

　成績評価の観点　知…数量や図形などについての知識・技能　考…数学的な思考・判断・表現

6 次の問に答えなさい。知

(1) 2 点 A(6, 3), B(2, −9) の間の距離（きょり）を求めなさい。

(2) 半径が 8 cm の円 O で，中心からの距離が 3 cm である弦 AB の長さを求めなさい。

教科書 p.197〜198

6 点/8点（各4点）

(1)	
(2)	

7 右の図の立体は，1 辺が 4 cm の立方体で，M は辺 BF の中点です。3 点 A, M, G を頂点とする三角形の周の長さと面積を求めなさい。考

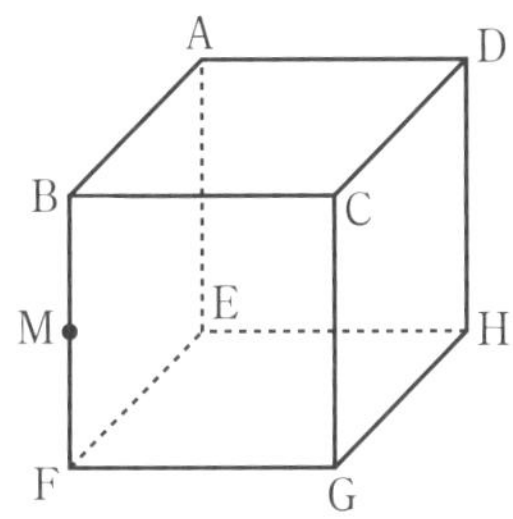

教科書 p.199

7 点/16点（各8点）

周の長さ	
面積	

8 右の図のように，底面が正方形で，他の辺が 14 cm の正四角錐の高さが 13 cm のとき，体積を求めなさい。考

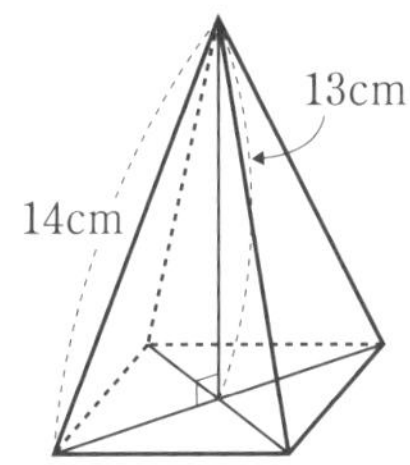

教科書 p.200

8 点/6点

9 右の図のように，点 A から円錐の側面を通って点 A にもどるように糸をかけます。かける糸の長さがもっとも短くなるときの，糸の長さを求めなさい。考

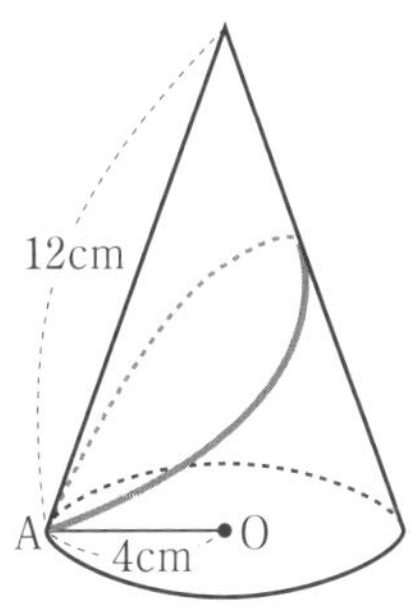

教科書 p.203, 207

9 点/8点

10 右の図のように，縦が 12 cm，横が 18 cm の長方形 ABCD の紙を，頂点 D が頂点 B に重なるように，EF を折り目として折ります。このとき，AE と BE の長さを求めなさい。考

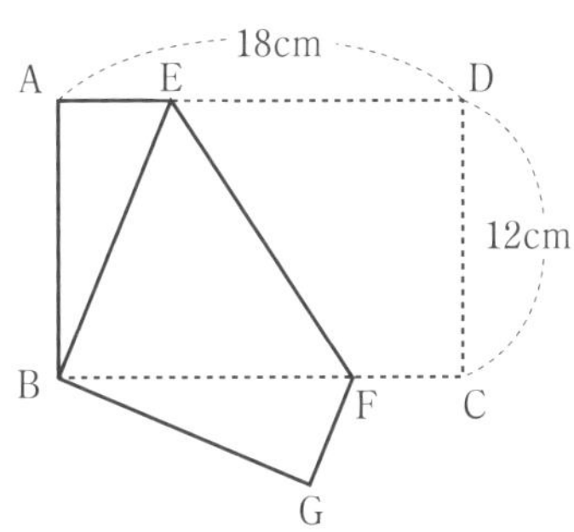

教科書 p.204

10 点/16点（各8点）

AE	
BE	

知 /54点	考 /46点

解答▶▶ p.63

8章　標本調査

時間15分　／100点　合格70点

❶ 次の調査は，それぞれ全数調査，標本調査のどちらですか。知

教科書 p.212

(1)　電話で行う世論調査

(2)　ある中学校で1年生が行う入部を希望するクラブのアンケート

(3)　ある自動車会社で行う自動車のエアバッグの性能検査

❶ 点/30点（各10点）
(1)
(2)
(3)

❷ ある都市の中学校の3年生から無作為に300人を選び出して，家庭学習の時間についてのアンケート調査を行いました。
この調査の母集団，標本はそれぞれ何ですか。また，標本の大きさを答えなさい。知

教科書 p.213

❷ 点/30点（各10点）
母集団
標本
標本の大きさ

❸ 赤と白2種類のビー玉が合わせて450個入っている袋があります。袋の中をよくかき混ぜたあと，その中からひとつかみ取り出し，それぞれの色のビー玉の個数を数えて袋の中にもどします。
この実験を4回くり返したところ，次のような結果になりました。
袋の中に赤いビー玉はおよそ何個あると考えられますか。考

教科書 p.215〜216

❸ 点/20点

	1回目	2回目	3回目	4回目
赤いビー玉	10	12	7	11
白いビー玉	28	25	26	25

❹ ある池にいる魚の数を，次のようにして調べました。
まず，かたよりがないように5か所で，全部で103匹の魚を捕獲し，印をつけて池にもどしました。1週間後に同じようにして，296匹の魚を捕獲したところ，そのうち28匹の魚に印がついていました。印をつけた魚の割合が，標本と母集団でほぼ等しいと考えて，池全体の魚の数を計算し，十の位を四捨五入して答えなさい。知

教科書 p.217

❹ 点/20点

知 /80点　考 /20点
解答▶▶ p.64

教科書ぴったりトレーニング 解答集
〈東京書籍版・中学数学３年〉

この解答集は取り外してお使いください。

1章　多項式

p.6〜7　ぴたトレ0

1 (1)$7x+3$　(2)$7x-1$　(3)$x+4$
(4)$3a+4$　(5)$7a-b$　(6)$4x-11y$
(7)$2x-2y$　(8)$-a+5b$

解き方　かっこをはずすとき，かっこの前が−のときは，かっこの中の各項の符号を変えたものの和として表します。

(4)$(2a-4)-(-a-8)$
$=2a-4+a+8=3a+4$

(8)$(7a+2b)-(8a-3b)$
$=7a+2b-8a+3b=-a+5b$

2 (1)たす $6x^2+2x$，ひく $-2x^2-8x$
(2)たす $-2x^2+x$，ひく $-4x^2+15x$

解き方　x^2 と x は同類項でないことに注意しましょう。

(1)$(2x^2-3x)+(4x^2+5x)$
$=2x^2-3x+4x^2+5x$
$=6x^2+2x$
$(2x^2-3x)-(4x^2+5x)$
$=2x^2-3x-4x^2-5x$
$=-2x^2-8x$

(2)$(-3x^2+8x)+(x^2-7x)$
$=-3x^2+8x+x^2-7x$
$=-2x^2+x$
$(-3x^2+8x)-(x^2-7x)$
$=-3x^2+8x-x^2+7x$
$=-4x^2+15x$

3 (1)$10x+15$　(2)$-12x+21$
(3)$-18x-24$　(4)$15x-10$
(5)$10x-18y$　(6)$-4a-32b$
(7)$4x+7y$　(8)$-8x+6y$

解き方　分配法則を使ってかっこをはずします。

(8)$(20x-15y)\times\left(-\dfrac{2}{5}\right)$
$=20x\times\left(-\dfrac{2}{5}\right)-15y\times\left(-\dfrac{2}{5}\right)$
$=4x\times(-2)-3y\times(-2)$
$=-8x+6y$

4 (1)$2x+3$　(2)$-2x+1$　(3)$3x-18$
(4)$30x+25$　(5)$3x+4y$　(6)$-a-3b$
(7)$5x-15y$　(8)$-16x+8y$

解き方　整数でわるときは，$(a+b)\div m=\dfrac{a}{m}+\dfrac{b}{m}$ を使ってかっこをはずします。分数でわるときは，わる数の逆数をかけます。

(5)$(15x+20y)\div 5=\dfrac{15x}{5}+\dfrac{20y}{5}$
$=3x+4y$

(8)$(24x-12y)\div\left(-\dfrac{3}{2}\right)$
$=(24x-12y)\times\left(-\dfrac{2}{3}\right)$
$=24x\times\left(-\dfrac{2}{3}\right)-12y\times\left(-\dfrac{2}{3}\right)$
$=-16x+8y$

p.8〜9　ぴたトレ1

1 (1)$4x^2+8xy$　(2)$-4a^2+6ab$　(3)$-4x^2+xy$
(4)$15x^2-20xy+5x$

解き方　(3)$-x(4x-y)=-x\times 4x-x\times(-y)$
$=-4x^2+xy$

2 (1)$5x^2-7x$　(2)$-3a^2+7a$

解き方　(2)$5a(a-1)-4a(2a-3)$
$=5a^2-5a-8a^2+12a$
$=-3a^2+7a$

3 (1)$3ab+4b^2$　(2)$-2x^2+5$　(3)$2x+3y$
(4)$ab-a^2-1$　(5)$-5a-10$　(6)$3y-9y^2$

解き方　(2)$(8x^2y-20y)\div(-4y)$
$=(8x^2y-20y)\times\left(-\dfrac{1}{4y}\right)$
$=-\dfrac{8x^2y}{4y}+\dfrac{20y}{4y}$
$=-2x^2+5$

(6) $(2xy-6xy^2)\div\frac{2}{3}x$

$=(2xy-6xy^2)\div\frac{2x}{3}$

$=(2xy-6xy^2)\times\frac{3}{2x}$

$=\frac{2xy\times3}{2x}-\frac{6xy^2\times3}{2x}$

$=3y-9y^2$

4 (1) $\boldsymbol{ab+4a-5b-20}$ (2) $\boldsymbol{xy+6x+2y+12}$
(3) $\boldsymbol{x^2-2x-15}$ (4) $\boldsymbol{x^2-12x+32}$
(5) $\boldsymbol{3a^2+13ab+4b^2}$ (6) $\boldsymbol{8x^2+2x-21}$

解き方
(6) $(2x-3)(4x+7)$
$=8x^2+14x-12x-21$
$=8x^2+2x-21$

5 (1) $\boldsymbol{a^2-2ab-a-4b-6}$
(2) $\boldsymbol{x^2-3xy+3x+3y-4}$

解き方
(1) $(a+2)(a-2b-3)$
$=a(a-2b-3)+2(a-2b-3)$
$=a^2-2ab-3a+2a-4b-6$
$=a^2-2ab-a-4b-6$
(2) $(x-3y+4)(x-1)$
$=(x-3y+4)\times x-(x-3y+4)\times1$
$=x^2-3xy+4x-x+3y-4$
$=x^2-3xy+3x+3y-4$

p.10〜11 ぴたトレ 1

1 (1) $\boldsymbol{x^2+7x+12}$ (2) $\boldsymbol{a^2+7a+10}$
(3) $\boldsymbol{x^2+13x+12}$ (4) $\boldsymbol{x^2+3x-18}$
(5) $\boldsymbol{a^2-2a-8}$ (6) $\boldsymbol{y^2-y-56}$
(7) $\boldsymbol{a^2-6a+8}$ (8) $\boldsymbol{x^2-10x+21}$
(9) $\boldsymbol{x^2-14x+45}$

解き方
(7) $(a-4)(a-2)$
$=a^2+\{(-4)+(-2)\}a+(-4)\times(-2)$
$=a^2-6a+8$

2 (1) $\boldsymbol{x^2+10x+25}$ (2) $\boldsymbol{a^2+14a+49}$
(3) $\boldsymbol{x^2+4x+4}$ (4) $\boldsymbol{y^2+16y+64}$
(5) $\boldsymbol{9+6x+x^2}$ (6) $\boldsymbol{a^2+2ab+b^2}$
(7) $\boldsymbol{x^2-2x+1}$ (8) $\boldsymbol{x^2-8x+16}$
(9) $\boldsymbol{y^2-18y+81}$ (10) $\boldsymbol{a^2-12a+36}$
(11) $\boldsymbol{x^2-20x+100}$ (12) $\boldsymbol{x^2-2xy+y^2}$

解き方
(5)公式2の x に3，a に x を代入します。
$(3+x)^2=3^2+2\times x\times3+x^2=9+6x+x^2$
(別解) $(3+x)^2=(x+3)^2$
$=x^2+2\times3\times x+3^2$
$=x^2+6x+9$

3 (1) $\boldsymbol{x^2-16}$ (2) $\boldsymbol{a^2-100}$ (3) $\boldsymbol{x^2-y^2}$ (4) $\boldsymbol{y^2-1}$
(5) $\boldsymbol{x^2-49}$ (6) $\boldsymbol{9-x^2}$

解き方
(6)公式4の x に3，a に x を代入します。
$(3+x)(3-x)=3^2-x^2=9-x^2$

p.12〜13 ぴたトレ 1

1 (1) $\boldsymbol{25x^2+10x-3}$ (2) $\boldsymbol{9x^2+30x+16}$
(3) $\boldsymbol{16x^2+24x+9}$ (4) $\boldsymbol{4x^2-20xy+25y^2}$
(5) $\boldsymbol{9x^2-49}$ (6) $\boldsymbol{81x^2-4y^2}$

解き方
(2) $(3x+8)(3x+2)$
$=(3x)^2+(8+2)\times3x+8\times2$
$=9x^2+30x+16$
(4) $(2x-5y)^2=(2x)^2-2\times5y\times2x+(5y)^2$
$=4x^2-20xy+25y^2$
(6) $(9x-2y)(9x+2y)=(9x)^2-(2y)^2=81x^2-4y^2$

2 (1) $\boldsymbol{x^2+2xy+y^2-2x-2y-24}$
(2) $\boldsymbol{a^2-2ab+b^2-5a+5b+6}$
(3) $\boldsymbol{x^2+y^2+z^2+2xy-2yz-2zx}$
(4) $\boldsymbol{a^2-2ab+b^2+8a-8b+16}$
(5) $\boldsymbol{a^2+2ab+b^2-36}$ (6) $\boldsymbol{x^2-2xy+y^2-25}$

解き方
(1) $x+y=A$ とおくと
$(x+y+4)(x+y-6)$
$=(A+4)(A-6)$
$=A^2-2A-24$
$=(x+y)^2-2(x+y)-24$
$=x^2+2xy+y^2-2x-2y-24$
(4) $a-b=X$ とおくと
$(a-b+4)^2$
$=(X+4)^2$
$=X^2+8X+16$
$=(a-b)^2+8(a-b)+16$
$=a^2-2ab+b^2+8a-8b+16$
(6) $x-y=A$ とおくと
$(x-y-5)(x-y+5)$
$=(A-5)(A+5)$
$=A^2-25$
$=(x-y)^2-25$
$=x^2-2xy+y^2-25$

3 (1)$-5x+1$ (2)-4 (3)$4x^2-4x-60$

解き方

(1)$(x-1)^2-x(x+3)$
$=x^2-2x+1-(x^2+3x)$
$=x^2-2x+1-x^2-3x$
$=-5x+1$

(2)$(x+1)(x+5)-(x+3)^2$
$=x^2+6x+5-(x^2+6x+9)$
$=x^2+6x+5-x^2-6x-9$
$=-4$

(3)$3(x+4)(x-4)+(x+2)(x-6)$
$=3(x^2-16)+(x^2-4x-12)$
$=3x^2-48+x^2-4x-12$
$=4x^2-4x-60$

p.14~15 ぴたトレ2

1 (1)$6x^2+9x$ (2)$10xy-y^2$
(3)$-9x^2+21xy+24x$ (4)$10a^2-45ab+30a$
(5)$-\frac{2}{3}a^2+2b$ (6)x^2+2x-y (7)$-\frac{1}{2}x+2y$
(8)$-27x+9y$ (9)$-x^2$ (10)$\frac{1}{2}x^2-14xy$

解き方

(1)$\frac{3}{4}x(8x+12)$
$=\frac{3}{4}x\times 8x+\frac{3}{4}x\times 12$
$=\frac{3x\times 8x}{4}+\frac{3x\times 12}{4}=6x^2+9x$

(2)$\left(\frac{5}{2}x-\frac{y}{4}\right)\times 4y$
$=\frac{5}{2}x\times 4y-\frac{y}{4}\times 4y$
$=\frac{5x\times 4y}{2}-\frac{y\times 4y}{4}=10xy-y^2$

(7)$(-3x^3+12x^2y)\div 6x^2$
$=(-3x^3+12x^2y)\times\frac{1}{6x^2}$
$=-\frac{3x^3}{6x^2}+\frac{12x^2y}{6x^2}$
$=-\frac{1}{2}x+2y$

(8)$(18x^2y-6xy^2)\div\left(-\frac{2}{3}xy\right)$
$=(18x^2y-6xy^2)\div\left(-\frac{2xy}{3}\right)$
$=(18x^2y-6xy^2)\times\left(-\frac{3}{2xy}\right)$
$=-\frac{18x^2y\times 3}{2xy}+\frac{6xy^2\times 3}{2xy}$
$=-27x+9y$

(10)$\frac{5}{2}x(x-8y)-2x(x-3y)$
$=\frac{5}{2}x\times x-\frac{5}{2}x\times 8y-2x\times x+2x\times 3y$
$=\frac{5}{2}x^2-20xy-2x^2+6xy$
$=\frac{1}{2}x^2-14xy$

2 (1)$3xy-x+15y-5$ (2)$56+15x+x^2$
(3)$3a^2-12b^2$ (4)$6x^2-7xy+15x+2y^2-10y$

解き方

(4)$(2x-y+5)(3x-2y)$
$=(2x-y+5)\times 3x-(2x-y+5)\times 2y$
$=6x^2-3xy+15x-4xy+2y^2-10y$
$=6x^2-7xy+15x+2y^2-10y$

3 (1)$x^2+12x+35$ (2)$4+4a+a^2$ (3)x^2-64
(4)$a^2-\frac{1}{9}$ (5)$x^2+\frac{4}{5}x+\frac{4}{25}$
(6)$y^2-\frac{5}{12}y+\frac{1}{24}$ (7)$x^2-6x-27$
(8)$36-x^2$ (9)$49-14a+a^2$

解き方

(2)$(2+a)^2=(a+2)^2$ と考えてもよいです。

(6)$\left(y-\frac{1}{4}\right)\left(y-\frac{1}{6}\right)$
$=y^2+\left(-\frac{1}{4}-\frac{1}{6}\right)y+\left(-\frac{1}{4}\right)\times\left(-\frac{1}{6}\right)$
$=y^2-\frac{5}{12}y+\frac{1}{24}$

(7)$(-9+x)(3+x)=(x-9)(x+3)$

(8)$(6-x)(x+6)=(6-x)(6+x)$

(9)$(7-a)^2=7^2-2\times a\times 7+a^2$
$=49-14a+a^2$

4 (1)$4a^2-4a-35$ (2)$16x^2-48x+27$
(3)$9x^2-1$ (4)$25a^2-10ab+b^2$
(5)$9x^2-42xy+49y^2$ (6)$16y^2-81x^2$

解き方

(1)$(-2a+7)(-2a-5)$
$=(-2a)^2+(7-5)\times(-2a)+7\times(-5)$
$=4a^2-4a-35$

(2)$(4x-9)(4x-3)$
$=(4x)^2+(-9-3)\times 4x+(-9)\times(-3)$
$=16x^2-48x+27$

(4)$(-5a+b)^2=(-5a)^2+2\times b\times(-5a)+b^2$
$=25a^2-10ab+b^2$

(5)$(3x-7y)^2$
$=(3x)^2-2\times 7y\times 3x+(7y)^2$
$=9x^2-42xy+49y^2$

(6) $(9x+4y)(4y-9x)=(4y+9x)(4y-9x)$
$=(4y)^2-(9x)^2$
$=16y^2-81x^2$

5 (1) $\boldsymbol{a^2-4ab+4b^2+8a-16b+15}$
(2) $\boldsymbol{a^2+4a+4-b^2}$
(3) $\boldsymbol{x^2+6xy+9y^2-8x-24y+16}$
(4) $\boldsymbol{x^2-y^2+16y-64}$

解き方
(2) $(a+b+2)(a-b+2)$ （$a+2$ を X とおく）
$=(X+b)(X-b)$
$=X^2-b^2$
$=(a+2)^2-b^2$
$=a^2+4a+4-b^2$
(4) $(x-y+8)(x+y-8)$
$=\{x-(y-8)\}\{x+(y-8)\}$ （$y-8$ を A とおく）
$=(x-A)(x+A)$
$=x^2-A^2$
$=x^2-(y-8)^2$
$=x^2-(y^2-16y+64)$
$=x^2-y^2+16y-64$

6 (1) $\boldsymbol{12x^2+30x+5}$ (2) $\boldsymbol{-120x}$
(3) $\boldsymbol{-a^2+4ab-6b^2}$ (4) $\boldsymbol{-12a^2+20a+18}$

解き方
(1) $(3x-1)(3x+7)+3(x+2)^2$
$=9x^2+18x-7+3(x^2+4x+4)$
$=9x^2+18x-7+3x^2+12x+12$
$=12x^2+30x+5$
(2) $(6x-5)^2-(6x+5)^2$
$=36x^2-60x+25-(36x^2+60x+25)$
$=36x^2-60x+25-36x^2-60x-25$
$=-120x$
(4) $(2a-3)^2-(4a+1)(4a-9)$
$=4a^2-12a+9-(16a^2-32a-9)$
$=4a^2-12a+9-16a^2+32a+9$
$=-12a^2+20a+18$

7 (1) $\boldsymbol{(x-3)(x+2)=x^2-x-6}$
(2) $\boldsymbol{(4x-5)^2=16x^2-40x+25}$

解き方
(1) $(x+a)(x+b)=x^2+(a+b)x+ab$
の $a+b$ の計算ミスです。
(2)使う公式のまちがいです。

理解のコツ
・乗法公式を使った展開が中心になるよ。
・乗法公式の式の特徴(とくちょう)を理解して，どの公式を使えばよいか，また，公式の x や a，b にどんな文字や数を代入すればよいかがわかるようにしておこう。
・乗法公式にそって，途中の式をていねいに書いていくといいよ。

p.16～17 ぴたトレ1

1 ①$\boldsymbol{3a}$ ②$\boldsymbol{a}$ ③$\boldsymbol{x+2}$ ④$\boldsymbol{x+5}$ ⑤$\boldsymbol{x-4}$

解き方 積の形の式で，かけ合わされているひとつひとつの数や文字，式を因数といいます。

2 (1) $\boldsymbol{x,\ x+1}$ (2) $\boldsymbol{x+2,\ x+3}$

解き方 次の図は，長方形の一例です。

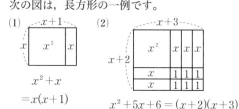

(1)
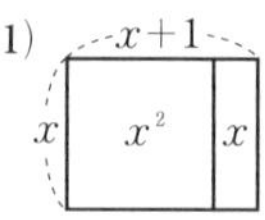

x^2+x
$=x(x+1)$

(2)
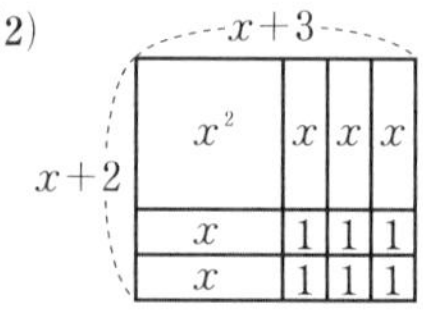

$x^2+5x+6=(x+2)(x+3)$

3 ①$\boldsymbol{a}$ ②$\boldsymbol{a}$ ③ 3 ④$\boldsymbol{a}$ ⑤$\boldsymbol{b}$ ⑥$\boldsymbol{a}$

解き方 多項式の各項をそれぞれいくつかの因数の積として表し，共通な因数を見つけます。

4 (1) $\boldsymbol{x(m+n)}$ (2) $\boldsymbol{5a(2b-1)}$ (3) $\boldsymbol{3x(x-3y)}$
(4) $\boldsymbol{ab(2a+7b)}$ (5) $\boldsymbol{2xy(4x+3)}$
(6) $\boldsymbol{3a^2(3a-5b)}$ (7) $\boldsymbol{a(x-y-2)}$
(8) $\boldsymbol{4mn(m+2n-3)}$

解き方
(8) $4m^2n=2\times2\times m\times m\times n$
$8mn^2=2\times2\times2\times m\times n\times n$
$12mn=2\times2\times3\times m\times n$
$4m^2n+8mn^2-12mn=4mn(m+2n-3)$

p.18～19 ぴたトレ1

1 (1) $\boldsymbol{(x+1)(x+5)}$ (2) $\boldsymbol{(x+4)(x+5)}$
(3) $\boldsymbol{(a+6)(a+8)}$ (4) $\boldsymbol{(x-1)(x-3)}$
(5) $\boldsymbol{(x-4)(x-6)}$ (6) $\boldsymbol{(y-2)(y-10)}$
(7) $\boldsymbol{(x-1)(x+3)}$ (8) $\boldsymbol{(a-5)(a+7)}$
(9) $\boldsymbol{(x-2)(x+12)}$ (10) $\boldsymbol{(x+1)(x-2)}$
(11) $\boldsymbol{(y+7)(y-8)}$ (12) $\boldsymbol{(x+2)(x-20)}$

解き方

積 ab と和 $a+b$ の符号から，2 つの数の符号や絶対値の大小を読みとることができます。

(1)〜(3) $ab>0$，$a+b>0$ だから　$a>0$，$b>0$

(4)〜(6) $ab>0$，$a+b<0$ だから　$a<0$，$b<0$

(7)〜(9) $ab<0$，$a+b>0$ だから

a，b は異符号で，正の数の絶対値が大きい。

(10)〜(12) $ab<0$，$a+b<0$ だから

a，b は異符号で，負の数の絶対値が大きい。

(2)であれば，$a>0$，$b>0$ のもののみ調べればよいです。

積が 20	和が 9
1，20	×
2，10	×
4，　5	○

2 (1) $(x+1)^2$　(2) $(x+7)^2$　(3) $(a+8)^2$

(4) $(x-2)^2$　(5) $(y-3)^2$　(6) $(a-5)^2$

(7) $(x+12)^2$　(8) $(a-15)^2$　(9) $(x+13)^2$

解き方

(7) $x^2+24x+144=(x+12)^2$

$\frac{24}{2}$ の 2 乗

(8) $a^2-30a+225=(a-15)^2$

$\frac{30}{2}$ の 2 乗

3 (1) $(a+3)(a-3)$　(2) $(x+8)(x-8)$

(3) $(x+9)(x-9)$　(4) $(y+20)(y-20)$

(5) $(1+x)(1-x)$　(6) $(7+a)(7-a)$

解き方

(5) $1-x^2=1^2-x^2=(1+x)(1-x)$

(6) $49-a^2=7^2-a^2=(7+a)(7-a)$

p.20〜21　ぴたトレ 1

1 (1) $2(x+3)(x-8)$　(2) $3(x+2)^2$

(3) $4(a-3)^2$　(4) $5(x+4)(x-4)$

(5) $-3(x-1)(x-7)$　(6) $-2(x-5)^2$

解き方

(3) $4a^2-24a+36$

$=4(a^2-6a+9)$

$=4(a-3)^2$

(5) $-3x^2+24x-21$

$=-3(x^2-8x+7)$

$=-3(x-1)(x-7)$

2 (1) $(6a-1)^2$　(2) $(2x+7)(2x-7)$

(3) $(x+3y)(x-3y)$　(4) $(a+9b)^2$

(5) $(5a+8b)(5a-8b)$　(6) $(3x+2y)^2$

解き方

(6) $9x^2+12xy+4y^2$

$=(3x)^2+2\times 2y\times 3x+(2y)^2$

$=(3x+2y)^2$

3 (1) $(a-b)(x+y)$　(2) $(x+1)(a-b)$

(3) $(x-y+1)(x-y-1)$　(4) $(a+b-8)^2$

(5) $(x+y+6)(x+y-7)$　(6) $(a+2)(a-10)$

(7) $(x+6)^2$　(8) $x(x-7)$

解き方

(2) $x+1=A$ とおくと

$(x+1)a-(x+1)b$

$=Aa-Ab$

$=A(a-b)$

$=(x+1)(a-b)$

(6) $a-4=A$ とおくと

$(a-4)^2-36$

$=A^2-36$

$=(A+6)(A-6)$

$=(a-4+6)(a-4-6)$

$=(a+2)(a-10)$

p.22〜23　ぴたトレ 2

1 (1) $x(x+8y)$　(2) $ab(b-5)$

(3) $5ax(4a-3)$　(4) $2y(x^2+2x-5y)$

解き方

(3) $20a^2x=2\times 2\times 5\times a\times a\times x$

$15ax=3\times 5\times a\times x$

$20a^2x-15ax=5ax(4a-3)$

(4) $2x^2y=2\times x\times x\times y$

$4xy=2\times 2\times x\times y$

$10y^2=2\times 5\times y\times y$

$2x^2y+4xy-10y^2=2y(x^2+2x-5y)$

2 (1) $(x-4)(x-12)$　(2) $(x+10)(x-10)$

(3) $(x-8)^2$　(4) $(x+5)(x-12)$

(5) $(x-3)(x+13)$　(6) $(x+9)^2$

(7) $(x+6)(x+10)$　(8) $(x+11)(x-11)$

(9) $(a+2)(a-25)$　(10) $(x+3)(x+12)$

(11) $(x-20)^2$　(12) $(a+15)(a-16)$

(13) $(9+y)(9-y)$　(14) $(x+10)(x+15)$

(15) $(x-2)(x+200)$　(16) $(a-1)(a-50)$

解き方

(16) $50-51a+a^2=a^2-51a+50$

$=(a-1)(a-50)$

3 (1)公式 4′，理由…(例)項が 2 つで，$36=6^2$ なので平方の差だから。

(2)公式 1′，理由…(例)項が 3 つで，x の 1 次の項の係数が偶数でないから。

解き方

項の数と 1 次の項の係数の絶対値と数の項の関係から考えます。

4 (1)$4(x-4)(x-6)$ (2)$5(x-7)^2$
(3)$-2(x-3)(x+4)$ (4)$3b(a+5)^2$
(5)$4x(y+3)(y-3)$ (6)$2y(x+1)(x-4)$

解き方
(4)$3a^2b+30ab+75b=3b(a^2+10a+25)$
$=3b(a+5)^2$
(5)共通な因数をすべてくくり出さずに公式を使うと，次のようにかっこの中に共通な因数が残ります。
$4xy^2-36x=x(4y^2-36)$
$=x(2y+6)(2y-6)$
共通な因数2が残っている

5 (1)$(a+7b)(a-7b)$ (2)$(5x-4)^2$
(3)$(3a+5b)^2$ (4)$(8a+b)(8a-b)$

解き方
(3)$9a^2+30ab+25b^2=(3a)^2+2\times5b\times3a+(5b)^2$
$=(3a+5b)^2$

6 (1)$(x-7)(4x+7)$ (2)$(a-2)(a-14)$
(3)$3x(x+10)$ (4)$(x-y)(a-b)$
(5)$(x-y)(x+y-6)$ (6)$(a-3)(b-1)$

解き方
(1)$x-7=A$ とおくと
$5x(x-7)-(x-7)^2$
$=5xA-A^2$
$=A(5x-A)$
$=(x-7)\{5x-(x-7)\}$
$=(x-7)(5x-x+7)$
$=(x-7)(4x+7)$
(3)$2x+5=A$，$x-5=B$ とおくと
$(2x+5)^2-(x-5)^2$
$=A^2-B^2$
$=(A+B)(A-B)$
$=(2x+5+x-5)\{2x+5-(x-5)\}$
$=3x(2x+5-x+5)$
$=3x(x+10)$
(4)～(6)は，次のように式を変形します。
(4)$a(x-y)-bx+by=a(x-y)-b(x-y)$
(5)$x^2-y^2-6x+6y=(x+y)(x-y)-6(x-y)$
(6)1つの文字(a または b)に着目して，その文字があるかないかで整理します。
$ab-3b-a+3=b(a-3)-(a-3)$
b があるかないか
(別解)$ab-3b-a+3$ と考えてもよいです。
a があるかないか

7 理由…2つのかっこの中に，共通な因数3がそれぞれ残っているから。
$81x^2-9y^2$
$=9(9x^2-y^2)$
$=9(3x+y)(3x-y)$

解き方
まず共通な因数である9をくくり出してから因数分解しましょう。

理解のコツ
・まず共通な因数がないか確かめて，あるときは共通な因数をすべてくくり出してから公式を使おう。
・因数分解の4つの公式は，$●^2-▲^2$ のときは公式4′ $\left(1次の項の係数の絶対値の\frac{1}{2}\right)^2=$(数の項) のときは公式2′ や3′ などと，正しく選んで使えるようにしておこう。
・最後に，かっこの中に共通な因数が残っていないか，同類項がないか，確かめる習慣をつけよう。

p.24～25 ぴたトレ1

1 (1)9801 (2)3000 (3)3596

解き方
(1)$99^2=(100-1)^2$
$=100^2-2\times1\times100+1^2$
(2)$65^2-35^2=(65+35)\times(65-35)$
(3)$62\times58=(60+2)\times(60-2)$
$=60^2-2^2$

2 (1)60 (2)64

解き方
因数分解した次の式に代入します。
(1)$(x+2)(x-15)=(18+2)\times(18-15)$
(2)$(x-y)^2=(54-46)^2$

3 (例) 2つの続いた偶数は，整数 n を使って $2n$，$2n+2$ と表される。
この2つの続いた偶数の大きい数の平方から小さい数の平方をひくと
$(2n+2)^2-(2n)^2=4n^2+8n+4-4n^2$
$=8n+4$
$=4(2n+1)$
となる。$2n+1$ は整数だから，$4(2n+1)$ は4の倍数である。したがって，2つの続いた偶数の大きい数の平方から小さい数の平方をひいたときの差は，4の倍数になる。

解き方
2つの続いた偶数を，$2n-2$，$2n$ と表してもよいです。
このときの平方の差は
$(2n)^2-(2n-2)^2=4(2n-1)$ となります。

(1)$\ell=4a+2x+2y$

(2)道の面積 S m^2 は，次のように計算できる。

$$
\begin{aligned}
S&=(x+2a)(y+2a)-xy\\
&=(2a+x)(2a+y)-xy\\
&=\{(2a)^2+(x+y)\times 2a+xy\}-xy\\
&=4a^2+2a(x+y)+xy-xy\\
&=4a^2+2ax+2ay \quad \cdots\cdots①
\end{aligned}
$$

道の真ん中を通る線の長さ ℓ m は

$\ell=4a+2x+2y$

となる。この式の両辺に a をかけて

$$
\begin{aligned}
a\ell&=a(4a+2x+2y)\\
&=4a^2+2ax+2ay \quad \cdots\cdots②
\end{aligned}
$$

①，②より　$S=a\ell$

解き方
(1)真ん中を通る線の長方形の縦の長さは $(x+a)$ m，横の長さは $(y+a)$ m であるから
$\ell=2\{(x+a)+(y+a)\}$

p.26〜27　ぴたトレ2

1 (1)100　(2)94.09　(3)8.9999

解き方
(1)$50.5^2-49.5^2=(50.5+49.5)\times(50.5-49.5)$
$=100\times 1$
(2)$9.7^2=(10-0.3)^2$
$=10^2-2\times 0.3\times 10+0.3^2$
$=100-6+0.09$
(3)$3.01\times 2.99=(3+0.01)\times(3-0.01)$
$=3^2-0.01^2$
$=9-0.0001$

2 求める式…$52^2-(52+9)\times(52-9)$
$=52^2-(52^2-9^2)$
$=52^2-52^2+9^2$
$=81$

差…81 cm^2

解き方
長方形の面積を $(52+9)\times(52-9)$ と表し，正方形の面積 52^2 との差を求める式をつくれば，乗法公式4を使って簡単に求めることができます。

3 (1)800　(2)67　(3)10000　(4)12

解き方
因数分解や展開した次の式に代入します。
(1)$(x+6)(x-14)=(34+6)\times(34-14)$
(2)$(x+y)(x-y)=(34+33)\times(34-33)$
(3)$(x+2y)^2=(34+2\times 33)^2=100^2$
(4)$x-22=34-22$

4 道の外側の線によってできる半円の半径は $(r+a)$ m であるから，道の面積 S m^2 は，次のように計算できる。

$$
\begin{aligned}
S&=\frac{1}{2}\pi(r+a)^2-\frac{1}{2}\pi r^2\\
&=\frac{1}{2}\pi\{(r+a)^2-r^2\}\\
&=\frac{1}{2}\pi(r^2+2ar+a^2-r^2)\\
&=\frac{1}{2}\pi a(2r+a) \quad \cdots\cdots①
\end{aligned}
$$

道の真ん中を通る線の長さ ℓ m は，

半径 $\left(r+\frac{a}{2}\right)$ m の円周の長さの $\frac{1}{2}$ であるから

$$\ell=\frac{1}{2}\times 2\pi\left(r+\frac{a}{2}\right)=\frac{1}{2}\pi(2r+a)$$

となる。この式の両辺に a をかけて

$$a\ell=\frac{1}{2}\pi a(2r+a) \quad \cdots\cdots②$$

①，②より　$S=a\ell$

解き方
半径 r m の円の面積は πr^2 m^2
周の長さは $2\pi r$ m と表せます。

5 (1)1

(2)3でわると2余る自然数は，整数 n を使って $3n+2$ と表される。この数を2乗すると

$$
\begin{aligned}
(3n+2)^2&=9n^2+12n+4\\
&=3(3n^2+4n+1)+1
\end{aligned}
$$

となる。$3n^2+4n+1$ は整数だから，$3(3n^2+4n+1)+1$ は3でわると1余る数である。したがって，3でわると2余る自然数を2乗して，その数を3でわると，余りは1になる。

解き方
(1)$8^2=64$ で，64を3でわった余りは1。
(2)$9n^2+12n+4=9n^2+12n+3+1$ と考えて，3でくくり出せる部分と余りになる数に分けます。

6 (1) 1

(2)(例) 3 つの続いた整数は，整数 n を使って $n-1$，n，$n+1$ と表される。この 3 つの続いた整数の真ん中の数の平方から，残りの 2 つの数の積をひくと

$$n^2-(n-1)(n+1)=n^2-(n^2-1)$$
$$=n^2-n^2+1$$
$$=1$$

となる。したがって，3 つの続いた整数で，真ん中の数の平方から，残りの 2 つの数の積をひいたときの差は，1 になる。

解き方

(2)(別解) 3 つの続いた整数を n，$n+1$，$n+2$ と表したときの計算は

$$(n+1)^2-n(n+2)=n^2+2n+1-(n^2+2n)$$
$$=1$$

となります。

7 (例) 2 つの続いた偶数は，整数 n を使って $2n$，$2n+2$ と表される。この 2 つの続いた偶数の平方の和から 2 をひくと

$$(2n)^2+(2n+2)^2-2=4n^2+4n^2+8n+4-2$$
$$=8n^2+8n+2$$
$$=2(4n^2+4n+1)$$
$$=2(2n+1)^2$$

$2n+1$ は，$2n$ と $2n+2$ の間にある奇数だから，2 つの続いた偶数の平方の和から 2 をひいたときの差は 2 つの続いた偶数の間にある奇数の平方の 2 倍になる。

解き方

2 つの続いた偶数が

2，4 のとき　$2^2+4^2-2=18=2\times3^2$

2 つの続いた偶数の間にある奇数

6，8 のとき　$6^2+8^2-2=98=2\times7^2$

8 十の位が 5，一の位が a である 2 けたの自然数は $50+a$ と表される。この自然数の 2 乗は

$$(50+a)^2=2500+100a+a^2$$
$$=100(25+a)+a^2$$
$$=100(5^2+a)+a^2$$

となる。a は 0 か 1 けたの自然数だから，5^2+a は 2 けたの自然数で十の位の数の 2 乗と一の位の数との和を表しており，a^2 は 2 けた以下の自然数で，一の位の数の 2 乗を表しているから，2 乗した数の百以上の位が十の位の数の 2 乗と一の位の数の和，下 2 けたが一の位の数の 2 乗になる。

解き方

(例)	51	55	59
	×51	×55	×59
	2601	3025	3481
	↑25+1 ↑1^2	↑25+5 ↑5^2	↑25+9 ↑9^2

理解のコツ

・展開や因数分解を利用して，数の性質を証明するときは，結論を示すために式をどんな形に変形すればよいか，予想を立ててから計算していこう。

p.28～29　ぴたトレ 3

1 (1) $-12a^2+18ab$　(2) $6x-9y+3$

解き方

(2) $(4x^2y-6xy^2+2xy)\div\frac{2}{3}xy$

$$=(4x^2y-6xy^2+2xy)\div\frac{2xy}{3}$$
$$=(4x^2y-6xy^2+2xy)\times\frac{3}{2xy}$$
$$=\frac{4x^2y\times3}{2xy}-\frac{6xy^2\times3}{2xy}+\frac{2xy\times3}{2xy}$$
$$=6x-9y+3$$

2 (1) $a^2-3ab-4b^2-5a+20b$　(2) x^2-100

(3) $x^2-18x+81$　(4) $x^2+9x-36$

(5) $a^2-a-\frac{4}{9}$　(6) $9x^2-30x+16$

(7) $x^2-y^2-8y-16$

解き方

(6) $(-3x+2)(-3x+8)$

$$=(-3x)^2+(2+8)\times(-3x)+2\times8$$

(7) $(x+y+4)(x-y-4)$

$$=\{x+(y+4)\}\{x-(y+4)\}$$
$$=x^2-(y+4)^2$$

3 (1) $-x^2+16x-1$　(2) $13a^2+8ab$

解き方

(1) $(x+1)(x+7)-2(x-2)^2$

$$=x^2+8x+7-2(x^2-4x+4)$$
$$=x^2+8x+7-2x^2+8x-8$$
$$=-x^2+16x-1$$

(2) $4(a+b)^2+(3a-2b)(3a+2b)$

$$=4(a^2+2ab+b^2)+(9a^2-4b^2)$$
$$=4a^2+8ab+4b^2+9a^2-4b^2$$
$$=13a^2+8ab$$

4 (1) $(x+6)(x-7)$　(2) $(6+x)(6-x)$

(3) $(5x+1)^2$　(4) $5(x+3)(x-8)$

(5) $4(3a-2b)^2$　(6) $(x-2)(x+6)$

(7) $(a+b-1)(a-b-1)$

解き方

(5)共通な因数をすべてくくり出さずに公式を使うと，次のようにかっこの中に共通な因数が残ります。 共通な因数 2 が残っている

$36a^2-48ab+16b^2=(6a-4b)^2$ ×

各項に共通な因数 4 があるので，はじめに 4 をくくり出してから因数分解の公式を使います。

$36a^2-48ab+16b^2=4(9a^2-12ab+4b^2)$

$=4(3a-2b)^2$

(6)$(x-3)^2+10(x-3)+9$ 　$x-3$ を A とおく

$=A^2+10A+9$

$=(A+1)(A+9)$

$=(x-3+1)(x-3+9)$

$=(x-2)(x+6)$

(7)$a^2-2a+1-b^2$

$=(a-1)^2-b^2$ 　$a-1$ を X とおく

$=X^2-b^2$

$=(X+b)(X-b)$

$=(a-1+b)(a-1-b)$

5 (1)**110.25**　(2)**62.8**

解き方

(1)$10.5^2=(10+0.5)^2$

$=10^2+2\times0.5\times10+0.5^2$

(2)$6^2\times3.14-4^2\times3.14$

$=3.14\times(6^2-4^2)$

$=3.14\times(6+4)\times(6-4)$

$=3.14\times10\times2$

6 **−1180**

解き方

$(x+2y)^2-4xy-8y^2$

$=(x+2y)^2-4y(x+2y)$ 　$x+2y=A$ とおくと $A^2-4yA=A(A-4y)$

$=(x+2y)(x+2y-4y)$

$=(x+2y)(x-2y)$

$=(54+2\times32)\times(54-2\times32)$

$=118\times(-10)$

$=-1180$

7 **$2ab$ cm^2**

解き方

$AM=BM=\dfrac{a}{2}$ cm であるから，正方形(ア)，(イ)の 1 辺の長さはそれぞれ，$\left(\dfrac{a}{2}+b\right)$cm，$\left(\dfrac{a}{2}-b\right)$cm です。

$\left(\dfrac{a}{2}+b\right)^2-\left(\dfrac{a}{2}-b\right)^2$ 　因数分解の公式を利用する

$=\left(\dfrac{a}{2}+b+\dfrac{a}{2}-b\right)\left(\dfrac{a}{2}+b-\dfrac{a}{2}+b\right)$

$=a\times2b$

$=2ab$

8 **(例) 5 つの続いた整数は，整数 n を使って $n-2$，$n-1$，n，$n+1$，$n+2$ と表される。**
この 5 つの続いた整数で，大きいほうの 2 つの数の積から小さいほうの 2 つの数の積をひくと

$(n+1)(n+2)-(n-2)(n-1)$

$=n^2+3n+2-(n^2-3n+2)$

$=n^2+3n+2-n^2+3n-2$

$=6n$

となる。n は整数だから，$6n$ は 6 の倍数である。したがって，5 つの続いた整数で，大きいほうの 2 つの数の積から小さいほうの 2 つの数の積をひいたときの差は，6 の倍数になる。

解き方

(別解) 5 つの続いた整数は，整数 n を使って n，$n+1$，$n+2$，$n+3$，$n+4$ と表されます。この 5 つの続いた整数で，大きいほうの 2 つの数の積から小さいほうの 2 つの数の積をひくと

$(n+3)(n+4)-n(n+1)$

$=n^2+7n+12-n^2-n$

$=6n+12$

$=6(n+2)$

となります。$n+2$ は整数だから，$6(n+2)$ は 6 の倍数です。したがって，5 つの続いた整数で，大きいほうの 2 つの数の積から小さいほうの 2 つの数の積をひいたときの差は，6 の倍数になります。

2章　平方根

p.31　ぴたトレ0

1 (1)4　(2)25　(3)16　(4)100　(5)0.01

(6)1.69　(7)$\frac{4}{9}$　(8)$\frac{9}{16}$

解き方
$(-a)^2$ と $-a^2$ は違うので，注意しましょう。
$(-a)^2=(-a)\times(-a)=a^2$
$-a^2=-(a\times a)=-a^2$
(4)$(-10)^2=(-10)\times(-10)=100$
(5)$0.1^2=0.1\times0.1=0.01$
(8)$\left(-\frac{3}{4}\right)^2=\left(-\frac{3}{4}\right)\times\left(-\frac{3}{4}\right)=\frac{9}{16}$

2 (1)0.4　(2)0.75　(3)0.625　(4)0.15

(5)3.2　(6)0.24

解き方
分数を小数で表すには，分子を分母でわった式
$\frac{b}{a}=b\div a$ を使います。
(3)$\frac{5}{8}=5\div8=0.625$
(6)$\frac{6}{25}=6\div25=0.24$

p.32～33　ぴたトレ1

1 (1)9 と −9(±9)　(2)10 と −10(±10)

(3)$\frac{3}{4}$ と $-\frac{3}{4}\left(\pm\frac{3}{4}\right)$

解き方
(3)$\left(\frac{3}{4}\right)^2=\frac{9}{16}$，$\left(-\frac{3}{4}\right)^2=\frac{9}{16}$

2 (1)$\sqrt{11}$ と $-\sqrt{11}(\pm\sqrt{11})$

(2)$\sqrt{0.3}$ と $-\sqrt{0.3}(\pm\sqrt{0.3})$

(3)$\sqrt{\frac{7}{5}}$ と $-\sqrt{\frac{7}{5}}\left(\pm\sqrt{\frac{7}{5}}\right)$

解き方
(2)(3)小数や分数のときも，平方根は根号を使って表せます。

3 (1)2　(2)−8　(3)7　(4)−6　(5)9　(6)−13

解き方
(2)$-\sqrt{64}$ は 64 の平方根 ±8 の負のほうだから −8 です。
(4)$-\sqrt{6^2}=-\sqrt{36}=-6$
(5)$\sqrt{(-9)^2}=\sqrt{81}=9$
$\sqrt{(-9)^2}=-9$ としないように注意しましょう。
(6)$-\sqrt{(-13)^2}=-\sqrt{169}=-13$

4 (1)8　(2)15　(3)36

解き方
a を正の数とするとき　$(\sqrt{a})^2=a$，$(-\sqrt{a})^2=a$

5 (1)$\sqrt{14}<\sqrt{17}$　(2)$4>\sqrt{15}$　(3)$\sqrt{80}<9$

(4)$-\sqrt{5}>-\sqrt{6}$　(5)$4<\sqrt{21}<5$

(6)$-7>-\sqrt{50}$

解き方
(6)$7^2=49$，$(\sqrt{50})^2=50$ で，$49<50$ だから
$7<\sqrt{50}$　したがって　$-7>-\sqrt{50}$

6 ㋑，㋔

解き方
$\sqrt{4}=2$，−3.6，−9 は有理数です。
π は 3.14159…で循環しない無限小数だから無理数です。$-\sqrt{10}$ は，10 が自然数の 2 乗ではないので無理数です。

p.34～35　ぴたトレ2

1 (1)0　(2)$\sqrt{77}$ と $-\sqrt{77}(\pm\sqrt{77})$

(3)14 と −14(±14)　(4)0.2 と −0.2(±0.2)

(5)$\sqrt{3.6}$ と $-\sqrt{3.6}(\pm\sqrt{3.6})$

(6)1.3 と −1.3(±1.3)

(7)$\sqrt{\frac{5}{6}}$ と $-\sqrt{\frac{5}{6}}\left(\pm\sqrt{\frac{5}{6}}\right)$

(8)$\frac{5}{9}$ と $-\frac{5}{9}\left(\pm\frac{5}{9}\right)$　(9)$\frac{11}{7}$ と $-\frac{11}{7}\left(\pm\frac{11}{7}\right)$

解き方
(1)0 の平方根は 0 だけです。
(5)～(9)小数や分数のときも，平方根は根号を使って表せます。

2 (1)9　(2)−15　(3)0.6　(4)−1.4　(5)$-\frac{3}{8}$

(6)$\frac{9}{7}$　(7)−5　(8)17　(9)−10　(10)−9

(11)20　(12)23　(13)$\frac{2}{7}$　(14)$\frac{5}{9}$　(15)−12

解き方
(2)$-\sqrt{225}$ は 225 の平方根 ±15 の負のほうだから，−15 です。
(7)$-\sqrt{5^2}=-\sqrt{25}=-5$
(8)$\sqrt{(-17)^2}=\sqrt{289}=17$
$\sqrt{289}$ は 289 の平方根 ±17 の正のほうだから，17 です。−17 としないように注意しましょう。
(9)$-\sqrt{(-10)^2}=-\sqrt{100}=-10$
(11)～(14)a を正の数とするとき　$(\sqrt{a})^2=a$
$(-\sqrt{a})^2=a$

3 (1)$0.2<\sqrt{0.2}$　(2)$\sqrt{\dfrac{1}{2}}<\sqrt{\dfrac{2}{3}}$

(3)$-\sqrt{23}>-5$　(4)$2<\sqrt{7}<3$

(5)$\sqrt{61}<8<\sqrt{65}$　(6)$-\sqrt{90}<-9<-\sqrt{80}$

解き方

(1)$0.2^2=0.04$

$\sqrt{0.04}<\sqrt{0.2}$ であるから　$0.2<\sqrt{0.2}$

(4)$2^2=4$，$3^2=9$，$(\sqrt{7})^2=7$ で，

$4<7<9$ であるから　$\sqrt{4}<\sqrt{7}<\sqrt{9}$

(6)$9^2=81$，$(\sqrt{80})^2=80$，$(\sqrt{90})^2=90$ で，

$80<81<90$ であるから　$\sqrt{80}<\sqrt{81}<\sqrt{90}$

したがって　$-\sqrt{80}>-\sqrt{81}>-\sqrt{90}$

4 A…$-\sqrt{36}$，B…$-\sqrt{15}$，C…$-\dfrac{7}{4}$，D…0.5，

E…π，F…$\sqrt{20}$

解き方

$\sqrt{20}$…$4^2<20<5^2$ だから　$4<\sqrt{20}<5$

したがって，$\sqrt{20}$ は 4 と 5 の間の数です。

$-\sqrt{15}$…$3^2<15<4^2$ だから　$3<\sqrt{15}<4$

したがって，$-4<-\sqrt{15}<-3$ となるから，

$-\sqrt{15}$ は -4 と -3 の間の数です。

5 (1)㊈　(2)㊈　(3)㊉　(4)㊇　(5)㊉

解き方

(4)$-\sqrt{49}=-7$ だから，$-\sqrt{49}$ は負の整数です。

(5)π は 3.14159…であり，循環しない無限小数(無理数)です。

6 (1)循環小数　(2)有限小数

解き方

(1)$\dfrac{5}{6}$ は 0.8333…となるから，同じ数字の並びがかぎりなくくり返す循環小数です。

(2)$\dfrac{3}{8}=0.375$ だから，有限小数です。

理解のコツ

・平方根を答える問題では，答えが正と負の 2 つあることに注意しよう。根号を使わずに表すことができないかも確認しよう。

・有理数か無理数かを答える問題では，計算結果に根号や π が残っていれば，無理数だよ。

p.36〜37　ぴたトレ 1

1 (1)$\sqrt{42}$　(2)-10　(3)6

解き方

(2)$\sqrt{20}\times(-\sqrt{5})=-\sqrt{20\times5}=-\sqrt{100}=-10$

2 (1)$\sqrt{3}$　(2)-2　(3)4

解き方

(2)$(-\sqrt{8})\div\sqrt{2}$

$=-\dfrac{\sqrt{8}}{\sqrt{2}}=-\sqrt{\dfrac{8}{2}}=-\sqrt{4}=-2$

(3)$(-\sqrt{48})\div(-\sqrt{3})$

$=\dfrac{\sqrt{48}}{\sqrt{3}}=\sqrt{\dfrac{48}{3}}=\sqrt{16}=4$

3 (1)$\sqrt{28}$　(2)$\sqrt{54}$　(3)$\sqrt{50}$

解き方

$a\sqrt{b}=\sqrt{a^2}\times\sqrt{b}=\sqrt{a^2b}$ であることを使います。

(1)$2\sqrt{7}=\sqrt{2^2}\times\sqrt{7}=\sqrt{4}\times\sqrt{7}=\sqrt{4\times7}=\sqrt{28}$

4 (1)$2\sqrt{5}$　(2)$3\sqrt{7}$　(3)$7\sqrt{2}$　(4)$6\sqrt{7}$

(5)$10\sqrt{3}$　(6)$4\sqrt{2}$

解き方

(1)$\sqrt{20}=\sqrt{4\times5}=\sqrt{4}\times\sqrt{5}=2\sqrt{5}$

(2)$\sqrt{63}=\sqrt{9\times7}=\sqrt{9}\times\sqrt{7}=3\sqrt{7}$

(3)$\sqrt{98}=\sqrt{49\times2}=\sqrt{49}\times\sqrt{2}=7\sqrt{2}$

根号の中の数を素因数分解すると，根号の外に出す数が見つけやすくなります。

(4)$\sqrt{252}=\sqrt{2^2\times3^2\times7}$

$=\sqrt{2^2}\times\sqrt{3^2}\times\sqrt{7}$

$=2\times3\times\sqrt{7}$

$=6\sqrt{7}$

$$\begin{array}{r|l} 2 & 252 \\ 2 & 126 \\ 3 & 63 \\ 3 & 21 \\ & 7 \end{array}\quad 2^2,\ 3^2$$

(6)$\sqrt{32}=\sqrt{2^5}$

$=\sqrt{2^2\times2^2\times2}$

$=\sqrt{2^2}\times\sqrt{2^2}\times\sqrt{2}$

$=2\times2\times\sqrt{2}$

$=4\sqrt{2}$

$$\begin{array}{r|l} 2 & 32 \\ 2 & 16 \\ 2 & 8 \\ 2 & 4 \\ & 2 \end{array}\quad 2^2,\ 2^2$$

5 (1)$\dfrac{\sqrt{10}}{3}$　(2)$\dfrac{\sqrt{21}}{10}$　(3)$\dfrac{\sqrt{5}}{100}$

解き方

(1)$\sqrt{\dfrac{10}{9}}=\dfrac{\sqrt{10}}{\sqrt{9}}=\dfrac{\sqrt{10}}{\sqrt{3^2}}=\dfrac{\sqrt{10}}{3}$

(2)$\sqrt{0.21}=\sqrt{\dfrac{21}{100}}=\dfrac{\sqrt{21}}{\sqrt{100}}=\dfrac{\sqrt{21}}{10}$

(3)$\sqrt{0.0005}=\sqrt{\dfrac{5}{10000}}=\dfrac{\sqrt{5}}{\sqrt{10000}}=\dfrac{\sqrt{5}}{100}$

p.38～39 ぴたトレ1

1 (1)**26.46** (2)**83.67** (3)**0.2646**

(4)**0.8367** (5)**7.938** (6)**4.1835**

解き方

(1) $\sqrt{700}=\sqrt{7\times100}$
$=\sqrt{7}\times\sqrt{10^2}$
$=\sqrt{7}\times10$
$=26.46$

(2) $\sqrt{7000}=\sqrt{70\times100}$
$=\sqrt{70}\times\sqrt{10^2}$
$=\sqrt{70}\times10$
$=8.367\times10$
$=83.67$

(3) $\sqrt{0.07}=\sqrt{\dfrac{7}{100}}=\dfrac{\sqrt{7}}{\sqrt{100}}=\dfrac{\sqrt{7}}{10}=\dfrac{2.646}{10}$
$=0.2646$

(4) $\sqrt{0.7}=\sqrt{\dfrac{70}{100}}=\dfrac{\sqrt{70}}{\sqrt{100}}=\dfrac{\sqrt{70}}{10}=\dfrac{8.367}{10}$
$=0.8367$

(5) $\sqrt{63}=3\sqrt{7}=3\times\sqrt{7}=3\times2.646=7.938$

(6) $\sqrt{17.5}=\sqrt{\dfrac{70}{4}}=\dfrac{\sqrt{70}}{2}=\dfrac{8.367}{2}=4.1835$

2 (1) $\dfrac{\sqrt{10}}{5}$ (2) $\dfrac{2\sqrt{3}}{3}$ (3) $\dfrac{\sqrt{6}}{6}$ (4) $\dfrac{\sqrt{6}}{9}$

(5) $\dfrac{\sqrt{3}}{3}$ (6) $\dfrac{3\sqrt{2}}{2}$

解き方

(2) $\dfrac{2}{\sqrt{3}}=\dfrac{2\times\sqrt{3}}{\sqrt{3}\times\sqrt{3}}=\dfrac{2\sqrt{3}}{3}$

(4) $\dfrac{2}{3\sqrt{6}}=\dfrac{2\times\sqrt{6}}{3\sqrt{6}\times\sqrt{6}}$
$=\dfrac{2\times\sqrt{6}}{3\times6}$
$=\dfrac{\sqrt{6}}{9}$

(5) $\dfrac{2}{\sqrt{12}}=\dfrac{2}{2\sqrt{3}}$
$=\dfrac{1}{\sqrt{3}}$
$=\dfrac{1\times\sqrt{3}}{\sqrt{3}\times\sqrt{3}}$
$=\dfrac{\sqrt{3}}{3}$

(6) $\dfrac{3\sqrt{5}}{\sqrt{10}}=\dfrac{3}{\sqrt{2}}$
$=\dfrac{3\times\sqrt{2}}{\sqrt{2}\times\sqrt{2}}$
$=\dfrac{3\sqrt{2}}{2}$

3 (1) $21\sqrt{2}$ (2) $8\sqrt{30}$ (3) $3\sqrt{10}$ (4) $5\sqrt{14}$

(5) $40\sqrt{2}$ (6) 24

解き方

(1) $\sqrt{63}\times\sqrt{14}=3\sqrt{7}\times\sqrt{7\times2}$
$=3\times\sqrt{7\times7\times2}$
$=3\times\sqrt{7^2\times2}$
$=3\times7\sqrt{2}$
$=21\sqrt{2}$

(3) $\sqrt{15}\times\sqrt{6}=\sqrt{3\times5}\times\sqrt{3\times2}$
$=\sqrt{3\times5\times3\times2}$
$=\sqrt{3^2\times5\times2}$
$=3\sqrt{10}$

(5) $2\sqrt{5}\times4\sqrt{10}=2\times4\times\sqrt{5}\times\sqrt{5\times2}$
$=8\times\sqrt{5^2\times2}$
$=8\times5\sqrt{2}$
$=40\sqrt{2}$

(別解) $2\sqrt{5}\times4\sqrt{10}$
$=2\times4\times\sqrt{5}\times\sqrt{5}\times\sqrt{2}$
$=2\times4\times(\sqrt{5})^2\times\sqrt{2}$
$=40\sqrt{2}$

(6) $\sqrt{48}\times2\sqrt{3}=4\sqrt{3}\times2\sqrt{3}$
$=4\times2\times(\sqrt{3})^2$
$=8\times3$
$=24$

4 (1) $\dfrac{\sqrt{30}}{6}$ (2) $\dfrac{\sqrt{14}}{5}$ (3) $\dfrac{3\sqrt{5}}{5}$

解き方

分数の形に表し，次のように変形してから有理化します。

(1) $\sqrt{5}\div\sqrt{6}=\dfrac{\sqrt{5}}{\sqrt{6}}=\dfrac{\sqrt{5}\times\sqrt{6}}{\sqrt{6}\times\sqrt{6}}=\dfrac{\sqrt{30}}{6}$

(2) $2\sqrt{7}\div\sqrt{50}=\dfrac{2\sqrt{7}}{\sqrt{50}}=\dfrac{2\sqrt{7}}{5\sqrt{2}}=\dfrac{2\sqrt{7}\times\sqrt{2}}{5\sqrt{2}\times\sqrt{2}}$
$=\dfrac{2\sqrt{14}}{5\times2}=\dfrac{\sqrt{14}}{5}$

(3) $\sqrt{27}\div\sqrt{15}=\dfrac{\sqrt{27}}{\sqrt{15}}=\sqrt{\dfrac{27}{15}}=\sqrt{\dfrac{9}{5}}$
$=\dfrac{3}{\sqrt{5}}=\dfrac{3\sqrt{5}}{5}$

p.40～41 ぴたトレ2

1 (1) 8 (2) $\sqrt{6}$ (3) -5

解き方

(1) $(-\sqrt{32})\times(-\sqrt{2})=\sqrt{32\times2}$
$=\sqrt{64}=8$

(3) $\sqrt{325}\div(-\sqrt{13})=-\dfrac{\sqrt{325}}{\sqrt{13}}$
$=-\sqrt{\dfrac{325}{13}}$
$=-\sqrt{25}=-5$

2 (1)$\sqrt{45}$　(2)$\sqrt{40}$　(3)$\sqrt{240}$

解き方

(1)$3\sqrt{5}=\sqrt{9}\times\sqrt{5}=\sqrt{45}$

3 (1)$3\sqrt{6}$　(2)$6\sqrt{5}$　(3)$9\sqrt{6}$　(4)$8\sqrt{2}$

(5)$\dfrac{\sqrt{2}}{15}$　(6)$\dfrac{\sqrt{70}}{100}$

解き方

(3)$\sqrt{486}=\sqrt{2\times3^5}$
$=\sqrt{2\times3^2\times3^2\times3}$
$=\sqrt{3^2}\times\sqrt{3^2}\times\sqrt{2\times3}$
$=3\times3\times\sqrt{6}$
$=9\sqrt{6}$

$$\begin{array}{r|l} 2 & 486 \\ 3 & 243 \\ 3 & 81 \\ 3 & 27 \\ 3 & 9 \\ & 3 \end{array}$$

3^2 ← (3)(3)　3^2 ← (3)(3)

(6)$\sqrt{0.007}=\sqrt{\dfrac{70}{10000}}=\dfrac{\sqrt{70}}{\sqrt{10000}}=\dfrac{\sqrt{70}}{100}$

4 (1)**70.71**　(2)**223.6**　(3)**0.07071**　(4)**13.416**

(5)**1.4142**　(6)**1.118**

解き方

次のように変形します。

(3)$\sqrt{0.005}=\sqrt{\dfrac{50}{10000}}=\dfrac{\sqrt{50}}{\sqrt{10000}}=\dfrac{\sqrt{50}}{100}$

(4)$\sqrt{180}=6\sqrt{5}$

(5)$\sqrt{2}=\sqrt{\dfrac{50}{25}}=\dfrac{\sqrt{50}}{\sqrt{25}}=\dfrac{\sqrt{50}}{5}$

(6)$\sqrt{1.25}=\sqrt{\dfrac{125}{100}}=\dfrac{5\sqrt{5}}{10}=\dfrac{\sqrt{5}}{2}$

5 (1)$\dfrac{6\sqrt{7}}{7}$　(2)$\dfrac{\sqrt{30}}{10}$　(3)$\dfrac{3\sqrt{3}}{2}$　(4)$\dfrac{\sqrt{6}}{3}$

(5)$\dfrac{\sqrt{2}}{2}$　(6)$\dfrac{\sqrt{30}}{5}$

解き方

(4)$\dfrac{4}{\sqrt{24}}=\dfrac{4}{2\sqrt{6}}=\dfrac{2}{\sqrt{6}}=\dfrac{2\times\sqrt{6}}{\sqrt{6}\times\sqrt{6}}$
$=\dfrac{2\sqrt{6}}{6}=\dfrac{\sqrt{6}}{3}$

(5)$\dfrac{2\sqrt{5}}{\sqrt{40}}=\dfrac{2\sqrt{5}}{2\sqrt{10}}=\dfrac{1}{\sqrt{2}}=\dfrac{1\times\sqrt{2}}{\sqrt{2}\times\sqrt{2}}=\dfrac{\sqrt{2}}{2}$

(6)$\dfrac{\sqrt{12}}{\sqrt{5}\times\sqrt{2}}=\dfrac{\sqrt{6}}{\sqrt{5}}$ ← $\dfrac{\sqrt{12}}{\sqrt{5}\times\sqrt{2}}=\dfrac{\sqrt{6}\times\sqrt{2}}{\sqrt{5}\times\sqrt{2}}$
$=\dfrac{\sqrt{6}\times\sqrt{5}}{\sqrt{5}\times\sqrt{5}}$
$=\dfrac{\sqrt{30}}{5}$

6 (1)$2\sqrt{15}$　(2)$5\sqrt{6}$　(3)$21\sqrt{10}$　(4)$6\sqrt{15}$

(5)48　(6)$12\sqrt{3}$　(7)$36\sqrt{5}$　(8)$8\sqrt{14}$　(9)$36\sqrt{2}$

解き方

(3)$\sqrt{42}\times\sqrt{105}=\sqrt{2\times3\times7}\times\sqrt{3\times5\times7}$
$=\sqrt{2\times3\times7\times3\times5\times7}$
$=\sqrt{2\times3^2\times5\times7^2}$
$=3\times7\times\sqrt{2\times5}$
$=21\sqrt{10}$

(4)$2\sqrt{5}\times\sqrt{27}=2\sqrt{5}\times\sqrt{3^2\times3}$
$=2\sqrt{5}\times3\sqrt{3}$
$=2\times3\times\sqrt{5\times3}$
$=6\sqrt{15}$

(5)$\sqrt{32}\times6\sqrt{2}=\sqrt{4^2\times2}\times6\sqrt{2}$
$=4\sqrt{2}\times6\sqrt{2}$
$=4\times6\times(\sqrt{2})^2$
$=48$

(7)$4\sqrt{3}\times3\sqrt{15}=4\times\sqrt{3}\times3\times\sqrt{3\times5}$
$=4\times3\times\sqrt{3^2\times5}$
$=4\times3\times3\times\sqrt{5}$
$=36\sqrt{5}$

(8)$\sqrt{28}\times\sqrt{32}=\sqrt{2^2\times7}\times\sqrt{4^2\times2}$
$=2\sqrt{7}\times4\sqrt{2}$
$=2\times4\times\sqrt{7}\times\sqrt{2}$
$=8\sqrt{14}$

(9)$\sqrt{48}\times\sqrt{54}=4\sqrt{3}\times3\sqrt{6}$
$=4\times3\times\sqrt{3}\times\sqrt{3\times2}$
$=4\times3\times\sqrt{3^2\times2}$
$=4\times3\times3\times\sqrt{2}$
$=36\sqrt{2}$

7 (1)$\dfrac{\sqrt{10}}{2}$　(2)$\dfrac{3\sqrt{10}}{5}$　(3)$-\dfrac{\sqrt{5}}{3}$

解き方

(1)$\sqrt{45}\div\sqrt{18}=\sqrt{\dfrac{45}{18}}=\sqrt{\dfrac{5}{2}}=\dfrac{\sqrt{5}}{\sqrt{2}}$
$=\dfrac{\sqrt{5}\times\sqrt{2}}{\sqrt{2}\times\sqrt{2}}=\dfrac{\sqrt{10}}{2}$

(2)$6\div\sqrt{10}=\dfrac{6}{\sqrt{10}}=\dfrac{6\sqrt{10}}{10}=\dfrac{3\sqrt{10}}{5}$

(3)$5\sqrt{2}\div(-\sqrt{90})=5\sqrt{2}\div(-3\sqrt{10})$
$=-\dfrac{5\sqrt{2}}{3\sqrt{10}}=-\dfrac{5}{3\sqrt{5}}$
$=-\dfrac{5\times\sqrt{5}}{3\sqrt{5}\times\sqrt{5}}=-\dfrac{5\sqrt{5}}{15}$
$=-\dfrac{\sqrt{5}}{3}$

理解のコツ

・乗除の計算では，まず $a\sqrt{b}$ の形に変形し，根号の外の数どうし，根号の中の数どうしを計算するよ。最後に，分母に根号があるときは，必ず分母を有理化しよう。

p.42~43 ぴたトレ1

1 (1)$7\sqrt{7}$　(2)$7\sqrt{5}$　(3)$-\sqrt{6}$　(4)$\sqrt{2}$
(5)$-2\sqrt{3}$　(6)$-4\sqrt{6}$　(7)$-4\sqrt{5}+4\sqrt{3}$
(8)$-3\sqrt{7}-7$　(9)$10\sqrt{3}-6\sqrt{2}$
(10)$8\sqrt{6}-3\sqrt{10}$

解き方
(1)$\sqrt{7}+6\sqrt{7}=(1+6)\sqrt{7}=7\sqrt{7}$
(3)$4\sqrt{6}-5\sqrt{6}=(4-5)\sqrt{6}=-\sqrt{6}$
(4)$2\sqrt{2}-\sqrt{2}=(2-1)\sqrt{2}=\sqrt{2}$
(5)$2\sqrt{3}-5\sqrt{3}+\sqrt{3}$
$=(2-5+1)\sqrt{3}=-2\sqrt{3}$
(7)$3\sqrt{5}+4\sqrt{3}-7\sqrt{5}=(3-7)\sqrt{5}+4\sqrt{3}$
$=-4\sqrt{5}+4\sqrt{3}$
(8)$-5\sqrt{7}-4+2\sqrt{7}-3$
$=(-5+2)\sqrt{7}-4-3$
$=-3\sqrt{7}-7$
(10)$2\sqrt{6}+\sqrt{10}-4\sqrt{10}+6\sqrt{6}$
$=(2+6)\sqrt{6}+(1-4)\sqrt{10}$
$=8\sqrt{6}-3\sqrt{10}$

2 (1)$7\sqrt{2}$　(2)$2\sqrt{6}$　(3)$6\sqrt{5}$　(4)$2\sqrt{7}$
(5)$8\sqrt{2}-2\sqrt{3}$　(6)$-9\sqrt{2}$　(7)$\sqrt{6}$
(8)$-2\sqrt{5}-\sqrt{3}$

解き方
(1)$\sqrt{50}+2\sqrt{2}=5\sqrt{2}+2\sqrt{2}=7\sqrt{2}$
(2)$4\sqrt{6}-\sqrt{24}=4\sqrt{6}-2\sqrt{6}=2\sqrt{6}$
(6)$-\sqrt{98}+\sqrt{32}-\sqrt{72}=-7\sqrt{2}+4\sqrt{2}-6\sqrt{2}$
$=-9\sqrt{2}$
(8)$\sqrt{45}+\sqrt{48}-\sqrt{125}-\sqrt{75}$
$=3\sqrt{5}+4\sqrt{3}-5\sqrt{5}-5\sqrt{3}$
$=-2\sqrt{5}-\sqrt{3}$

3 (1)$7\sqrt{5}$　(2)$\sqrt{2}$　(3)$\dfrac{5\sqrt{6}}{2}$　(4)$3\sqrt{3}$

解き方
(1)$6\sqrt{5}+\dfrac{5}{\sqrt{5}}=6\sqrt{5}+\dfrac{5\sqrt{5}}{5}$
$=6\sqrt{5}+\sqrt{5}$
$=7\sqrt{5}$
(2)$\dfrac{8}{\sqrt{2}}-\sqrt{18}=\dfrac{8\sqrt{2}}{2}-3\sqrt{2}$
$=4\sqrt{2}-3\sqrt{2}$
$=\sqrt{2}$
(3)$2\sqrt{6}+\sqrt{\dfrac{3}{2}}=2\sqrt{6}+\dfrac{\sqrt{3}}{\sqrt{2}}$
$=2\sqrt{6}+\dfrac{\sqrt{6}}{2}$
$=\dfrac{5\sqrt{6}}{2}$
(4)$4\sqrt{3}-\sqrt{108}+\dfrac{15}{\sqrt{3}}$
$=4\sqrt{3}-6\sqrt{3}+\dfrac{15\sqrt{3}}{3}$　($\dfrac{15}{\sqrt{3}}=\dfrac{15\times\sqrt{3}}{\sqrt{3}\times\sqrt{3}}$)
$=4\sqrt{3}-6\sqrt{3}+5\sqrt{3}$
$=3\sqrt{3}$

p.44~45 ぴたトレ1

1 (1)$4-3\sqrt{2}$　(2)$15\sqrt{3}+30$　(3)$6\sqrt{2}-3\sqrt{10}$
(4)$17-9\sqrt{5}$　(5)$-\sqrt{6}$　(6)$9-2\sqrt{14}$
(7)$37+20\sqrt{3}$　(8)1　(9)-1

解き方
(1)$\sqrt{2}(2\sqrt{2}-3)=2\times(\sqrt{2})^2-\sqrt{2}\times3$
$=2\times2-3\sqrt{2}$
$=4-3\sqrt{2}$
(2)$3\sqrt{5}(\sqrt{15}+\sqrt{20})$
$=3\sqrt{5}(\sqrt{15}+2\sqrt{5})$
$=3\sqrt{5}\times\sqrt{15}+3\sqrt{5}\times2\sqrt{5}$
$=3\sqrt{5}\times(\sqrt{5}\times\sqrt{3})+6\times5$
$=15\sqrt{3}+30$
(3)$\sqrt{3}(2\sqrt{6}-\sqrt{30})$
$=\sqrt{3}\times2\sqrt{6}-\sqrt{3}\times\sqrt{30}$
$=\sqrt{3}\times(2\times\sqrt{3}\times\sqrt{2})-\sqrt{3}\times(\sqrt{3}\times\sqrt{10})$
$=2\times3\times\sqrt{2}-3\times\sqrt{10}$
$=6\sqrt{2}-3\sqrt{10}$
(4)$(\sqrt{5}-1)(2\sqrt{5}-7)$
$=\sqrt{5}\times2\sqrt{5}-\sqrt{5}\times7-1\times2\sqrt{5}+1\times7$
$=10-7\sqrt{5}-2\sqrt{5}+7$
$=17-9\sqrt{5}$
(5)$(\sqrt{6}+2)(\sqrt{6}-3)=(\sqrt{6})^2+(2-3)\sqrt{6}-2\times3$
$=6-\sqrt{6}-6$
$=-\sqrt{6}$
(6)$(\sqrt{7}-\sqrt{2})^2=(\sqrt{7})^2-2\times\sqrt{7}\times\sqrt{2}+(\sqrt{2})^2$
$=7-2\sqrt{14}+2$
$=9-2\sqrt{14}$
(7)$(2\sqrt{3}+5)^2=(2\sqrt{3})^2+2\times2\sqrt{3}\times5+5^2$
$=12+20\sqrt{3}+25$
$=37+20\sqrt{3}$
(8)$(\sqrt{10}+3)(\sqrt{10}-3)=(\sqrt{10})^2-3^2=10-9=1$
(9)$(\sqrt{5}+\sqrt{6})(\sqrt{5}-\sqrt{6})=(\sqrt{5})^2-(\sqrt{6})^2$
$=5-6$
$=-1$

2 (1)$5-\sqrt{3}$　(2)$4\sqrt{35}$

解き方
(1)$\sqrt{3}(\sqrt{3}-1)+(\sqrt{3}+1)(\sqrt{3}-1)$
$=(\sqrt{3})^2-\sqrt{3}\times1+(\sqrt{3})^2-1^2$
$=3-\sqrt{3}+3-1$
$=5-\sqrt{3}$

(2)$(\sqrt{7}+\sqrt{5})^2-(\sqrt{7}-\sqrt{5})^2$
$=(\sqrt{7})^2+2\times\sqrt{7}\times\sqrt{5}+(\sqrt{5})^2$
$-\{(\sqrt{7})^2-2\times\sqrt{7}\times\sqrt{5}+(\sqrt{5})^2\}$
$=7+2\sqrt{35}+5-(7-2\sqrt{35}+5)$
$=4\sqrt{35}$
(別解)$(\sqrt{7}+\sqrt{5})^2-(\sqrt{7}-\sqrt{5})^2$
$=\{(\sqrt{7}+\sqrt{5})+(\sqrt{7}-\sqrt{5})\}$
$\{(\sqrt{7}+\sqrt{5})-(\sqrt{7}-\sqrt{5})\}$
$=2\sqrt{7}\times2\sqrt{5}$
$=4\sqrt{35}$

3 (1)①$\mathbf{10+2\sqrt{10}}$　②**8**　③$\mathbf{4\sqrt{10}}$
(2)①$\mathbf{3+8\sqrt{3}}$　②**3**　③$\mathbf{3+9\sqrt{3}}$

解き方
(1)$x+y=2\sqrt{5}$，$x-y=2\sqrt{2}$
①$x^2+xy=x(x+y)$
$=(\sqrt{5}+\sqrt{2})\times2\sqrt{5}$
$=10+2\sqrt{10}$
②$x^2-2xy+y^2=(x-y)^2=(2\sqrt{2})^2=8$
③$x^2-y^2=(x+y)(x-y)$
$=2\sqrt{5}\times2\sqrt{2}$
$=4\sqrt{10}$
(2)①$a^2-16=(a+4)(a-4)$
$=(\sqrt{3}+4+4)\times(\sqrt{3}+4-4)$
$=(\sqrt{3}+8)\times\sqrt{3}$
$=3+8\sqrt{3}$
②$a^2-8a+16=(a-4)^2=(\sqrt{3})^2=3$
③$a^2+a-20=(a-4)(a+5)$
$=(\sqrt{3}+4-4)(\sqrt{3}+4+5)$
$=\sqrt{3}(\sqrt{3}+9)$
$=3+9\sqrt{3}$

4 $\mathbf{1:\sqrt{2}}$

解き方
CDは，辺B′C，B′Dを辺にもつ正方形の対角線になることから，CD$=x$とすると，この正方形の面積$\frac{1}{2}x^2$は1となります。
したがって　$x^2=2$
xは2の平方根で，$x>0$だから　$x=\sqrt{2}$

p.46～47　ぴたトレ2

1 (1)$\mathbf{-2\sqrt{5}}$　(2)$\mathbf{-\sqrt{7}}$　(3)$\mathbf{-\sqrt{2}+\sqrt{3}}$
(4)$\mathbf{\frac{5\sqrt{6}}{12}+3}$

解き方
(4)$\frac{2\sqrt{6}}{3}-5-\frac{\sqrt{6}}{4}+8=\frac{8\sqrt{6}}{12}-\frac{3\sqrt{6}}{12}-5+8$
$=\frac{5\sqrt{6}}{12}+3$

2 (1)$\mathbf{2\sqrt{5}}$　(2)$\mathbf{2\sqrt{3}}$　(3)**0**　(4)$\mathbf{\frac{\sqrt{5}}{2}}$

解き方
(2)$\frac{\sqrt{75}}{5}+\frac{\sqrt{12}}{2}=\frac{5\sqrt{3}}{5}+\frac{2\sqrt{3}}{2}$
$=\sqrt{3}+\sqrt{3}$
$=2\sqrt{3}$
(3)$\sqrt{150}-\sqrt{6}-2\sqrt{24}$
$=5\sqrt{6}-\sqrt{6}-2\times2\sqrt{6}$
$=5\sqrt{6}-\sqrt{6}-4\sqrt{6}$
$=0$
(4)$-\frac{\sqrt{45}}{2}+\frac{\sqrt{8}}{4}+\sqrt{20}-\frac{\sqrt{18}}{6}$
$=-\frac{3\sqrt{5}}{2}+\frac{2\sqrt{2}}{4}+2\sqrt{5}-\frac{3\sqrt{2}}{6}$
$=-\frac{3\sqrt{5}}{2}+\frac{\sqrt{2}}{2}+2\sqrt{5}-\frac{\sqrt{2}}{2}$
$=\frac{\sqrt{5}}{2}$

3 (1)**0.4472**　(2)**2.828**　(3)**2.121**

解き方
(1)$\sqrt{0.2}=\sqrt{\frac{20}{100}}=\frac{\sqrt{20}}{10}=\frac{4.472}{10}=0.4472$
(2)$\sqrt{8}=2\sqrt{2}=2\times1.414=2.828$
(3)$\sqrt{4.5}=\sqrt{\frac{45}{10}}=\sqrt{\frac{9}{2}}=\frac{\sqrt{9}}{\sqrt{2}}=\frac{3}{\sqrt{2}}$
$=\frac{3\sqrt{2}}{2}=\frac{3\times1.414}{2}=2.121$

4 (1)$\mathbf{-\sqrt{10}}$　(2)$\mathbf{2\sqrt{2}}$　(3)$\mathbf{\frac{17\sqrt{6}}{3}}$　(4)**0**

解き方
(2)$\sqrt{2}+\frac{2}{\sqrt{2}}=\sqrt{2}+\frac{2\sqrt{2}}{2}$
$=\sqrt{2}+\sqrt{2}$
$=2\sqrt{2}$
(3)$2\sqrt{54}-\sqrt{\frac{2}{3}}=2\times3\sqrt{6}-\frac{\sqrt{2}\times\sqrt{3}}{\sqrt{3}\times\sqrt{3}}$
$=6\sqrt{6}-\frac{\sqrt{6}}{3}$
$=\frac{17\sqrt{6}}{3}$
(4)$\sqrt{5}+\sqrt{20}-\frac{15}{\sqrt{5}}=\sqrt{5}+2\sqrt{5}-\frac{15\times\sqrt{5}}{\sqrt{5}\times\sqrt{5}}$
$=\sqrt{5}+2\sqrt{5}-\frac{15\sqrt{5}}{5}$
$=\sqrt{5}+2\sqrt{5}-3\sqrt{5}$
$=0$

5 (1)$\sqrt{5}+5\sqrt{2}$　(2)$8+4\sqrt{3}$　(3)$21\sqrt{3}-7\sqrt{2}$
(4)$3\sqrt{5}-3\sqrt{2}$

解き方
(1)$\sqrt{5}(1+\sqrt{10})=\sqrt{5}\times1+\sqrt{5}\times(\sqrt{5}\times\sqrt{2})$
$=\sqrt{5}+5\sqrt{2}$
(2)$2\sqrt{2}(\sqrt{8}+\sqrt{6})$
$=2\sqrt{2}\times2\sqrt{2}+2\sqrt{2}\times(\sqrt{2}\times\sqrt{3})$
$=4\times2+2\times2\times\sqrt{3}$
$=8+4\sqrt{3}$
(3)$\sqrt{7}(3\sqrt{21}-\sqrt{14})$
$=\sqrt{7}\times(3\times\sqrt{7}\times\sqrt{3})-\sqrt{7}\times(\sqrt{7}\times\sqrt{2})$
$=3\times7\times\sqrt{3}-7\times\sqrt{2}$
$=21\sqrt{3}-7\sqrt{2}$
(4)$\sqrt{3}(\sqrt{15}-\sqrt{6})$
$=\sqrt{3}\times(\sqrt{3}\times\sqrt{5})-\sqrt{3}\times(\sqrt{3}\times\sqrt{2})$
$=3\times\sqrt{5}-3\times\sqrt{2}$
$=3\sqrt{5}-3\sqrt{2}$

6 (1)$9+4\sqrt{5}$　(2)8　(3)-21　(4)$8\sqrt{6}$
(5)$3+\sqrt{6}$　(6)$-3\sqrt{2}$

解き方
(3)$(\sqrt{3}+8)(\sqrt{3}-3)-\dfrac{15}{\sqrt{3}}$
$=(\sqrt{3})^2+(8-3)\sqrt{3}-8\times3-\dfrac{15\sqrt{3}}{3}$
$=3+5\sqrt{3}-24-5\sqrt{3}$
$=-21$
(4)$(2\sqrt{6}+1)^2-(2\sqrt{6}-1)^2$
$=(2\sqrt{6})^2+2\times1\times2\sqrt{6}+1^2$
$-\{(2\sqrt{6})^2-2\times1\times2\sqrt{6}+1^2\}$
$=24+4\sqrt{6}+1-(24-4\sqrt{6}+1)$
$=24+4\sqrt{6}+1-24+4\sqrt{6}-1$
$=8\sqrt{6}$
(別解)因数分解すると
$(2\sqrt{6}+1)^2-(2\sqrt{6}-1)^2$
$=(2\sqrt{6}+1+2\sqrt{6}-1)$
$\times\{2\sqrt{6}+1-(2\sqrt{6}-1)\}$
$=4\sqrt{6}\times2$
$=8\sqrt{6}$
(5)$(\sqrt{3}+\sqrt{2})(\sqrt{3}-\sqrt{2})+\sqrt{2}(\sqrt{3}+\sqrt{2})$
$=(\sqrt{3})^2-(\sqrt{2})^2+\sqrt{2}\times\sqrt{3}+(\sqrt{2})^2$
$=3-2+\sqrt{6}+2$
$=3+\sqrt{6}$
(別解)因数分解すると
$(\sqrt{3}+\sqrt{2})(\sqrt{3}-\sqrt{2})+\sqrt{2}(\sqrt{3}+\sqrt{2})$
$=(\sqrt{3}+\sqrt{2})\{(\sqrt{3}-\sqrt{2})+\sqrt{2}\}$
$=(\sqrt{3}+\sqrt{2})\times\sqrt{3}$
$=(\sqrt{3})^2+\sqrt{2}\times\sqrt{3}$
$=3+\sqrt{6}$

7 (1)①28　②$10\sqrt{2}$　(2)①5　②$5+10\sqrt{5}$

解き方
(1)$x+y=2\sqrt{7}$，$x-y=2\sqrt{2}$，$xy=5$
①$x^2+2xy+y^2=(x+y)^2=(2\sqrt{7})^2=28$
②$x^2y-xy^2=xy(x-y)=5\times2\sqrt{2}=10\sqrt{2}$
(2)①$a^2-12a+36=(a-6)^2$
$=(\sqrt{5}+6-6)^2$
$=(\sqrt{5})^2$
$=5$
②$a^2-2a-24=(a+4)(a-6)$
$=(\sqrt{5}+6+4)\times(\sqrt{5}+6-6)$
$=(\sqrt{5}+10)\times\sqrt{5}$
$=5+10\sqrt{5}$

理解のコツ
・根号をふくむ式の計算は，根号の中をできるだけ小さい数にしてから計算しよう。素因数分解もあわせて復習しておこう。
・平方根の近似値を求める問題は，根号の中の数をある数の 2 乗との積や商の形で表すのがポイントだよ。

p.48～49　ぴたトレ 3

1 (1)$\pm\dfrac{4}{7}$ $\left(\dfrac{4}{7},\ -\dfrac{4}{7}\right)$　(2)$-\sqrt{0.04}$　(3)18　(4)○
(5)4　(6)○

解き方
(1)正の数には平方根が 2 つあります。
(2)$-0.2=-\sqrt{0.2^2}=-\sqrt{0.04}$
(3)平方根の符号は，根号の外についている符号で決まります。
(5)$\sqrt{9}+\sqrt{1}=3+1=4$

2 無理数…㋑，㋔，㋖，㋗
有理数…㋐，㋒，㋓，㋕

解き方
㋐～㋖のうち，根号を使わずに表せる数が有理数です。
㋐$\sqrt{81}=9$
㋔$\sqrt{0.9}=0.3$ ではありません。
$0.3=\sqrt{(0.3)^2}=\sqrt{0.09}$ です。
㋕$-\sqrt{\dfrac{1}{4}}=-\dfrac{1}{2}$
㋖$\sqrt{\dfrac{5}{36}}=\dfrac{\sqrt{5}}{6}$　根号が残るので，無理数です。

3 (1)$\sqrt{30}<6<\sqrt{40}$　(2)$-8<-\sqrt{60}$

解き方
(1)$6^2=36$，$(\sqrt{30})^2=30$，$(\sqrt{40})^2=40$ で，
$30<36<40$ だから　$\sqrt{30}<\sqrt{36}<\sqrt{40}$
(2)$8^2=64$，$(\sqrt{60})^2=60$ で，$64>60$ だから
$\sqrt{64}>\sqrt{60}$　したがって　$-\sqrt{64}<-\sqrt{60}$

4 (1)$\sqrt{96}$　(2)$\sqrt{288}$　(3)$2\sqrt{13}$　(4)$6\sqrt{15}$

解き方

(1)(2)$a\sqrt{b}=\sqrt{a^2}\times\sqrt{b}=\sqrt{a^2b}$ であることを使います。

(4)$\sqrt{540}=\sqrt{2^2\times3^3\times5}$

$=\sqrt{2^2\times3^2\times3\times5}$

$=\sqrt{2^2}\times\sqrt{3^2}\times\sqrt{15}$

$=2\times3\times\sqrt{15}$

$=6\sqrt{15}$

$$\begin{array}{r|l} 2 & 540 \\ 2 & 270 \\ 3 & 135 \\ 3 & 45 \\ 3 & 15 \\ & 5 \end{array}$$

2^2 ← 2, 2　3^2 ← 3, 3

5 22.36

解き方

$\sqrt{500}=5\sqrt{20}=5\times4.472=22.36$

(別解)$\sqrt{20}=2\sqrt{5}=4.472$ より $\sqrt{5}=2.236$

$\sqrt{500}=\sqrt{5}\times10=2.236\times10=22.36$

6 (1)$\dfrac{\sqrt{3}}{2}$　(2)$\dfrac{\sqrt{10}-2\sqrt{2}}{2}\left(\dfrac{\sqrt{10}}{2}-\sqrt{2}\right)$

解き方

(1)$\dfrac{3}{\sqrt{12}}=\dfrac{3}{2\sqrt{3}}=\dfrac{3\times\sqrt{3}}{2\sqrt{3}\times\sqrt{3}}=\dfrac{3\times\sqrt{3}}{2\times3}$

$=\dfrac{\sqrt{3}}{2}$

(2)$\dfrac{\sqrt{15}-\sqrt{12}}{\sqrt{6}}=\dfrac{\sqrt{15}-2\sqrt{3}}{\sqrt{6}}$　$\left(\dfrac{\sqrt{3}\times\sqrt{5}-2\times\sqrt{3}}{\sqrt{6}}\right)$

$=\dfrac{\sqrt{3}(\sqrt{5}-2)}{\sqrt{6}}$

$=\dfrac{\sqrt{5}-2}{\sqrt{2}}$

$=\dfrac{(\sqrt{5}-2)\times\sqrt{2}}{\sqrt{2}\times\sqrt{2}}$

$=\dfrac{\sqrt{10}-2\sqrt{2}}{2}$

(別解)$\dfrac{\sqrt{15}-\sqrt{12}}{\sqrt{6}}=\dfrac{\sqrt{15}}{\sqrt{6}}-\dfrac{\sqrt{12}}{\sqrt{6}}$

$=\dfrac{\sqrt{5}}{\sqrt{2}}-\sqrt{2}$

$=\dfrac{\sqrt{10}}{2}-\sqrt{2}$

7 (1)15　(2)$2\sqrt{2}$　(3)6　(4)$-\dfrac{\sqrt{5}}{5}$

(5)$\sqrt{6}-9\sqrt{2}$　(6)$\dfrac{16\sqrt{6}}{3}$　(7)$4+\sqrt{6}$

解き方

(1)$\sqrt{3}\times\sqrt{75}=\sqrt{3}\times5\sqrt{3}=5\times3=15$

(2)$\sqrt{120}\div\sqrt{15}=\sqrt{\dfrac{120}{15}}=\sqrt{8}=2\sqrt{2}$

(3)$\sqrt{32}\div2\sqrt{6}\times\sqrt{27}=\dfrac{4\sqrt{2}\times3\sqrt{3}}{2\sqrt{6}}=6$

(4)$\dfrac{9}{\sqrt{5}}-\sqrt{20}=\dfrac{9\sqrt{5}}{5}-2\sqrt{5}=-\dfrac{\sqrt{5}}{5}$

(5)$-\sqrt{6}-2\sqrt{8}+\sqrt{24}-\sqrt{50}$

$=-\sqrt{6}-2\times2\sqrt{2}+2\sqrt{6}-5\sqrt{2}$

$=\sqrt{6}-9\sqrt{2}$

(6)$\sqrt{\dfrac{2}{3}}+\sqrt{5}\times\sqrt{30}=\dfrac{\sqrt{2}}{\sqrt{3}}+\sqrt{5}\times(\sqrt{5}\times\sqrt{6})$

$=\dfrac{\sqrt{6}}{3}+5\sqrt{6}$

$=\dfrac{16\sqrt{6}}{3}$

(7)$(\sqrt{6}+4)^2-(\sqrt{6}+4)(\sqrt{6}+3)$

$=(\sqrt{6})^2+2\times4\times\sqrt{6}+4^2$

$-\{(\sqrt{6})^2+(4+3)\sqrt{6}+4\times3\}$

$=6+8\sqrt{6}+16-6-7\sqrt{6}-12$

$=4+\sqrt{6}$

(別解)$(\sqrt{6}+4)^2-(\sqrt{6}+4)(\sqrt{6}+3)$

$=(\sqrt{6}+4)\{\sqrt{6}+4-(\sqrt{6}+3)\}$

$=(\sqrt{6}+4)\times(\sqrt{6}+4-\sqrt{6}-3)$

$=(\sqrt{6}+4)\times1=\sqrt{6}+4$

8 (1)$a=47$，48　(2)n の値…6，$\sqrt{24n}$ の値…12

(3)-33

解き方

(1)$6.8^2=46.24$，$(\sqrt{a})^2=a$，$7^2=49$

$46.24<a<49$ となります。

(2)$\sqrt{24n}$ が自然数になるには，$24n$ が，ある自然数の 2 乗になればよいです。

$24=2^3\times3=2^2\times(2\times3)$

これをある自然数の 2 乗にするには，$2^3\times3$ に 6 をかけます。

このとき　$\sqrt{24n}=\sqrt{24\times6}=\sqrt{144}=12$

(3)$1^2<3<2^2$より　$1<\sqrt{3}<2$

したがって，$\sqrt{3}$ の整数部分は 1 だから

$a=\sqrt{3}-1$

$a^2+2a-35=(a-5)(a+7)$

$=(\sqrt{3}-1-5)(\sqrt{3}-1+7)$

$=(\sqrt{3}-6)(\sqrt{3}+6)$

$=(\sqrt{3})^2-6^2$

$=3-36$

$=-33$

(別解)$a^2+2a-35=(a+1)^2-36$ に $a+1=\sqrt{3}$ を代入して求めることもできます。

9 $n=8$

解き方

この正四角錐の体積について

$\dfrac{1}{3}\times a^2\times6=150$　$a^2=75$

$8^2=64$，$9^2=81$ であるから　$64<a^2<81$

したがって　$8<a<9$

3章　2次方程式

p.51　ぴたトレ0

1 ④，⑦

解き方　x に2を代入して，(左辺)=(右辺)となるものを見つけます。

⑦(左辺)$=2-7=-5$
(右辺)$=5$
なので，2は解ではありません。

④(左辺)$=3\times2-1=5$
(右辺)$=5$
なので，2は解です。

⑦(左辺)$=2+1=3$
(右辺)$=2\times2-1=3$
なので，2は解です。

㊀(左辺)$=4\times2-5=3$
(右辺)$=-1-2=-3$
なので，2は解ではありません。

2 (1)$x(x-3)$　(2)$x(2x+5)$
(3)$(x+4)(x-4)$　(4)$(2x+3)(2x-3)$
(5)$(x+3)^2$　(6)$(x-4)^2$　(7)$(3x+5)^2$
(8)$(x+3)(x+4)$　(9)$(x-3)(x-9)$
(10)$(x+4)(x-6)$

解き方　(4)$4x^2-9=(2x)^2-3^2$
$=(2x+3)(2x-3)$

(7)$9x^2+30x+25$
$=(3x)^2+2\times5\times3x+5^2$
$=(3x+5)^2$

(10)積が -24 になる2数の組から，和が -2 になるものを選びます。

積が -24	和が -2
1と -24	
-1と 24	
2と -12	
-2と 12	
3と -8	
-3と 8	
4と -6	○
-4と 6	

上の表から，2数は4と -6 です。
したがって
$x^2-2x-24=(x+4)(x-6)$

p.52～53　ぴたトレ1

1 ⑦，④，⑦

解き方　移項して整理すると
④$x^2+x-11=0$，㊀$x-11=0$ で，㊀は
(1次式)=0の形になるから，1次方程式です。

2 -1，3

解き方　左辺の x に値を代入して，方程式が成り立つかどうかを調べます。
$x=-1$ のとき　$(-1)^2-2\times(-1)-3=0$
$x=3$ のとき　$3^2-2\times3-3=0$

3 (1)$x=\pm\sqrt{10}$　(2)$x=\pm4$　(3)$x=\pm2$
(4)$x=\pm\dfrac{\sqrt{7}}{4}$

解き方　(4)$16x^2-7=0$
$16x^2=7$　$x^2=\dfrac{7}{16}$　$x=\pm\sqrt{\dfrac{7}{16}}=\pm\dfrac{\sqrt{7}}{4}$

4 (1)$x=5$，$x=-1$　(2)$x=5\pm2\sqrt{5}$
(3)$x=4$，$x=-10$　(4)$x=-4\pm2\sqrt{6}$

解き方　(3)$(x+3)^2-49=0$
$(x+3)^2=49$
$x+3=\pm7$
$x=-3\pm7$
$x=-3+7$，$x=-3-7$
$x=4$，$x=-10$

5 (1)①$4^2(16)$　②$4^2(16)$　③4　④17
$x=-4\pm\sqrt{17}$
(2)①$6^2(36)$　②$6^2(36)$　③6　④27
$x=6\pm3\sqrt{3}$

解き方　(1)　$x^2+8x=1$
$x^2+8x+4^2=1+4^2$
8の$\frac{1}{2}$の2乗
$(x+4)^2=17$
$x+4=\pm\sqrt{17}$
$x=-4\pm\sqrt{17}$

(2)　$x^2-12x=-9$
$x^2-12x+6^2=-9+6^2$
12の$\frac{1}{2}$の2乗
$(x-6)^2=27$
$x-6=\pm3\sqrt{3}$
$x=6\pm3\sqrt{3}$

6 (1) $x=-1,\ x=-5$ (2) $x=\dfrac{-5\pm\sqrt{33}}{2}$

解き方

(1) $x^2+6x+5=0$

$x^2+6x+3^2=-5+3^2$

$(x+3)^2=4$

$x+3=\pm2$

$x+3=2,\ x+3=-2$

$x=-1,\ x=-5$

(2) $x^2+5x-2=0$

$x^2+5x+\left(\dfrac{5}{2}\right)^2=2+\left(\dfrac{5}{2}\right)^2$

$\left(x+\dfrac{5}{2}\right)^2=\dfrac{33}{4}$

$x+\dfrac{5}{2}=\pm\dfrac{\sqrt{33}}{2}$

$x=-\dfrac{5}{2}\pm\dfrac{\sqrt{33}}{2}$

$x=\dfrac{-5\pm\sqrt{33}}{2}$

p.54~55 ぴたトレ1

1 ① 4 ② −3 ③ −2 ④ −3 ⑤ −3

⑥ 4 ⑦ −2 ⑧ 4

$x=\dfrac{3\pm\sqrt{41}}{8}$

解き方

$x=\dfrac{-(-3)\pm\sqrt{(-3)^2-4\times4\times(-2)}}{2\times4}$

$=\dfrac{3\pm\sqrt{9+32}}{8}=\dfrac{3\pm\sqrt{41}}{8}$

2 (1) $x=\dfrac{9\pm\sqrt{57}}{4}$ (2) $x=\dfrac{-1\pm\sqrt{41}}{4}$

(3) $x=\dfrac{-7\pm\sqrt{17}}{2}$ (4) $x=\dfrac{3\pm\sqrt{21}}{6}$

解き方

解の公式に代入します。

(1) $x=\dfrac{-(-9)\pm\sqrt{(-9)^2-4\times2\times3}}{2\times2}$

$=\dfrac{9\pm\sqrt{81-24}}{4}=\dfrac{9\pm\sqrt{57}}{4}$

(2) $x=\dfrac{-1\pm\sqrt{1^2-4\times2\times(-5)}}{2\times2}$

$=\dfrac{-1\pm\sqrt{1+40}}{4}=\dfrac{-1\pm\sqrt{41}}{4}$

(3) $x=\dfrac{-7\pm\sqrt{7^2-4\times1\times8}}{2\times1}$

$=\dfrac{-7\pm\sqrt{49-32}}{2}=\dfrac{-7\pm\sqrt{17}}{2}$

(4) $x=\dfrac{-(-3)\pm\sqrt{(-3)^2-4\times3\times(-1)}}{2\times3}$

$=\dfrac{3\pm\sqrt{9+12}}{6}=\dfrac{3\pm\sqrt{21}}{6}$

3 (1) $x=\dfrac{-3\pm\sqrt{7}}{2}$ (2) $x=\dfrac{-4\pm\sqrt{6}}{5}$

(3) $x=\dfrac{1\pm\sqrt{5}}{4}$ (4) $x=2\pm\sqrt{7}$

解き方

解の公式に代入します。

(1) $x=\dfrac{-6\pm\sqrt{6^2-4\times2\times1}}{2\times2}=\dfrac{-6\pm\sqrt{28}}{4}$

$=\dfrac{-6\pm2\sqrt{7}}{4}=\dfrac{-3\pm\sqrt{7}}{2}$

(2) $x=\dfrac{-8\pm\sqrt{8^2-4\times5\times2}}{2\times5}=\dfrac{-8\pm\sqrt{24}}{10}$

$=\dfrac{-8\pm2\sqrt{6}}{10}=\dfrac{-4\pm\sqrt{6}}{5}$

(3) $x=\dfrac{-(-2)\pm\sqrt{(-2)^2-4\times4\times(-1)}}{2\times4}$

$=\dfrac{2\pm\sqrt{20}}{8}=\dfrac{2\pm2\sqrt{5}}{8}=\dfrac{1\pm\sqrt{5}}{4}$

(4) $x=\dfrac{-(-4)\pm\sqrt{(-4)^2-4\times1\times(-3)}}{2\times1}$

$=\dfrac{4\pm\sqrt{28}}{2}=\dfrac{4\pm2\sqrt{7}}{2}=2\pm\sqrt{7}$

4 (1) $x=\dfrac{3}{2},\ x=-2$ (2) $x=2,\ x=-\dfrac{2}{3}$

(3) $x=\dfrac{1}{4}$ (4) $x=-\dfrac{2}{3}$

解き方

解の公式に代入します。

(1) $x=\dfrac{-1\pm\sqrt{1^2-4\times2\times(-6)}}{2\times2}$

$=\dfrac{-1\pm\sqrt{49}}{4}=\dfrac{-1\pm7}{4}$

$x=\dfrac{-1+7}{4}=\dfrac{3}{2},\ x=\dfrac{-1-7}{4}=-2$

(2) $x=\dfrac{-(-4)\pm\sqrt{(-4)^2-4\times3\times(-4)}}{2\times3}$

$=\dfrac{4\pm\sqrt{64}}{6}=\dfrac{4\pm8}{6}$

$x=\dfrac{4+8}{6}=2,\ x=\dfrac{4-8}{6}=-\dfrac{2}{3}$

根号の中が0になるとき，解は1つです。

(3) $x=\dfrac{-(-8)\pm\sqrt{(-8)^2-4\times16\times1}}{2\times16}$

$=\dfrac{8\pm\sqrt{64-64}}{32}=\dfrac{8}{32}=\dfrac{1}{4}$

(4) $x=\dfrac{-12\pm\sqrt{12^2-4\times9\times4}}{2\times9}$

$=\dfrac{-12\pm\sqrt{144-144}}{18}=-\dfrac{12}{18}=-\dfrac{2}{3}$

p.56~57 ぴたトレ 1

1 (1)$x=3$, $x=4$ (2)$x=1$, $x=-5$
(3)$x=-4$, $x=-9$ (4)$x=0$, $x=10$

解き方
(4)$x(x-10)=0$
$x=0$ または $x-10=0$
$x=0$, $x=10$

2 (1)$x=2$, $x=6$ (2)$x=2$, $x=9$
(3)$x=-1$, $x=9$ (4)$x=-3$, $x=9$
(5)$x=-2$, $x=-8$ (6)$x=-2$, $x=-10$

解き方
左辺を因数分解します。
(1)$x^2-8x+12=0$
$(x-2)(x-6)=0$
$x-2=0$ または $x-6=0$
$x=2$, $x=6$

3 (1)$x=5$ (2)$x=-8$

解き方
$(x+●)^2=0$ の形に因数分解できるとき，解は1つです。
(1)$x^2-10x+25=0$
$(x-5)^2=0$ $x-5=0$ $x=5$

4 まちがい…両辺を x でわるところ
正しい解…$x=0$, $x=-1$

解き方
わる数は0以外の数で，x でわるときは $x \neq 0$ でなければなりません。x でわると，$x=0$ の解が除かれてしまいます。
正しい解き方は
$x^2+x=0$ $x(x+1)=0$ $x=0$, $x=-1$

5 (1)$x=0$, $x=-4$ (2)$x=0$, $x=9$

解き方
(1)$x^2=-4x$ $x^2+4x=0$
$x(x+4)=0$ $x=0$, $x=-4$

p.58~59 ぴたトレ 1

1 (1)$x=5\pm\sqrt{7}$
理由…-7 を移項すると，$(x+▲)^2=●$ の形になるから。
(2)$x=\dfrac{2\pm\sqrt{6}}{2}$
理由…左辺が因数分解できないから，解の公式を使った。
(3)$x=3$, $x=5$
理由…左辺が因数分解できるから。
(4)$x=-2$, $x=-1$
理由…両辺を3でわった $x^2+3x+2=0$ は左辺が因数分解できるから。

解き方
解き方は次の通りです。なお，「平方根の考え」，「因数分解」，「解の公式」のどの方法で解いても解は同じになります。
(1)$(x-5)^2-7=0$
$(x-5)^2=7$ $x-5=\pm\sqrt{7}$ $x=5\pm\sqrt{7}$
(2)解の公式を使います。
$$x=\frac{-(-4)\pm\sqrt{(-4)^2-4\times2\times(-1)}}{2\times2}$$
$$=\frac{4\pm\sqrt{24}}{4}=\frac{4\pm2\sqrt{6}}{4}=\frac{2\pm\sqrt{6}}{2}$$
(3)$x^2-8x+15=0$
$(x-3)(x-5)=0$ $x=3$, $x=5$
(4)$3x^2+9x+6=0$
両辺を3でわって $x^2+3x+2=0$
$(x+2)(x+1)=0$ $x=-2$, $x=-1$

2 (1)$x=\dfrac{3\pm3\sqrt{5}}{2}$ (2)$x=2$
(3)$x=4$, $x=-\dfrac{4}{3}$ (4)$x=-2$, $x=5$
(5)$x=-4$, $x=10$ (6)$x=-2\pm\sqrt{10}$
(7)$x=8$ (8)$x=-4$, $x=6$

解き方
(2次式)$=0$ の形になおします。
(1)$x^2-3x-9=0$
解の公式を使います。
$$x=\frac{-(-3)\pm\sqrt{(-3)^2-4\times1\times(-9)}}{2\times1}$$
$$=\frac{3\pm\sqrt{45}}{2}=\frac{3\pm3\sqrt{5}}{2}$$
(2)$x^2-4x+4=0$ $(x-2)^2=0$
(3)$3x^2-8x-16=0$
解の公式を使います。
$$x=\frac{-(-8)\pm\sqrt{(-8)^2-4\times3\times(-16)}}{2\times3}$$
$$=\frac{8\pm\sqrt{256}}{6}=\frac{8\pm16}{6}$$
$$x=\frac{8+16}{6}=4,\ x=\frac{8-16}{6}=-\frac{4}{3}$$
(4)$x^2-3x-10=0$ $(x+2)(x-5)=0$
(5)$x^2-6x-40=0$ $(x+4)(x-10)=0$
(6)$x^2+4x-6=0$
解の公式を使います。
$$x=\frac{-4\pm\sqrt{4^2-4\times1\times(-6)}}{2\times1}$$
$$=\frac{-4\pm\sqrt{40}}{2}=\frac{-4\pm2\sqrt{10}}{2}=-2\pm\sqrt{10}$$

(7) $x-3=A$ とおくと

$A^2-10A+25=0$

$(A-5)^2=0$

$(x-3-5)^2=0$

$(x-8)^2=0$

(別解)まず展開して整理すると

$x^2-16x+64=0 \quad (x-8)^2=0$

(8) $(x+4)(x-4)-2(x+4)=0$

$x+4=A$ とおくと

$A(x-4)-2A=0$

$A(x-4-2)=0$

$(x+4)(x-6)=0$

(別解)まず展開して整理すると

$x^2-2x-24=0 \quad (x+4)(x-6)=0$

p.60~61　ぴたトレ 2

1 ㋑，㋒

解き方

x に 2 を代入して(左辺)=(右辺)となるかどうかを調べます。

㋐(左辺)$=2^2+4\times2+4=16$，(右辺)$=0$ であるから，2 は解ではありません。

㋑(左辺)$=(2+2)\times(2-2)=0$，(右辺)$=0$ であるから，2 は解です。

㋒(左辺)$=2^2+2=6$，(右辺)$=3\times2=6$ であるから，2 は解です。

㋓(左辺)$=2^2-2\times2-5=-5$，(右辺)$=2+1=3$ であるから，2 は解ではありません。

2 (1) $x=\pm2\sqrt{15}$　(2) $x=\pm3$　(3) $x=\pm\dfrac{1}{2}$

(4) $x=\pm\dfrac{5\sqrt{2}}{4}$　(5) $x=19,\ x=-5$

(6) $x=\dfrac{-2\pm2\sqrt{3}}{3}$

解き方

(1) $x^2-60=0 \quad x^2=60$

$x=\pm\sqrt{60}=\pm2\sqrt{15}$

(4) $8x^2-25=0 \quad 8x^2=25 \quad x^2=\dfrac{25}{8}$

解の分母を有理化して

$x=\pm\sqrt{\dfrac{25}{8}}=\pm\dfrac{5}{2\sqrt{2}}=\pm\dfrac{5\sqrt{2}}{4}$

(5) $(x-7)^2-144=0$

$(x-7)^2=144 \quad x-7=\pm12$

$x-7=12,\ x-7=-12$

(6) $(3x+2)^2=12$

$3x+2=\pm2\sqrt{3}$

$3x=-2\pm2\sqrt{3}$

$x=\dfrac{-2\pm2\sqrt{3}}{3}$

3 (1) $x=-1,\ x=-9$

(2) $x=\dfrac{-5\pm\sqrt{29}}{2}$

解き方

変形した式は

(1) $x^2+10x=-9$

$x^2+10x+5^2=-9+5^2 \rightarrow (x+5)^2=16$

10の$\dfrac{1}{2}$の2乗

$x+5=\pm4$

(2) $x^2+5x-1=0$

$x^2+5x=1$

両辺に x の係数 5 の $\dfrac{1}{2}$ の 2 乗を加えます。

$x^2+5x+\left(\dfrac{5}{2}\right)^2=1+\left(\dfrac{5}{2}\right)^2 \rightarrow \left(x+\dfrac{5}{2}\right)^2=\dfrac{29}{4}$

5の$\dfrac{1}{2}$の2乗

$x+\dfrac{5}{2}=\pm\dfrac{\sqrt{29}}{2}$

$x=-\dfrac{5}{2}\pm\dfrac{\sqrt{29}}{2}$

4 (1) $x=\dfrac{5\pm\sqrt{21}}{2}$　(2) $x=\dfrac{7\pm\sqrt{101}}{2}$

(3) $x=\dfrac{-7\pm\sqrt{13}}{6}$　(4) $x=\dfrac{5}{2},\ x=-1$

(5) $x=\dfrac{3}{2}$　(6) $x=\dfrac{4}{3},\ x=-2$

解き方

解の公式を使います。

(1) $x=\dfrac{-(-5)\pm\sqrt{(-5)^2-4\times1\times1}}{2\times1}$

$=\dfrac{5\pm\sqrt{21}}{2}$

(2) $x=\dfrac{-(-7)\pm\sqrt{(-7)^2-4\times1\times(-13)}}{2\times1}$

$=\dfrac{7\pm\sqrt{101}}{2}$

(3) $x=\dfrac{-7\pm\sqrt{7^2-4\times3\times3}}{2\times3}=\dfrac{-7\pm\sqrt{13}}{6}$

(4) $x=\dfrac{-(-3)\pm\sqrt{(-3)^2-4\times2\times(-5)}}{2\times2}$

$=\dfrac{3\pm\sqrt{49}}{4}=\dfrac{3\pm7}{4}$

$x=\dfrac{3+7}{4}=\dfrac{5}{2},\ x=\dfrac{3-7}{4}=-1$

(5) $x=\dfrac{-(-12)\pm\sqrt{(-12)^2-4\times4\times9}}{2\times4}$

$=\dfrac{12}{8}=\dfrac{3}{2}$

(別解)左辺を因数分解すると　$(2x-3)^2=0$

(6) $x=\dfrac{-2\pm\sqrt{2^2-4\times3\times(-8)}}{2\times3}$

$=\dfrac{-2\pm\sqrt{100}}{6}=\dfrac{-2\pm10}{6}$

$x=\dfrac{-2+10}{6}=\dfrac{4}{3}$, $x=\dfrac{-2-10}{6}=-2$

5 (1) $\boldsymbol{x=2}$, $\boldsymbol{x=-\dfrac{3}{2}}$ (2) $\boldsymbol{x=0}$, $\boldsymbol{x=6}$

(3) $\boldsymbol{x=-2}$, $\boldsymbol{x=18}$ (4) $\boldsymbol{x=9}$

(5) $\boldsymbol{x=-3}$, $\boldsymbol{x=-9}$ (6) $\boldsymbol{x=1}$, $\boldsymbol{x=-6}$

解き方

(1) $(x-2)(2x+3)=0$

$x-2=0$ または $2x+3=0$

$x=2$, $x=-\dfrac{3}{2}$

(6) $3x^2+15x-18=0$

$x^2+5x-6=0$ （両辺を3でわる）

$(x-1)(x+6)=0$

$x=1$, $x=-6$

6 (1) $\boldsymbol{x=-5}$, $\boldsymbol{x=7}$ (2) $\boldsymbol{x=\dfrac{2\pm\sqrt{14}}{5}}$

(3) $\boldsymbol{x=5}$ (4) $\boldsymbol{x=\dfrac{-3\pm\sqrt{57}}{2}}$

(5) $\boldsymbol{x=-6\pm3\sqrt{7}}$ (6) $\boldsymbol{x=\pm2}$

(7) $\boldsymbol{x=-6}$, $\boldsymbol{x=-3}$ (8) $\boldsymbol{x=2}$, $\boldsymbol{x=-4}$

解き方

(2次式)$=0$ の形になおします。

(1) $x^2-2x-35=0$ $(x+5)(x-7)=0$

(2) $5x^2-4x-2=0$

解の公式を使います。

$x=\dfrac{-(-4)\pm\sqrt{(-4)^2-4\times5\times(-2)}}{2\times5}$

$=\dfrac{4\pm\sqrt{56}}{10}=\dfrac{4\pm2\sqrt{14}}{10}=\dfrac{2\pm\sqrt{14}}{5}$

(3) 両辺を2でわると $x^2-10x+25=0$

$(x-5)^2=0$

(4) 両辺に3をかけると $x^2+3x-12=0$

解の公式を使います。

$x=\dfrac{-3\pm\sqrt{3^2-4\times1\times(-12)}}{2\times1}=\dfrac{-3\pm\sqrt{57}}{2}$

(5) $x^2+12x-27=0$

解の公式を使います。

$x=\dfrac{-12\pm\sqrt{12^2-4\times1\times(-27)}}{2\times1}$

$=\dfrac{-12\pm\sqrt{252}}{2}=\dfrac{-12\pm6\sqrt{7}}{2}$

$=-6\pm3\sqrt{7}$

(6) $x^2-4=0$ $x^2=4$ $x=\pm2$

(別解) $(x+2)(x-2)=0$ と因数分解してもよいです。

(7) $(x+6)^2-3(x+6)=0$

$x+6=A$ とおくと $A^2-3A=0$

$A(A-3)=0$

$(x+6)(x+6-3)=0$

$(x+6)(x+3)=0$

(別解) まず展開して整理すると

$x^2+9x+18=0$ $(x+6)(x+3)=0$

(8) $(x-4)^2+10(x-4)+16=0$

$x-4=A$ とおくと $A^2+10A+16=0$

$(A+2)(A+8)=0$

$(x-4+2)(x-4+8)=0$

$(x-2)(x+4)=0$

(別解) まず展開して整理すると

$x^2+2x-8=0$ $(x-2)(x+4)=0$

7 $\boldsymbol{x=\dfrac{5\pm\sqrt{19}}{2}}$

解き方

正しくなおすと次のようになります。

$x=\dfrac{-(-10)\pm\sqrt{(-10)^2-4\times2\times3}}{2\times2}$

$=\dfrac{10\pm\sqrt{100-24}}{4}=\dfrac{10\pm\sqrt{76}}{4}$

$=\dfrac{10\pm2\sqrt{19}}{4}=\dfrac{5\pm\sqrt{19}}{2}$

理解のコツ

・2次方程式を解くとき，因数分解と解の公式がよく使われるよ。(2次式)$=0$ の形になおして，左辺が因数分解できれば因数分解で，できなければ解の公式にあてはめて求めればいいよ。

p.62～63 ぴたトレ1

1 3と7

解き方

小さいほうの整数を x とすると，大きいほうの整数は $10-x$ と表されます。

2つの整数の積が21であるから

$x(10-x)=21$

$x^2-10x+21=0$

$(x-3)(x-7)=0$ したがって $x=3$, $x=7$

x は小さいほうの整数であるから，$10\div2=5$ より小さいです。したがって，$x<5$ でなければならないから，$x=7$ は問題に適していません。

$x=3$ は問題に適しています。

$x=3$ のとき，大きいほうの整数は

$10-3=7$

2 **3 m**

解き方 右の図のように道路を移動します。道路の幅を x m とすると

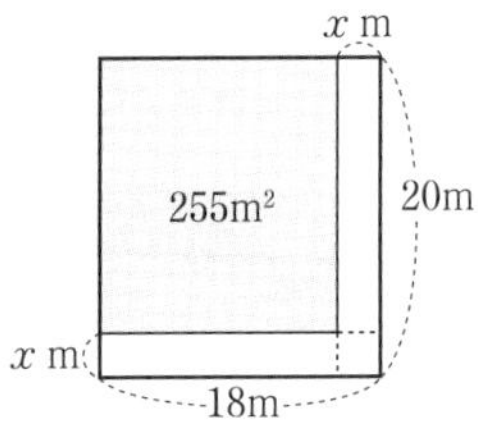

$(20-x)(18-x)$
$=255$
$x^2-38x+105=0$
$(x-3)(x-35)=0$
したがって　$x=3,\ x=35$
$18-x>0$，すなわち $x<18$ でなければならないから，$x=35$ は問題に適していません。$x=3$ は問題に適しています。

3 **4 cm，6 cm**

解き方 点 P が動いた距離 AP を x cm とすると，
PB$=10-x$(cm)，BQ$=x$ cm となります。
△PBQ の面積が 12 cm² になることから
$\frac{1}{2}x(10-x)=12$
両辺を 2 倍し，展開して整理すると
$x^2-10x+24=0$
$(x-4)(x-6)=0$　したがって　$x=4,\ x=6$
$0 \leqq x \leqq 10$ であるから，これらは問題に適しています。

p.64〜65　ぴたトレ2

1 **$x=1,\ x=-4$**

解き方 $(x+2)^2-8=x$
$(x-1)(x+4)=0$　したがって　$x=1,\ x=-4$
これらは問題に適しています。

2 **5 と 11**

解き方 小さいほうの自然数を x とすると，大きいほうの自然数は $x+6$ と表されるから
$x^2=2(x+6)+3$　$x^2-2x-15=0$
$(x+3)(x-5)=0$　したがって　$x=-3,\ x=5$
x は自然数であるから，$x=-3$ は問題に適していません。$x=5$ は問題に適しています。
$x=5$ のとき，大きいほうの数は $5+6=11$

3 **9，10，11 と -11，-10，-9**

解き方 真ん中の数を x とすると，3 つの続いた整数は $x-1$，x，$x+1$ と表されるから
$x^2+(x-1)(x+1)+1=200$　$2x^2=200$
$x^2=100$　したがって　$x=\pm 10$
$x=10$ のとき，3 つの続いた整数は 9，10，11
$x=-10$ のとき，3 つの続いた整数は -11，-10，-9
これらは問題に適しています。

4 **$n=8$**

解き方 $\frac{n(n+1)}{2}=36$
$n(n+1)=72$　$n^2+n-72=0$
$(n-8)(n+9)=0$
したがって　$n=8,\ n=-9$
n は自然数であるから，$n=-9$ は問題に適していません。$n=8$ は問題に適しています。

5 **$x=12$**

解き方 $x^2+(x-7)^2=(x+1)^2$
$2x^2-14x+49=x^2+2x+1$

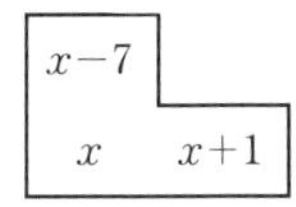

$x^2-16x+48=0$
$(x-4)(x-12)=0$
したがって　$x=4,\ x=12$
$x=4$ のとき，x の真上に数がないから，問題に適していません。$x=12$ は問題に適しています。

6 **8 m と 12 m**

解き方 縦の長さを x m とすると，横の長さは $(20-x)$ m と表されるから
$x(20-x)=96$　$x^2-20x+96=0$
$(x-8)(x-12)=0$　したがって　$x=8,\ x=12$
$x=8$ のとき，横の長さは　$20-8=12$(m)
$x=12$ のとき，横の長さは　$20-12=8$(m)
$0<x<20$ であるから，これらは問題に適しています。

7 **6 cm**

解き方 正方形の 1 辺の長さを x cm とすると
$(x+4)(x-2)=40$　$x^2+2x-48=0$
$(x-6)(x+8)=0$　したがって　$x=6,\ x=-8$
$x>2$ でなければならないから，$x=-8$ は問題に適していません。$x=6$ は問題に適しています。

8 **1 m**

解き方 道路の面積が花だんの面積の 2 倍になるから，花だんの面積は土地全体の $\frac{1}{3}$ になります。

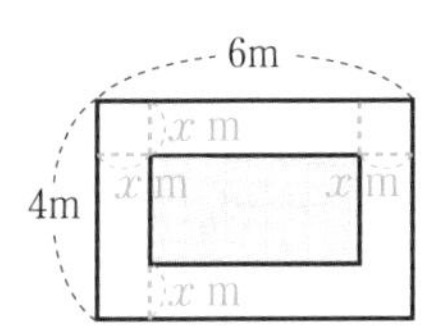

道路の幅を x m とすると
$(4-2x)(6-2x)=4\times 6\times \frac{1}{3}$
$4x^2-20x+24=8$　$x^2-5x+4=0$
$(x-1)(x-4)=0$　したがって　$x=1,\ x=4$
$x<2$ でなければならないから，$x=4$ は問題に適していません。$x=1$ は問題に適しています。

9 **5 cm**

解き方

箱の高さを x cm とすると，底面の縦は $(16-2x)$ cm，横は $(15-x)$ cm と表されるから

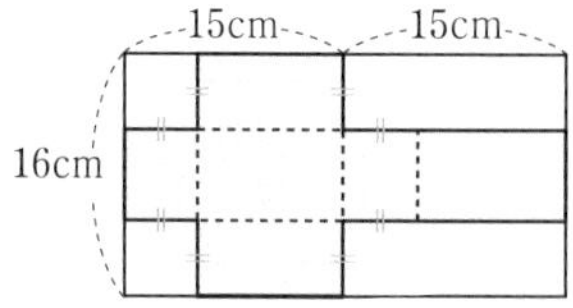

$(16-2x)(15-x)=60$

$2x^2-46x+180=0$　$x^2-23x+90=0$

$(x-5)(x-18)=0$　したがって　$x=5$，$x=18$

$x<8$ でなければならないから，$x=18$ は問題に適していません。$x=5$ は問題に適しています。

10 $(5+\sqrt{6})$ **cm，** $(5-\sqrt{6})$ **cm**

解き方

点 P が動いた距離 AP を x cm とすると，BP$=(10-x)$ cm と表されます。2 つの正方形の面積が 62 cm^2 になることから

$x^2+(10-x)^2=62$

$2x^2-20x+38=0$

$x^2-10x+19=0$

$x=\dfrac{-(-10)\pm\sqrt{(-10)^2-4\times1\times19}}{2\times1}=\dfrac{10\pm\sqrt{24}}{2}$

$=\dfrac{10\pm2\sqrt{6}}{2}=5\pm\sqrt{6}$

$0\leqq x\leqq10$ であるから，これらは問題に適しています。

理解のコツ

・2 次方程式の解がすべて問題の答えとなるとは限らないよ。x の変域を考え，問題に適しているかを必ず確認しよう。

p.66～67　ぴたトレ3

1 ㋑，㋒

解き方

方程式の x に -3 を代入して，方程式が成り立つものを選びます。

2 (1)$x=\pm3\sqrt{2}$　(2)$x=-1$，$x=-3$

(3)$x=0$，$x=7$　(4)$x=\dfrac{3}{2}$，$x=-5$

(5)$x=0$，$x=-3$　(6)$x=2$，$x=-13$

(7)$x=\dfrac{-5\pm\sqrt{13}}{2}$　(8)$x=6$，$x=9$

(9)$x=\dfrac{-2\pm\sqrt{7}}{3}$　(10)$x=\dfrac{5}{3}$

解き方

(2)$(x+2)^2-1=0$

$(x+2)^2=1$

$x+2=\pm1$

$x=-2+1=-1$，$x=-2-1=-3$

(7)$x=\dfrac{-5\pm\sqrt{5^2-4\times1\times3}}{2\times1}=\dfrac{-5\pm\sqrt{13}}{2}$

(9)$x=\dfrac{-4\pm\sqrt{4^2-4\times3\times(-1)}}{2\times3}=\dfrac{-4\pm2\sqrt{7}}{6}$

$=\dfrac{-2\pm\sqrt{7}}{3}$

(10)$9x^2-30x+25=0$　$(3x-5)^2=0$

3 (1)$x=-3$，$x=-5$　(2)$x=-\dfrac{1}{3}$，$x=-3$

(3)$x=1$　(4)$x=3$，$x=-12$

解き方

(1)両辺を 4 でわると　$x^2+8x+15=0$

$(x+3)(x+5)=0$　$x=-3$，$x=-5$

(2)整理すると　$3x^2+10x+3=0$

$x=\dfrac{-10\pm\sqrt{10^2-4\times3\times3}}{2\times3}=\dfrac{-10\pm8}{6}$

(3)両辺に 2 をかけて整理すると　$x^2-2x+1=0$

$(x-1)^2=0$　$x-1=0$　$x=1$

(4)$(x-3)(x+6)+6(x-3)=0$

$x-3=A$ とおくと

$A(x+6)+6A=0$　$A(x+6+6)=0$

$(x-3)(x+12)=0$

したがって　$x=3$，$x=-12$

(別解)まず展開して整理すると

$x^2+3x-18+6x-18=0$

$x^2+9x-36=0$　$(x+12)(x-3)=0$

4 (1)$a=-1$，$b=-20$

(2)$a=-16$，**もう 1 つの解…**$x=-8$

解き方

(1)$x=-4$ を代入すると　$16-4a+b=0$…①

$x=5$ を代入すると　$25+5a+b=0$…②

①，②を連立方程式として解くと

$a=-1$，$b=-20$

(別解)解が -4 と 5 であることから，左辺を因数分解した形で表して，a と b の値を求めることもできます。

解が -4，5 である 2 次方程式は

$\{x-(-4)\}(x-5)=0$

$(x+4)(x-5)=0$

$x^2-x-20=0$

したがって　$a=-1$，$b=-20$

(2)$x=2$ を代入すると　$4+12+a=0$

$a=-16$

$x^2+6x-16=0$　$(x-2)(x+8)=0$

$x=2$，$x=-8$

したがって，もう 1 つの解は -8 です。

5 -1と0，8と9

解き方

小さいほうの整数をxとすると，大きいほうの整数は$x+1$と表されるから

$x^2=7(x+1)+1$　$x^2-7x-8=0$

$(x+1)(x-8)=0$　したがって　$x=-1$，$x=8$

$x=-1$のとき，大きいほうの整数は0

$x=8$のとき，大きいほうの整数は9

これらは問題に適しています。

6 縦…$(9+3\sqrt{7})$ m，横…$(18+6\sqrt{7})$ m

解き方

土地の縦の長さをx mとすると，横の長さは$2x$ mと表されるから

$(x-3)(2x-3)=x\times 2x\times \frac{3}{4}$

両辺を2倍し，展開して整理すると

$x^2-18x+18=0$

$$x=\frac{-(-18)\pm\sqrt{(-18)^2-4\times 1\times 18}}{2\times 1}$$

$$=\frac{18\pm\sqrt{252}}{2}=\frac{18\pm 6\sqrt{7}}{2}=9\pm 3\sqrt{7}$$

幅が1 mの道路を3本つくるためには，$x>3$でなければならないから，$x=9-3\sqrt{7}$は問題に適していません。$x=9+3\sqrt{7}$は問題に適しています。

横の長さは　$2\times(9+3\sqrt{7})=18+6\sqrt{7}$ (m)

7 P (6，1)

解き方

点Pのx座標をaとすると，$P\left(a,\ -\frac{1}{2}a+4\right)$，

A (8，0)，B (0，4) であるから，台形BOQPの面積は

$\frac{1}{2}\times\left\{4+\left(-\frac{1}{2}a+4\right)\right\}\times a=15$

$\frac{1}{2}a\left(8-\frac{1}{2}a\right)=15$

両辺に4をかけて整理すると　$a(16-a)=60$

$(a-6)(a-10)=0$　したがって　$a=6$，$a=10$

点Pは線分AB上を動くから，$0<a<8$でなければなりません。したがって，$a=10$は問題に適していません。$a=6$は問題に適しています。

y座標は　$-\frac{1}{2}\times 6+4=1$

4章　関数 $y=ax^2$

p.69　ぴたトレ 0

1 (1)$y=\frac{100}{x}$　(2)$y=80-x$　(3)$y=80x$

比例するもの…(3)

反比例するもの…(1)

1次関数であるもの…(2)，(3)

解き方

比例の関係は$y=ax$の形，反比例の関係は$y=\frac{a}{x}$の形，1次関数は$y=ax+b$の形で表されます。比例は1次関数の特別な場合です。

上の答えの表し方以外でも，意味があっていれば正解です。

2 (1)-9　(2)-3　(3)-12

解き方

1次関数$y=ax+b$では，$\frac{(y\text{の増加量})}{(x\text{の増加量})}=a$なので，

(yの増加量)＝(xの増加量)$\times a$という関係が成り立ちます。

(1)xの増加量は，$4-1=3$だから，

yの増加量は　$3\times(-3)=-9$

(2)xの増加量が1のときのyの増加量はaに等しくなります。

p.70～71　ぴたトレ 1

1 ㋐$y=\frac{1}{2}x^2$　㋑$y=16x$　㋒$y=2\pi x^2$

yがxの2乗に比例するもの…㋐，㋒

解き方

㋐正方形の面積は

$\frac{1}{2}\times$(対角線の長さ)$\times$(対角線の長さ)

で求められます。

$y=\frac{1}{2}\times x\times x$

㋑$y=4\times(x\times 4)$　㋒$y=\frac{1}{3}\times(\pi\times x^2)\times 6$

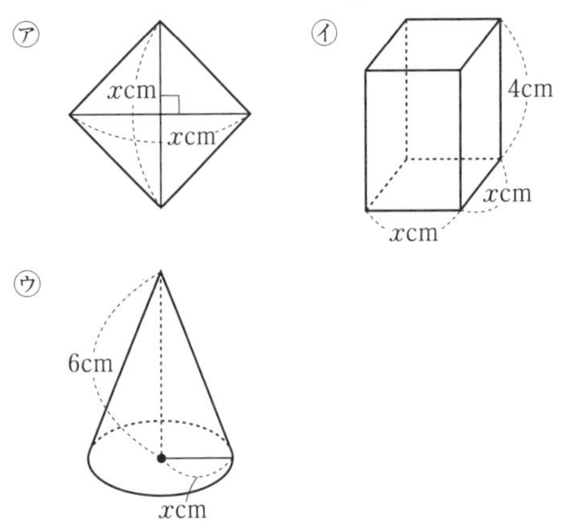

2 (1)$y=5x^2$　(2)$y=-3x^2$

解き方
y は x の 2 乗に比例するから $y=ax^2$ と書くことができます。
(1)$x=-2$ のとき $y=20$ であるから
$20=a\times(-2)^2$　$a=5$
(2)$x=4$ のとき $y=-48$ であるから
$-48=a\times4^2$　$a=-3$

3 (1)

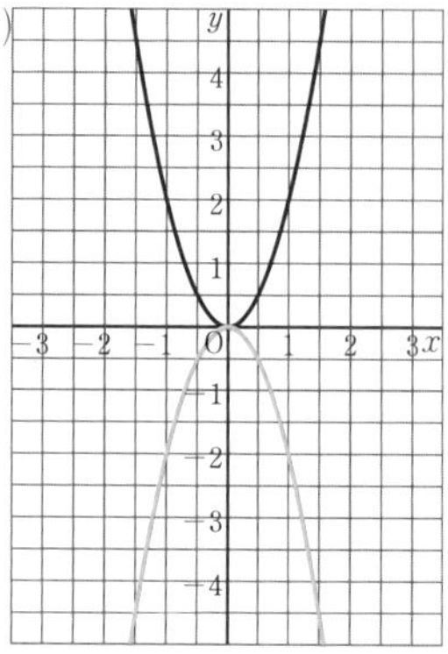

(2)㋐原点　㋑y　㋒x　㋓上

解き方
(1)$y=-2x^2$ のグラフは，点 $\left(-\frac{3}{2},\ -\frac{9}{2}\right)$，$(-1,\ -2)$，$\left(-\frac{1}{2},\ -\frac{1}{2}\right)$，$(0,\ 0)$，$\left(\frac{1}{2},\ -\frac{1}{2}\right)$，$(1,\ -2)$，$\left(\frac{3}{2},\ -\frac{9}{2}\right)$ を通る放物線です。

(2)

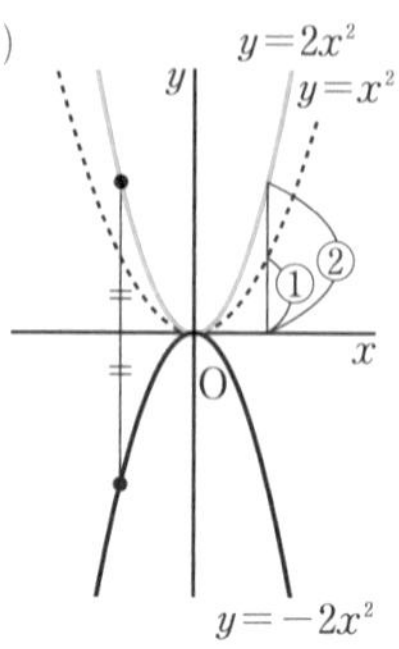

$y=2x^2$ では，x のどの値についても，y の値は x^2 の値の 2 倍になっています。また，$y=2x^2$ と $y=-2x^2$ を比べると，x のどの値についても，それに対応する y の値は，絶対値が等しく，符号が反対です。

4 ㋑

解き方
㋐は $y=\frac{1}{3}x^2$，㋒は $y=-x^2$ のグラフです。
$y=ax^2$ のグラフは
$a>0$ のときは，上に開いた形
$a<0$ のときは，下に開いた形
になります。また，a の値の絶対値が大きいほど，グラフの開き方は小さくなります。

p.72～73　ぴたトレ 1

1 (1)㋐18　㋑-24　(2)㋐-18　㋑24

解き方
(1)㋐$x=2$ のとき　$y=3\times2^2=12$
$x=4$ のとき　$y=3\times4^2=48$
したがって，変化の割合は
$$\frac{(y\text{の増加量})}{(x\text{の増加量})}=\frac{48-12}{4-2}=\frac{36}{2}=18$$
㋑$x=-5$ のとき　$y=3\times(-5)^2=75$
$x=-3$ のとき　$y=3\times(-3)^2=27$
したがって，変化の割合は
$$\frac{27-75}{-3-(-5)}=\frac{-48}{2}=-24$$
(2)㋐$x=2$ のとき　$y=-3\times2^2=-12$
$x=4$ のとき　$y=-3\times4^2=-48$
したがって，変化の割合は
$$\frac{-48-(-12)}{4-2}=\frac{-36}{2}=-18$$
㋑$x=-5$ のとき　$y=-3\times(-5)^2=-75$
$x=-3$ のとき　$y=-3\times(-3)^2=-27$
したがって，変化の割合は
$$\frac{-27-(-75)}{-3-(-5)}=\frac{48}{2}=24$$
(1)と(2)のグラフは x 軸について対称であることから，(2)の変化の割合は(1)の変化の割合と異符号になります。

2 (1)㋐$3\leqq y\leqq27$　㋑$0\leqq y\leqq48$
㋒$12\leqq y\leqq75$
(2)㋐$-27\leqq y\leqq-3$　㋑$-48\leqq y\leqq0$
㋒$-75\leqq y\leqq-12$

解き方
㋑は，x の変域に $x=0$ をふくむから
(1)$x=0$ のとき，最小値 0
$x=-4$ のとき，最大値 $y=3\times(-4)^2=48$
(2)$x=0$ のとき，最大値 0
$x=-4$ のとき，最小値 $y=-3\times(-4)^2=-48$
(1)と(2)のグラフは x 軸について対称であることから，(2)の変域を考えてもよいです。

3 ①直線　②放物線　③増加　④減少　⑤増加
⑥減少　⑦増加　⑧減少　⑨一定　⑩a
⑪一定

解き方
グラフをかいて考えます。

4 (1)**16 m/s** (2)**4 m/s**

解き方

平均の速さは

$\dfrac{(\text{進んだ距離})}{(\text{進んだ時間})}$ の式で求められます。

(1)斜面を下り始めてから3秒後，5秒後までに進んだ距離は

$x=3$ のとき　$y=2\times3^2=18$ (m)

$x=5$ のとき　$y=2\times5^2=50$ (m)

したがって，3秒後から5秒後までの間の平均の速さは

$\dfrac{50-18}{5-3}=\dfrac{32}{2}=16$ (m/s)

(2)$x=0$ のとき　$y=0$ (m)

$x=2$ のとき　$y=2\times2^2=8$ (m)

したがって，平均の速さは

$\dfrac{8-0}{2-0}=\dfrac{8}{2}=4$ (m/s)

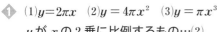

p.74～75　ぴたトレ2

1 (1)$\boldsymbol{y=2\pi x}$ (2)$\boldsymbol{y=4\pi x^2}$ (3)$\boldsymbol{y=\pi x^3}$

y が x の2乗に比例するもの…(2)

解き方

(2)側面積　$x\times(2\pi\times x)=2\pi x^2$ (cm²)

底面積　$\pi\times x^2=\pi x^2$ (cm²)

したがって，表面積は

$y=2\pi x^2+\pi x^2\times2=4\pi x^2$ (cm²)

(3)$y=\pi x^2\times x$

2 (1)$\boldsymbol{y=2x^2}$ (2)$\boldsymbol{y=-3x^2}$

解き方

(1)y は x の2乗に比例するから，比例定数を a とすると $y=ax^2$ と書くことができます。

$x=-3$ のとき $y=18$ であるから

$18=a\times(-3)^2$　$a=2$

3 (1)$\boldsymbol{y=\dfrac{2}{3}x^2}$

(2)$\boldsymbol{y=54}$

(3)**右の図**

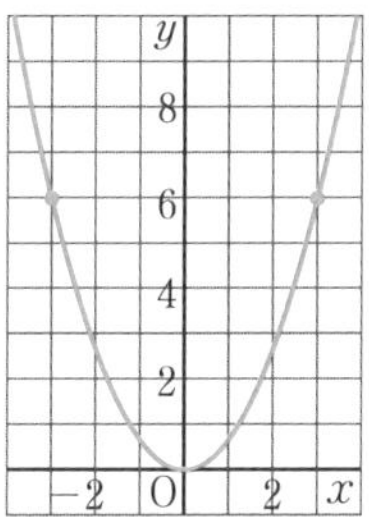

解き方

(1)y は x の2乗に比例するから，比例定数を a とすると $y=ax^2$ と書くことができます。

$x=-6$ のとき $y=24$ であるから

$24=a\times(-6)^2$　$a=\dfrac{2}{3}$

(2)$y=\dfrac{2}{3}x^2$ に $x=9$ を代入すると

$y=\dfrac{2}{3}\times9^2=54$

(別解)$x=9$ は $x=6$ の $\dfrac{3}{2}$ 倍だから，y の値は

$\left(\dfrac{3}{2}\right)^2$ 倍となり　$y=24\times\left(\dfrac{3}{2}\right)^2=54$

4 (1)**−2** (2)**12**

解き方

(1)$x=-6$ のとき　$y=\dfrac{1}{3}\times(-6)^2=12$

$x=0$ のとき　$y=0$

したがって，変化の割合は

$\dfrac{0-12}{0-(-6)}=-\dfrac{12}{6}=-2$

(2)$x=-6$ のとき　$y=-2\times(-6)^2=-72$

$x=0$ のとき　$y=0$

したがって，変化の割合は

$\dfrac{0-(-72)}{0-(-6)}=\dfrac{72}{6}=12$

5 (1)$\boldsymbol{2\leqq y\leqq18}$ (2)$\boldsymbol{0\leqq y\leqq18}$

解き方

グラフは下の図のようになります。

(2)$x=0$ のとき，最小値 $y=0$

$x=3$ のとき，最大値 $y=2\times3^2=18$

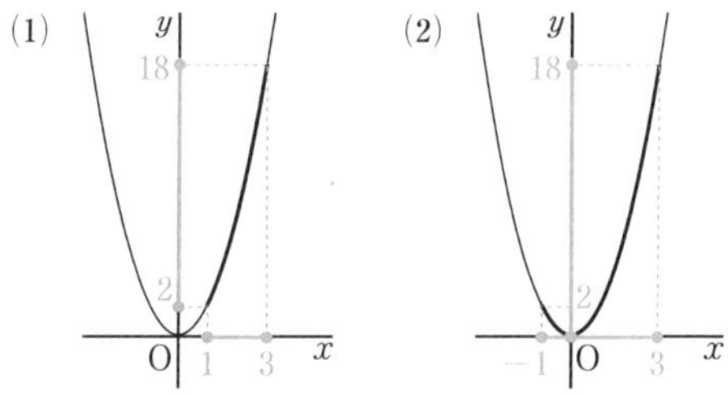

6 (1)ウ (2)イ (3)エ (4)ア

解き方

(1)と(2)は上に開いた形だから，$y=ax^2$ の $a>0$ でイとウ。イのほうが a の絶対値が大きいから，グラフの開き方は小さくなり(2)。

(3)と(4)は下に開いた形だから，$y=ax^2$ の $a<0$ でアとエ。アのほうが a の絶対値が大きいから，グラフの開き方は小さくなり(4)。

7 (1)イ，ウ (2)ウ，エ (3)ア，ウ (4)イ (5)ア，エ

解き方

グラフをかくと，次のようになります。

ア$y=\dfrac{1}{4}x-3$

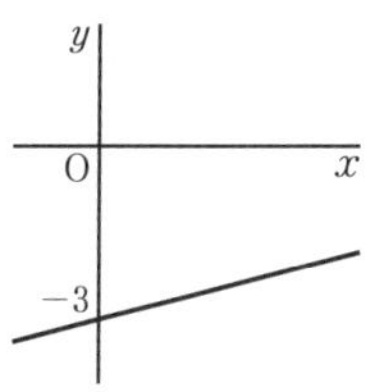

イ$y=-\dfrac{2}{3}x^2$

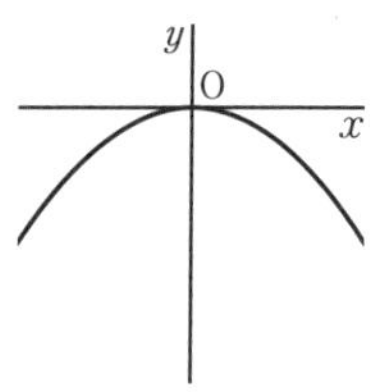

ⓤ$y=5x^2$　　　ⓔ$y=-3x$

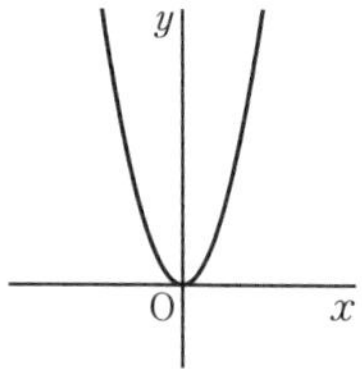

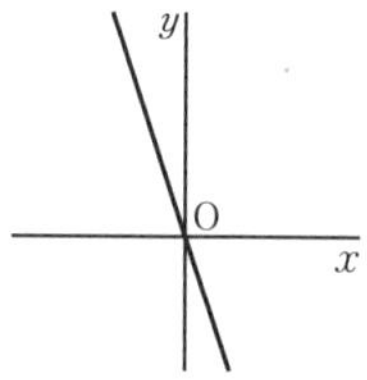

(1)㋐と㋓は1次関数で，グラフは直線。
(2)y軸より左側にあるグラフが右下がり。
(3)y軸より右側にあるグラフが右上がり。
(4)グラフが原点を通り，x軸より下にあります。
(5)1次関数は，変化の割合が一定。

理解のコツ

・yがxの2乗に比例するとき，$y=ax^2$と表されることを覚えておこう。
・yの変域や変化の割合を求めるときは，グラフの形を考えて解くようにしよう。

p.76～77　ぴたトレ1

1　(1)9 m　(2)1秒

解き方

(1)$y=\frac{1}{4}x^2$に$x=6$を代入すると

$y=\frac{1}{4}\times6^2=9$

(2)$y=\frac{1}{4}x^2$に$y=\frac{1}{4}$を代入すると

$\frac{1}{4}=\frac{1}{4}x^2$　$x^2=1$

$x>0$より　$x=1$

2　(1)右の図
(2)40秒後

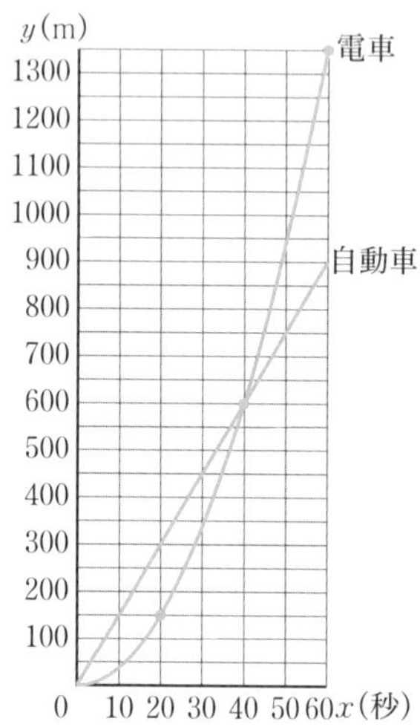

解き方

(1)電車の進むようすを表すグラフの式は

$y=\frac{3}{8}x^2$，自動車の進むようすを表すグラフの式は$y=15x$となります。

(2)電車が自動車に追いつくのは，(1)と(2)のグラフの交点(40，600)のときです。

3　(1)$y=x+6$　(2)15

解き方

(1)点Aのx座標の-2を，$y=x^2$に代入すると

$y=(-2)^2=4$

したがって，点Aの座標は$(-2,\ 4)$

同様にして，点Bの座標は$(3,\ 9)$

変化の割合は

$\frac{9-4}{3-(-2)}=\frac{5}{5}=1$

求める直線の式は$y=x+b$と表されます。

この式に$x=3$，$y=9$を代入すると

$9=3+b$　$b=6$

(2)OCの長さは6であるから

$\triangle OAB=\triangle OAC+\triangle OBC$

$=\frac{1}{2}\times6\times2+\frac{1}{2}\times6\times3$

$=15$

p.78～79　ぴたトレ1

1　(1)12.5 cm
(2)右の図
(3)yはxの関数であるといえる
理由…xの値を決めるとyの値もただ1つに決まるから。

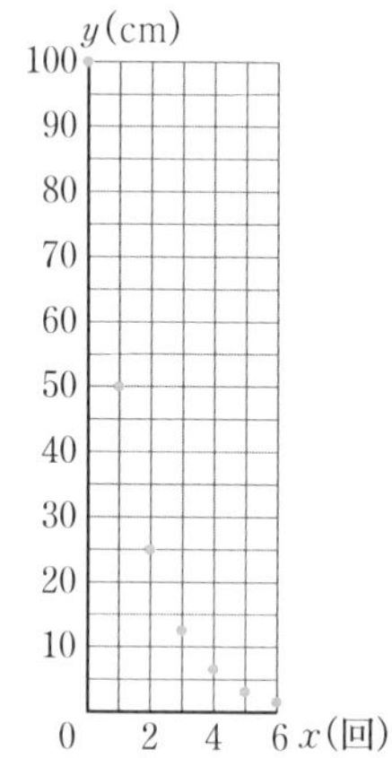

解き方

(1)(2)$x=0$のとき$y=100$で，xの値が1増えるごとに，yの値は$\frac{1}{2}$倍になり，xとyの関係は下の表のようになります。

x	1	2	3	4	5	6
y	50	25	12.5	6.25	3.125	1.5625

2　(1)表…(上から順に)150，180，210，240，270，300

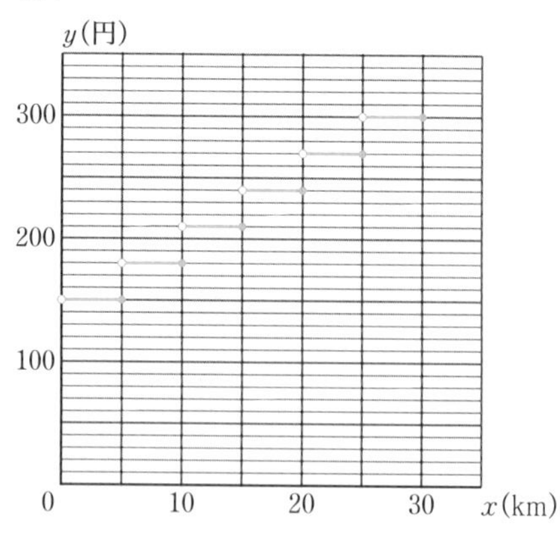

(2)①**210 円**　②**270 円**

解き方　(1)$x=5$ は，「5 km まで」にふくまれるから●，「10 km まで」にはふくまれないから○で表します。

(2)①15 km は，「15 km まで」にふくまれます。

②23 km は，「25 km まで」にふくまれます。

p.80〜81　ぴたトレ 2

1 (1)$\boldsymbol{y=\frac{1}{20}x^2}$　(2)**秒速 20 m**

解き方　(1)$y=ax^2$ と表すと，$x=10$ のとき $y=5$ であるから

$5=a\times10^2$　$a=\frac{1}{20}$

(2)$y=\frac{1}{20}x^2$ に $y=20$ を代入すると

$20=\frac{1}{20}x^2$　$x^2=20\times20$

$x>0$ であるから　$x=20$

2 (1)$\left(\frac{1}{2},\ \frac{1}{2}\right)$　(2)$\boldsymbol{y=-x+1}$

解き方　(1)点 A の x 座標と y 座標が等しいから A$(a,\ a)$ と表されます。$y=2x^2$ に $x=a$，$y=a$ を代入すると

$a=2a^2$　$2a^2-a=0$　$a(2a-1)=0$

$a\neq0$ であるから　$a=\frac{1}{2}$

(2)点 B の x 座標の -1 を $y=2x^2$ に代入すると

$y=2\times(-1)^2=2$

したがって，点 B の座標は$(-1,\ 2)$

直線 AB の傾きは

$$\frac{\frac{1}{2}-2}{\frac{1}{2}-(-1)}=\frac{-\frac{3}{2}}{\frac{3}{2}}=-1$$

したがって，直線 AB の式は $y=-x+b$ と書くことができます。

この直線が点$(-1,\ 2)$を通るから

$2=-1\times(-1)+b$　$b=1$

3 (1)**40 m**　(2)$\boldsymbol{y=\frac{1}{160}x^2}$　(3)**時速 120 km**

解き方　(1)制動距離は速さの 2 乗に比例するから，速さが $80\div40=2$(倍)になると，制動距離は $2^2=4$(倍)になります。

制動距離は　$10\times4=40$(m)

(2)$y=ax^2$ と表すと，$x=40$ のとき $y=10$ であるから　$10=a\times40^2$　$a=\frac{1}{160}$

(3)y は x の 2 乗に比例し，y の値が $90\div10=9=3^2$(倍)になるから，x の値は 3 倍になります。したがって　$x=40\times3=120$

(別解)$y=\frac{1}{160}x^2$ に $y=90$ を代入すると

$90=\frac{1}{160}x^2$　$x^2=90\times160$

$x>0$ より

$x=\sqrt{90\times160}=\sqrt{9\times16\times100}=120$

4 **A 社**

解き方　A 社…$1750\times120=210000$(円)

B 社…200 冊までに入るから，1 冊 1650 円。

$14000+1650\times120=212000$(円)

5 (1)**表…(上から順に)800，900，1000，1100，1200，1300，1400，1500，1600，1700**

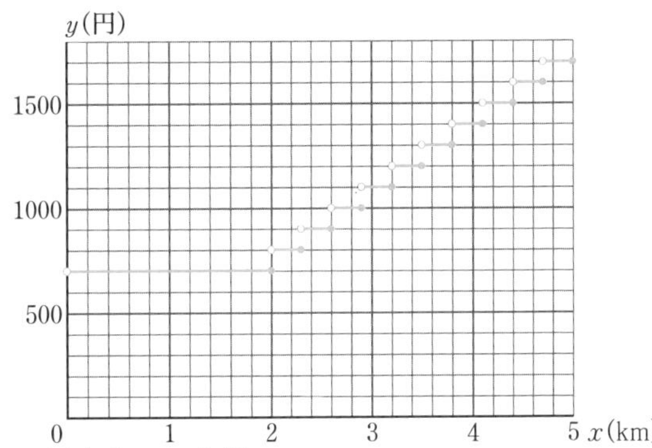

(2)**タクシー会社 B**

解き方　(2)乗車距離が 4 km のとき，タクシー会社 A の料金は 1400 円，タクシー会社 B の料金は 1300 円です。

理解のコツ
・放物線と直線の問題は，その交点に注目しよう。
・y の値がとびとびになっている関数のグラフでは，端の点が●か○かをはっきり区別しよう。

p.82〜83　ぴたトレ 3

1 (1)㋐，㋒　(2)㋐，㋒，㋓，㋔　(3)㋐，㋒　(4)㋐

解き方　グラフをかくと，次のようになります。

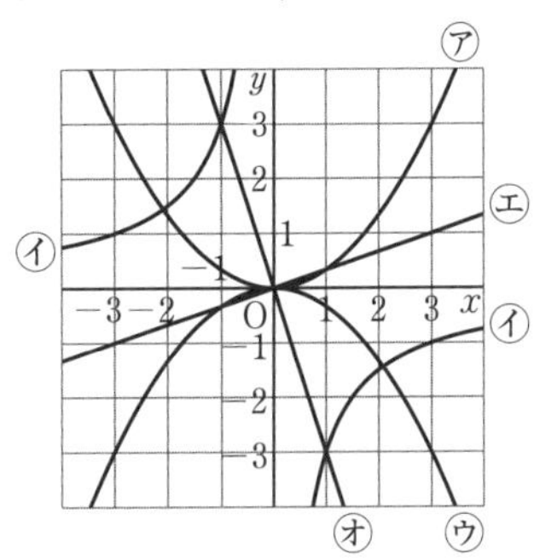

(4)㋐は $x=0$ のとき，最小値 0 をとります。㋑～㋔は最小値をもちません。
なお，㋒は $x=0$ のとき，最大値 0 をとります。㋐，㋑，㋓，㋔は最大値をもちません。

❷ (1)$\boldsymbol{y=-\frac{1}{3}x^2}$
(2)右の図

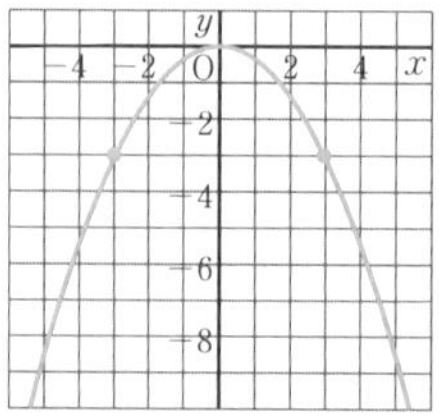

解き方
(1)$y=ax^2$ と表すと，$x=6$ のとき $y=-12$ であるから
$-12=a\times6^2\quad a=-\frac{12}{36}=-\frac{1}{3}$

❸ (1)$\boldsymbol{a=\frac{1}{6}}$　(2)$\boldsymbol{a=\frac{1}{2}}$

解き方
(1)y の変域が 0 以上だから，グラフは x 軸の上に開いた形の放物線になります。
したがって，$x=6$ のとき，最大値 $y=6$
$y=ax^2$ に $x=6$，$y=6$ を代入すると
$6=a\times6^2\quad a=\frac{1}{6}$
(2)1 次関数 $y=3x-5$ の変化の割合は一定で 3 になります。
$y=ax^2$ で
$x=2$ のとき　$y=a\times2^2=4a$
$x=4$ のとき　$y=a\times4^2=16a$
したがって，変化の割合は
$\frac{16a-4a}{4-2}=3\quad 6a=3\quad a=\frac{1}{2}$

❹ **24 m/s**

解き方
y は x の 2 乗に比例するから $y=ax^2$ と書くことができます。
$x=10$ のとき $y=40$ であるから
$40=a\times10^2\quad a=\frac{2}{5}\ \rightarrow\ y=\frac{2}{5}x^2$
$x=0$ のとき　$y=0$
$x=60$ のとき　$y=\frac{2}{5}\times60^2=1440$
したがって，平均の速さは
$\frac{1440-0}{60-0}=24\ (\text{m/s})$

❺ (1)$\boldsymbol{y=2x+4}$　(2)**P**$\boldsymbol{\left(\frac{1}{2},\ \frac{1}{2}\right)}$

解き方
(1)2 点 A, B は $y=2x^2$ のグラフ上の点であるから
$x=-1$ のとき　$y=2\times(-1)^2=2$
$x=2$ のとき　$y=2\times2^2=8$
したがって A$(-1,\ 2)$，B$(2,\ 8)$
直線 AB の傾きは　$\frac{8-2}{2-(-1)}=2$
$y=2x+b$ とおき，$x=2$，$y=8$ を代入すると
$8=2\times2+b\quad b=4$
(2)(1)の結果より，C $(0,\ 4)$ であるから，OC＝4
$\triangle OAB=\triangle OAC+\triangle OBC$
$=\frac{1}{2}\times4\times1+\frac{1}{2}\times4\times2$
$=6$
四角形 OACP$=\frac{1}{2}\triangle OAB=3$ であるから
$\triangle OPC=3-\triangle OAC=3-2=1$
点 P の x 座標を t とすると，△OPC は底辺を OC と見たとき，高さは P の x 座標になるから
$\frac{1}{2}\times4\times t=1\quad t=\frac{1}{2}$
点 P の y 座標は　$y=2\times\left(\frac{1}{2}\right)^2=\frac{1}{2}$

(別解)底辺が同じ 2 つの三角形は，高さが等しければ面積も等しいことを使います。
AB の中点を M とすると，M の x 座標は
$\frac{2+(-1)}{2}=\frac{1}{2}$
△OAB と △OAM はそれぞれ AB，AM を底辺と見ると，頂点 O を共有していて，高さが等しいから
$\triangle OAM=\frac{1}{2}\triangle OAB$
四角形 OACP$=\frac{1}{2}\triangle OAB=\triangle OAM$
△OAC は共通だから，
△OPC＝△OMC となればよいです。
OC を共通の底辺と考えると，CO∥MP のとき，
△OPC＝△OMC となります。

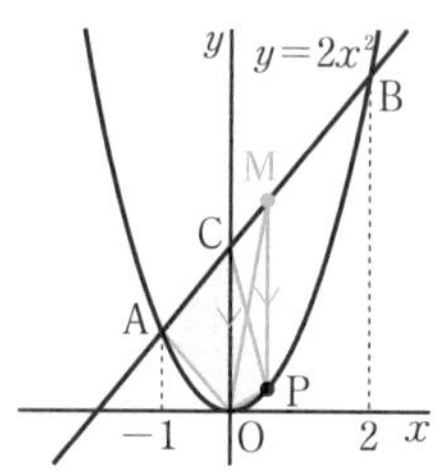

MP は y 軸に平行だから，点 P の x 座標は点 M の x 座標と等しく，$\frac{1}{2}$ となります。

6 (1)㋐$y=\frac{1}{2}x^2$　㋑$y=2x-2$

(2)
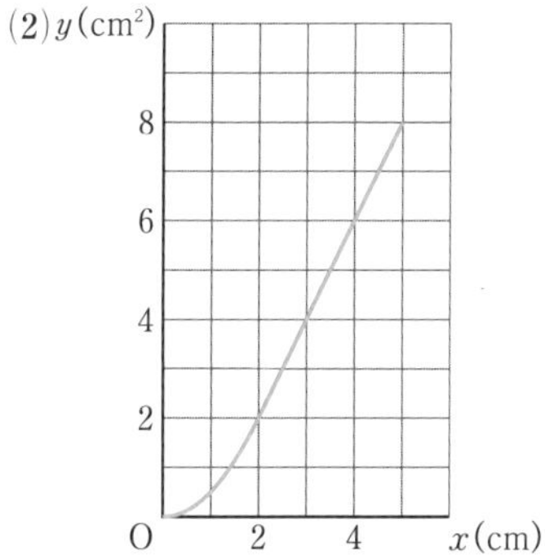

解き方　図1，図2より，袋に入る紙の形が変化するときのxの値などを読みとります。点Sが辺AB上にきたときを境に，袋に入った紙の部分が直角二等辺三角形から台形へと変わります。

点Sが辺AB上にきたとき(図3)，$x=2$であり，

このとき　$y=\frac{1}{2}\times2\times2=2$

点Pが辺AB上にきたとき(図4)，$x=5$であり，

このとき　$y=\frac{1}{2}\times(3+5)\times2=8$

グラフは$0\leqq x\leqq2$のとき，点(2，2)を通る放物線で，式は$y=\frac{1}{2}x^2$となります。

$2\leqq x\leqq5$のとき，2点(2，2)，(5，8)を通る直線で，式は$y=2x-2$となります。

図3

$x=2$のとき

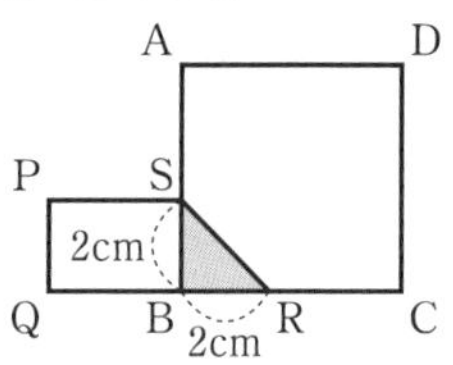

図4

$x=5$のとき

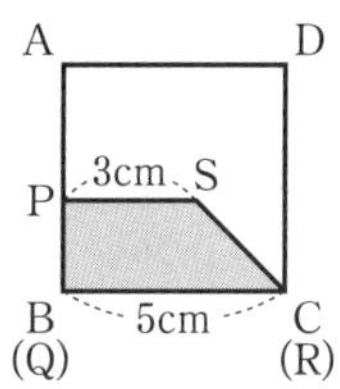

5章　相似な図形

p.85　ぴたトレ0

1 (1)$x=2$　(2)$x=32$　(3)$x=10$　(4)$x=4$

解き方　$a:b=m:n$ならば$an=bm$

(4)$x:(x+3)=4:7$

$7x=4(x+3)$

$7x=4x+12$

$3x=12$

$x=4$

2 ㋐と㋕

2組の辺とその間の角がそれぞれ等しい。

㋑と㋓

1組の辺とその両端(りょうたん)の角がそれぞれ等しい。

㋒と㋔

3組の辺がそれぞれ等しい。

解き方　㋑は残りの角の大きさを求めると，㋓と合同であるとわかります。

p.86～87　ぴたトレ1

1 (1)**右の図**

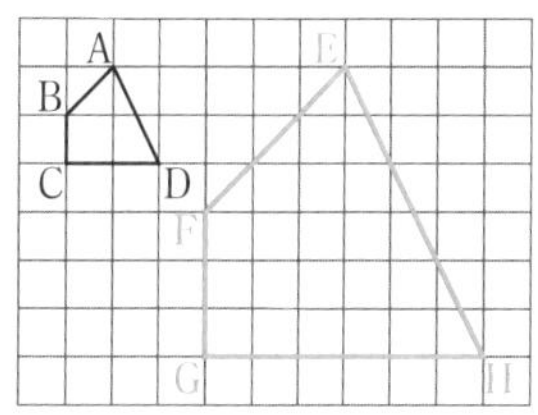

(2)**四角形ABCD**

∽四角形EFGH

(3)**AB：EF=1：3,**

BC：FG=1：3,

CD：GH=1：3,

DA：HE=1：3

(EF=3AB，FG=3BC，GH=3CD，HE=3DA)

∠A=∠E，∠B=∠F，∠C=∠G，∠D=∠H

(4)**3倍**

解き方　(2)対応する頂点を周にそって同じ順に書いていれば

四角形BCDA∽四角形FGHE

などと答えてもよいです。

(3)(4)対応する辺の長さの比はすべて等しく，対応する角の大きさはそれぞれ等しいです。

2 (1)

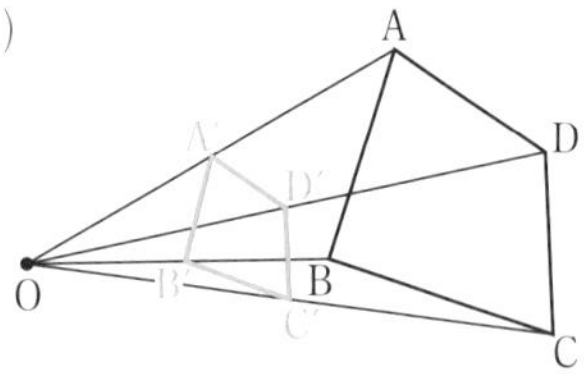

(2)

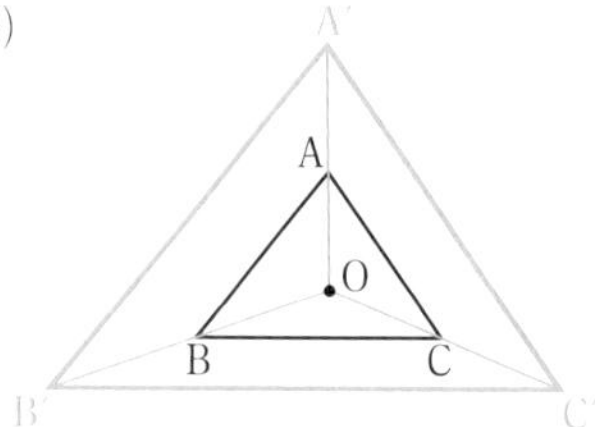

解き方
(1)線分 OA，OB，OC，OD の中点をそれぞれ A′，B′，C′，D′ とします。
(2)半直線 OA，OB，OC 上に，それぞれ 2OA，2OB，2OC となる点をとり，A′，B′，C′ とします。

3 **(1)2：3　(2)① 6 cm　②15 cm**

解き方
(1)AB：DE＝8：12＝2：3
(2)①AC＝x cm とすると　$x:9=8:12$
　$x:9=2:3$　$3x=18$　$x=6$
②EF＝x cm とすると　$10:x=8:12$
　$10:x=2:3$　$2x=30$　$x=15$
(別解)となり合う 2 辺の比は等しいことを使って求めることもできます。
①$8:x=12:9$　$8:x=4:3$　$4x=24$　$x=6$
②$12:x=8:10$　$12:x=4:5$　$4x=60$　$x=15$

p.88～89　ぴたトレ 1

1 **△ABC∽△OMN**
相似条件…2 組の角がそれぞれ等しい。
△DEF∽△KLJ
相似条件…2 組の辺の比とその間の角がそれぞれ等しい。
△GHI∽△PRQ
相似条件…3 組の辺の比がすべて等しい。

解き方
- △ABC と △OMN…∠A＝∠O，∠C＝180°－(75°＋60°)＝45°＝∠N
- △DEF と △KLJ…DE：KL＝EF：LJ＝2：3，∠E＝∠L
- △GHI と △PRQ…短い辺の順に比を求めると IG：QP＝GH：PR＝HI：RQ＝2：3

2 **(1)△ABC∽△AED**
相似条件…2 組の角がそれぞれ等しい。
(2)△ABE∽△DCE
相似条件…2 組の辺の比とその間の角がそれぞれ等しい。
(3)△ABC∽△AED
相似条件…2 組の辺の比とその間の角がそれぞれ等しい。

解き方
(1)∠A は共通，∠C＝∠ADE
(2)AE：DE＝BE：CE＝2：3，∠AEB＝∠DEC(対頂角)
(3)AB：AE＝AC：AD＝3：1，∠A は共通

3 **(1)△ABC と △DBA において**
仮定から　∠BAC＝∠BDA　……①
また　∠B は共通　……②
①，②より，2 組の角がそれぞれ等しいから
△ABC∽△DBA
(2)相似な図形の対応する辺の比はすべて等しいから　AB：DB＝BC：BA
(3)$2\sqrt{7}$ cm

解き方
(1)仮定で 1 組の角の大きさが等しいことがあたえられているので，もう 1 組等しい角を見つけます。
(3)AB＝x cm とすると
$x:4=7:x$ であるから
$x^2=28$
$x>0$ より　$x=2\sqrt{7}$

p.90～91　ぴたトレ 1

1 **縮図…右の図**
約 30.5 m

(例)

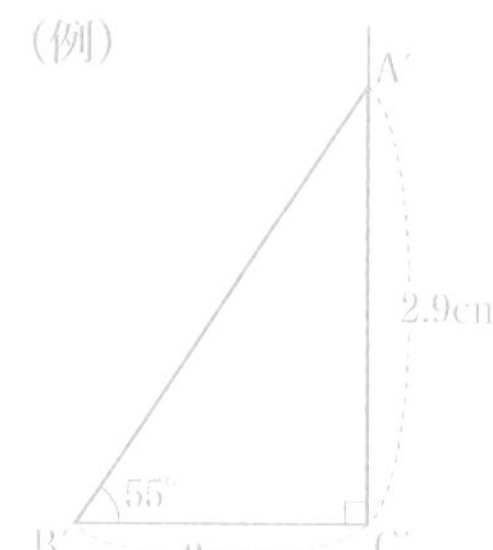

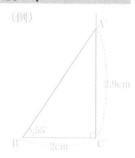

解き方
縮尺 $\frac{1}{1000}$ の縮図をかくと，上の図のようになります。
AC＝x m とすると
$x:2.9=20:2$
$2x=58$
$x=29$

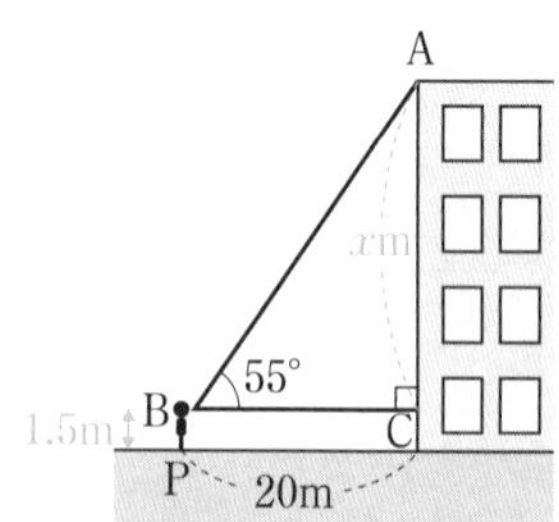

ビルの高さは　$29+1.5=30.5$ (m)
目の高さをたすのを忘れないようにしましょう。

2 **約 20 m**

解き方

右の図で
$\triangle ABC \backsim \triangle DEF$ です。
校舎の高さを x m と
すると
$AC : BC = DF : EF$
$8 : 3.2 = x : 8$
$3.2x = 64$
$x = 20$

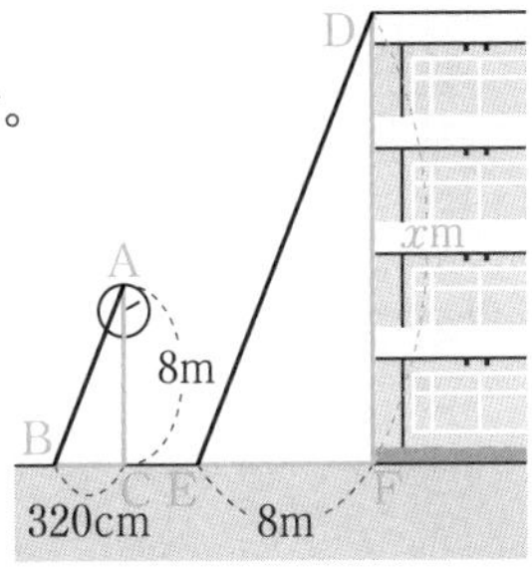

3 **(1)$34.5 \leqq a < 35.5$**
誤差の絶対値は大きくても 0.5
(2)$115 \leqq a < 125$
誤差の絶対値は大きくても 5

解き方

(1)a の小数第 1 位を四捨五入すると 35 になるから
$34.5 \leqq a < 35.5$
これより，誤差の絶対値はどんなに大きくても
$(35.0-34.5=)0.5$ です。

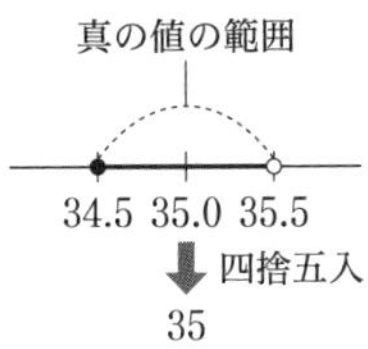

(2)a の 10 cm 未満を四捨五入すると 120 になるから　$115 \leqq a < 125$
これより，誤差の絶対値はどんなに大きくても 5 です。

4 **(1)5.63×10^3 m　(2)2.80×10^3 m**

解き方

(1)$1000 = 10^3$ より，10 の累乗の指数は 3 とします。

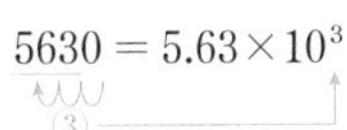

(2)十の位の数 0 も有効数字だから，整数部分が 1 けたの数は 2.8 ではなく，2.80 とします。
また，2 を 1000 倍すると 2000 になることから，10 の累乗の指数は，$1000 = 10^3$ より，3 とします。

p.92〜93　ぴたトレ 2

1 **(1)$\triangle ABC \backsim \triangle EFD$**
相似比…3 : 1
(2)右の図

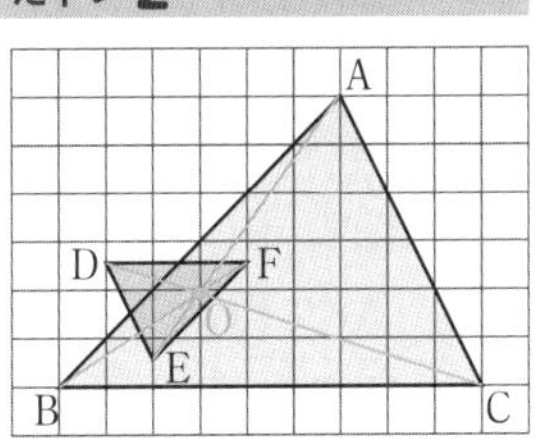

解き方

(1)対応する辺は，辺 BC と FD であるから，相似比は　$BC : FD = 9 : 3 = 3 : 1$

2 **合同**

解き方

相似比が 1 : 1 であるから，対応する辺がそれぞれ等しいことになります。

3 **(1)四角形 ABCD$\backsim$四角形 GHEF**
(2)辺 AD… 6 cm，辺 EF…7.2 cm

解き方

(1)いちばん長い辺は，辺 BC と辺 HE
いちばん大きい角は，$\angle A$ と $\angle G$
いちばん小さい角は，$\angle C$ と $\angle E$
対応する頂点は，頂点 A と G，B と H，C と E，D と F です。
(2)$AD = x$ cm とすると
$x : 3.6 = 5 : 3$　$3x = 18$　$x = 6$
$EF = y$ cm とすると
$12 : y = 5 : 3$　$5y = 36$　$y = 7.2$

4 **(1)$\triangle ABC \backsim \triangle ADE$**
相似条件… 2 組の角がそれぞれ等しい。
(2)$\triangle ABE \backsim \triangle DCE$
相似条件… 2 組の辺の比とその間の角がそれぞれ等しい。

解き方

(1)$\angle C = \angle AED$，$\angle A$ は共通であるから
$\triangle ABC \backsim \triangle ADE$
(2)$AE : DE = BE : CE = 1 : 3$，
$\angle AEB = \angle DEC$(対頂角)であるから
$\triangle ABE \backsim \triangle DCE$

5 **$\triangle ADF$ と $\triangle CEF$ において**
仮定から　$\angle DAF = \angle ECF$　……①
対頂角は等しいから
$\angle DFA = \angle EFC$　……②
①，②より，2 組の角がそれぞれ等しいから
$\triangle ADF \backsim \triangle CEF$

解き方

仮定で 1 組の角の大きさが等しいことがあたえられているので，もう 1 組等しい角を見つけます。

6 **約 12 m**

解き方

$\angle ABC = \angle DEF = 90°$
$AC \parallel DF$ なので　$\angle BCA = \angle EFD$
したがって　$\triangle ABC \backsim \triangle DEF$
$DE = x$ m とすると
$4 : x = 2.4 : 7.2$　$2.4x = 28.8$　$x = 12$
(別解)となり合う 2 辺の比が等しいことから
$x : 7.2 = 4 : 2.4$　$2.4x = 28.8$　$x = 12$

7 約 26 m

解き方 縮尺 $\frac{1}{500}$ の縮図をかくと，右の図のようになります。
AB＝x m とすると
$x：5.2＝15：3$
$3x＝78$
$x＝26$

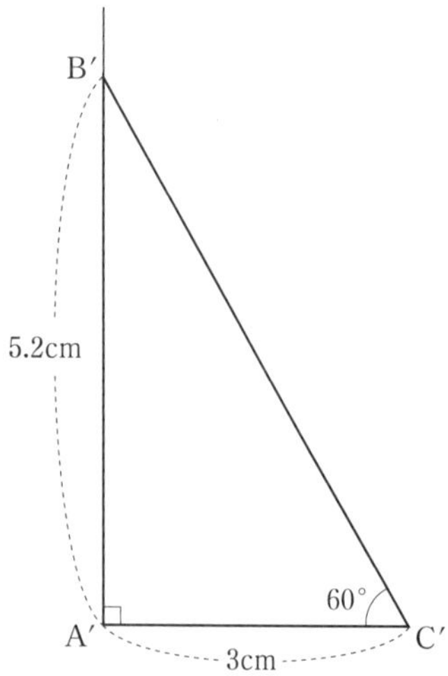

8 (1) $1595 \leqq a < 1605$ (2) 1.28×10^4 m

解き方 (2) $10000＝10^4$ より，10 の累乗の指数は 4 とします。
$12800＝1.28 \times 10^4$

理解のコツ
・相似な図形を，記号∽を使って表すときは，長い順に辺を組にしたり，大きい順に角を組にしたりして，対応する点の順に並べよう。
・図形の性質や共通な角から等しい角を見つけ，辺の比を求めて，相似条件にあてはまるかを調べよう。
・真の値の範囲を示すときは，何の位を四捨五入するかに注意して，数直線に • の末尾の数字 5 と ◦ の末尾の数字 5 を記入してみるとわかりやすくなるよ。
・有効数字には，四捨五入した位の数字は入らないよ。左端の数字から，四捨五入した位のすぐ上の位の数字までだよ。
・有効数字をはっきりさせる表し方では，有効数字の右端に 0 があれば，それも省略せずに書こう。また，10 の累乗の指数は，もとの数を，整数部分が 1 けたの数にするために小数点を移動したけた数に等しいよ。

p.94〜95 ぴたトレ 1

1 (1) $x＝10$，$y＝7.5$ (2) $x＝21$，$y＝7$
(3) $x＝7.5$，$y＝8$ (4) $x＝10$，$y＝12$
(5) $x＝4.5$，$y＝21$ (6) $x＝18$，$y＝5$

解き方 (2) $6：(6＋12)＝7：x$
$6x＝126$ $x＝21$
$6：(6＋12)＝y：21$ $18y＝126$ $y＝7$
(4) $x：15＝4：6$ $6x＝60$ $x＝10$
$4：6＝8：y$ $4y＝48$ $y＝12$
(5) $(14－8)：8＝x：6$
$8x＝36$ $x＝4.5$
$(14－8)：14＝9：y$ $6y＝126$ $y＝21$
(6) $x：(x＋6)＝9：12$
$12x＝9(x＋6)$ $3x＝54$ $x＝18$
$18：6＝15：y$ $18y＝90$ $y＝5$

2 **線分 DE**
理由…CD：DB＝CE：EA＝6：5 であるから DE // BA

解き方 BD：DC，CE：EA，AF：FB を求めて，等しい比になるものを見つけます。
AF：FB＝4.8：5.2＝12：13，
AE：EC＝4：4.8＝5：6
したがって，線分 EF は辺 BC に平行ではありません。
BF：FA＝5.2：4.8＝13：12，BD：DC＝5：6
したがって，線分 FD は辺 CA に平行ではありません。
CD：DB＝6：5，CE：EA＝4.8：4＝6：5
したがって，線分 DE は辺 AB に平行です。

p.96〜97 ぴたトレ 1

1 (1) **DE と平行な辺…辺 BA**
DE と長さが等しい線分…線分 AF，FB
(2) **△EDC，△FBD，△AFE，△DEF**
相似比…2：1
(3) **3 cm²**

解き方 (1) △CAB において，E は辺 CA の中点，D は辺 CB の中点であるから，中点連結定理より
ED // AB，ED＝$\frac{1}{2}$AB
(2) △ABC と △EDC において
AC：EC＝2：1…①，BC：DC＝2：1…②
(1)から AB：ED＝2：1…③
①，②，③より，3 組の辺の比がすべて等しいから
△ABC∽△EDC
他の三角形が △ABC と相似であることも同様に証明できます。
(3) (2)より，△ABC は合同な 4 つの三角形に分けられるから △DEF＝12÷4＝3(cm²)

2 (1) **EF // BC であるから，三角形と比の定理より**
AF：FC＝AE：EB＝1：1
すなわち AF＝FC
したがって，F は AC の中点になる。
(2) **EF… 5 cm，EG… 8 cm**

解き方

(2)△ABC で E は辺 AB の中点，F は辺 AC の中点であるから，中点連結定理より

$EF=\frac{1}{2}BC=\frac{1}{2}\times10=5(cm)$

同様にして，△ACD で G は辺 CD の中点であるから，中点連結定理より

$FG=\frac{1}{2}AD=\frac{1}{2}\times6=3(cm)$

3 (1)**(GE＝FE の)二等辺三角形**

(2)**△DAB において，E は BD の中点，G は AD の中点であるから，中点連結定理より**

$GE=\frac{1}{2}AB$

△BCD においても同様にして

$FE=\frac{1}{2}CD$

また，仮定から　AB＝CD

したがって　GE＝FE

2 辺が等しいから，△EFG は二等辺三角形である。

解き方

(2) 2 辺 EG と EF の両端の点 E，G，F が，四角形 ABCD の辺や対角線の中点であることから，中点連結定理を使う三角形を見つけます。

p.98～99　ぴたトレ 1

1 (1)$x=4.8$　(2)$x=4.5$　(3)$x=5$　(4)$x=15$

解き方

(1)3：4＝3.6：x　$3x=14.4$　$x=4.8$

(2)4：6＝3：x　$4x=18$　$x=4.5$

(3)4：(12－4)＝x：10　$8x=40$　$x=5$

(4)12：8＝9：(x－9)

$12(x-9)=72$　$x-9=6$　$x=15$

(別解)直線 ℓ と m，ℓ と n の間の線分の比について

12：(12＋8)＝9：x

$12x=180$　$x=15$

2 (1)**(例)**

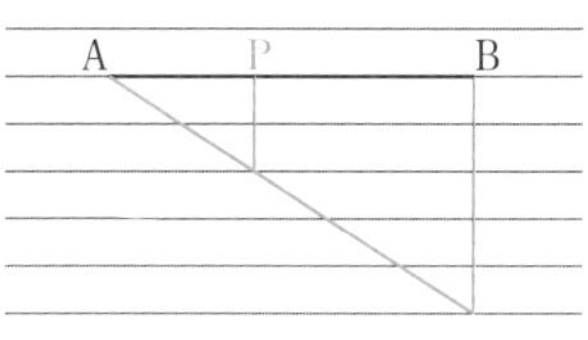

(2)**(例)**

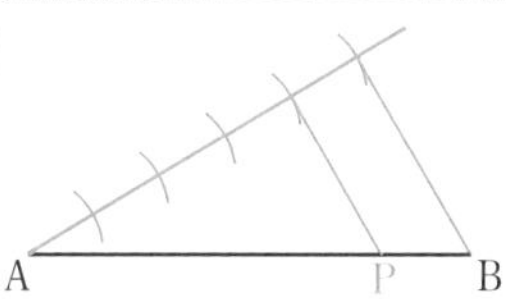

解き方

(2)

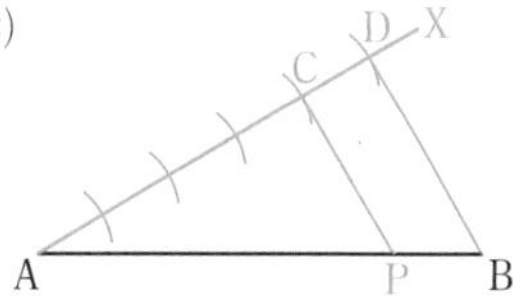

1 点 A から半直線 AX をひきます。

2 AX 上に，点 A から順に等間隔に 5 点をとり，A から 4 番目と 5 番目の点をそれぞれ C，D とし，点 D と B を結びます。

3 点 C から DB に平行な直線をひき，AB との交点を P とすればよいです。

3 (1)$x=6$　(2)$x=20$

解き方

(1)AD は ∠A の二等分線であるから

AB：AC＝BD：DC

9：6＝x：4　$6x=36$　$x=6$

(2)x：15＝6：4.5　$4.5x=90$　$x=20$

p.100～101　ぴたトレ 2

1 (1)$x=9$，$y=10$　(2)$x=7.5$，$y=7$

解き方

(1)DE∥BC であるから

AD：AB＝DE：BC より

x：27＝8：24　$24x=216$　$x=9$

AD：DB＝AE：EC より

9：(27－9)＝y：20　$18y=180$　$y=10$

(2)DE∥BC であるから

AC：AE＝BC：DE より

(15－6)：6＝x：5　$6x=45$　$x=7.5$

AB：AD＝AC：AE より

10.5：y＝(15－6)：6　$9y=63$　$y=7$

2 **線分 DE，FD**

解き方

CD：DB＝CE：EA＝2：3

したがって，線分 DE は辺 AB に平行です。

AE：EC＝3：2，AF：FB＝2：3

したがって，線分 EF は辺 CB に平行ではありません。

BF：FA＝BD：DC＝3：2

したがって，線分 FD は辺 CA に平行です。

3 **DG…2.4 cm，EF…1.8 cm，EG…5 cm**

解き方

AD，EG，BC は平行であるから

DG：GC＝AE：EB＝2：3

したがって　$DG=\frac{2}{2+3}DC=\frac{2}{5}\times 6=2.4$(cm)

△ABD において，EF∥AD であるから

EF：AD＝BE：BA

EF＝x cm とすると

x：3＝3：(3＋2)　$5x=9$　$x=1.8$

△DBC において，FG∥BC であるから

FG：BC＝DG：DC

FG＝y cm とすると

y：8＝2.4：6　$6y=19.2$　$y=3.2$

EG＝EF＋FG＝1.8＋3.2＝5(cm)

4 **(1)5：4　(2)10 cm　(3)$\frac{20}{3}$ cm**

解き方

(1)AB∥CD であるから

BE：EC＝AB：DC＝15：12＝5：4

(2)EF∥CD であるから　BF：FD＝BE：EC

BF＝x cm とすると　x：(18－x)＝5：4

$4x=5(18-x)$　$9x=90$　$x=10$

(3)EF：CD＝BE：BC であるから，EF＝y cm とすると

y：12＝5：(5＋4)　$9y=60$　$y=\frac{20}{3}$

(2)，(3)は，AB∥EF であることを使って求めることもできます。

5 **1：3**

解き方

DF：EC と EC：DG をそれぞれ求めます。

△AEC において，D は AE の中点，F は AC の中点であるから，中点連結定理より

DF：EC＝1：2　……①，DF∥EC

DG∥EC であるから

EC：DG＝BE：BD＝1：2　……②

①，②より　DF：DG＝1：4

したがって　DF：FG＝1：(4－1)＝1：3

6 **(1)△ABC において，E は AB の中点，G は AC の中点であるから，中点連結定理より**

EG∥BC，$EG=\frac{1}{2}BC$

△DBC においても同様にして

HF∥BC，$HF=\frac{1}{2}BC$

したがって　EG∥HF，EG＝HF

1 組の対辺が平行でその長さが等しいから，四角形 EGFH は平行四辺形になる。

(2)ひし形

解き方

(1)(別解)△ABD と △ACD で，中点連結定理を使って，EH∥GF，EH＝GF であることから証明してもよいです。

(2)$EG=HF=\frac{1}{2}BC$,

$EH=GF=\frac{1}{2}AD$ であるから，

AD＝BC のとき，四角形 EGFH の 4 つの辺はすべて等しくなります。

4 つの辺がすべて等しい四角形はひし形です。

なお，4 つの角がすべて等しく，4 つの辺がすべて等しい四角形は正方形です。

7 **(1)$x=5$，$y=3$　(2)$x=12$，$y=14$**

解き方

(1)直線 ℓ，m，n が平行であるから

2：x＝2：(2＋3)

$2x=10$　$x=5$

下の図において

3：(3＋2)＝(6－y)：(8－y)

$3(8-y)=5(6-y)$

$2y=6$　$y=3$

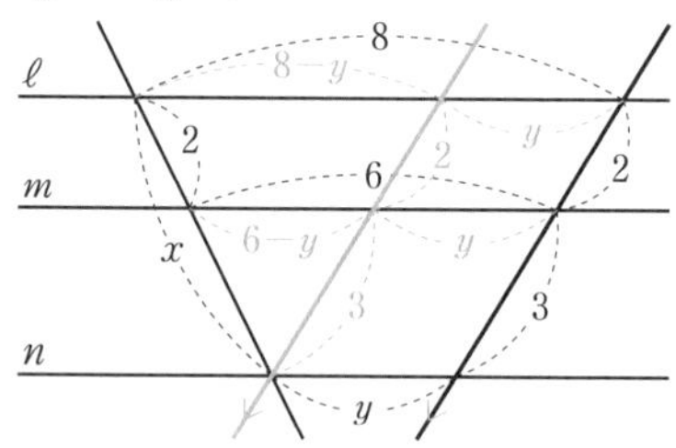

(2)直線 ℓ，m，n が平行であるから

x：9＝10：(17.5－10)

$7.5x=90$　$x=12$

(y－6)：6＝12：9

$9(y-6)=72$　$y-6=8$　$y=14$

(別解)17.5：(17.5－10)＝y：6

7：3＝y：6

$3y=42$　$y=14$

理解のコツ

・平行線があるときは，三角形と比の定理や平行線と比の定理，中点があるときは中点連結定理が使えるかを考えるようにしよう。

p.102～103　ぴたトレ 1

1 **(1)相似比…3：5，周の長さの比…3：5，面積比…9：25**

(2)相似比…9：4，周の長さの比…9：4，面積比…81：16

解き方　相似比が $m:n$ ならば
周の長さの比は $m:n$，面積比は $m^2:n^2$

2 **周の長さの比…2：3，面積比…4：9**

解き方　2つの円の半径の比から，相似比，周の長さの比，面積比を求めます。

3 (1) **4 cm**　(2) **180 cm^2**

解き方　(1)Q の周の長さを x cm とすると
$24:x=6:1$　$6x=24$　$x=4$
(2)P の面積を x cm^2 とすると
$x:5=6^2:1^2$　$x=180$

4 (1) **相似比…1：3，面積比…1：9**　(2) **$8a$**

解き方　(1)△APQ∽△ABC で，相似比は
AQ：AC＝1：3
(2)(1)より，△ABC の面積は(ア)の面積の 9 倍になるから
((イ)の面積)＝△ABC－((ア)の面積)
$=9a-a=8a$

p.104~105　ぴたトレ 1

1 (1) **相似比…2：1，表面積の比…4：1，体積比…8：1**
(2) **相似比…5：6，表面積の比…25：36，体積比…125：216**

解き方　相似比が $m:n$ ならば
表面積の比は $m^2:n^2$，体積比は $m^3:n^3$

2 **表面積…4 倍，体積…8 倍**

解き方　相似比は 1：2 となるから，
表面積の比は　$1^2:2^2=1:4$
体積比は　$1^3:2^3=1:8$

3 (1) **125 cm^2**　(2) **256 cm^3**

解き方　(1)Q の表面積を x cm^2 とすると
$80:x=4^2:5^2$　$16x=2000$　$x=125$
(2)P の体積を x cm^3 とすると
$x:500=4^3:5^3$
$125\times x=32000$　$x=256$

4 (1) **24π cm^3**　(2) **1：4**　(3) **$\frac{3}{8}\pi$ cm^3**

解き方　(1)底面の半径が 3 cm，高さが 8 cm の円錐とみなして
$\frac{1}{3}\times(\pi\times3^2)\times8=24\pi(\text{cm}^3)$
(2)相似比は　2：8＝1：4
(3)(2)より，体積比は　$1^3:4^3=1:64$
容器に入っている水の体積は，この容器の容積の $\frac{1}{64}$ 倍にあたるから
$24\pi\times\frac{1}{64}=\frac{3}{8}\pi(\text{cm}^3)$

p.106~107　ぴたトレ 2

1 (1) **4：25**　(2) **4：3**　(3) **64 cm^2**

解き方　(2)面積比が 16：9 であるから，
周の長さの比は　$\sqrt{16}:\sqrt{9}=4:3$
(3)相似比は　40：32＝5：4
Q の面積を x cm^2 とすると
$100:x=5^2:4^2$　$25x=1600$　$x=64$

2 **(イ)…$8a$，(ウ)…$27a$**

解き方　3つの三角形は相似で，相似比は
AP：AQ：AB＝1：(1＋2)：(1＋2＋3)
＝1：3：6
面積比は　$1^2:3^2:6^2=1:9:36$
したがって，3つの三角形の面積は，a，$9a$，$36a$ となります。
(イ)の面積は　$9a-a=8a$
(ウ)の面積は　$36a-9a=27a$

3 **$5\sqrt{2}$ cm**

解き方　(イ)の正六角形の1辺の長さを x cm とすると，大小2つの正六角形の相似比は $10:x$ となるから，
面積比は　$10^2:x^2=100:x^2$
(ア)と(イ)の面積が等しいことから
$100:x^2=2:1$　$2x^2=100$　$x^2=50$
$x>0$ であるから　$x=5\sqrt{2}$

4 **1：8**

解き方　まず，△APO と △ABC の面積比を考えます。
2つの三角形は相似で，相似比は 1:2 であるから，
△APO と △ABC の面積比は　1：4
△ABC は平行四辺形 ABCD の半分であるから，
△APO と平行四辺形 ABCD の面積比は　1：8

5 **半径…$\frac{2}{5}$ 倍，体積…$\frac{8}{125}$ 倍**

解き方　表面積の比は 4：25 であるから
相似比は　$\sqrt{4}:\sqrt{25}=2:5$
体積比は　$2^3:5^3=8:125$

6 (1)9：4　(2)9：16　(3)$\frac{125}{6}$ cm^3

解き方
(1)表面積の比は 81：16 であるから
相似比は　$\sqrt{81}$：$\sqrt{16}$＝9：4
(2)体積比は　27：64＝3^3：4^3
相似比は 3：4 となるから，
側面積の比は　3^2：4^2＝9：16
(3)表面積の比は　100：144＝25：36＝5^2：6^2
相似比は 5：6 となるから，P の体積を x cm^3 とすると
x：36＝5^3：6^3　216×x＝4500
$x=\frac{125}{6}$

7 350 cm^3

解き方
大小 2 つの正四角錐の相似比は　1：2
体積比は　1^3：2^3＝1：8
切り分けた 2 つの立体の体積比は
1：(8－1)＝1：7
したがって，もう 1 つの立体の体積は，小さい正四角錐の体積の 7 倍にあたるから
50×7＝350(cm^3)

8 約 2 L
理由… 4 号鉢と 5 号鉢は，植木鉢の上の部分の直径と高さの比がそれぞれ等しいから，ほぼ相似であると考えると，相似比は 4：5 である。
5 号鉢に必要な土を x L とすると
1：x＝4^3：5^3　64x＝125　x＝1.95…
x の値はおよそ 2 と考えられるから。

解き方
植木鉢を相似な立体とみなすことで，その相似比をもとに植木鉢に入る土の体積比から土の量を求めます。

理解のコツ
・相似な平面図形や立体では，相似比を m：n とすると，周の長さや対角線の長さ，高さなど，「長さの比」は m：n，底面積や側面積，表面積など，「面積比」は m^2：n^2,「体積比」は m^3：n^3 で，単位につく指数(例: cm，cm^2，cm^3)と同じだね。
・面積比 m^2：n^2 から平方根を使って，相似比 m：n を求められるようにもしておこう。

p.108~109 ぴたトレ 3

1 △ABC∽△AED
相似条件… 2 組の辺の比とその間の角がそれぞれ等しい。

解き方
AB：AE＝(6＋8)：7＝2：1
AC：AD＝(7＋5)：6＝2：1
したがって　AB：AE＝AC：AD
∠A は共通

2 (1)x＝3，y＝13.5　(2)x＝12，y＝10

解き方
(1)6：x＝8：(12－8)
8x＝24　x＝3
8：12＝9：y　8y＝108　y＝13.5
(2)x：8＝9：6　6x＝72　x＝12
3：6＝5：y　3y＝30　y＝10

3 (1)△ABC と △ACD において
∠C＝2∠B であるから
∠ABC＝$\frac{1}{2}$∠ACB
また，CD は ∠ACB の二等分線であるから
∠ACD＝$\frac{1}{2}$∠ACB
したがって　∠ABC＝∠ACD　……①
また　∠A は共通　……②
①，②より，2 組の角がそれぞれ等しいから
△ABC∽△ACD
(2)CD… 5 cm，BC…7.5 cm

解き方
(1)右の図のように，等しい角に印をつけて相似な 2 つの三角形を見つけましょう。

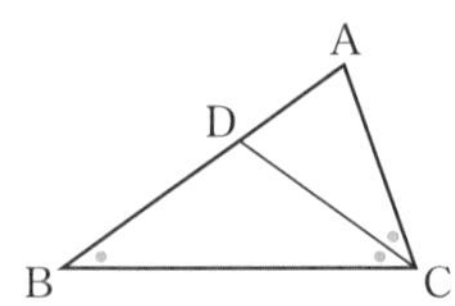

(2)(1)より AB：AC＝AC：AD
AD＝x cm とすると
9：6＝6：x　9x＝36　x＝4
∠DBC＝∠DCB であるから，△DBC は二等辺三角形となり
CD＝BD＝9－4＝5(cm)
同様にして　AB：AC＝BC：CD
BC＝y cm とすると
9：6＝y：5　6y＝45　y＝7.5
(別解)CD が ∠ACB の二等分線であるから，
CA：CB＝AD：DB
BC＝y cm とすると
6：y＝4：(9－4)　4y＝30　y＝7.5

4 **3 m**

解き方

街灯と人はどちらも地面に垂直であることから，

AB$=x$ m とすると

$2:(2+x)=1.6:4$

$1.6(2+x)=8$　$2+x=5$　$x=3$

5 (1)**16 cm^2**　(2)**40 cm^3**

解き方

(1)Q の表面積を x cm^2 とすると

$36:x=3^2:2^2$　$9x=144$　$x=16$

(2)Q の体積を x cm^3 とすると

$135:x=3^3:2^3$　$27x=135\times8$　$x=40$

6 **4 cm**

解き方

△ABC において，AB∥FD であるから，

FD$=x$ cm とすると，FD：AB＝CD：CB

$x:15=3:5$　$5x=45$　$x=9$

同様にして，△ABE において

GD$=y$ cm とすると，GD：AB＝ED：EB

$y:15=1:3$　$3y=15$　$y=5$

したがって　FG＝FD－GD＝9－5＝4(cm)

7 **5 cm**

解き方

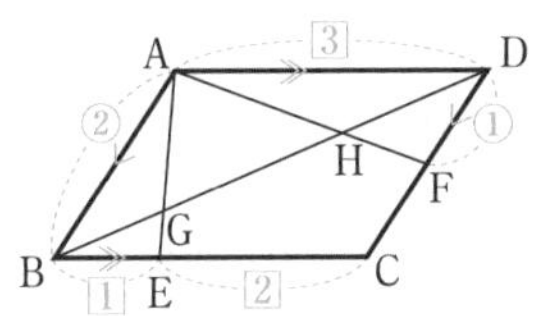

AD∥BE であるから

BG：DG＝BE：DA＝1：3

したがって　BG$=\frac{1}{4}$BD＝3(cm)

また，AB∥DF であるから

BH：DH＝AB：FD＝2：1

したがって　DH$=\frac{1}{3}$BD＝4(cm)

GH＝BD－(BG＋DH)

＝12－(3＋4)

＝5(cm)

8 (1)**3 cm**　(2)$\frac{49}{4}S$

解き方

(1)E は AB の中点，F は CD の中点であるから，

AE：EB＝DF：FC となります。

したがって，AD，EF，BC はいずれも平行となり，G，H はそれぞれ BD，AC の中点となります。

△ABC において，中点連結定理より

EH$=\frac{1}{2}$BC＝5(cm)

△ABD において，中点連結定理より

EG$=\frac{1}{2}$AD＝2(cm)

したがって　GH＝EH－EG＝5－2＝3(cm)

(別解)△ABD のかわりに，△ACD で中点連結定理を使ってもよいです。

このとき　FH$=\frac{1}{2}$AD＝2(cm)

となります。

(2)△ADI∽△CBI で，相似比は

4：10 ＝2：5 であるから

△ADI：△CBI$=2^2:5^2=4:25$

したがって　△CBI$=\frac{25}{4}S$

△ADI と △ABI でそれぞれ底辺を DI，BI と見ると，高さが等しいから

△ADI：△ABI＝DI：BI

＝AD：BC

＝2：5

したがって　△ABI$=\frac{5}{2}S$

同様にして　△CDI$=\frac{5}{2}S$

四角形 ABCD の面積は

△ADI＋△ABI＋△CDI＋△CBI

$=S+\frac{5}{2}S+\frac{5}{2}S+\frac{25}{4}S$

$=\frac{49}{4}S$

6章　円

p.111　ぴたトレ0

1 (1)80°　(2)75°　(3)35°　(4)30°

解き方
(1)$\angle x=180°-(48°+52°)=80°$
(2)$\angle x=35°+40°=75°$
(3)$\angle x+95°=130°$
$\angle x=130°-95°=35°$
(4)$\angle x+70°=45°+55°$
$\angle x=45°+55°-70°=30°$

2 (1)$\angle x=70°$，$\angle y=110°$
(2)$\angle x=36°$，$\angle y=72°$

解き方
二等辺三角形の底角は等しいことを使います。
(1)$\angle x=(180°-40°)\div 2=70°$
$\angle y=180°-70°=110°$
(2)$\angle x=180°-144°=36°$
$\angle y=144°\div 2=72°$

p.112～113　ぴたトレ1

1 (1)65°　(2)48°　(3)60°　(4)104°　(5)200°
(6)25°　(7)65°　(8)35°　(9)80°

解き方
(1)(2)1つの弧に対する円周角の大きさは，中心角の半分です。
(1) $\angle x=\dfrac{1}{2}\times 130°=65°$
(3)～(5)1つの弧に対する中心角の大きさは，円周角の2倍です。
(3)$\angle x=2\times 30°=60°$
(6)1つの弧に対する円周角の大きさは一定であるから　$\angle x=25°$
(7)$\overset{\frown}{BC}$ に対する円周角であるから
$\angle A=\angle D=45°$
左側の三角形の内角と外角の関係から
$\angle x=110°-45°=65°$
(8)$\overset{\frown}{BC}$ に対する円周角であるから
$\angle A=\angle D=50°$
左側の三角形の内角の和から
$\angle x=180°-(50°+95°)=35°$
(9)$\overset{\frown}{BC}$ に対する中心角であるから
$\angle BOC=2\angle A=2\times 33°=66°$
右側の三角形の内角と外角の関係から
$\angle x=66°+14°=80°$

2 (1)正六角形の頂点は，円周を6等分するから
$\overset{\frown}{AF}=\overset{\frown}{BC}$
等しい弧に対する円周角は等しいから
$\angle ABF=\angle BAC$
したがって，底角が等しいから，△GAB は二等辺三角形になる。
(2)60°

解き方
(2)$\overset{\frown}{BC}$，$\overset{\frown}{AF}$ は円周の $\dfrac{1}{6}$ であるから，それらの弧に対する中心角は
$360°\times\dfrac{1}{6}=60°$
$\angle BAC$，$\angle ABF$ はそれぞれ $\overset{\frown}{BC}$，$\overset{\frown}{AF}$ に対する円周角であるから
$\angle BAC=\angle ABF=\dfrac{1}{2}\times 60°=30°$
三角形の内角と外角の関係から
$\angle BGC=\angle ABG+\angle BAG$
$=30°+30°$
$=60°$

3 (1)90°　(2)61°　(3)44°

解き方
(2)三角形の内角の和から
$\angle x=180°-(90°+29°)=61°$
(3)円周角の定理を使って46°の角をうつすと，直径を斜辺とする直角三角形の内角の和から
$\angle x=180°-(90°+46°)=44°$

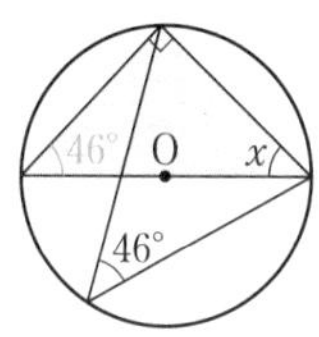

(別解)右の図のように，46°の角の頂点と直径の端を結び，円周角の定理を使って $\angle x$ をうつします。
$\angle x=90°-46°=44°$

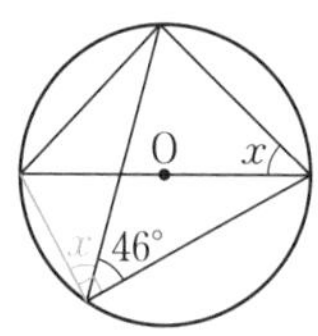

p.114～115　ぴたトレ1

1 ㋑

解き方
㋑点A，Dは直線BCの同じ側にあって，$\angle BAC=\angle BDC$ です。

2 (1)35°　(2)55°

解き方
(1)点A，Bは直線CDの同じ側にあるから，$\angle x=\angle DBC$ となるとき，4点A，B，C，Dは1つの円周上にあります。
△ABCの内角の和から
$\angle ABC=180°-(90°+40°)=50°$
したがって　$\angle x=\angle DBC=50°-15°=35°$

(2)点B，Cは直線ADの同じ側にあるから，
$\angle x=\angle \mathrm{ABD}$ となるとき，4点A，B，C，Dは1つの円周上にあります。
ABを辺にもつ三角形の内角と外角の関係から
$\angle x=\angle \mathrm{ABD}=115^\circ-60^\circ=55^\circ$

3 **4点A，C，D，E**
理由…直線ADの同じ側にあって，
$\angle \mathrm{ACD}=\angle \mathrm{AED}=60^\circ$ であるから。

解き方 正三角形の3つの角はすべて等しいことから，2つの正三角形の等しい角に印をつけて考えます。

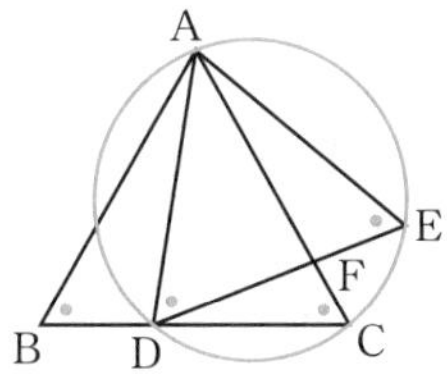

p.116〜117　ぴたトレ2

❶ (1)**105°**　(2)**70°**　(3)**100°**　(4)**35°**　(5)**40°**　(6)**95°**

解き方 (1)点Cをふくまないほうの $\overset{\frown}{\mathrm{AB}}$ に対する中心角は
$360^\circ-150^\circ=210^\circ$ で，$\angle x$ はその弧に対する円周角であるから

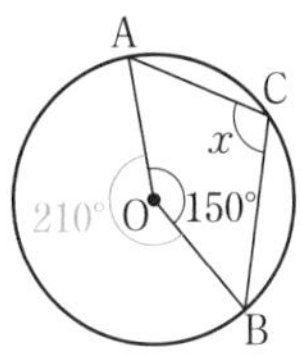

$\angle x=\dfrac{1}{2}\times210^\circ=105^\circ$

(2) $\overset{\frown}{\mathrm{BC}}$ に対する円周角は等しいから
$\angle \mathrm{D}=\angle \mathrm{A}=24^\circ$
三角形の内角と外角の関係から
$\angle x=24^\circ+46^\circ=70^\circ$

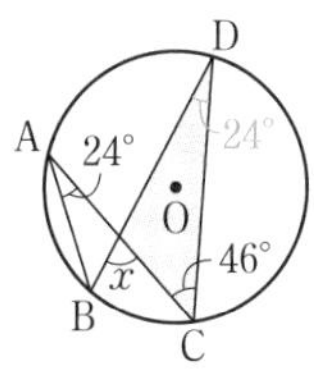

(3)半径OCをひきます。
△OAC，△OBCは二等辺三角形であり，底角は等しいから
$\angle \mathrm{ACO}=15^\circ$，$\angle \mathrm{BCO}=35^\circ$
$\overset{\frown}{\mathrm{AB}}$ に対する中心角であるから
$\angle x=2\angle \mathrm{ACB}=2\times(15^\circ+35^\circ)=100^\circ$

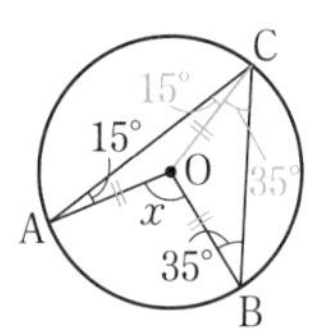

(4)半径OCをひきます。
$\overset{\frown}{\mathrm{BC}}$ に対する中心角であるから
$\angle \mathrm{BOC}=2\angle \mathrm{A}=50^\circ$
$\overset{\frown}{\mathrm{CD}}$ に対する円周角であるから

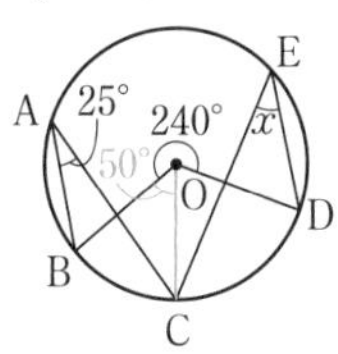

$\angle x=\dfrac{1}{2}\angle \mathrm{COD}$
$=\dfrac{1}{2}\times(360^\circ-240^\circ-50^\circ)=35^\circ$

(5) $\overset{\frown}{\mathrm{BC}}$ に対する中心角であるから
$\angle \mathrm{BOC}=2\angle \mathrm{BAC}$
$=2\times50^\circ$
$=100^\circ$

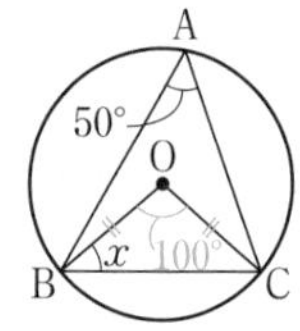

△OBCは二等辺三角形であり，底角は等しいから
$\angle x=(180^\circ-100^\circ)\div2=40^\circ$

(6) $\angle x$ は，点Dをふくむほうの $\overset{\frown}{\mathrm{AC}}$ に対する円周角です。
点Dをふくむほうの $\overset{\frown}{\mathrm{AC}}$ に対する中心角は
$360^\circ-2\angle \mathrm{ADC}=360^\circ-2\times85^\circ=190^\circ$
したがって　$\angle x=\dfrac{1}{2}\times190^\circ=95^\circ$

(参考)右の図で，
$2a+2b=360^\circ$ であるから
$a+b=180^\circ$
4つの頂点が1つの円周上にある四角形の対角の和は180°になります。

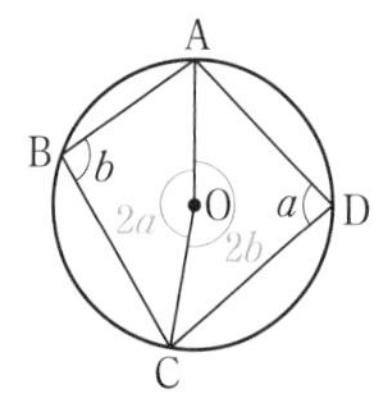

❷ **対角線ACをひくと，平行線の錯角(さっかく)は等しいから　$\angle \mathrm{ACB}=\angle \mathrm{CAD}$**
円周角が等しいから，$\overset{\frown}{\mathrm{AB}}=\overset{\frown}{\mathrm{CD}}$ であり，1つの円で，等しい弧に対する弦は等しいから
AB＝CD

解き方 1つの円で，
等しい円周角に対する弧は等しいです。
⇨等しい弧に対する弦は等しいです。

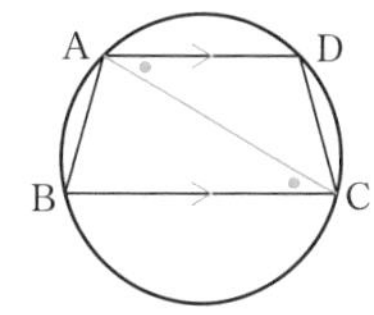

❸ **△CDFと△EDGにおいて**
$\overset{\frown}{\mathrm{AC}}=\overset{\frown}{\mathrm{BE}}$ で，等しい弧に対する円周角は等しいから
$\angle \mathrm{ADC}=\angle \mathrm{BDE}$　……①
$\overset{\frown}{\mathrm{DE}}=\overset{\frown}{\mathrm{CD}}$ であるから，同様にして
$\angle \mathrm{DCF}=\angle \mathrm{DEG}$　……②
正五角形の辺の長さは等しいから
CD＝DE　……③
①，②，③より，1組の辺とその両端の角がそれぞれ等しいから
△CDF≡△EDG

4 (1)55°　(2)72°　(3)114°

解き方

(1)BD は直径であるから

$\angle BAD=90^\circ$

$\angle x$ は $\overset{\frown}{AB}$ に対する円周角であるから，△ABD の内角の和を考えて

$\angle x=\angle ADB$

$=180^\circ-(90^\circ+35^\circ)=55^\circ$

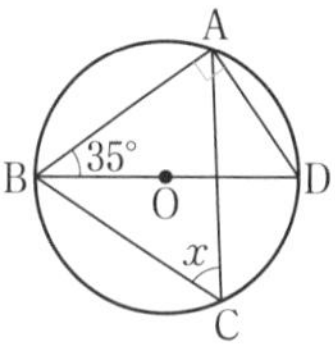

(2)弦 CD をひきます。

AC は直径であるから

$\angle ADC=90^\circ$

$\overset{\frown}{AD}$ に対する円周角は等しいから

$\angle ACD=\angle ABD=18^\circ$

△ACD の内角の和から

$\angle x=180^\circ-(90^\circ+18^\circ)=72^\circ$

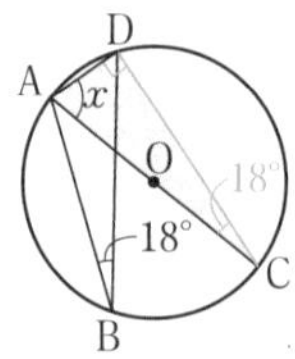

(3)$\overset{\frown}{BC}$ に対する円周角は等しいから　$\angle D=\angle A=40^\circ$

BD は直径であるから

$\angle BCD=90^\circ$

$\angle ACD=90^\circ-64^\circ=26^\circ$

三角形の内角の和から

$\angle x=180^\circ-(40^\circ+26^\circ)=114^\circ$

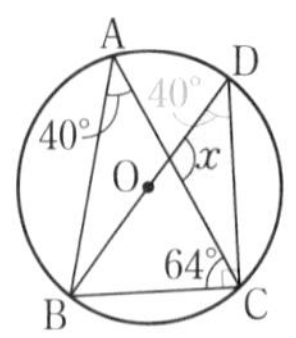

5 2π cm

解き方

弦 AC をひきます。

AB は直径であるから

$\angle ACB=90^\circ$

△ABC の内角の和から

$\angle CAD$

$=180^\circ-(90^\circ+35^\circ+25^\circ)=30^\circ$

$\overset{\frown}{CD}$ に対する中心角であるから

$\angle COD=2\angle CAD=60^\circ$

円周の長さは 12π であるから

$\overset{\frown}{CD}=12\pi\times\frac{60}{360}=2\pi$(cm)

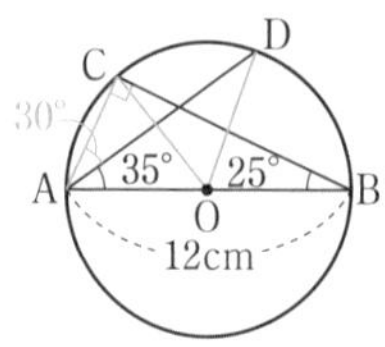

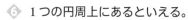

6 1つの円周上にあるといえる。

理由…(例)三角形の内角と外角の関係から

$\angle BAC=95^\circ-35^\circ=60^\circ$

直線 BC の同じ側にあって，$\angle BAC=\angle BDC$ であるから。

(別解)$\angle ACD=95^\circ-60^\circ=35^\circ$

直線 AD の同じ側にあって，$\angle ABD=\angle ACD$ であるから。

解き方　角の大きさを求め，等しい角をみつけて，円周角の定理の逆にあてはまるかどうかを調べます。

7 4点 B，C，D，E

証明…△ABE と △ACD において

仮定から　AB＝AC　……①

点 D，E はそれぞれ辺 AB，AC の中点であるから

$AD=\frac{1}{2}AB$　……②　$AE=\frac{1}{2}AC$　……③

①，②，③より　AE＝AD　……④

また　∠A は共通　……⑤

①，④，⑤より，2組の辺とその間の角がそれぞれ等しいから　△ABE≡△ACD

合同な図形の対応する角は等しいから

$\angle ABE=\angle ACD$

したがって，点 B，C は直線 DE の同じ側にあって，$\angle DBE=\angle DCE$ であるから，4点 B，C，D，E は1つの円周上にある。

(別解)△DBC と △ECB において

仮定から　AB＝AC　……①

点 D，E はそれぞれ辺 AB，AC の中点であるから

$DB=\frac{1}{2}AB$　……②　$EC=\frac{1}{2}AC$　……③

①，②，③より　DB＝EC　……④

二等辺三角形の底角は等しいから

$\angle DBC=\angle ECB$　……⑤

また　BC は共通　……⑥

④，⑤，⑥より，2組の辺とその間の角がそれぞれ等しいから　△DBC≡△ECB

合同な図形の対応する角は等しいから

$\angle BDC=\angle CEB$

したがって，点 D，E は直線 BC の同じ側にあって，$\angle BDC=\angle BEC$ であるから，4点 B，C，D，E は1つの円周上にある。

解き方

図から4点 B，C，D，E が1つの円周上にあることが予想できます。そのことを証明するには，

$\angle ABE=\angle ACD$

$\angle BDC=\angle BEC$

のいずれかを証明します。

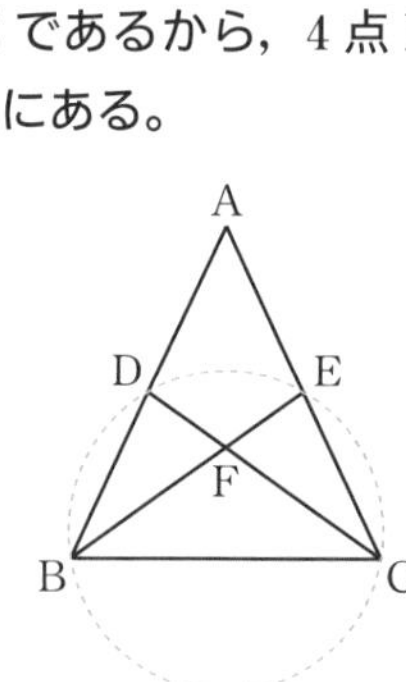

理解のコツ

・円周角や中心角は，必ずどの弧に対するものか確認しよう。
・直径があるときは，90°になる円周角を見つけよう。
・半径や弦をかき入れて，円周角や中心角をつくることもあるよ。

p.118〜119　ぴたトレ１

1

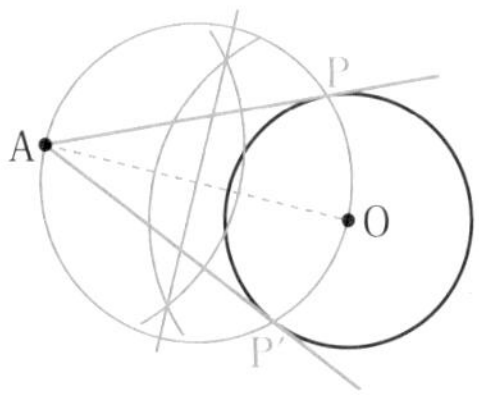

証明…△APO と △AP′O において
円の接線は，接点を通る半径に垂直であるから，
△APO と △AP′O は直角三角形である。
円の半径の長さは等しいから
OP＝OP′　……①
また　OA は共通　……②
①，②より，直角三角形の斜辺と他の１辺がそれぞれ等しいことから
△APO≡△AP′O
したがって　AP＝AP′

解き方　円の接線は接点を通る半径に垂直であるから
∠APO＝∠AP′O＝90°
したがって，線分 AO を直径とする円を作図して，円 O との交点を P，P′ とすればよいです。
線分 AO を直径とする円の中心は，線分 AO の垂直二等分線と AO の交点になります。

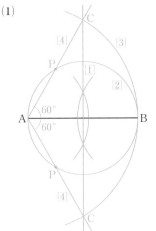

2 (1)

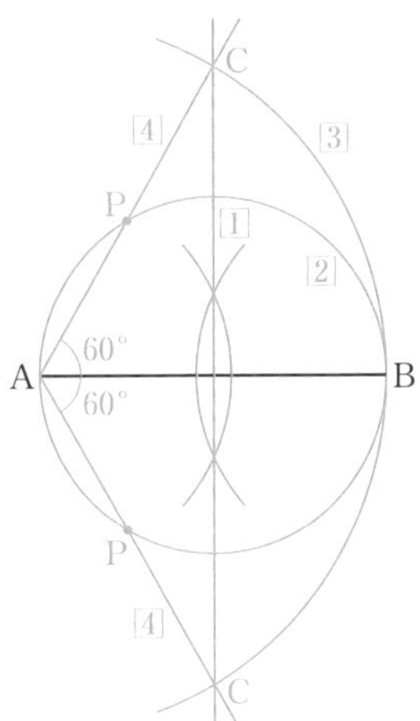

(2)

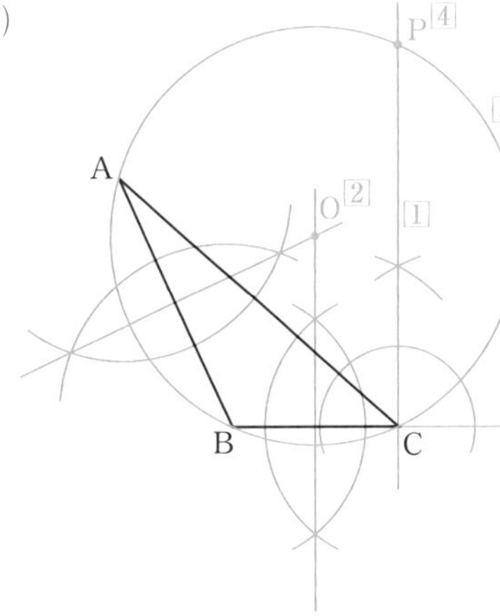

解き方　(1)条件㋐から，点 P は線分 AB を直径とする円の周上にあります。
条件㋑から，点 P は線分 AB を１辺とする正三角形の辺の上にあります。
次のように作図します。点 P は２つあります。
1線分 AB の垂直二等分線をひく。
2線分 AB を直径とする円をかく。
3点 A を中心とし，線分 AB を半径とする円をかき，1との交点を C とする。
4直線 AC をひき，2でかいた円との交点を P とする。
(2)条件㋐から，４点 A，B，C，P は１つの円周上にあり，∠BAC と ∠BPC は $\overset{\frown}{BC}$ に対する円周角です。
条件㋑から，BC と CP は垂直です。
次のように作図します。
1点 C を通り，直線 BC に垂直な直線をひく。
2線分 AB，BC の垂直二等分線をそれぞれひき，その交点を O とする。
3 O を中心とし，OA を半径とする円をかく。
4 1でひいた直線と3でかいた円の交点を P とする。

p.120〜121　ぴたトレ１

1 (1)$\boldsymbol{x=6}$　(2)$\boldsymbol{x=7.8}$

解き方　２組の角がそれぞれ等しいから，いずれも △PAC∽△PDB です。相似な２つの三角形の対応する辺で比例式をつくります。
(1)PA：PC＝PD：PB
　8：12＝x：9　$12x=72$　$x=6$
(2)PA：AC＝PD：DB
　6：10＝x：13　$10x=78$　$x=7.8$

2 △ABD と △EBC において
$\overset{\frown}{\mathrm{AB}}$ に対する円周角は等しいから
∠ADB＝∠ECB ……①
$\overset{\frown}{\mathrm{AD}}=\overset{\frown}{\mathrm{CD}}$ で，等しい弧に対する円周角は等しいから
∠ABD＝∠EBC ……②
①，②より，2 組の角がそれぞれ等しいから
△ABD∽△EBC

解き方 円周角と二等辺三角形の底角で，等しい角に印をつけて考えます。

3 △ABE と △BDE において
仮定から ∠BAE＝∠CAE
$\overset{\frown}{\mathrm{CE}}$ に対する円周角は等しいから
∠CAE＝∠DBE
したがって ∠BAE＝∠DBE ……①
また ∠E は共通 ……②
①，②より，2 組の角がそれぞれ等しいから
△ABE∽△BDE

解き方 円周角と共通な角で，等しい角に印をつけて考えます。

p.122〜123 ぴたトレ 2

1

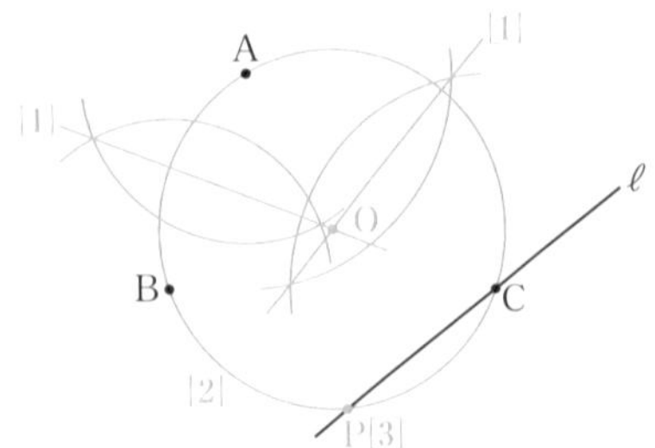

解き方 次のように作図します。
[1]線分 AB，AC の垂直二等分線をひき，その交点を O とする。
[2] O を中心とし，OA を半径とする円をかく。
[3]直線 ℓ と円 O の 2 つの交点のうち，点 C と異なるほうを点 P とする。

2 (1)△ABD と △AEB において
$\overset{\frown}{\mathrm{AB}}$ に対する円周角は等しいから
∠ACB＝∠ADB
$\overset{\frown}{\mathrm{AB}}=\overset{\frown}{\mathrm{AC}}$ であるから
∠ACB＝∠ABE
したがって ∠ADB＝∠ABE ……①
また ∠A は共通 ……②
①，②より，2 組の角がそれぞれ等しいから
△ABD∽△AEB

(2)$2\sqrt{14}$ cm

解き方 (2) $\overset{\frown}{\mathrm{AB}}=\overset{\frown}{\mathrm{AC}}$ であるから
AB＝AC
AC＝x cm とすると，(1)の結果より
AB：AE＝AD：AB
$x:(4+10)=4:x$ $x^2=56$
$x>0$ であるから $x=2\sqrt{14}$

3 △BCE と △FBE において
$\overset{\frown}{\mathrm{CD}}$ に対する円周角は等しいから
∠CBE＝∠CAD
AD∥BF より，平行線の錯角は等しいから
∠CAD＝∠BFE
したがって ∠CBE＝∠BFE ……①
また ∠BEC＝∠FEB ……②
①，②より，2 組の角がそれぞれ等しいから
△BCE∽△FBE

解き方 △BCE と △FBE で，∠BEC と ∠FEB は共通な角であるから，円周角の定理と平行線の性質を使って，等しい角の組をもう 1 組見つけます。

4 △ACF と △BCE において
AB は直径であるから ∠ACB＝90°
したがって ∠ACF＝∠BCE＝90° ……①
$\overset{\frown}{\mathrm{CD}}$ に対する円周角は等しいから
∠CAF＝∠CBE ……②
①，②より，2 組の角がそれぞれ等しいから
△ACF∽△BCE
相似な図形の対応する辺の比は等しいから
AC：BC＝AF：BE

解き方 AC と AF，BC と BE を辺にもつ △ACF と △BCE に着目します。

5 (1)$2a$°
(2)△BCD と △CED において
$\overset{\frown}{\mathrm{AD}}=\overset{\frown}{\mathrm{CD}}$ で，等しい弧に対する円周角は等しいから
∠CBD＝∠ECD ……①
また ∠BDC＝∠CDE ……②
①，②より，2 組の角がそれぞれ等しいから
△BCD∽△CED

解き方

(1) $\overset{\frown}{AD}$ に対する円周角は等しいから

$\angle ABD=\angle ACD=a^\circ$

$\overset{\frown}{AD}=\overset{\frown}{CD}$ で，等しい弧に対する円周角は等しいから　$\angle CBD=\angle ACD=a^\circ$

したがって

$\angle ABC=\angle ABD+\angle CBD=a^\circ+a^\circ=2a^\circ$

理解のコツ

・90°の角の頂点の作図では，半円の弧に対する円周角が 90°になることから，直径になる線分を見つけて円をかこう。

・大きさの等しい角の頂点の作図では，円周角の定理の逆を使って円をかけばいいね。

・円周角の定理や図形の性質を使って等しい角の組を見つけて，三角形の相似を証明しよう。

・垂線，垂直二等分線，角の二等分線，円の中心の作図なども復習しておこう。

p.124〜125　ぴたトレ 3

❶ (1)**90°**　(2)**100°**　(3)**60°**　(4)**65°**　(5)**55°**　(6)**58°**

解き方

(2) $\angle x$ は下側の $\overset{\frown}{BC}$ に対する円周角であるから

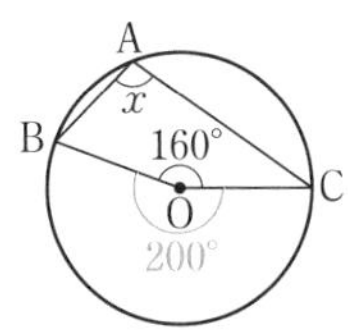

$\angle x=\dfrac{1}{2}\times(360^\circ-160^\circ)$

$=100^\circ$

(3) $\overset{\frown}{AB}$ に対する中心角であるから

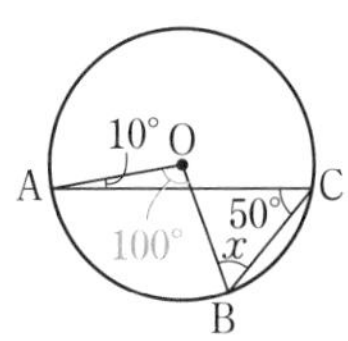

$\angle AOB=2\angle ACB=100^\circ$

2 つの三角形の内角と外角の関係から

$\angle x+50^\circ=100^\circ+10^\circ$　$\angle x=60^\circ$

(4)弦 CF をひきます。

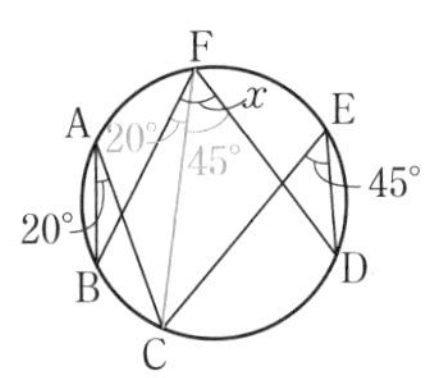

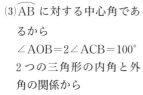

$\overset{\frown}{BC}$，$\overset{\frown}{CD}$ に対する円周角の和であるから

$\angle x$

$=\angle BAC+\angle CED$

$=20^\circ+45^\circ=65^\circ$

(5)半径 OA をひきます。

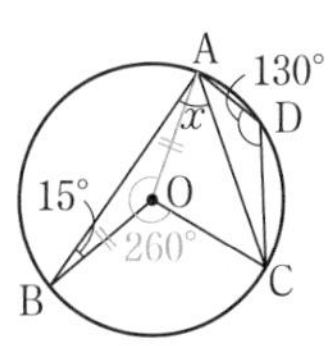

点 B をふくむほうの $\overset{\frown}{AC}$ に対する中心角は

$2\angle D=260^\circ$

△OAB は二等辺三角形であるから

$\angle AOB=180^\circ-15^\circ\times2=150^\circ$

$\overset{\frown}{BC}$ に対する円周角であるから

$\angle x=\dfrac{1}{2}\angle BOC=\dfrac{1}{2}\times(260^\circ-150^\circ)=55^\circ$

(6)弦 CD をひきます。

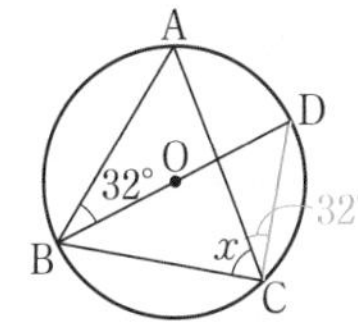

BD は直径であるから

$\angle BCD=90^\circ$

$\overset{\frown}{AD}$ に対する円周角であるから　$\angle ACD=32^\circ$

したがって　$\angle x=90^\circ-32^\circ=58^\circ$

(別解)弦 AD をひいてもよいです。

$\overset{\frown}{AB}$ に対する円周角であるから

$\angle x=\angle ADB=180^\circ-(90^\circ+32^\circ)=58^\circ$

❷ $\boldsymbol{\angle x=66^\circ}$，$\boldsymbol{\angle y=36^\circ}$

解き方

$\overset{\frown}{BD}$ に対する円周角であるから

$\angle C=\angle A=\angle y$

△ECB で，内角と外角の関係から

$\angle x+\angle y=102^\circ$　……①

△ABF で，内角と外角の関係から

$\angle x=\angle y+30^\circ$　……②

②を①に代入すると

$(\angle y+30^\circ)+\angle y=102^\circ$　$\angle y=36^\circ$

これを②に代入すると　$\angle x=36^\circ+30^\circ=66^\circ$

(別解) $\overset{\frown}{AC}$ に対する円周角であるから

$\angle ADC=\angle ABC=\angle x$

四角形 DEBF の内角の和から

$2(180^\circ-\angle x)+102^\circ+30^\circ=360^\circ$

$2\angle x=132^\circ$　$\angle x=66^\circ$

❸ **25°**

解き方

三角形の内角の和から

$\angle BDC=180^\circ-(80^\circ+35^\circ)=65^\circ$

直線 BC の同じ側にあって，$\angle BAC=\angle BDC$ であるから，4 点 A，B，C，D は 1 つの円周上にあります。

この円の $\overset{\frown}{AB}$ に対する円周角であるから

$\angle x=\angle ACB=80^\circ-55^\circ=25^\circ$

❹ **(例)**

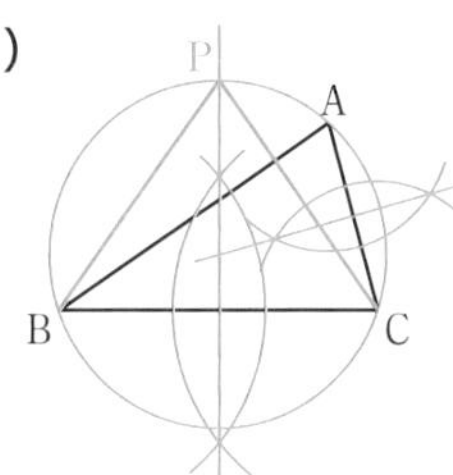

解き方
BCを底辺と見るとき，△PBCの面積がもっとも大きいのは，高さがもっとも長いときです。
∠A＝∠BPCであるから，4点A，B，C，Pは1つの円周上にあり，点PはBCの上側にあります。この円の中心は，△ABCの2辺の垂直二等分線の交点になります。また，△PBCで面積がもっとも大きいのは，点Pが弦BCの垂直二等分線と円との交点になるときです。

5 **(1)△ABD∽△ACEであるから**
∠EBD＝∠ECD
直線DEの同じ側にあるから，円周角の定理の逆より，4点B，C，D，Eは1つの円周上にある。
(2)(例)△BCFと△EDFにおいて
対頂角は等しいから
∠BFC＝∠EFD ……①
(1)の結果より，$\overset{\frown}{CD}$に対する円周角は等しいから ∠FBC＝∠FED ……②
①，②より，2組の角がそれぞれ等しいから
△BCF∽△EDF

解き方
(2)$\overset{\frown}{BE}$に対する円周角は等しいことから
∠BCF＝∠EDFとしてもよいです。

6 **(解答例1)**
相似な三角形…△ABDと△AFC
証明…△ABDと△AFCにおいて
ADは直径であるから ∠ABD＝90°
したがって ∠ABD＝∠AFC＝90° ……①
$\overset{\frown}{AB}$に対する円周角は等しいから
∠ADB＝∠ACF ……②
①，②より，2組の角がそれぞれ等しいから
△ABD∽△AFC
(解答例2)
相似な三角形…△BDEと△ACE
証明…△BDEと△ACEにおいて
対頂角は等しいから
∠BED＝∠AEC ……①
$\overset{\frown}{CD}$に対する円周角は等しいから
∠DBE＝∠CAE ……②
①，②より，2組の角がそれぞれ等しいから
△BDE∽△ACE

解き方
△BDE∽△ACEの証明では，$\overset{\frown}{CD}$に対する円周角のかわりに，$\overset{\frown}{AB}$に対する円周角が等しいことから，∠BDE＝∠ACEとしてもよいです。

7章 三平方の定理

p.127 ぴたトレ0

1 **(1)13 cm²　(2)17 cm²**

解き方
1辺が5cmの大きな正方形から，周りの直角三角形をひいて考えます。
(1)$5\times5-\left(\frac{1}{2}\times2\times3\right)\times4=25-12=13(\text{cm}^2)$
(2)$5\times5-\left(\frac{1}{2}\times1\times4\right)\times4=25-8=17(\text{cm}^2)$

2 **(1)$x=\pm3$　(2)$x=\pm\sqrt{13}$**
(3)$x=\pm\sqrt{17}$　(4)$x=\pm4\sqrt{2}$

解き方
(1)$x^2=9$
$x=\pm\sqrt{9}=\pm3$
(4)$x^2=32$
$x=\pm\sqrt{32}=\pm4\sqrt{2}$

3 **(1)256 cm³　(2)180π cm³**

解き方
角錐，円錐の体積を求める公式は，
$\frac{1}{3}$×(底面積)×(高さ)です。
(1)底面の1辺が8cmで，高さが12cmの正四角錐です。
$\frac{1}{3}\times(8\times8)\times12=256(\text{cm}^3)$
(2)底面の半径が6cm，高さが15cmの円錐です。
$\frac{1}{3}\times(\pi\times6^2)\times15=180\pi(\text{cm}^3)$

p.128～129 ぴたトレ1

1 **(1)$x=2\sqrt{13}$　(2)$x=\sqrt{5}$　(3)$x=4$**
(4)$x=5\sqrt{3}$　(5)$x=3\sqrt{5}$　(6)$x=3$
(7)$x=\sqrt{11}$　(8)$x=13$　(9)$x=5$

解き方
(1)$6^2+4^2=x^2$　$x^2=52$
$x>0$であるから　$x=\sqrt{52}=2\sqrt{13}$
(4)$x^2+5^2=10^2$　$x^2=75$
$x>0$であるから　$x=\sqrt{75}=5\sqrt{3}$

2 **㋑，㋓**

解き方
もっとも長い辺をc cmとして，3辺の長さa cm，b cm，c cmの間に，$a^2+b^2=c^2$の関係が成り立つかどうかを調べます。
㋐$a=5$，$b=8$，$c=9$とすると
$a^2+b^2=5^2+8^2=89$
$c^2=9^2=81$
したがって，$a^2+b^2=c^2$という関係が成り立たないので，㋐は直角三角形ではありません。

㋒a，b が正の数で，$a<b$ ならば $\sqrt{a}<\sqrt{b}$ となります。

$3^2=9$，$(\sqrt{2})^2=2$，$(\sqrt{6})^2=6$ で

$2<6<9$ であるから　$\sqrt{2}<\sqrt{6}<3$

$a=\sqrt{2}$，$b=\sqrt{6}$，$c=3$ とします。

p.130〜131　ぴたトレ2

1 (1)$x=2\sqrt{14}$　(2)$x=\sqrt{6}$　(3)$x=3$　(4)$x=6$
(5)$x=21$　(6)$x=1.3$　(7)$x=14$　(8)$x=7$

解き方

(5)$x^2+20^2=29^2$

$x^2=29^2-20^2=(29+20)\times(29-20)=49\times9$

$x>0$ であるから　$x=7\times3=21$

$x^2-a^2=(x+a)(x-a)$ を使って計算します。

(6)$1.2^2+0.5^2=x^2$　$x^2=1.69$

$x>0$ であるから　$x=1.3$

(7)△ABD で　$y^2+12^2=15^2$

$y^2=15^2-12^2=81$

$y>0$ であるから　$y=9$

△ACD で　$z^2+12^2=13^2$

$z^2=13^2-12^2=25$

$z>0$ であるから　$z=5$

$x=y+z=14$

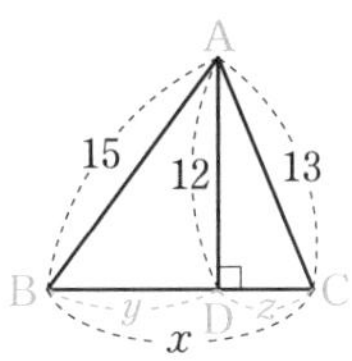

(8)△ABD で　$y^2+1^2=5^2$

$y^2=5^2-1^2=24$

△ABC で

$y^2+(1+4)^2=x^2$

$x^2=49$

$x>0$ であるから　$x=7$

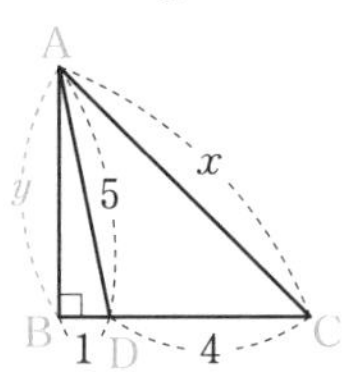

2 (1)$2\sqrt{2}$ cm　(2)$2\sqrt{6}$ cm

解き方

(1)斜辺は辺 AB です。

AB$=x$ cm とすると

$(\sqrt{5})^2+(\sqrt{3})^2=x^2$

$x^2=8$

$x>0$ であるから　$x=2\sqrt{2}$

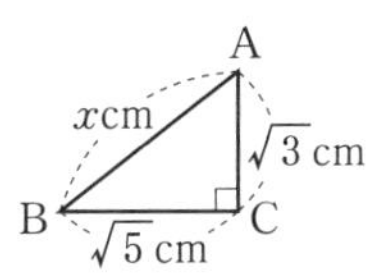

(2)斜辺は辺 AC です。

BC$=x$ cm とすると

$5^2+x^2=7^2$　$x^2=24$

$x>0$ であるから　$x=2\sqrt{6}$

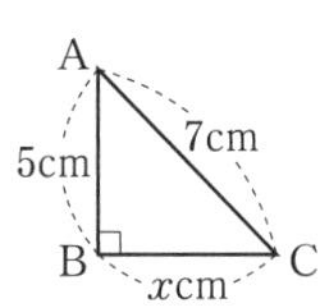

3 (1)AB$=(x-6)$ cm，CA$=(x+2)$ cm
(2)$(8+4\sqrt{2})$ cm

解き方

(2)いちばん長い CA が斜辺になります。

$(x-6)^2+x^2=(x+2)^2$

整理すると　$x^2-16x+32=0$

これを解くと

$$x=\frac{-(-16)\pm\sqrt{(-16)^2-4\times1\times32}}{2\times1}$$

$$=\frac{16\pm8\sqrt{2}}{2}=8\pm4\sqrt{2}$$

AB$=x-6>0$，すなわち $x>6$ であるから，

$x=8-4\sqrt{2}$ は問題に適していません。

$x=8+4\sqrt{2}$ は問題に適しています。

4 ㋑，㋔，㋕

解き方

㋑$5^2+(2\sqrt{6})^2=7^2$

㋔$5^2+\left(\frac{8}{3}\right)^2=\left(\frac{17}{3}\right)^2$

(別解)各辺を3倍してから2乗してもよいです。

$15^2+8^2=17^2$

㋕$\left(\frac{\sqrt{5}}{2}\right)^2+\left(\frac{\sqrt{7}}{2}\right)^2=(\sqrt{3})^2$

(別解)各辺を2倍してから2乗すると

$(\sqrt{5})^2+(\sqrt{7})^2=(2\sqrt{3})^2$

5 (1)AB$=\sqrt{65}$ cm，BC$=\sqrt{13}$ cm，
CA$=2\sqrt{13}$ cm

(2)$\angle$C$=90^\circ$ の直角三角形

理由…AB$^2=65$，BC$^2=13$，CA$^2=52$で，
BC$^2+$CA$^2=$AB^2 が成り立つから。

解き方

(1)AB$=\sqrt{7^2+4^2}=\sqrt{65}$ (cm)

BC$=\sqrt{3^2+2^2}=\sqrt{13}$ (cm)

CA$=\sqrt{4^2+6^2}=\sqrt{52}=2\sqrt{13}$ (cm)

6 (1)(長さが $n+1$ の辺を斜辺とする)直角三角形

理由…もっとも長い辺は $n+1$ であるから

$(2\sqrt{n})^2+(n-1)^2=4n+(n^2-2n+1)$

$=n^2+2n+1$

$(n+1)^2=n^2+2n+1$

となり，$(2\sqrt{n})^2+(n-1)^2=(n+1)^2$ が成り立つから。

(2)(例) 3，4，5 (8，15，17 や 10，24，26)

解き方

(2)$\sqrt{n}$ の平方根のなかの値が整数の2乗になるように，$n>1$ をみたす n を代入します。

$n=4$ のとき

$2\sqrt{n}=4$，$n-1=3$，$n+1=5$

$n=9$ のとき

$2\sqrt{n}=6$，$n-1=8$，$n+1=10$

$n=16$ のとき

$2\sqrt{n}=8$，$n-1=15$，$n+1=17$

$n=25$ のとき

$2\sqrt{n}=10$，$n-1=24$，$n+1=26$

理解のコツ

・「三平方の定理」を使うときは「斜辺」を，「三平方の定理の逆」を使うときは「もっとも長い辺」を確認して，定理にあてはめよう。

p.132～133　ぴたトレ 1

1　(1)$\sqrt{74}$ cm　(2)$8\sqrt{2}$ cm

解き方　(2)対角線の長さを x cm とすると

$x^2=8^2+8^2=8^2\times2$

$x>0$ であるから　$x=8\sqrt{2}$

正方形の対角線の長さは

$x=\sqrt{2}\,a$

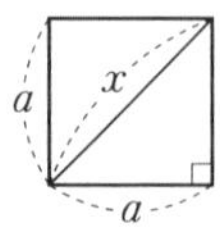

長方形の対角線の長さは

$x=\sqrt{a^2+b^2}$

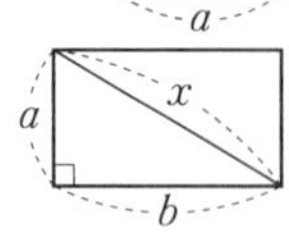

2　(1)$x=3\sqrt{3}$，$y=6\sqrt{3}$

(2)$x=7$，$y=7\sqrt{2}$

(3)$x=5\sqrt{2}$，$y=5\sqrt{6}$

解き方　特別な直角三角形の 3 辺の比

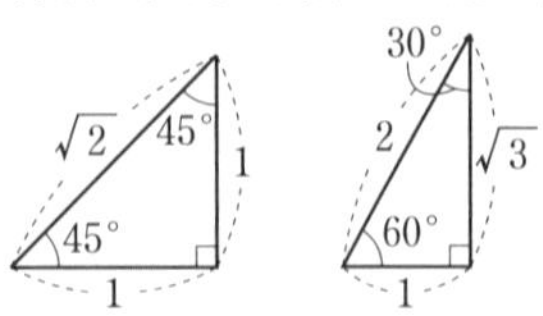

を使います。

(1)$x:9=1:\sqrt{3}$

$\sqrt{3}\,x=9$　$x=\dfrac{9}{\sqrt{3}}=\dfrac{9\sqrt{3}}{3}=3\sqrt{3}$

$3\sqrt{3}:y=1:2$　$y=6\sqrt{3}$

(2)$7:y=1:\sqrt{2}$　$y=7\sqrt{2}$

(3)$x:10=1:\sqrt{2}$

$\sqrt{2}\,x=10$　$x=\dfrac{10}{\sqrt{2}}=\dfrac{10\sqrt{2}}{2}=5\sqrt{2}$

$5\sqrt{2}:y=1:\sqrt{3}$　$y=5\sqrt{6}$

3　(1)高さ…$4\sqrt{3}$ cm，面積…$16\sqrt{3}$ cm^2

(2)高さ…$\sqrt{11}$ cm，面積…$5\sqrt{11}$ cm^2

解き方　△ABH≡△ACH であるから，H は辺 BC の中点です。

(1)△ABH で，AH＝h cm とすると

$4^2+h^2=8^2$　$h^2=48$

$h>0$ であるから　$h=4\sqrt{3}$

したがって，面積は

$\dfrac{1}{2}\times8\times4\sqrt{3}=16\sqrt{3}$ (cm^2)

(別解)△ABH は，3 つの角が 30°，60°，90° であることから，AH＝h とすると

AH：BH＝$\sqrt{3}:1$　$h:4=\sqrt{3}:1$

4　(1)$2\sqrt{10}$　(2)$\sqrt{41}$

解き方　(1)右の図の直角三角形 ABC で

AC＝2－(－4)＝6

BC＝3－1＝2

AB＝d とすると

$d^2=6^2+2^2=40$

$d>0$ であるから

$d=\sqrt{40}=2\sqrt{10}$

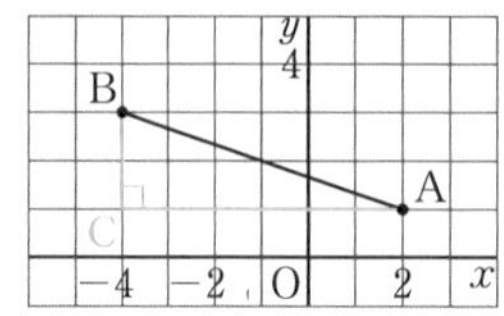

(2)$\text{AB}^2=\{3-(-1)\}^2+\{2-(-3)\}^2=4^2+5^2=41$

AB>0 であるから　AB＝$\sqrt{41}$

p.134～135　ぴたトレ 1

1　(1)$4\sqrt{2}$ cm　(2) 4 cm

解き方　AH＝BH です。△OAH で三平方の定理を使います。

(1)AH＝x cm とすると，△OAH は直角三角形であるから

$1^2+x^2=3^2$　$x^2=8$

$x>0$ であるから　$x=\sqrt{8}=2\sqrt{2}$

AB＝2AH＝$2\times2\sqrt{2}=4\sqrt{2}$ (cm)

(2)OH＝x cm とすると

$3^2+x^2=5^2$　$x^2=16$

$x>0$ であるから　$x=4$

2　$3\sqrt{5}$ cm

解き方　接線 AP の長さを x cm とすると，△AOP は直角三角形であるから

$2^2+x^2=7^2$　$x^2=45$

$x>0$ であるから　$x=3\sqrt{5}$

3　(1)$3\sqrt{5}$ cm　(2)$2\sqrt{3}$ cm

解き方　(1)△FGH は直角三角形であるから

$\text{FH}^2=5^2+4^2$　……①

△DFH も直角三角形であるから

$\text{DF}^2=\text{FH}^2+2^2$　……②

①，②から　$\text{DF}^2=5^2+4^2+2^2=45$

DF>0 であるから　DF＝$\sqrt{45}=3\sqrt{5}$ (cm)

(別解)$\sqrt{4^2+5^2+2^2}=\sqrt{45}=3\sqrt{5}$ (cm)

(2)$\sqrt{2^2+2^2+2^2}=\sqrt{12}=2\sqrt{3}$ (cm)

1 (1)半径…$3\sqrt{5}$ cm，体積…90π cm^3

(2)高さ…$2\sqrt{7}$ cm，体積…$\dfrac{32\sqrt{7}}{3}$ cm^3

解き方

円錐や角錐の体積 V は，次の式で求めます。

$V=\dfrac{1}{3}\times$(底面積)$\times$(高さ)

(1)OB$=r$ cm とすると

$r^2+6^2=9^2$　$r^2=45$

$r>0$ であるから　$r=\sqrt{45}=3\sqrt{5}$

したがって，体積は

$\dfrac{1}{3}\times\pi\times(3\sqrt{5})^2\times6=90\pi$ (cm^3)

(2)正方形 ABCD で

$AC=\sqrt{2}AB=4\sqrt{2}$ (cm)

AH=CH であるから　$AH=2\sqrt{2}$ cm

OH$=h$ cm とすると，△OAH で

$(2\sqrt{2})^2+h^2=6^2$　$h^2=28$

$h>0$ であるから　$h=2\sqrt{7}$

体積は $\dfrac{1}{3}\times4^2\times2\sqrt{7}=\dfrac{32\sqrt{7}}{3}$ (cm^3)

p.136〜137　ぴたトレ 2

1 (1)$6\sqrt{2}$ cm

(2)高さ…$5\sqrt{3}$ cm，面積…$25\sqrt{3}$ cm^2

(3)$2\sqrt{6}$ cm　(4)$2\sqrt{5}$ cm

解き方

(1)対角線の長さを x cm とすると

$x^2=6^2+6^2=6^2\times2$

$x>0$ であるから　$x=6\sqrt{2}$

(別解)45°，45°，90°の直角二等辺三角形の3辺の比を使うと　$6:x=1:\sqrt{2}$　$x=6\sqrt{2}$

(2)高さを h cm とすると

$5^2+h^2=10^2$　$h^2=75$

$h>0$ であるから　$h=5\sqrt{3}$

したがって，面積は

$\dfrac{1}{2}\times10\times5\sqrt{3}=25\sqrt{3}$ (cm^2)

(別解)30°，60°，90°の直角三角形の3辺の比を使うと　$5:h=1:\sqrt{3}$　$h=5\sqrt{3}$

(3)高さを h cm とすると

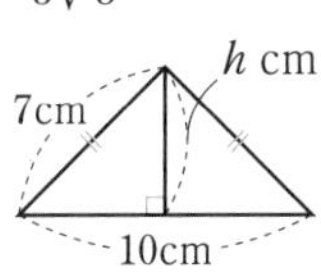

$5^2+h^2=7^2$　$h^2=24$

$h>0$ であるから　$h=2\sqrt{6}$

(4)横の長さを x cm とすると

$4^2+x^2=6^2$　$x^2=20$

$x>0$ であるから　$x=2\sqrt{5}$

2 BE…$12\sqrt{2}$ cm，CD…$(8\sqrt{6}-12\sqrt{2})$ cm，DE…$4\sqrt{6}$ cm

解き方

△ABC で

$AB:BC=1:\sqrt{2}$ より

$BC=\sqrt{2}AB=12\sqrt{2}$ cm

BE=BC であるから　$BE=12\sqrt{2}$ cm

△EBD で

$BE:BD=\sqrt{3}:2$ より

$BD=\dfrac{2}{\sqrt{3}}BE=\dfrac{2\times12\sqrt{2}}{\sqrt{3}}=8\sqrt{6}$ (cm)

したがって　$CD=8\sqrt{6}-12\sqrt{2}$ (cm)

また，$DE:BD=1:2$ より

$DE=\dfrac{1}{2}BD=4\sqrt{6}$ (cm)

3 (1)$4\sqrt{3}$ cm　(2)$4\sqrt{7}$ cm

解き方

△ACH は3つの角が30°，60°，90°の直角三角形です。

(1)高さを h cm とすると，

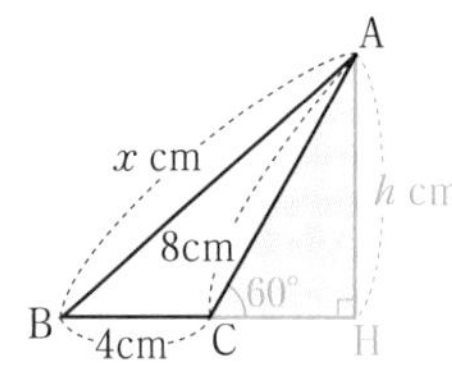

△ACH で

$h:8=\sqrt{3}:2$

$2h=8\sqrt{3}$

$h=4\sqrt{3}$

(2)$CH=\dfrac{1}{2}AC=4$ cm で，AB$=x$ cm とすると，

△ABH で

$x^2=(4+4)^2+(4\sqrt{3})^2=112$

$x>0$ であるから　$x=4\sqrt{7}$

4 $5\sqrt{2}$

解き方

A $(-3,\ 9)$，B $(2,\ 4)$ であるから

$AB^2=\{2-(-3)\}^2+(4-9)^2=50$

$AB>0$ であるから　$AB=5\sqrt{2}$

5 (1)$3\sqrt{3}$ cm　(2)32π cm^2

解き方

(1)円 O の半径を r cm とすると

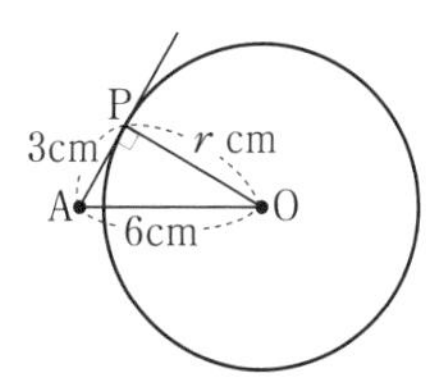

$3^2+r^2=6^2$　$r^2=27$

$r>0$ であるから

$r=3\sqrt{3}$

(2)切り口の円の半径を r cm とすると

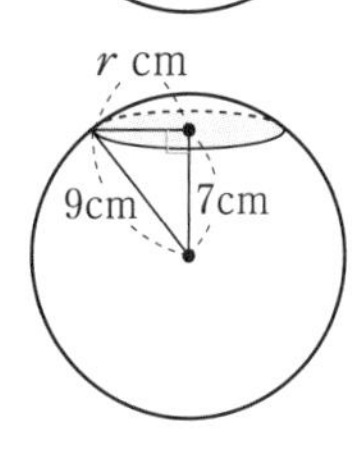

$r^2+7^2=9^2$　$r^2=32$

この円の面積は

$\pi r^2=32\pi$ (cm^2)

6 (1)6 cm

(2)底面の半径…5 cm，体積…100π cm^3

解き方

(1)点 M を通り，面 BFGC に平行な面でこの立方体を縦に切ると，BM は縦 2 cm，横 4 cm，高さ 4 cm の直方体の対角線になります。

$BM=\sqrt{2^2+4^2+4^2}=6$(cm)

(2)底面の半径を r cm とすると

$r^2+12^2=13^2\quad r^2=25$

$r>0$ であるから　$r=5$

体積は　$\dfrac{1}{3}\times\pi\times5^2\times12=100\pi$(cm^3)

7 $72\sqrt{2}$ cm^3

解き方

右の図のように，正八面体の上半分は正四角錐で，△OAC は，直角二等辺三角形になります。△OAH も直角二等辺三角形となるから

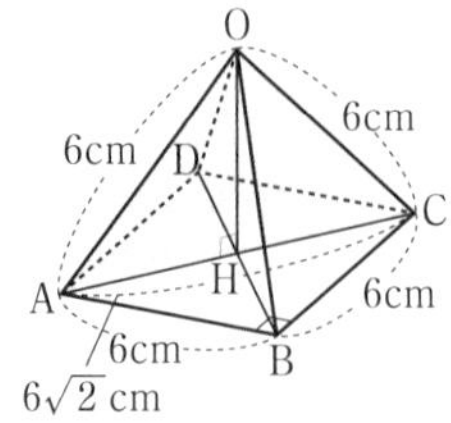

$OH=AH=3\sqrt{2}$ (cm)

正八面体の体積は，正四角錐 2 つ分の体積であるから

$\left(\dfrac{1}{3}\times6^2\times3\sqrt{2}\right)\times2=72\sqrt{2}$ (cm^3)

理解のコツ

・図形のなかに直角三角形を見つけたり，つくるのがポイントだよ。

・図がない問題では，図をかいてあたえられた数値や垂線をかき入れて問題を解こう。

p.138～139　ぴたトレ 1

1 (1)①$6\sqrt{2}$ cm　②$2\sqrt{26}$ cm

(2)辺 AB を通るほうが短いといえる。

解き方

(1)糸のようすは下の図のようになります。

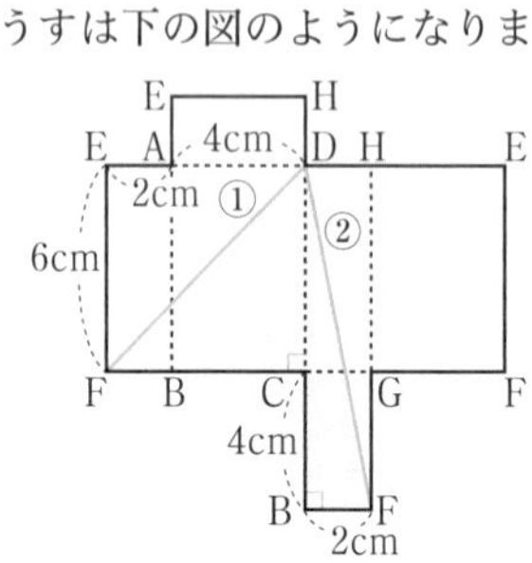

①△DFC で　FC＝CD＝6(cm)であるから

$DF=6\sqrt{2}$ (cm)

②△DBF で　$DF^2=10^2+2^2=104$

$DF>0$ であるから　$DF=2\sqrt{26}$ (cm)

(2)$(6\sqrt{2})^2=72$，$(2\sqrt{26})^2=104$ であるから

$6\sqrt{2}<2\sqrt{26}$

2 $\dfrac{7}{4}$ cm

解き方

折り返しの部分であるから

∠FDB＝∠CDB

また，AB∥DC であるから

∠FBD＝∠CDB

したがって　∠FDB＝∠FBD

底角が等しいから，△FBD は二等辺三角形となります。EF＝x cm とすると

BF＝DF＝$8-x$(cm)

△EBF で　$x^2+6^2=(8-x)^2$

これを解くと　$x=\dfrac{7}{4}$

(別解)△EBF≡△ADF であることを使ってもよいです。

3 BE…3 cm，CF…$\dfrac{3}{2}$ cm

解き方

△AEF≡△ADF であるから

AE＝AD＝5 cm，EF＝DF

また，△ABE で　$BE^2+4^2=5^2\quad BE^2=9$

$BE>0$ であるから　BE＝3 cm

△ECF で，CF＝x cm とすると，

BE＝3 cm，EF＝$4-x$(cm) であるから

$2^2+x^2=(4-x)^2$　これを解くと　$x=\dfrac{3}{2}$

(別解)△ABE∽△ECF であることを使ってもよいです。

AB：BE＝EC：CF

4：3＝2：CF

p.140～141　ぴたトレ 2

1

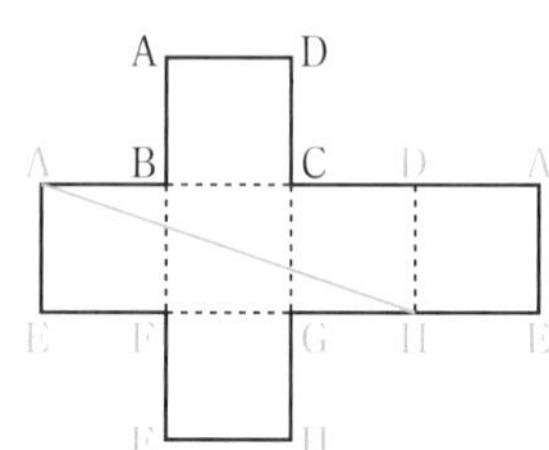

$3\sqrt{10}$ cm

解き方

まずは展開図に頂点をかき入れます。糸が辺 BF，CG を通ることに注意しましょう。

糸の長さを x cm とすると

$x^2=3^2+9^2=90$

$x>0$ であるから　$x=3\sqrt{10}$

2 (1)

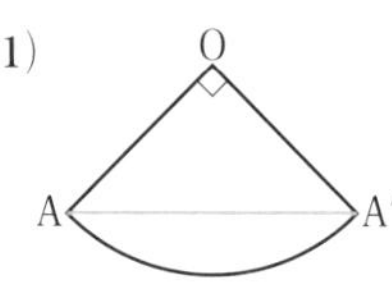

(2)$8\sqrt{2}$ cm

(3)$(8-4\sqrt{2})$ cm

解き方

(1)点 A と A′ は重なります。

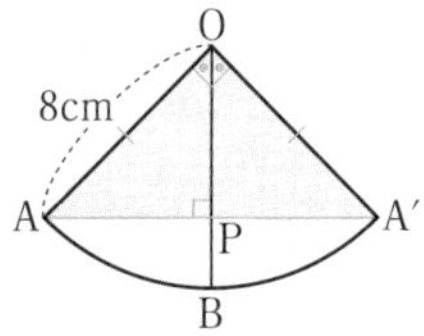

(2)上の側面の展開図より，もっとも短くなるときのひもの長さは

$AA' = \sqrt{2}\,OA = 8\sqrt{2}$ (cm)

(3)$OP = AP = 4\sqrt{2}$ cm となり

$BP = 8-4\sqrt{2}$ (cm)

(補足)側面になるおうぎ形の $\overset{\frown}{AA'}$ は，底面の円の円周に等しいから　4π

半径 8 cm の円の円周は 16π であるから，

弧の長さは　$\dfrac{4\pi}{16\pi} = \dfrac{1}{4}$

おうぎ形の弧の長さは中心角に比例するから，中心角は

$360° \times \dfrac{1}{4} = 90°$

になります。

3 (1) $\dfrac{12}{5}$ **cm**　(2) $\dfrac{8}{5}$ **cm**

解き方

(1)折り返した部分であるから

$CR = C'R$

$DR = x$ cm とすると，$\triangle DC'R$ は直角三角形であるから

$1^2 + x^2 = (5-x)^2$

これを解くと　$x = \dfrac{12}{5}$

(2)

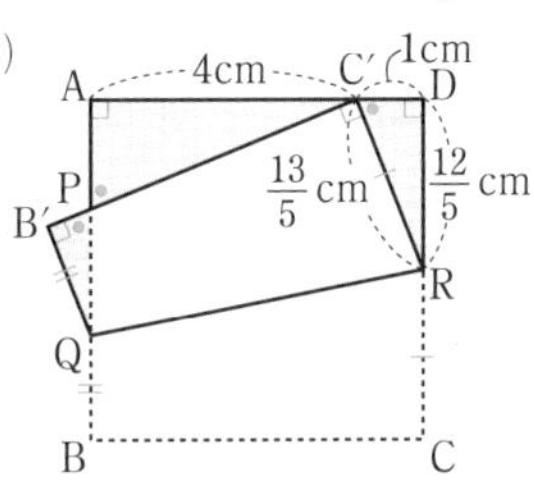

$\triangle APC' \backsim \triangle DC'R$ で，

$AP : AC' = DC' : DR = 1 : \dfrac{12}{5} = 5 : 12$ より

$AP = \dfrac{5}{12}AC' = \dfrac{5}{12} \times 4 = \dfrac{5}{3}$ (cm)

$\triangle B'PQ \backsim \triangle DC'R$ で，

$B'Q : PQ = DR : C'R = \dfrac{12}{5} : \dfrac{13}{5} = 12 : 13$ より

$PQ = \dfrac{13}{12}B'Q$

折り返した部分であるから　$BQ = B'Q$

$BQ = x$ cm とすると，

$AP + PQ + QB = 5$ (cm) より

$\dfrac{5}{3} + \dfrac{13}{12}x + x = 5$　$\dfrac{25}{12}x = \dfrac{10}{3}$　$x = \dfrac{8}{5}$

4 $2\sqrt{2}$ **cm**

解き方

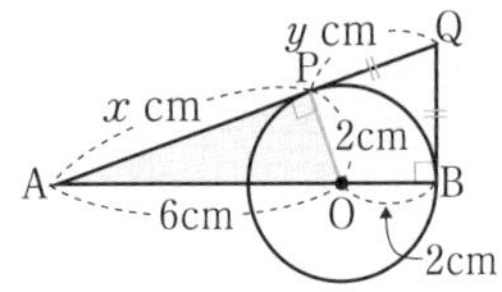

AO : OB = 3 : 1 であるから

AO = 6 cm，OB = 2 cm

$AP = x$ cm とすると，$\triangle AOP$ で

$x^2 + 2^2 = 6^2$　$x^2 = 32$

$x > 0$ であるから　$x = 4\sqrt{2}$

接線の長さは等しいから　PQ = BQ

$PQ = y$ cm とすると，$\triangle ABQ$ で

$8^2 + y^2 = (4\sqrt{2} + y)^2$　これを解くと　$y = 2\sqrt{2}$

(別解)$\triangle AOP \backsim \triangle AQB$ であることから　y の値を求めることもできます。

AP : AB = OP : QB

$4\sqrt{2} : 8 = 2 : y$　$4\sqrt{2}\,y = 16$　$y = 2\sqrt{2}$

5 **右の図のように，直角三角形 OBP をつくる。**

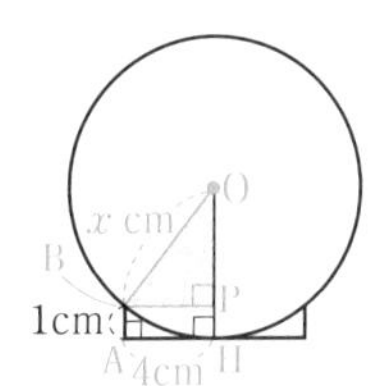

OB = OH = x cm とすると，

$\triangle OBP$ で

$BP^2 + PO^2 = OB^2$

$4^2 + (x-1)^2 = x^2$

これを解くと　$x = \dfrac{17}{2}$　　**答　$\dfrac{17}{2}$ cm**

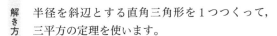

解き方　半径を斜辺とする直角三角形を 1 つつくって，三平方の定理を使います。

理解のコツ

・立体の表面にかけた糸のようすは，糸がかかる面がつながるように展開図をかいて考えよう。両端の点を結ぶ線分になるとき，長さがもっとも短くなるね。

・図のなかに直角三角形を見つけたり，つくったりすれば，三平方の定理を使って長さが求められるね。直角に着目しよう。

p.142〜143　ぴたトレ 3

1 (1)$x = 2\sqrt{13}$　(2)$x = 2\sqrt{5}$

解き方

(1)$x^2 = 4^2 + 6^2 = 52$

$x > 0$ であるから　$x = 2\sqrt{13}$

(2)$(\sqrt{5})^2 + x^2 = 5^2$　$x^2 = 20$

$x > 0$ であるから　$x = 2\sqrt{5}$

2 ㋑，㋒

解き方

㋐$5^2+7^2=74$，$9^2=81$

㋑$2^2+(\sqrt{5})^2=9$，$3^2=9$

したがって，$2^2+(\sqrt{5})^2=3^2$ が成り立ちます。

㋒$1^2+2.4^2=6.76$，$2.6^2=6.76$

したがって，$1^2+2.4^2=2.6^2$ が成り立ちます。

3 **(1)$2\sqrt{10}$ cm　(2)10 cm　(3)$\sqrt{19}$ cm　(4)$5\sqrt{3}$ cm**

解き方

(1)高さを h cm とすると

$3^2+h^2=7^2$　$h^2=40$

$h>0$ であるから

$h=2\sqrt{10}$

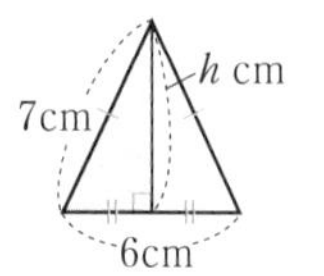

(2)ひし形の対角線はそれぞれの中点で交わるから，1 辺の長さを x cm とすると

$x^2=6^2+8^2=100$

$x>0$ であるから　$x=10$

(3)中心 O と弦 AB との距離を x cm とすると

$9^2+x^2=10^2$　$x^2=19$

$x>0$ であるから　$x=\sqrt{19}$

(4) 1 辺の長さが a の立方体の対角線の長さは

$\sqrt{a^2+a^2+a^2}=\sqrt{3}\,a$ です。

求める 1 辺の長さを x cm とすると

$\sqrt{3}\,x=15$　$x=\dfrac{15}{\sqrt{3}}=\dfrac{15\sqrt{3}}{3}=5\sqrt{3}$

4 **(1) 6 cm　(2)84 cm²**

解き方

(1)三平方の定理を利用して AH^2 を 2 通りで表します。AH$=h$ cm，BH$=x$ cm とすると，

△ABH で，$x^2+h^2=10^2$ より

$h^2=-x^2+100$　……①

△ACH で，$(21-x)^2+h^2=17^2$

展開して整理すると

$h^2=-x^2+42x-152$　……②

①を②に代入すると

$-x^2+100=-x^2+42x-152$

$-42x=-252$　$x=6$

(2)(1)より　$h^2=-6^2+100=64$

$h>0$ であるから　$h=8$

$\triangle ABC=\dfrac{1}{2}\times21\times8=84(\text{cm}^2)$

5 **$(2\sqrt{5},\ \sqrt{5}+5)$，$(-2\sqrt{5},\ -\sqrt{5}+5)$**

解き方

点 P の座標を $\left(t,\ \dfrac{1}{2}t+5\right)$ とします。

A (0, 5) より　AO$=5$

$AP^2=(t-0)^2+\left\{\left(\dfrac{1}{2}t+5\right)-5\right\}^2=\dfrac{5}{4}t^2$

$AO^2=AP^2$ となるから

$\dfrac{5}{4}t^2=5^2$　$t^2=20$　$t=\pm2\sqrt{5}$

$t=2\sqrt{5}$ のとき　$\dfrac{1}{2}\times2\sqrt{5}+5=\sqrt{5}+5$

$t=-2\sqrt{5}$ のとき

$\dfrac{1}{2}\times(-2\sqrt{5})+5=-\sqrt{5}+5$

6 **高さ…$6\sqrt{2}$ cm，体積…$18\sqrt{2}\pi$ cm³**

解き方

側面になるおうぎ形の弧の長さは，底面の円の円周に等しいから

底面の半径を r cm とすると

$2\pi\times9\times\dfrac{120}{360}=2\pi r$　$r=3$

高さを h cm とすると

$3^2+h^2=9^2$　$h^2=72$

$h>0$ であるから　$h=6\sqrt{2}$

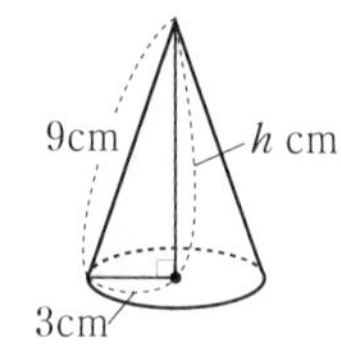

したがって，体積は

$\dfrac{1}{3}\times(\pi\times3^2)\times6\sqrt{2}=18\sqrt{2}\pi(\text{cm}^3)$

7 **周の長さ…$18\sqrt{2}$ cm，面積…$27\sqrt{3}$ cm²**

解き方

六角形のすべての辺は，等しい 2 辺が 3 cm の直角二等辺三角形の斜辺で，$3\sqrt{2}$ cm です。

したがって，周の長さは

$3\sqrt{2}\times6=18\sqrt{2}$ (cm)

1 辺が $3\sqrt{2}$ cm の正六角形の面積は，1 辺が $3\sqrt{2}$ cm の正三角形の 6 個分であるから

$\dfrac{\sqrt{3}}{4}\times(3\sqrt{2})^2\times6=27\sqrt{3}$ (cm²)

(参考) 1 辺が a の正三角形の高さを h とすると

$\dfrac{a}{2}:h=1:\sqrt{3}$　$h=\dfrac{\sqrt{3}}{2}a$

したがって，面積は

$\dfrac{1}{2}\times a\times\dfrac{\sqrt{3}}{2}a=\dfrac{\sqrt{3}}{4}a^2$

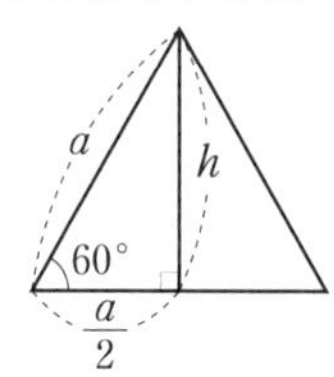

8 **(例)**

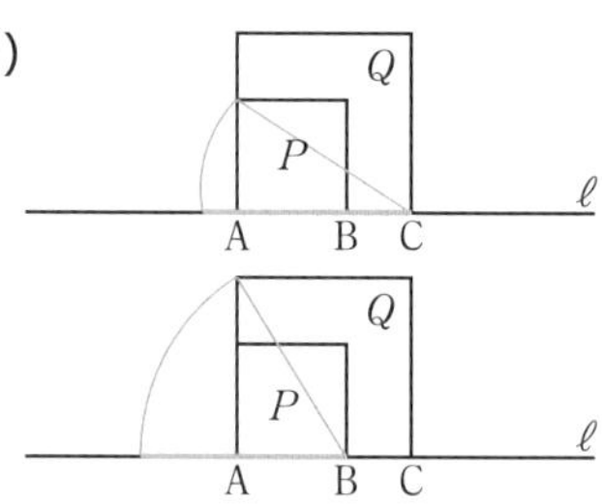

解き方

$P+Q=AB^2+AC^2$ であるから，$P+Q$ は直角をはさむ 2 辺の長さが AB，AC となる直角三角形の斜辺の長さを 1 辺とする正方形の面積に等しくなります。

8章　標本調査

p.145　ぴたトレ0

1 (1)0.27　(2)0.60

解き方　1000回の結果を使って相対度数を求めます。

(1)$265 \div 1000 = 0.2\overset{7}{\cancel{6}}\cancel{5}$

(2)$602 \div 1000 = 0.60\cancel{2}$

2 (1)0.4倍　(2)2.5倍

解き方　(割合)＝(比べられる量)÷(もとにする量)で求められます。

(1)中庭全体の面積に対する花だんの面積の割合だから，比べられる量は花だんの面積，もとにする量は中庭全体の面積です。

$240 \div 600 = 0.4$(倍)

(2)$600 \div 240 = 2.5$(倍)

3 1960円

解き方　3割引きということは，定価の(10−3)割で買うことになります。

$2800 \times (1-0.3) = 1960$(円)

p.146～147　ぴたトレ1

1 (1)全数調査　(2)標本調査

解き方　(1)全校生徒を調査します。

(2)湖の何か所かの水を調査します。

2 母集団…ある中学校の全校生徒320人

標本…学年ごとに20人ずつ選び出された60人

標本の大きさ…60

解き方　この調査は，ある中学校の全校生徒の傾向を調べるのが目的です。

3 (1)1.8個　(2)約225個

解き方　(1)$(3+2+1+2+1) \div 5 = 9 \div 5 = 1.8$(個)

(2)5日間に取り出した製品の個数は

$200 \times 5 = 1000$(個)

このうち，不良品は9個だから，不良品の割合は　$\dfrac{9}{1000}$

$1000 \times 25 \times \dfrac{9}{1000} = 225$(個)

4 (1)母集団…袋の中の白と黒の碁石400個

標本…抽出した25個の碁石

(2)およそ240個

解き方　(2)標本の白い碁石の割合は　$\dfrac{15}{25} = \dfrac{3}{5}$

袋の中の白い碁石は　$400 \times \dfrac{3}{5} = 240$(個)

5 適切とはいえない。

理由…抽出した標本が図書室にいた生徒のみで，無作為に抽出したとはいえないから。

解き方　本の好きな生徒が多く，標本がかたよる可能性があります。

p.148～149　ぴたトレ2

1 (1)全数調査　(2)標本調査　(3)標本調査

解き方　(2)時間や手間がかかり全数調査は無理です。

(3)製品をこわすことになり全数調査は無理です。

2 できない。

理由…数学が得意であるというかたよりがあるから。

解き方　選んだ標本にかたよりがないか考えます。

数学のテストの得点が高かった生徒からではなく，1校から各学年5人ずつ無作為に抽出すればよいです。

3 (1)母集団…袋の中のひまわりの種

標本…ひとつかみ取り出した32個の種

(2)無作為に抽出するため，印をつけた種がかたよりなく，まんべんなく混ざるから。

(3)およそ270個

解き方　(3)印をつけた種の割合は　$\dfrac{6}{32} = \dfrac{3}{16}$

袋の中のひまわりの種の数をx個とすると

$x \times \dfrac{3}{16} = 50$　$x = 2\overset{7}{\cancel{6}}\overset{0}{\cancel{6}}.\cdots$

4 およそ80個

解き方　不良品の割合は　$\dfrac{4}{250} = \dfrac{2}{125}$

したがって，5000個の製品のうち，不良品の数は　$5000 \times \dfrac{2}{125} = 80$(個)

5 およそ180個

解き方　赤いボタンの割合は　$\dfrac{9}{15} = \dfrac{3}{5}$

したがって，袋の中の全体のボタンのうち，赤いボタンの数は　$300 \times \dfrac{3}{5} = 180$(個)

6 (1)およそ $\frac{7}{20}$

(2)白い碁石…およそ 175 個
黒い碁石…およそ 325 個

解き方
(1)抽出された 20 個のうちの白い碁石の数の平均は　$(7+8+5+9+6)\div5=7$(個)
抽出された白い碁石の割合は　$\frac{7}{20}$
(2)袋の中の全体の碁石のうち，白い碁石の数は
$500\times\frac{7}{20}=175$(個)
したがって，黒い碁石の数は
$500-175=325$(個)
(別解)抽出された黒い碁石の割合は $\frac{13}{20}$ であるから，
黒い碁石の数は　$500\times\frac{13}{20}=325$(個)

7 およそ 270 個

解き方
最初に袋の中に入っている白球の個数を x 個とすると，赤球を 30 個入れたから，袋の中には $(x+30)$ 個の球が入っています。赤球の割合が，標本と母集団でほぼ等しいと考えて，比例式で表すと
$4:40=30:(x+30)$
$4(x+30)=1200$
$x=270$

理解のコツ
・標本調査では，母集団と標本をしっかり確認することが大切だよ。
・無作為に抽出された標本では，標本での割合と母集団での割合はほぼ等しいことを利用して問題を解決するんだよ。

p.150~151　ぴたトレ 3

1 (1)全数調査　(2)標本調査　(3)標本調査

解き方
調査するのはすべてか一部かを考えます。

2 母集団…ある都市の中学生 8590 人
標本…選び出した 500 人

解き方
標本は，実際に調査する集団です。

3 (1)乱数表，乱数さい，
コンピューター(の表計算ソフト)
(2)かたよりなく選ぶために，無作為に抽出しなければならないから。

解き方
標本調査は，その標本の傾向から母集団の傾向を推測することが目的です。したがって，母集団の中から標本を無作為に抽出しなければなりません。
(1)乱数表では，各数字のあらわれる確率が，上下，左右，斜(なな)めのどこをとっても，いつも $\frac{1}{10}$ になっていて，数字の並び方に規則性がないようにくふうされています。
乱数さいは，正二十面体の各面に 0 から 9 までの数字が，それぞれ 2 回ずつ書かれたもので，ふつうのさいころと同じように，どの目が出る確率も等しくなっています。
コンピューターの表計算ソフトを使えば，整数を無作為に発生させることができます。
したがって，番号を無作為に抽出して標本として選ぶとき，このような方法を使います。

4 およそ 28 個

解き方
無作為に抽出された製品の数は 180 個で，その中にふくまれる不良品の割合は
$\frac{2}{180}=\frac{1}{90}$
したがって，1 日に作ることができる製品のうち，
不良品の数は　$2520\times\frac{1}{90}=28$(個)

5 およそ 160 頭

解き方
印をつけたシカの割合は　$\frac{4}{33}$
この山にいるシカの全体の数を x 頭とすると
$x\times\frac{4}{33}=19$　$x=19\times\frac{33}{4}=$ 1~~56~~60.…

6 およそ 280 個

解き方
最初に箱の中に入っている赤球の個数を x 個とすると，青球を 20 個入れたから，箱の中には全部で $(x+20)$ 個の球が入っています。青球の割合が，標本と母集団でほぼ等しいと考えて，比例式で表すと
$2:30=20:(x+20)$
$2(x+20)=600$
$x=280$

定期テスト予想問題〈解答〉 p.154~168

p.154~155 予想問題 1

出題傾向

公式を利用した展開や因数分解は，必ず何問か出題される。ここで確実に点をとれるようにしておこう。また，式を1つの文字におきかえて考える展開や因数分解，展開や因数分解を利用した計算や数の性質を証明する問題もよく出る。このような問題にも慣れておこう。

1 (1)$-6a^2+4ab$ (2)$20a-8b$

解き方

(2) $\dfrac{3}{4}a=\dfrac{3a}{4}$ として，逆数をかけます。

$(15a^2-6ab)\div\dfrac{3}{4}a=(15a^2-6ab)\times\dfrac{4}{3a}$

$=20a-8b$

2 (1)$2a^2-5ab-3b^2+4a+2b$ (2)$x^2-5x-24$

(3)$a^2+\dfrac{7}{12}a-\dfrac{5}{24}$ (4)$y^2-12y+36$

(5)$81-x^2$ (6)$4x^2+20xy+25y^2$

(7)a^2-b^2+6b-9

解き方

(1)$(a-3b+2)(2a+b)$

$=2a^2+ab-6ab-3b^2+4a+2b$

$=2a^2-5ab-3b^2+4a+2b$

(4)$(-y+6)^2=\{-(y-6)\}^2=(y-6)^2$

(5)$(9-x)(x+9)=(9-x)(9+x)$

(6)$(2x+5y)^2=(2x)^2+2\times5y\times2x+(5y)^2$

(7)$(a+b-3)(a-b+3)=(a+b-3)\{a-(b-3)\}$ として，$b-3=X$ とおいて考えます。

3 (1)$-2x^2-6x+21$ (2)$24x+9$

解き方

(1)$(x-3)^2-3(x-2)(x+2)$

$=(x^2-6x+9)-3(x^2-4)$

$=x^2-6x+9-3x^2+12$

$=-2x^2-6x+21$

(2)$(3x+2)^2-(3x+1)(3x-5)$

$=(3x)^2+2\times2\times3x+2^2$

$-\{(3x)^2+(1-5)\times3x+1\times(-5)\}$

$=9x^2+12x+4-(9x^2-12x-5)$

$=9x^2+12x+4-9x^2+12x+5$

$=24x+9$

4 (1)$7ab(a-2b+4)$ (2)$(x-2)(x+10)$

(3)$(x-12)^2$ (4)$-2(x-1)(x-5)$

(5)$2z(3x+2y)(3x-2y)$ (6)$(x-y+4)^2$

(7)$(x+1)(xy-5)$

解き方

(5)$18x^2z-8y^2z=2z(9x^2-4y^2)$

$=2z(3x+2y)(3x-2y)$

(6)$x-y=A$ とおくと

$(x-y)^2+8(x-y)+16=A^2+8A+16$

$=(A+4)^2$

$=(x-y+4)^2$

(7)$x^2y+xy-5x-5$

yをふくむ yをふくまない

$=xy(x+1)-5(x+1)$ （$x+1=A$ とおくと $xyA-5A=A(xy-5)$）

$=(x+1)(xy-5)$

(別解) $x^2y+xy-5x-5$

$=x^2y-5x+xy-5$

$=x(xy-5)+(xy-5)$ （$xy-5=A$ とおくと $xA+A=A(x+1)$）

$=(xy-5)(x+1)$

5 (1)$5.1\times4.9=(5+0.1)\times(5-0.1)$

$=5^2-0.1^2$

$=25-0.01$

$=24.99$

(2) 0

解き方

(1)$5.1=5+0.1$，$4.9=5-0.1$ と考え，$(a+b)(a-b)=a^2-b^2$ を使います。

(2)因数分解した式 $(3x-4y)^2$ に代入します。

6 偶数は，整数 n を使って $2n$ と表される。この偶数を2乗した数から1をひくと

$(2n)^2-1=4n^2-1=(2n+1)(2n-1)$

$2n-1$ と $2n+1$ は，$2n$ をはさむ2つの奇数だから，偶数を2乗した数から1をひくと，その偶数をはさむ2つの奇数の積になる。

解き方

偶数 $2n$ をはさむ整数は $2n-1$，$2n+1$ と表され，奇数になります。

❼ 2

解き方 3つの続いた偶数は，整数 n を使って $2n-2$，$2n$，$2n+2$ と表されます。それぞれの2乗の和は

$(2n-2)^2+(2n)^2+(2n+2)^2$

$=12n^2+8$

$=6(2n^2+1)+2$ 　6でわったときの余り

(別解) 3つの続いた偶数を，整数 n を使って $2n$，$2n+2$，$2n+4$ と表してもよいです。このとき，それぞれの2乗の和は

$(2n)^2+(2n+2)^2+(2n+4)^2$

$=12n^2+24n+20$

$=6(2n^2+4n+3)+2$ 　6でわったときの余り

となります。

❽ 道は，4つの長方形と半径 a m，中心角90°のおうぎ形を4つ合わせたものであるから，道の面積 S m^2 は，次のように計算できる。

$S=4ap+\pi a^2$ ……①

道の真ん中を通る線の長さ ℓ mは，直線部分と半径 $\dfrac{a}{2}$ m，中心角90°のおうぎ形の弧を4つ合わせたものであるから

$\ell=4p+2\pi\times\dfrac{a}{2}=4p+\pi a$

となる。この式の両辺に a をかけて

$a\ell=a(4p+\pi a)=4ap+\pi a^2$ ……②

①，②より　$S=a\ell$

解き方 道の4すみのおうぎ形を合わせると，半径 a m の円になります。

p.156~157 予想問題 2

出題傾向

平方根の意味や大小，根号をふくむ式の乗除や加減の計算は，必ず何問か出題される。ここで確実に点をとれるようにしておこう。また，無理数と有理数，根号をふくむ式のいろいろな計算もよく出る。このような問題にも慣れておこう。素因数分解の復習も忘れずに。

❶ (1)±5　(2)$\pm\sqrt{0.9}$　(3)0.9　(4)○　(5)36

解き方 正の数 a には平方根が2つあります。

a —平方根→ $\sqrt{a}$ …正，$-\sqrt{a}$ …負 ←2乗(平方)—

(2)0.09の平方根が ±0.3 です。

(3)$\sqrt{0.81}$ は0.81の2つの平方根のうち，正のほうです。

$\sqrt{0.81}=0.9$，$-\sqrt{0.81}=-0.9$ です。

(4)$\sqrt{(-7)^2}=\sqrt{49}=7$

(5)$(-\sqrt{36})^2=(-\sqrt{36})\times(-\sqrt{36})=36$

❷ (1)$4<\sqrt{17}$　(2)$-3>-\sqrt{10}$

解き方 (1)$4^2=16$，$(\sqrt{17})^2=17$ で，$16<17$ であるから $4<\sqrt{17}$

(2)$3^2=9$，$(\sqrt{10})^2=10$ で，$9<10$ であるから $3<\sqrt{10}$　したがって　$-3>-\sqrt{10}$

❸ $-\sqrt{22}$，π

解き方 $\sqrt{16}=4$ であるから，$\sqrt{16}$ は有理数です。

❹ (1)$\sqrt{35}$　(2)-8　(3)$-\sqrt{3}$　(4)4

解き方 a，b を正の数とするとき

$\sqrt{a}\times\sqrt{b}=\sqrt{ab}$　　$\dfrac{\sqrt{a}}{\sqrt{b}}=\sqrt{\dfrac{a}{b}}$

(2)$(-\sqrt{2})\times\sqrt{32}=-\sqrt{64}=-8$

(4)$\sqrt{96}\div\sqrt{6}=\dfrac{\sqrt{96}}{\sqrt{6}}=\sqrt{\dfrac{\cancel{96}^{16}}{\cancel{6}_{1}}}=\sqrt{16}=4$

❺ (1)$\dfrac{\sqrt{3}}{5}$　(2)$\dfrac{3\sqrt{2}}{2}$

解き方 分母に根号がない形にします。

(1)$\dfrac{3\sqrt{2}}{5\sqrt{6}}=\dfrac{3\cancel{\sqrt{2}}^{1}}{5\cancel{\sqrt{2}}_{1}\times\sqrt{3}}=\dfrac{3}{5\sqrt{3}}=\dfrac{3\times\sqrt{3}}{5\sqrt{3}\times\sqrt{3}}$

$=\dfrac{\cancel{3}^{1}\times\sqrt{3}}{5\times\cancel{3}_{1}}=\dfrac{\sqrt{3}}{5}$

(2) $\frac{9}{\sqrt{18}}=\frac{\overset{3}{\cancel{9}}}{\underset{1}{\cancel{3}}\sqrt{2}}=\frac{3}{\sqrt{2}}=\frac{3\times\sqrt{2}}{\sqrt{2}\times\sqrt{2}}=\frac{3\sqrt{2}}{2}$

6 (1)$\mathbf{30\sqrt{2}}$　(2)$\mathbf{\frac{7}{2}}$　(3)$\mathbf{\sqrt{3}}$　(4)$\mathbf{-\frac{\sqrt{35}}{7}}$

解き方

(1) $3\sqrt{5}\times2\sqrt{10}=3\times\sqrt{5}\times2\times\sqrt{5}\times\sqrt{2}$
$=3\times2\times(\sqrt{5})^2\times\sqrt{2}$
$=30\sqrt{2}$

(2) $\frac{\sqrt{63}}{4}\times\frac{\sqrt{28}}{3}=\frac{3\sqrt{7}\times2\sqrt{7}}{4\times3}=\frac{7}{2}$

(3) $\frac{\sqrt{15}}{15}\times\sqrt{45}=\frac{\sqrt{15}\times3\sqrt{5}}{15}$ ← $\frac{\sqrt{3\times5}\times\sqrt{5}}{5}$
$=\frac{\sqrt{3\times5^2}}{5}=\frac{5\sqrt{3}}{5}=\sqrt{3}$

(4) $\sqrt{30}\div(-\sqrt{42})=-\frac{\overset{1}{\cancel{\sqrt{6}}}\times\sqrt{5}}{\underset{1}{\cancel{\sqrt{6}}}\times\sqrt{7}}=-\frac{\sqrt{5}}{\sqrt{7}}$
$=-\frac{\sqrt{5}\times\sqrt{7}}{\sqrt{7}\times\sqrt{7}}=-\frac{\sqrt{35}}{7}$

7 (1)$\mathbf{-2\sqrt{2}}$　(2)$\mathbf{5\sqrt{3}}$　(3)$\mathbf{-\sqrt{5}}$
(4)$\mathbf{-\sqrt{3}+4\sqrt{2}}$

解き方

(2) $\sqrt{12}+\sqrt{27}=\sqrt{2^2\times3}+\sqrt{3^2\times3}$
$=2\sqrt{3}+3\sqrt{3}$
$=5\sqrt{3}$

(3) $\sqrt{45}-\frac{20}{\sqrt{5}}=3\sqrt{5}-\frac{20\sqrt{5}}{5}$
$=3\sqrt{5}-4\sqrt{5}=-\sqrt{5}$

(4) $2\sqrt{48}-2\sqrt{32}-3\sqrt{27}+4\sqrt{18}$
$=2\times4\sqrt{3}-2\times4\sqrt{2}-3\times3\sqrt{3}+4\times3\sqrt{2}$
$=8\sqrt{3}-8\sqrt{2}-9\sqrt{3}+12\sqrt{2}$
$=(8-9)\sqrt{3}+(-8+12)\sqrt{2}$
$=-\sqrt{3}+4\sqrt{2}$

8 (1)$\mathbf{7\sqrt{5}-4\sqrt{7}}$　(2)**11**　(3)$\mathbf{2+2\sqrt{5}}$　(4)$\mathbf{8\sqrt{3}}$

解き方

(1) $\sqrt{7}(\sqrt{35}-4)=\sqrt{7}\times\sqrt{7\times5}-\sqrt{7}\times4$
$=7\sqrt{5}-4\sqrt{7}$

(2) $(2\sqrt{3}+1)(2\sqrt{3}-1)=(2\sqrt{3})^2-1^2$
$=12-1$
$=11$

(3) $(\sqrt{5}+3)(\sqrt{5}-1)=(\sqrt{5})^2+(3-1)\sqrt{5}-3$
$=5+2\sqrt{5}-3$
$=2+2\sqrt{5}$

(4) $(\sqrt{6}+\sqrt{2})^2-(\sqrt{6}-\sqrt{2})^2$
$=6+2\times\sqrt{2}\times\sqrt{6}+2-(6-2\times\sqrt{2}\times\sqrt{6}+2)$
$=6+4\sqrt{3}+2-6+4\sqrt{3}-2=8\sqrt{3}$

(別解)因数分解すると
$\{(\sqrt{6}+\sqrt{2})+(\sqrt{6}-\sqrt{2})\}$
$\times\{(\sqrt{6}+\sqrt{2})-(\sqrt{6}-\sqrt{2})\}=2\sqrt{6}\times2\sqrt{2}$

9 **15**

解き方

$\sqrt{60n}$ が自然数になるには，$60n$ が，ある自然数の 2 乗になればよいです。
$60=2^2\times3\times5$
これをある自然数の 2 乗にするには，
$2^2\times3\times5$ に3×5 をかければよいです。

10 **1**

解き方

$1^2<2<2^2$ より　$1<\sqrt{2}<2$
したがって，$\sqrt{2}$ の整数部分は 1 だから
$a=\sqrt{2}-1$
$a^2+2a=a(a+2)$
$=(\sqrt{2}-1)(\sqrt{2}+1)$
$=(\sqrt{2})^2-1^2$
$=1$

p.158~159　予想問題 3

出題傾向

2次方程式の計算は，必ず何問か出題される。平方根の考え，解の公式，因数分解を使った解き方をしっかり練習し，ここで確実に点をとれるようにしておこう。また，2次方程式の利用では，数に関する問題，立体の展開図に関する問題，動点の問題もよく出る。文章題では，解が問題に適しているかの確認も忘れずに。

1　㋐，㋒

解き方　x に -3 を代入して，方程式が成り立つものを選びます。

2　(1) $x=\pm\dfrac{2\sqrt{2}}{5}$　(2) $x=8$，$x=-4$

(3) $x=-3\pm2\sqrt{3}$

解き方　(2) $(x-2)^2-36=0$

$(x-2)^2=36$　$x-2=\pm6$　$x=2\pm6$

(3)次のように，$(x+▲)^2=●$ の形に変形します。

$x^2+6x-3=0$

$x^2+6x=3$

$x^2+6x+3^2=3+3^2 \longrightarrow (x+3)^2=12$

（6の $\frac{1}{2}$ の2乗）

$x+3=\pm2\sqrt{3}$

$x=-3\pm2\sqrt{3}$

3　(1) $x=\dfrac{1\pm\sqrt{21}}{2}$　(2) $x=\dfrac{2\pm\sqrt{10}}{3}$

(3) $x=-\dfrac{1}{2}$，$x=-1$

解き方　(1)解の公式に，$a=1$，$b=-1$，$c=-5$ を代入すると

$$x=\frac{-(-1)\pm\sqrt{(-1)^2-4\times1\times(-5)}}{2\times1}$$

$$=\frac{1\pm\sqrt{21}}{2}$$

(2)解の公式に，$a=3$，$b=-4$，$c=-2$ を代入すると

$$x=\frac{-(-4)\pm\sqrt{(-4)^2-4\times3\times(-2)}}{2\times3}$$

$$=\frac{4\pm\sqrt{40}}{6}=\frac{4\pm2\sqrt{10}}{6}=\frac{2\pm\sqrt{10}}{3}$$

(3)解の公式に，$a=2$，$b=3$，$c=1$ を代入すると

$$x=\frac{-3\pm\sqrt{3^2-4\times2\times1}}{2\times2}=\frac{-3\pm1}{4}$$

$$x=\frac{-3+1}{4}=-\frac{1}{2},\quad x=\frac{-3-1}{4}=-1$$

4　(1) $x=3$，$x=-\dfrac{5}{2}$　(2) $x=-2$，$x=9$

(3) $x=6$，$x=12$　(4) $x=-6$　(5) $x=3$

(6) $x=0$，$x=2$

解き方　(5)両辺を2でわると，$x^2-6x+9=0$

$(x-3)^2=0$　$x-3=0$　$x=3$

5　(1) $x=4$，$x=-5$　(2) $x=1$，$x=3$

(3) $x=2$，$x=6$　(4) $x=-2$，$x=-5$

解き方　(1)〜(3)（2次式）$=0$ の形に変形します。

(1) $(x-3)(x+4)=8$

$x^2+x-20=0$　$(x-4)(x+5)=0$

(2) $(2x-3)^2=x^2$

$3x^2-12x+9=0$

両辺を3でわると，$x^2-4x+3=0$

$(x-1)(x-3)=0$

(3) $\dfrac{1}{4}x^2=2x-3$

両辺に4をかけると，$x^2=8x-12$

$x^2-8x+12=0$　$(x-2)(x-6)=0$

(4) $(x+2)^2+3x+6=0$

$(x+2)^2+3(x+2)=0$

$(x+2)(x+2+3)=0$

$(x+2)(x+5)=0$

（$x+2=A$ とおくと　$A^2+3A=0$　$A(A+3)=0$）

6　8と10

解き方　小さいほうの数を x とすると，大きいほうの数は $x+2$ と表されます。

$x(x+2)=80$　$x^2+2x-80=0$

$(x-8)(x+10)=0$　$x=8$，$x=-10$

$x>0$ でなければならないから，$x=-10$ は問題に適していません。$x=8$ は問題に適しています。

$x=8$ のとき，大きいほうの数は　$8+2=10$

7　22 cm

解き方　紙の1辺の長さを x cm とします。

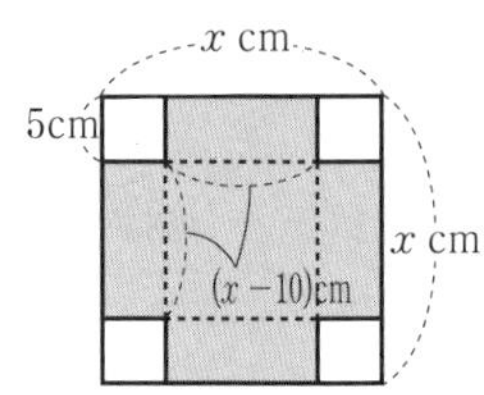

$5(x-10)^2=720$

$(x-10)^2=144$

$x-10=\pm12$

$x=22$，$x=-2$

$x>10$ でなければならないから $x=-2$ は問題に適していません。$x=22$ は問題に適しています。

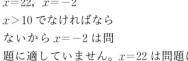

8　5 cm

解き方

QP∥AR，PR∥QA であるから，
四角形 QPRA は平行四辺形で，△BPQ は直角二等辺三角形です。
BP＝x cm とすると，
QP＝x cm，
PC＝10－x(cm)

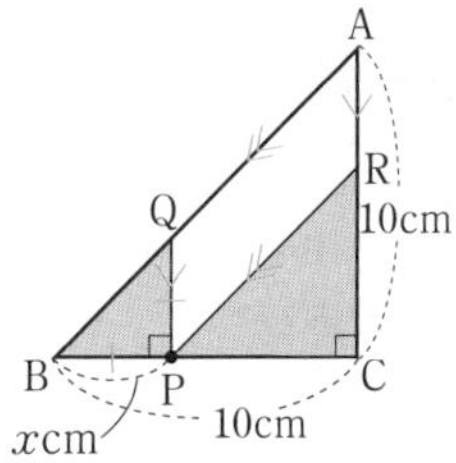

△BPQ と △PCR の面積の和が，△ABC の面積の半分になるとき，▱QPRA＝$\frac{1}{2}$△ABC となるから

$x(10-x)=\frac{1}{2}\times\left(\frac{1}{2}\times10\times10\right)$　$x=5$

$0\leqq x\leqq10$ でなければならないから，$x=5$ は問題に適しています。

9　$\boldsymbol{a=-3,\ b=-28}$

解き方

$x^2+ax+b=0$ の x に -4 と 7 をそれぞれ代入し，連立方程式をつくります。
$x=-4$ を代入すると
$16-4a+b=0$　……①
$x=7$ を代入すると
$49+7a+b=0$　……②
①，②を連立方程式として解くと
$a=-3$，$b=-28$

(別解)解が -4，7 である 2 次方程式は
$\{x-(-4)\}(x-7)=0$
$(x+4)(x-7)=0$
$x^2-3x-28=0$
したがって　$a=-3$，$b=-28$

10　$\boldsymbol{(-2+\sqrt{2},\ 2\sqrt{2})}$

解き方

P (a，$2a+4$)，Q (a，$-a-2$)
PQ＝$2a+4-(-a-2)$
＝$3a+6$
正方形の面積は PQ^2 であるから，
$(3a+6)^2$となります。
$(3a+6)^2=18$
$(a+2)^2=2$
$a=-2\pm\sqrt{2}$

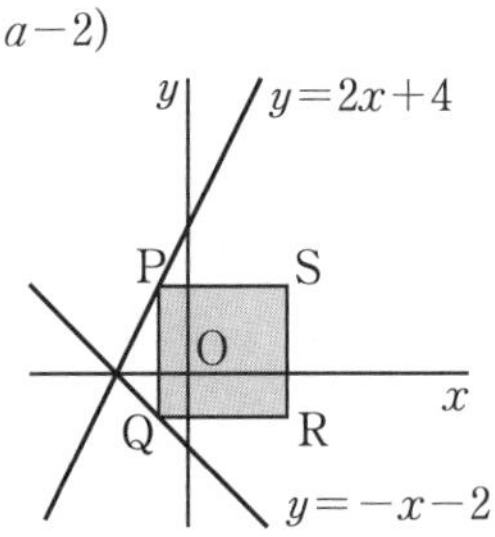

$y=2x+4$ と $y=-x-2$ の交点は$(-2,\ 0)$で，
$a>-2$ であるから，$a=-2-\sqrt{2}$ は問題に適していません。
$a=-2+\sqrt{2}$ は問題に適しています。
Pの y 座標は　$2a+4=2\times(-2+\sqrt{2})+4=2\sqrt{2}$

p.160～161　予想問題 4

出題傾向

関数 $y=ax^2$ のグラフをかいたり，関数 $y=ax^2$ の式や変化の割合を求める問題はよく出る。関数 $y=ax^2$ のグラフと 1 次関数のグラフを比較(ひかく)し，それぞれの特徴(とくちょう)をしっかり理解し，ここで確実に点をとれるようにしておこう。また，x の変域から y の変域を求める問題，関数 $y=ax^2$ の利用では，平均の速さを求めたり，動点に関する問題もよく出る。このような問題にも慣れておこう。

1　$\boldsymbol{y=x^2}$

解き方

$y=\frac{1}{2}\times x\times2x$

2　(1)$\boldsymbol{y=2x^2}$　(2)$\boldsymbol{y=18}$

解き方

(1)$y=ax^2$ に $x=-2$，$y=8$ を代入して，a の値を求めます。

3

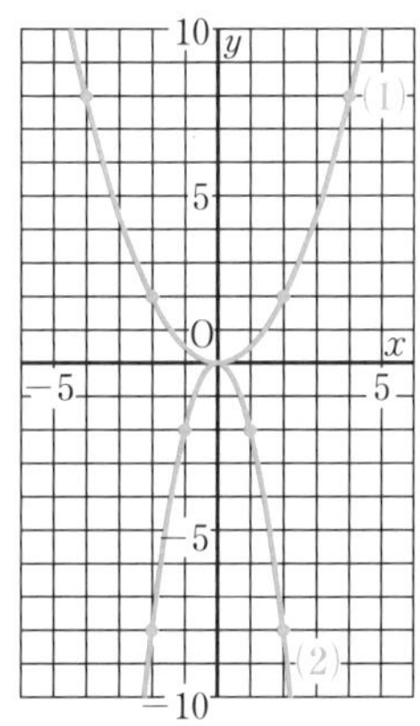

解き方

x，y 座標ともに整数の点をとっていきます。
(1)$(-2,\ 2)$，$(2,\ 2)$，$(-4,\ 8)$，$(4,\ 8)$
(2)$(-1,\ -2)$，$(1,\ -2)$，$(-2,\ -8)$，$(2,\ -8)$

4　(1)㋐　(2)㋒　(3)㋓　(4)㋑

解き方

a の値の絶対値が大きいほど，グラフの開き方は小さいです。
$a>0$ のときは上に開いた形，$a<0$ のときは下に開いた形になります。

5　$\boldsymbol{a=\frac{2}{3}}$

解き方

y の変域が正の数であるから，
グラフは x 軸の上側にあり，
$a>0$ です。
$x=-3$ のとき，最大値 6 をとるから，$y=ax^2$ に $x=-3$，$y=6$ を代入します。

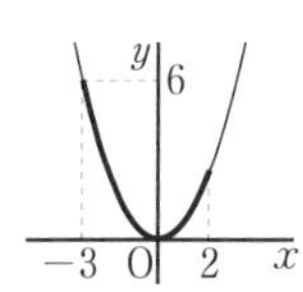

❻ $a=-\frac{2}{3}$

解き方

$y=-2x+3$ の変化の割合と等しいから，変化の割合は -2 になります。

$\frac{25a-4a}{5-(-2)}=-2$

❼ (1)㋑，㋓　(2)㋒，㋔　(3)㋑　(4)㋑，㋓

解き方

(1)関数 $y=ax^2$

(2)関数 $y=ax+b$ のうち，$a<0$ のとき

(3)関数 $y=ax^2$ のうち，$a>0$ のとき

(4)関数 $y=ax^2$

❽ (2，2)

解き方

点 A の x 座標を t とすると，点 A は $y=\frac{1}{2}x^2$ のグラフ上にあるから $\mathrm{A}\left(t,\ \frac{1}{2}t^2\right)$ となります。

四角形 ACOB が正方形になるから　OB＝AB

したがって　$t=\frac{1}{2}t^2$　整理すると　$t(t-2)=0$

$t>0$ であるから　$t=2$

❾ (1)70 g…140 円，150 g…210 円

(2)$150<x\leqq 250$

解き方

(1)重さが 70 g は，$50<x\leqq 100$ にふくまれます。

重さが 150 g は，$100<x\leqq 150$ にふくまれます。

（↑150 をふくむ）

p.162〜163　予想問題 5

出題傾向

相似比を使って辺の長さを求めたり，相似な三角形を選び出し，そのときに使った相似条件を書く問題は，必ず何問か出る。3 つの相似条件をしっかり覚えて，ここで確実に点をとれるようにしよう。また，三角形と比の定理，中点連結定理，平行線と比の定理を使って辺や線分の長さを求める問題，相似な平面図形の相似比や面積比，相似な立体の表面積の比や体積比もよく出る。このような問題にも慣れておこう。

❶ (1)3：2　(2)12 cm

解き方

(1)対応する部分の長さの比を求めます。

15：10＝3：2

(2)BC＝x cm とすると　AB：EF＝BC：FG

3：2＝x：8　$x=12$

❷ (1)△ABC∽△AED

相似条件… 2 組の角がそれぞれ等しい。

(2)△ABC∽△ADB

相似条件… 2 組の辺の比とその間の角がそれぞれ等しい。

解き方

3 つの三角形の相似条件のうち，どれにあてはまるかを考えます。

(1)∠ABC＝∠AED，∠A は共通

(2)AB：AC＝AD：AB＝1：2，∠A は共通

❸ △ABD と △ACE において

△ABC∽△ADE より，対応する辺の比は等しいから

AB：AD＝AC：AE

したがって　AB：AC＝AD：AE　……①

△ABC∽△ADE より，対応する角は等しいから

∠BAC＝∠DAE

∠BAD＝∠BAC－∠DAC

∠CAE＝∠DAE－∠DAC

したがって　∠BAD＝∠CAE　……②

①，②より，2 組の辺の比とその間の角がそれぞれ等しいから

△ABD∽△ACE

△ABC∽△ADE より，等しい比の辺や等しい角を見つけて，どの三角形の相似条件にあてはまるかを考えます。
$a:c=b:d$ ならば $a:b=c:d$ となることを使います。

1.40×10^2 g

解き方
有効数字が 1，4，0 で，0 も有効数字であるから，答えは 1.4×10^2 ではなく 1.40×10^2 になります。

(1)$x=12$，$y=25$　(2)$x=15$

解き方
(1)DE∥BC であるから
AD：DB＝AE：EC　9：6＝x：8
AD：AB＝DE：BC　9：(9＋6)＝15：y
(2)CD∥EF であるから
BE：BC＝6：10＝3：5
BE：EC＝3：(5−3)＝3：2
AB∥CD であるから
BE：CE＝AB：DC　3：2＝x：10

6 **2 cm**

解き方
点 E は辺 AB の中点で，EF∥BD であるから
AF：FD＝AE：EB＝1：1
したがって　$FD=\frac{1}{2}AD$
また，EF：BD＝1：2，BD＝DC で，
EF∥DC であるから
FG：DG＝EF：CD＝1：2
したがって
$FG=\frac{1}{3}FD=\frac{1}{3}\times\frac{1}{2}AD=\frac{1}{6}AD$

7 **$x=9$，$y=6$**

解き方
3：x＝4：(16−4)　$4x=36$　$x=9$
y：18＝4：(16−4)　$12y=72$　$y=6$
(別解)y：18＝3：9　$9y=54$　$y=6$

8 **(1)9：16　(2)185 cm^3**

解き方
(1)水が入っている部分と容器は相似だから，それぞれを相似な立体と考えます。円 P と円 Q の相似比が 15：20＝3：4 であるから，面積比は，3^2：4^2＝9：16
(2)水の入っている部分の体積を x cm^3 とすると
3^3：4^3＝x：320　$x=135$
320−135＝185(cm^3)

p.164〜165　予想問題 6

出題傾向

円周角や中心角の大きさを求める問題は，必ず何問か出題される。ここで確実に点をとれるようにしておこう。また，円周角の定理の逆を使って 4 点が 1 つの円周上にあることを証明する問題や，円周角の定理などを使って相似な図形を証明する問題もよく出る。このような問題にも慣れておこう。

1 **(1)55°　(2)120°　(3)200°　(4)150°**

解き方
(3)点 O と点 C を結びます。

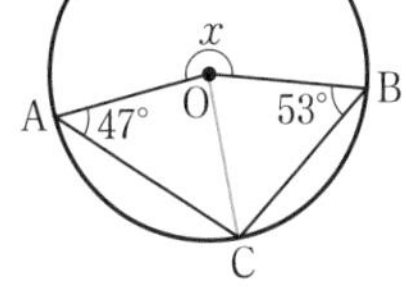

△OAC は
OA＝OC の二等辺三角形であるから
∠OCA＝47°
△OCB も OC＝OB の二等辺三角形であるから
∠OCB＝53°
$\angle x=(47°+53°)\times2$
$=200°$
(4)点 O と点 B を結びます。

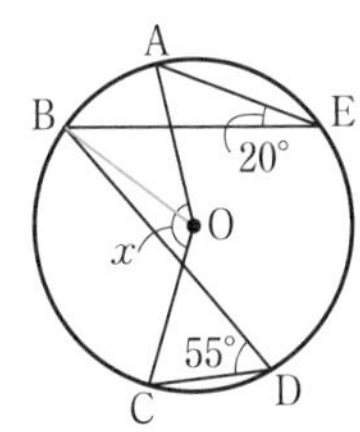

∠AOB は $\overset{\frown}{AB}$ に対する中心角であるから
∠AOB＝20°×2
∠BOC は $\overset{\frown}{BC}$ に対する中心角であるから
∠BOC＝55°×2

2 **$\angle x=36°$，$\angle y=108°$**

解き方
A，B，C，D，E は，円周を 5 等分する点であるから，
$\overset{\frown}{AB}$，$\overset{\frown}{BC}$，$\overset{\frown}{CD}$，$\overset{\frown}{DE}$，$\overset{\frown}{EA}$ の長さはすべて等しいです。

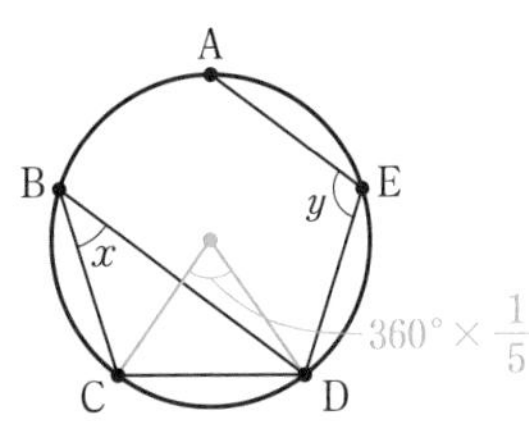

$\angle x$ は $\overset{\frown}{CD}$ に対する円周角であるから
$\angle x=\frac{1}{2}\times\left(360°\times\frac{1}{5}\right)$
$\angle y$ は点 B をふくむほうの $\overset{\frown}{AD}$ に対する円周角であるから
$\angle y=\frac{1}{2}\times\left(360°\times\frac{3}{5}\right)$

❸ (1)15°　(2)72°　(3)122°

解き方

(2)直線 AO と円周との交点を D とし，弦 BD をひきます。

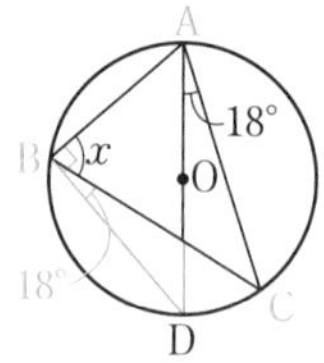

$\overset{\frown}{\mathrm{CD}}$ に対する円周角は等しいから

∠CBD＝∠CAD＝18°

また，AD は直径であるから

∠ABD＝90°　∠x＝90°－18°＝72°

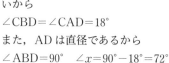

(3)弦 AC をひきます。BC は直径であるから

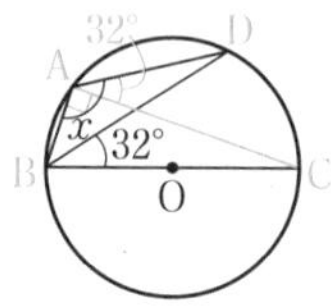

∠BAC＝90°

$\overset{\frown}{\mathrm{CD}}$ に対する円周角は等しいから

∠CAD＝∠CBD＝32°

したがって　∠x＝90°＋32°＝122°

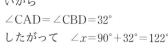

❹ 34°

解き方

∠ACB＝180°－(79°＋36°)＝65°

∠ADB＝∠ACB で，2 点 C，D が直線 AB の同じ側にあるので，4 点 A，B，C，D は 1 つの円周上にあります。

∠ABD＝79°－∠BAC＝79°－45°＝34°

❺ 仮定から　∠BDC＝∠BEC

2 点 D，E は直線 BC の同じ側にあるので，4 点 B，C，D，E は 1 つの円周上にある。

$\overset{\frown}{\mathrm{DE}}$ に対する円周角は等しいから

∠DBE＝∠DCE　……①

$\overset{\frown}{\mathrm{BD}}$ に対する円周角は等しいから

∠DEB＝∠DCB　……②

CD は ∠C の二等分線であるから

∠DCE＝∠DCB　……③

①，②，③より　∠DBE＝∠DEB

底角が等しいから，△DBE は二等辺三角形である。

したがって　BD＝DE

解き方

円周角の定理の逆を使って，1 つの円周上にある点を見つけ，等しい角をさがします。

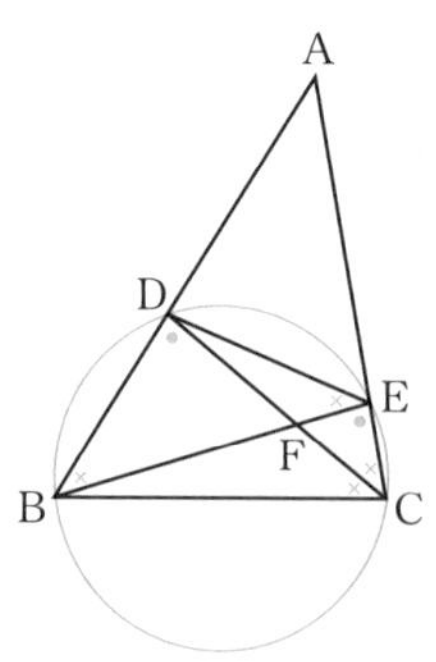

❻ 相似な三角形…△FEC

証明…△ABD と △FEC において

$\overset{\frown}{\mathrm{AB}}$ に対する円周角は等しいから

∠ADB＝∠FCE　……①

DC∥EF で平行線の錯角(さっかく)は等しいから

∠ACD＝∠FEC

$\overset{\frown}{\mathrm{AD}}$ に対する円周角は等しいから

∠ACD＝∠ABD

したがって　∠ABD＝∠FEC　……②

①，②より，2 組の角がそれぞれ等しいから

△ABD∽△FEC

解き方

円周角の定理や，平行線の性質から同じ大きさの角をさがします。

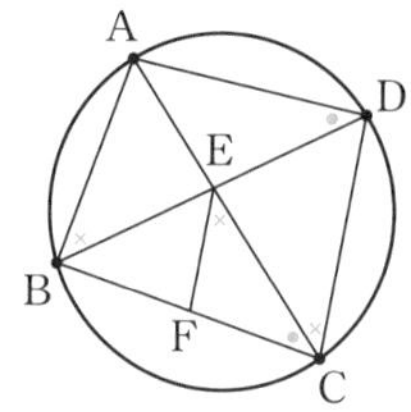

問題傾向

三平方の定理や特別な直角三角形の３辺の比を使って，直角三角形の辺の長さを求める問題は，必ず何問か出題される。ここで，確実に点をとれるようにしておこう。また，三平方の定理を利用して，二等辺三角形の高さや面積を求めたり，直方体や立方体の対角線，角錐や円錐の高さや体積を求める問題もよく出る。平方根や２次方程式の解き方も復習しておこう。

1 (1)$x=2$　(2)$x=8$

解き方
(1)$x^2+3^2=(\sqrt{13})^2$
(2)$(2\sqrt{7})^2+6^2=x^2$

2 $(7+2\sqrt{5})$ cm

解き方
斜辺の長さがもっとも長く，この問題で斜辺はCAです。
CA＝x cmとすると，BC＝$x-2$(cm)，AB＝$x-5$(cm)と表されます。
$x^2=(x-2)^2+(x-5)^2$
整理すると　$x^2-14x+29=0$
これを解くと
$$x=\frac{-(-14)\pm\sqrt{(-14)^2-4\times1\times29}}{2\times1}$$
$$=\frac{14\pm\sqrt{80}}{2}=\frac{14\pm4\sqrt{5}}{2}=7\pm2\sqrt{5}$$
AB＝$x-5>0$，すなわち$x>5$であるから，
$x=7-2\sqrt{5}$ は問題に適していません。
$x=7+2\sqrt{5}$ は問題に適しています。

(別解)BC＝x cmとしてもよいです。このとき，AB＝$x-3$(cm)，CA＝$x+2$(cm)と表されます。
$(x-3)^2+x^2=(x+2)^2$
整理すると　$x^2-10x+5=0$
これを解くと　$x=5\pm2\sqrt{5}$
BC＝x cmとした場合，もっとも長い辺がCAなので，最後に2をたすのを忘れないようにしましょう。

3 ㋒

解き方
三平方の定理の逆を使います。
㋒もっとも長い辺は2.9で，$2.1^2+2^2=2.9^2$

4 (1)13 cm
(2)高さ…$6\sqrt{2}$ cm　面積…$30\sqrt{2}$ cm^2

解き方
(1)対角線の長さをx cmとします。
$12^2+5^2=x^2$
(2)AD＝h cm
BD＝x cm
CD＝$(10-x)$ cm
として，

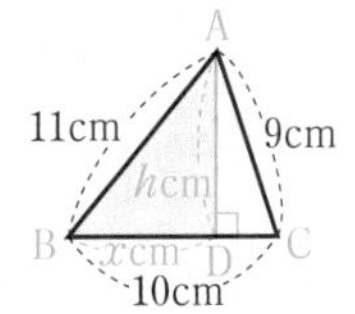

△ABDと△ACDで三平方の定理を使い，h^2をそれぞれxの式で表します。
$h^2=11^2-x^2$　$h^2=9^2-(10-x)^2$
$11^2-x^2=9^2-(10-x)^2$　$x=7$
△ABDで，$h^2=11^2-7^2=72$
$h>0$であるから　$h=6\sqrt{2}$

5 (1)$x=2\sqrt{3}$，$y=\sqrt{6}$　(2)$x=3-\sqrt{3}$

解き方
(1)$x:4=\sqrt{3}:2$ より　$x=2\sqrt{3}$
$y:2\sqrt{3}=1:\sqrt{2}$　$\sqrt{2}y=2\sqrt{3}$　$y=\sqrt{6}$
(2)$y:3=1:\sqrt{3}$ より
$y=\sqrt{3}$
$x+\sqrt{3}=3$ より
$x=3-\sqrt{3}$

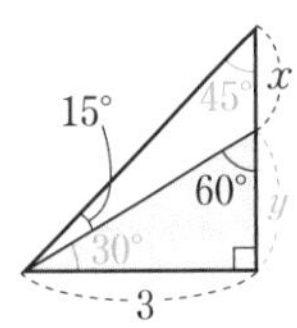

6 (1)$4\sqrt{10}$　(2)$2\sqrt{55}$ cm

解き方
(1)$AB^2=(6-2)^2+\{3-(-9)\}^2$
(2)△AOCはAOを斜辺とする直角三角形であるから
$AC^2+3^2=8^2$
AC＞0であるから
AC＝$\sqrt{55}$(cm)

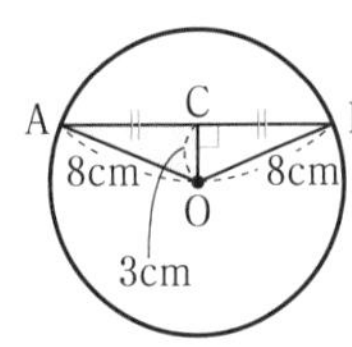

7 周の長さ…$(4\sqrt{3}+4\sqrt{5})$ cm
面積…$4\sqrt{6}$ cm^2

解き方
AGは立方体の対角線であるから
AG＝$\sqrt{4^2+4^2+4^2}$
＝$4\sqrt{3}$ (cm)
△ABM，△GFMは合同な直角三角形であるから
AM＝GM＝$\sqrt{4^2+2^2}$
＝$2\sqrt{5}$ (cm)

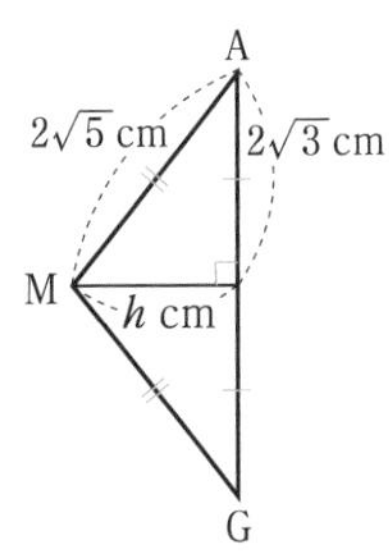

△AMGの周の長さは，AG＋GM＋MAより
$4\sqrt{3}+2\sqrt{5}+2\sqrt{5}=4\sqrt{3}+4\sqrt{5}$ (cm)
点Mから辺AGにひいた高さをh cmとすると
$h^2+(2\sqrt{3})^2=(2\sqrt{5})^2$　$h^2=8$
$h>0$であるから　$h=2\sqrt{2}$
△AMG＝$\frac{1}{2}\times4\sqrt{3}\times2\sqrt{2}=4\sqrt{6}$ (cm^2)

8 234 cm^3

解き方

底面の1辺を x cm とすると

底面の対角線の長さは $\sqrt{2}\,x$ cm

$\left(\dfrac{\sqrt{2}}{2}x\right)^2 + 13^2 = 14^2$ より　$x^2 = 54$ ←底面積

体積は　$\dfrac{1}{3} \times 54 \times 13 = 234(\text{cm}^3)$

9 $12\sqrt{3}$ cm

解き方

おうぎ形の弧 $\overset{\frown}{AA'}$ の長さは，底面の円周の長さに等しく，8π である。

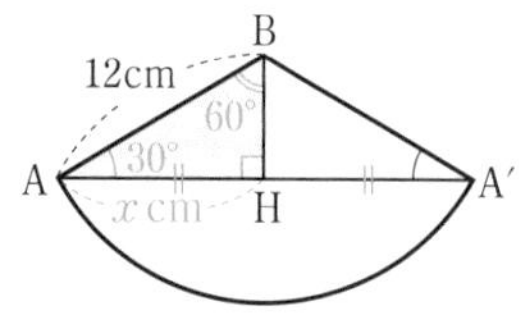

$2 \times 12 \times \pi = 24\pi$ だから，おうぎ形の中心角は

$360° \times \dfrac{8\pi}{24\pi} = 120°$

もっとも短くなるのは線分 AA′ のときで，

△AHB で

$x : 12 = \sqrt{3} : 2$

$x = 6\sqrt{3}$

したがって

$AA' = 2AH = 2 \times 6\sqrt{3} = 12\sqrt{3}$ (cm)

10 AE… 5 cm，BE…13 cm

解き方

$AE = x$ cm

とすると

$BE = DE = (18 - x)$ cm

△ABE で

$x^2 + 12^2 = (18 - x)^2$

$x = 5$　$BE = 18 - 5 = 13$(cm)

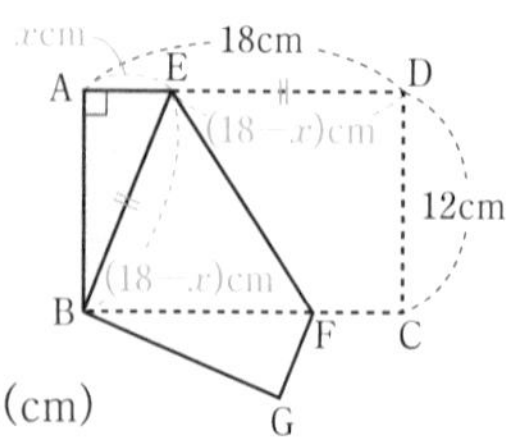

p.168 予想問題 8

出題傾向

ある調査が，全数調査なのか標本調査なのかを答える問題は，基本だ。ここで確実に点をとれるようにしよう。また，標本調査を利用して，いろいろなものの数を推測する問題もよく出る。このような問題にも慣れておこう。

1 (1)標本調査　(2)全数調査　(3)標本調査

解き方

調査の対象となっている集団全部について調査することを全数調査，集団の一部分を調査して，集団全体の傾向(けいこう)を推測する調査を標本調査といいます。

2 母集団…ある都市の中学校の3年生

標本…選び出した300人，標本の大きさ…300

解き方

標本調査を行うとき，傾向を知りたい集団全体を母集団といい，母集団の一部分として取り出して実際に調べたものを標本といいます。

3 およそ125個

解き方

4回の取り出したビー玉の個数が等しくないので，4回の合計を求めます。

取り出した赤いビー玉の合計は

$10 + 12 + 7 + 11 = 40$(個)

取り出した白いビー玉の合計は

$28 + 25 + 26 + 25 = 104$(個)

赤いビー玉の割合は　$\dfrac{40}{40 + 104} = \dfrac{5}{18}$

したがって，赤いビー玉の数は

$450 \times \dfrac{5}{18} = 125$(個)

(別解)赤いビー玉の割合を，次のように求めてもよいです。

取り出した赤いビー玉の数の平均は

$(10 + 12 + 7 + 11) \div 4 = 10$(個)

取り出した白いビー玉の数の平均は

$(28 + 25 + 26 + 25) \div 4 = 26$(個)

赤いビー玉の割合は　$\dfrac{10}{10 + 26} = \dfrac{5}{18}$

4 およそ1100匹

解き方

印をつけた魚の割合は　$\dfrac{28}{296} = \dfrac{7}{74}$

この池にいる魚の数を x 匹とすると

$x \times \dfrac{7}{74} = 103$

$x = 103 \times \dfrac{74}{7} = 1088.\cdots$